全国高等院校应用型创新规划教材·计算机系列

软件工程与设计模式

白文荣　主编

清华大学出版社
北京

内 容 简 介

本书是作者在多年从事软件工程、软件设计模式课程教学实践基础上编写的。全书共分为 8 章，通过大量的实例，介绍了实用软件工程学的原理及设计模式的相关知识，根据软件开发“工程化”思想，系统地讲授了软件工程学、软件设计过程、23 种先进的设计模式、软件测试方法、软件项目管理、应用技术和实用工具等相关知识。全书采用社会所需实际案例为基线，以案例、项目式教学思路贯穿始终，根据需要安排了多个任务和子任务，读者可以通过实践掌握课程所学内容。书后配有适量的思考题和练习题，使读者能够在学习过程中提高操作能力和实际应用能力。

本书可作为高等院校学生学习软件工程、软件设计模式、软件体系结构设计等课程的教材，也可以作为读者自学的参考书。

图书在版编目(CIP)数据

软件工程与设计模式/白文荣主编. —北京：清华大学出版社，2017
(全国高等院校应用型创新规划教材・计算机系列)
ISBN 978-7-302-45714-5

Ⅰ. ①软…　Ⅱ. ①白…　Ⅲ. ①软件工程—高等学校—教材　Ⅳ. ①TP311.5

中国版本图书馆 CIP 数据核字(2016)第 288798 号

责任编辑：秦　甲　杨作梅
封面设计：杨玉兰
责任校对：吴春华
责任印制：王静怡
出版发行：清华大学出版社
网　　址：http://www.tup.com.cn, http://www.wqbook.com
地　　址：北京清华大学学研大厦 A 座　　　邮　　编：100084
社 总 机：010-62770175　　　邮　　购：010-62786544
投稿与读者服务：010-62776969, c-service@tup.tsinghua.edu.cn
质量反馈：010-62772015, zhiliang@tup.tsinghua.edu.cn
课件下载：http://www.tup.com.cn, 010-62791865
印 装 者：北京市人民文学印刷厂
经　　销：全国新华书店
开　　本：185mm×260mm　　印　张：24.75　　字　数：599 千字
版　　次：2017 年 1 月第 1 版　　印　次：2017 年 1 月第 1 次印刷
印　　数：1～2500
定　　价：49.00 元

产品编号：070549-01

前　言

21 世纪是信息社会，信息技术已经渗透到社会的各行各业。随着计算机应用技术的不断发展，软件工程学也渗入软件研发的各个环节中。实用软件工程是一门将理论和知识应用于实践的工程，它借鉴了传统工程的原则和方法，讲解了常用的 23 种设计模式，以求高效地开发高质量软件。近年来，大多数高等院校，无论是理工科还是文科专业都将软件工程作为计算机应用技术类课程的必修课或选修课。

软件工程是软件开发组织根据所要开发的软件特点及项目自身的特点，选择适合的软件设计模式，把各种软件工程学原理的特性和软件设计模式有机地结合起来，充分利用它们的优点，回避缺陷，有效地提高软件质量的过程。

本书是软件开发方法体系的完整体现，有别于传统软件工程学，增加了许多实际软件开发过程中需要的实用方法技术，填补了传统软件工程的设计薄弱环节。

全书共分为 8 章，各章的主要内容安排如下。

第 1 章主要介绍软件工程学的基本概念、理论和基础知识。

第 2 章主要介绍软件设计过程基本原理、软件设计建模工具 UML，以及软件设计环境 Visio、PowerDesigner、Violet 等。

第 3 章主要介绍 23 种先进的设计模式，体现 23 种设计模式在软件开发过程中的重要设计地位和作用。

第 4 章主要介绍在面向对象程序设计语言 Java 中实现 23 种设计模式的方法和实践。

第 5 章主要介绍面向对象技术。面向对象技术是一种以对象为基础，以事件或消息驱动对象执行相应的消息处理函数的程序设计技术。

第 6 章主要介绍各种行之有效的软件测试方法和技术。

第 7 章主要介绍 23 种设计模式在实际应用中的原则和分类。

第 8 章主要介绍软件工程控制活动中的质量保证、配置管理和项目管理的基本知识。

本书以学习、应用为目的，以案例贯穿始终，系统地讲授了软件工程学和软件设计模式，各章均以项目分配任务形式编排，有助于提高学生的实操和实际应用能力。

本书由白文荣主编，在本书策划和编写的过程中，得到了清华大学出版社的大力支持，在此表示衷心的感谢。

由于作者水平有限，书中难免存在错误和不足之处，敬请广大读者批评指正。

为了方便教师教学和学生自主学习，本书配有电子教案、案例源代码、安装软件等，若有需要，可从清华大学出版社网站下载。

编　者

目录

目录

项目 1

软件工程概述

项目导入

看看下面遇到的问题:

1) 系统设置边界

在 1900 年美国人事系统将人的年龄范围上限设置为 100 岁，导致 1992 年，来自明尼苏达州怀俄明的玛丽收到一份幼儿园的入园通知，而她当时已是 104 岁高龄。

2) 闰年错误

1988 年 2 月 29 日，一家超市因出售过期一天的肉而被罚款 1 000 美元。因为在肉的标签上打印保质期的计算机程序没有考虑到 1988 年是闰年。

3) 接口误用

1990 年 4 月 10 日，在伦敦地铁运营过程中，司机还没上车，地铁列车就驶离车站。当时司机按了启动键，正常情况下如果车门是开着的，系统就应该可以阻止列车启动。当时的问题是司机离开了列车去关一扇卡着的门，但当门终于关上时，列车还没有等到司机上车就开动了。

4) 安全问题

软件工程学院的 CERT(Computer Emergency Response Team，计算机紧急反应小组)是一个政府资助的组织，用来协助社区处理安全事件、突发事件和安全技能方面的问题。美国报道的 CERT 的安全事件从 1990 年的 252 件增加到 2000 年的 21 756 件，而到 2001 年已增加到了 40 000 多件。

5) 拖延和超支(1)

在 1995 年，由于新丹佛尔国际机场自动行李系统的错误，造成旅客行李箱的损坏。机场则被迫推迟 16 个月再开放，且大部分采用手工行李系统，产生 32 亿美元超支。

6) 拖延和超支(2)

2002 年的 Swanick 空运控制系统，包括英格兰和威尔士全部空运线路。在系统交付时，已延期 6 年且严重超支(实际花费 6.23 亿英傍，原计划花费 3.5 亿英镑)，其中两次主要的系统升级是在运输操作员培训已经开始后才交付的。

7) 按期交付

1984 年，经过 18 个月的开发，一个耗资 2 亿美元的系统交付给了威斯康星州的一家健康保险公司。但是该系统无法正常工作，只好追加了 6 000 万美元，又花了 3 年才解决了问题。

8) 不必要的复杂性

麦克道尔道格拉斯的 C-17 货机因为控制系统的软件问题，而超支 5 亿美元。C-17 含有 19 台机载计算机，80 个微处理器以及 6 种不同的编程语言。

小结：上述各种失误的产生都与软件问题有关。有时，开发者没有考虑到偶发事件(如一个人的年龄超过 100 岁，影响保质期的闰年)。有时，开发者没有考虑到系统的异常情况(如接口误用)。还有些系统失误的情形是由于管理失误(拖延和超支交付、按期交付不正确的系统以及不必要的复杂性)造成的。

项目分析

本项目通过医疗自动报价系统错误案例分析，讲解了软件工程学的重要性、软件设计的必要性，介绍了软件工程学的基本概念、原理，强调了软件生命周期理念在软件开发过程中的重要设计地位和作用。

任务1　问题的提出

任务要求

根据 Mike 团队的 Giga-Quote 项目内容分析整个项目推进的过程及出现的错误问题，搜集资料，分析人员、过程、产品三个角度的典型错误。

知识储备

业余软件工程师总在寻找奇迹——用某种惊人的方法或工具来让软件开发变得轻而易举，但职业软件工程师都知道不存在这种灵丹妙药。

——摘自《面向对象分析和设计》，Grady Booch

4 月份一个阳光明媚的上午，Giga Safe 的技术主管 Mike 正在办公室吃着午餐，看着窗外的美景。“Mike，恭喜你！你已经获得了 Giga-Quote 项目的资金了！”他是 Bill，Mike 所在 Giga 医疗保险公司的老板，“执行委员会很欣赏我们关于医疗保险自动报价的设想，也欣赏每天晚上将当天报价数据上传到总部以便我们可以时刻在线获得最新销售线索的想法。现在，我还有个会，过一会儿我们再细谈，你的项目建议书真是太棒了！”Mike 几个月前就为 Giga-Quote 项目写了一个项目建议书，但他的项目建议书只是单机版软件，不具备与总部通信的能力。哦，也好，这倒给了他在现代 GUI 环境下领导开发客户服务器项目的机会——这是他向往已久的事。按他的项目建议书，他几乎有 1 年的时间来做这个项目，应该有足够的时间加入一些新功能。Mike 拿起电话，拨了他妻子的电话号码：“Honey，让我们今晚到外面共进晚餐庆祝……”第二天早上，Bill 约见 Mike 讨论这个项目：“OK，Bill，什么时候开始？这个项目似乎并不像以前我写的项目建议书那样。”Bill 感到不自在，Mike 没有参加项目建议书的修改，但那是因为没有时间让他参与，执行委员会一听就决定接受这个建议。“执行委员会欣赏构建医疗保险自动报价系统这个设想，但他们想将地区报价数据自动传到主机系统中。而且他们想在明年 1 月份新费率生效前，系统就能准备就绪。他们将软件完成日期从明年 5 月 1 日提前到今年 11 月 1 日，将项目工期压缩至 6 个月。”Mike 估计这项工作将需要 12 个月，他认为没有多大可能在 6 个月内完成，他告诉 Bill：“执行委员会加入了一块很大的通信需求，却将计划时间从 12 个月砍到 6 个月了吗？” Bill 耸耸肩：“我知道这是一个挑战，但你是具有创造能力的，我认为你能够实现。他们批准了你提出的预算，加入数据通信功能也并不是那么难。你要求 36 个人月，没有问题。在这个项目上，你可以雇佣任何你想要的人，也可以扩大项目组规模。”Bill 告诉他去找些开发人员谈一谈，找出一条可以按时交付软件的方法。Mike 找到了另一个技术领导 Carl，他们寻找缩短计划的方法。Carl 问：“你为什么不用 C++和面向对象的设计方法？它可以比 C 有更高的效率，这样可以将项目计划缩短 1～2 个月。”Mike 认为有道理，Carl 也知道一种报表生成工具，据悉可以削减一半的开发时间，这个项目有许多报表，所以，这两项改变可以将项目计划缩短到 9 个月。由于他们拥有更新、更快的硬件设备，这样可以再削减 3 周时间。如果能够雇佣到顶尖的开发人员，他们可以将项目计划缩短到大约 7 个月时间，这已经足够接近了。Mike 给 Bill 带回了他的发现。“看，”Bill 说，“将计划压缩到 7 个月是不错，但还不足以满足项目要求，执行委员会要求 6 个月是最后的期限。他们不给我们选择的余地，我可以给你最新的硬件设备，但你和你的项目组必须找到一些方法或者加班加点拼命工作，将项目计划压缩到 6 个月以内。”

考虑到起初的估计仅仅是粗略的预测，Mike 认为，在 6 个月内完成项目是可能实现的。“OK，Bill，我将在这个项目中雇佣 3 个合同制的顶尖高手，也许我们能够找到具有将数据从 PC 上传到主机的经验的人。” 到了 5 月 1 日，Mike 已经组建了项目组，Jill、Sue 和 Tomas 是公司内部固定的开发成员，但他们无法完成一些特定任务。Mike 找了 2 个合同制成员 Keiko 和 Chip，Keiko 有开发主机和 PC 之间通信接口的经验，Chip 是 Jill 和 Tomas 面试的，建议不宜雇佣，但 Mike 急于用人，Chip 有通信经验，并能够迅速到岗，所以 Mike 还是雇用了他。

在项目组的第一次会议上，Bill 向项目组阐明了 Giga-Quote 项目对 GigaSafe 公司的战略意义：“公司的顶级人物时刻关注着我们，如果项目取得成功，我们会获得丰厚的奖赏。”他保证说他将信守承诺。

Bill 鼓气激励之后，Mike 与项目组成员坐下，布置项目计划。执行委员会或多或少已经提出了一些项目功能要求，其余的功能说明应在接下来的 3 周内完成，然后，他们花 6 周时间进行设计，余下的 4 个月进行构建与测试。粗略估计整个产品大约会有 3 万行 C++代码。周围的每个人都点头称是。他们雄心勃勃，但不知道以后会发生什么。第 2 周，Mike 约见了测试负责人 Stacy，她说他们应该不晚于 9 月 1 日提交测试版本，并于 10 月 1 日交付功能完备并通过测试的版本，Mike 同意了她的计划。项目组很快完成了需求分析报告并进入了设计阶段，似乎很好地发挥了 C++的功能优势。6 月 15 日，项目组提前完成设计工作，开始了疯狂的编码，以满足 9 月 1 日发布第一个测试版本的要求。项目进展并非一帆风顺，Jill 和 Tomas 都不喜欢 Chip，Sue 也抱怨 Chip 不让任何人靠近他的代码，Mike 将这些归结于由于人们长时间工作所导致的个性冲突。然而到了 8 月初，他们报告说只完成了 85%～90%的工作。8 月中旬，保险核算部门发布了下一年度的费率，项目组发现他们的系统必须进行调整才能完全适用于新的费率结构。新的费率方法要求有提出问题的功能，如提出像锻炼习惯、饮食习惯、吸烟习惯、娱乐活动及其他一些以前不包括在费率计算公式之内的因素之类的问题，他们认为 C++的特性可以让他们不受这些变化的影响，他们已经把在费率表中插入一些新数据这样的问题提前考虑进去了。

但是，他们必须改变输入对话框、数据库设计以及数据存取对象和通信对象，以适应新的结构。由于项目组处于设计修改的混乱之中，Mike 告诉 Stacy 他们可能比预计推迟几天交付第 1 个测试版本。

9 月 1 日项目组没有准备好测试版本，Mike 向 Stacy 保证再有 1～2 天就可以交付了。转眼间数周过去了，预计 10 月 1 日交付测试通过的完全版本的日期到来并过去了，项目组还是没能提交第 1 个测试版本。

Stacy 和 Bill 召开了一个讨论项目计划的会议，“我们还没有从开发组中拿到测试版本，”她说，“原计划我们 9 月 1 日拿到第 1 个测试版，由于到现在我们还没有拿到，他们至少已经落后于计划整整 1 个月了，我想他们一定遇到麻烦了。”“他们确实遇到麻烦了，”Bill 说，“让我们与项目组谈谈，我已经承诺，11 月 1 日让 600 个代理点都能拿到软件，我们必须在新费率执行前及时拿出最后版本。”

Bill 召开了项目组会议，“这是一个富有朝气的团队。你们应该兑现你们的承诺，”他说，“我不知道什么地方出了问题，但我希望每个人能够努力工作，并按时交付产品。你们还可以得到奖金。但你们必须为之努力工作，从现在起到软件完成，我要求你们每周工作 6 天，每天工作 10 小时。” Jill 和 Tomas 抱怨 Mike 不必像对待孩子一样对待他们，但他们同意按 Bill 要求的时间工作。项目组将计划推迟了 2 周，承诺 11 月 15 日交付功能完整的版本，在明年 1 月 1 日新费率生效前，还能有 6 周的测试时间。4 周后，项目组于 11 月 1 日发布了第 1 个测试版本，然后开会讨论遗留的问题。

Tomas 负责开发报表生成部分，他碰到了一个问题，“报价汇总表包括一张简单的柱状图，我使用报表生成器生成一张柱状图时，它只能单独地放在一页上，而销售部门的要求是将文字和柱状图放在同一页，我已经计划在报表的文字部分添加柱状图联想标记，引出报告的柱状图。这里有明显的标志，在第 1 版发布以后我会再来仔细研究处理它。”

Mike 回答：“我看不到所谓‘以后’是什么时候，Bill 已经清楚地提出了要求，我们必须拿出产品，没有时间使代码尽善尽美，现在没有任何推延的可能，把标志部分做出来!”此时，Chip 报告说他的通信编码已经完成了 95%，还在继续进行，有许多需要测试的东西。Mike 发觉了 Jill 和 Tomas 鄙夷的眼神，但他决定不予理睬。直到 11 月 15 日，项目组仍在努力工作，14 日和 15 日几乎工作得通宵达旦，但他们还是没能完成 11 月 15 日应当交付的版本。到了 16 日上午，项目组已经筋疲力尽了。最感丧气的是 Bill，Stacy 已经告诉了他 11 月 15 日之前开发组没能交付功能完整的测试版本。

就在上周，另一个项目经理 Claire 了解到项目的进展后说，他们将不会按时交付测试版本。Bill 认为 Claire 极端保守，他不喜欢她。他向执行委员会汇报说项目在正常进行，他保证项目组正按计划推进最后的版本。Bill 告诉 Mike 召集项目组会议，他照办了。项目组看起来就像打了败仗一样，一个半月每周 60 小时的工作几乎压垮了他们。当 Mike 问什么时间能交付测试版本时，Tomas 说，“今天我的代码可以脱手，可以称之为‘功能完整’，但我可能还需要 3 周的整理工作。”Mike 问 Tomas 的“整理工作”是什么意思，“我还没有将公司的标志放到每页上，我还没有将代理点的名称和电话号码打印到每页的下角，还有一些其他类似这样的事情。我认为已经做完了 99%。” Jill 也说：“我也确实没有 100%完成，我以前的项目组经常叫我做一些技术支持工作，我大约每天得为他们工作 2 个小时。另外，到现在我还不知道要给代理点提供在报表中加入它们名称和电话的功能，我还没有设计输入这些数据的窗口，同时，我还得做一些处理这些窗口的工作，我以为在‘完成功能完整’的里程标志时间点提供的版本不需要这些功能。”

现在，Mike 也感到丧气了。Mike 围绕着桌子一个一个地问每个人，他们是否可以在 3 周内完成所承担的工作，每个人都表示，如果努力工作，他们可以完成。

经过长时间、令人不舒服的讨论之后，Mike 和 Bill 同意将项目计划顺延 3 周到 12 月 5 日，同时要求项目组每天工作长达 12 小时，而不再是 10 小时。计划的修改意味着测试和区域代理点的培训必须同步进行，这是 1 月 1 日发布软件的唯一办法。Stacy 抱怨没有给 QA 足够的时间测试软件，但 Bill 驳回了她的说法。12 月 5 日中午前，Giga-Quote 项目组将功能完整的 Giga-Quote 程序提交测试。剩下的工作就是需要一个长时间的休息，从 9 月 1 日以来，他们几乎一直在工作。两天后，Stacy 发布了第 1 个问题报告，该死的报告打破了轻松的休息。两天中，测试组在 Giga-Quote 程序中发现了 200 多个问题，包括必须处理的一类严重错误 23 个。“我看不到任何于明年 1 月 1 日将软件发给各代理点的希望，”她说，“测试组可能需要较长时间重新编写测试用例，并且，我们每小时还在发现新的错误。”

第二天上午 8 点，Mike 召开了项目组成员会议。开发人员都脾气暴躁，火气十足，他们说虽然存在严重错误，但报告中的许多问题并不是真正的错误，有些纯粹是操作上的误解，Tomas 指出，例如第 143 号错误：“测试报告中的第 143 号说在报价汇总表中，柱状图要求在页面的右侧而不应放在页面左侧，这很难说是一类严重错误，这是典型的测试问题反应过度。”

Mike 分发了测试问题报告，他要求开发人员检查测试中出现的问题，并估算修正每个错误所需要的时间。当项目组下午再次碰面时，消息不太好，“现实一点，”Sue 说，“我估计处理已经发现的问题至少需要 3 周的时间，加上我还要完成数据库一致性工作，从现在起，我总共需要 4 周时间。”

Tomas 已经将第 143 号错误发回到测试组，申请将错误级别从一类错误改为三类错误——“修饰性错误”。测试人员回答说，Giga-Quote 所提交的汇总报告必须与主机的政策更新程序所产生的类似报告的形式相似，它们也应该与公司使用多年的市场印刷材料相符合，公司 600 多个代理点已习惯将销售柱状图放在页面的右侧，所以它必须放在右侧，因此，将其归为一类严重错误。

Tomas 说，“要将柱状图放在右侧，我必须得从头重写那个报表，那意味着我必须自己编写低层代码才能实现报表要求的图文格式。”Mike 小心翼翼地问，那样做粗略估计需要多少时间，Tomas 说至少得花 10 天的时间，在知道确切时间前，还需要仔细研究一下。那天回家前，Mike 告诉 Stacy 和 Bill，项目组整个假期都要工作才能在 1 月 7 日处理完已发现的所有错误。Bill 说他真的希望这是最后一次了，在开始远在去年夏天就已经计划的为期 1 个月的 Caribbean 休假前，他批准了项目计划顺延 4 周。接下来的 1 个月时间里，Mike 又把项目组召集在了一起。4 个多月来，项目组成员拼命地工作，他认为已经无法再进一步逼他们了。他们每天要在办公室待上 12 个小时，但他们会花许多时间看杂志、支付账单、电话聊天，一旦问起他们处理碰到的错误需要多长时间时，他们就火冒三丈。他们每处理一个错误，测试人员就会发现 2 个新的错误，一些本来估计花几分钟就可以解决的问题由于牵扯项目各方，变成需花数天时间才能解决。很快他们意识到他们无法在 1 月 7 日前处理完所有错误。

1 月 7 日，Bill 休假返回，Mike 告诉他开发组还需要 4 周时间，“糟糕透了。”Bill 说：“我的 600 多个区域代理点已经对你们这些搞计算机的家伙愤怒不已了。执行委员会正在考虑取消这个项目。无论如何，必须在 3 周内处理完所有的问题。”

Mike 召开项目组会议，讨论解决办法。Mike 告诉了大家 Bill 的态度，要求他们给出最终可以发布产品的时间，是仅仅 1 周，还是 1 个月。大家沉默不语，没人冒险猜测什么时间能够发布最终产品，Mike 不知该如何向 Bill 汇报。会后，Chip 告诉 Mike，他已经接受了另外一家公司的合约，合同于 2 月 3 日开始。Mike 开始感到项目可能会被取消。

Mike 找到了负责编写 PC—主机通信模块中主机一侧程序的编程员 Kip，让他帮助处理本项目中 PC 一侧的通信代码。经过与 Chip 所编代码 1 周的“鏖战”，Kip 认识到程序中存在一些深层缺陷，这意味着程序很难正确运行。Kip 被迫重新设计，并重新编写 PC—主机通信中的 PC 侧程序。

2 月中旬，Bill 由于一直忙于开会，决定由 Claire 来继续监控 Giga-Quote 项目的进展。星期五，Claire 约见了 Mike。“这个项目已经失控了，”她说，“我一直没有从 Bill 处获得有关几个月来可靠的项目估算计划，这是 6 个月的项目，现在已经拖延 3 个月了，还没有结论。我已经看了问题分析报告，而且，项目组还没有解决这些问题，你们一直长时间工作，但收效欠佳。我要求你们周末休息，然后，我要你们做一个详细的、一步一步的包括所有事情的报告，我所说的所有事情是指项目剩下的事情。我不要求你们强制将项目按人为的计划执行，我想知道是否还需要另外 9 个月时间，下个星期二给我一份项目结束的报告。报告不必那么讲究，但必须是完整的。”开发组成员很高兴有了周末，并有足够的精力投入下周准备报告的工作中。星期二，报告准时出现在 Claire 的桌子上。她与已看过问题分析报告的软件工程顾问 Charles 一道分析这篇报告。Charles 建议项目组的重点应放在少数有问题倾向的模块上，对所有已处理的错误迅速开始设计和编码检查，项目组按正常作息时间工作，以确保他们能准确地找到问题，并按要求正确地解决。3 周后，也就是 3 月的第一周，所有发现的错误第一次全部被剔除，项目组士气高涨，项目进展稳定。到 5 月 15 日，顾问建议，软件可以交付进行整体测试和可靠性测试了。由于 GigaSafe 半年费率增长在 7 月 1 日生效，Claire 确定软件正式发布的日期是 6 月 1 日。

Giga-Quote 程序按计划于 6 月 1 日发布到各区域点，GigaSafe 向开发组每位成员颁发了 250 美元的奖金，以感谢他们辛勤的工作。几周以后，Tomas 要求长期休假，Jill 也跳槽到另外一家公司去了。

任务实施

最终 Giga-Quote 产品花了 13 个月才得以交付，而不是计划的 6 个月，时间超过计划 100%。开发人员的工作量，包括加班，总计 98 个人月，超过计划 36 人月的 170%。最终的产品不包括空行和注释行大约 4 万 C++代码行，超出 Mike 当初的粗略估计量 33%。作为分发到 600 多个地点的应用产品，Giga-Quote 是个介于商业软件产品和封装商品软件产品之间的混合体，这种类型和规模的产品正常应该在 11.5 月、使用 71 个人月完成，这个项目在这两个方面均超过了平均值。

一些无效的开发实践经常被许多人选用，这些可预测会带来坏结果的行为成为典型错误。然而大多数这类错误都具有表面诱惑力。以下为从人员、过程、产品三个角度的典型错误分析。

1) 人员方面的问题

- 管理层挫伤人员的积极性。
- 管理层对有问题的员工失控。
- 个人英雄主义。

- 项目后期加入人员。
- 办公环境拥挤嘈杂。
- 开发人员与客户之间产生摩擦。
- 不现实的预期。
- 缺乏有效的项目支持。
- 缺乏各种角色的齐心协力。
- 缺乏用户介入。
- 充满想象。

2) 过程方面的问题

- 过于乐观的计划。
- 缺乏足够的风险管理。
- 承包人导致的失败。
- 缺乏详细、具体的计划。
- 在压力下放弃计划。
- 在模糊的项目前期浪费时间。
- 前期活动不合要求。
- 设计低劣。
- 缺少质量保证措施。
- 缺少管理控制。
- 太早或过于频繁的集成。
- 项目估算时遗漏了必要的任务。
- 追赶计划。
- 鲁莽编码。

3) 产品方面的问题

- 需求的镀金。
- 功能蔓延。
- 开发人员的镀金。
- 产品功能的随意变更。
- 研究导向的开发。

任务 2　软件工程概述

任务要求

在该任务中，要求学生掌握软件危机、软件、软件工程的基本概念及原理等理论要点，从学科角度、社会需求角度理解学习软件工程学的必要性。

知识储备

软件工程是一门将理论和知识应用于实践的工程，它借鉴了传统工程的原则和方法，以求高效地开发高质量软件。除了工程科学，软件工程还综合应用了计算机科学、数学和管理科学。计算机科学和数学用于构造模型与算法，工程科学用于制定规范、分析设计、评估成本及确定权衡，管理科学用于计划、资源、质量和成本的管理。软件工程这一概念，主要是针对 20 世纪 60 年代“软件危机”而提出的。它首次出现在 1968 年的 NATO (北大西洋公约组织)会议上。自这一概念提出以来，围绕软件项目，开展了有关开发模型、方法以及支持工具的研究。其主要成果有：提出了瀑布模型，开发了一些结构化程序设计语言(如 PASCAL 语言，Ada 语言)、结构化方法等。并且，围绕项目管理提出了费用估算、文档复审等方法和工具。综观 20 世纪 60 年代末至 80 年代初，其主要特征是，前期着重研究系统实现技术，后期开始强调开发管理和软件质量等。自 80 年代“软件工厂”这一概念提出以来，主要围绕软件过程以及软件复用，开展了有关软件生产技术和软件生产管理的研究与实践。其主要成果有：提出了应用广泛的面向对象语言以及相关的面向对象方法，大力开展了计算机辅助软件工程(CASE)的研究与实践等。

在计算机软件生产的发展过程中，产生了软件危机，为了解决软件危机，产生了软件工程。下面从软件危机入手，介绍软件工程学的基本概念。

1. 软件危机

每天全世界都有许多软件存在超出预算、推迟交付时间、带有残存错误就交付使用、不满足用户需求等诸多问题。软件设计上的欠妥和错误为这个文明社会带来了很多不愉快，甚至是灾难性的结局。故在计算机软件的开发和维护过程中所遇到的一系列严重问题称为软件危机。其实软件危机并不是指问题严重到危机的程度，只是为了引起人们对其的重视，才称为软件危机。

产生软件危机的根本原因是软件本身的特点。软件是计算机系统中的一个逻辑部件，它具有抽象性、可复制性、不会磨损性、依赖性、开发效率低、开发费用高等特点。产生软件危机的原因如下。

(1)　软件本身的特点(如软件规模庞大)导致开发和维护困难。

(2)　软件开发的方法不正确。

(3)　开发人员与管理人员重视开发而轻视问题的定义和软件维护。

(4)　软件开发技术落后。

(5)　软件管理技术差。

为了解决软件危机，既要有技术措施(好的方法和工具)，也要有组织管理措施。软件工程正是从技术和管理两方面来研究如何更好地开发和维护计算机软件的。

2. 软件工程学的基本概念

要知道什么是软件工程，首先要知道什么是软件。

1)　软件

在信息处理和计算机领域，一般认为软件是计算机程序、各种相关的文档和数据的集合；实际上，计算机软件是指计算机程序、方法、规则、相关的文档资料以及在计算机上运行程序时所必需的数据。

软件=程序+数据+文档

软件与程序的主要区别是：规模庞大、复杂度高；其中程序是指按事先设计的功能和性能要求执行的指令序列；数据是指使程序能正常操纵信息的数据结构；文档是指与程序开发、维护和使用有关的图文材料。软件按功能划分为系统软件、支持软件、应用软件；按规模划分为微型软件、小型软件、中型软件、大型软件和超级软件；按工作方式划分为实时处理软件、分时软件、交互软件、批处理软件；项目软件和产品软件是软件服务的对象，按软件失效的影响划分为高可靠性软件和一般可靠性软件；按使用的频度划分为一次使用软件、频繁使用软件等。

2) 软件工程

为了尽可能消除软件危机的影响，高效地开发出高质量的软件系统，软件工程作为一门学科应运而生，它的最终目的是实现软件的工业化生产。为克服软件缺乏“可见性”的特点，从软件过程管理、开发方式、产品构成等方面着手，借鉴工业化生产的成功经验，对软件产品的生产过程加以严格的管理和控制。解决软件危机的途径就是软件工程学的生成过程。

软件工程定义由两个方面构成：①把系统化的、规范的、可度量的途径应用于软件开发、运行和维护的过程，也就是把工程化应用于软件中；②研究①中提到的途径。

软件工程的目的是成功地建造一个大型的软件系统，从而满足客户需求、保证软件质量。

任务实施

软件工程的目标是，在给定成本和进度的前提下，开发出具有适用性、有效性、可修改性、可靠性、可理解性、可维护性、可重用性、可移植性、可追踪性、可互操作性和满足用户需求的软件产品。追求这些目标有助于提高软件产品的质量和开发效率，减少维护的困难。

(1) 适用性：软件在不同的系统约束条件下，使用户需求得到满足的难易程度。

(2) 有效性：软件系统能最有效地利用计算机的时间和空间资源。各种软件无不把系统的时/空开销作为衡量软件质量的一项重要技术指标。很多场合，在追求时间有效性和空间有效性时会发生矛盾，这时不得不牺牲时间有效性来换取空间有效性或牺牲空间有效性换取时间有效性。时/空折中是经常采用的技巧。

(3) 可修改性：允许对系统进行修改而不增加原系统的复杂性。它支持软件的调试和维护，是一个难以达到的目标。

(4) 可靠性：能防止因概念、设计和结构等方面的不完善造成的软件系统失效，具有挽回因操作不当造成软件系统失效的能力。

(5) 可理解性：系统具有清晰的结构，能直接反映问题的需求。可理解性有助于控制系统软件复杂性，并支持软件的维护、移植或重用。

(6) 可维护性：软件交付使用后，能够对它进行修改，以改正潜伏的错误，改进性能和其他属性，使软件产品适应环境的变化等。软件维护费用在软件开发费用中占有很大的比重。可维护性是软件工程中一项十分重要的目标。

(7) 可重用性：把概念或功能相对独立的一个或一组相关模块定义为一个软部件。可组装在系统的任何位置，降低工作量。

(8) 可移植性：软件从一个计算机系统或环境搬到另一个计算机系统或环境的难易程度。

(9) 可追踪性：根据软件需求对软件设计、程序进行正向追踪，或根据软件设计、程序对软件需求的逆向追踪的能力。

(10) 可互操作性：多个软件元素相互通信并协同完成任务的能力。

任务 3　面向对象的几个基本原则

任务要求

通过掌握面向对象的七个基本原则，达到能够设计出优秀设计方案的目标，并且理解面向对象设计方法学。

知识储备

1. 开放-封闭原则

说明：对扩展开放，对修改关闭。

优点：按照该原则设计出来的系统，降低了程序各部分之间的耦合性，其适应性、灵活性、稳定性都比较好。当已有软件系统需要增加新的功能时，不需要对作为系统基础的抽象层进行修改，只需要在原有基础上附加新的模块就能实现所需要添加的功能。增加的新模块对原有的模块完全没有影响或影响很小，这样就无须为原有模块进行重新测试。

在面向对象设计中，不允许更改的是系统的抽象层，而允许扩展的是系统的实现层。换言之，定义一个一劳永逸的抽象设计层，允许尽可能多的行为在实现层被实现。例如，表示工具的抽象类 tools，它有具体实现类 eattool 和 usetool，分别表示食品工具和使用工具，现在我们根据实际需求，再增加一个修理工具类 mendtool，此时只要直接继承抽象类 tools 即可，而无须编辑类 eattool 和 usetool。具体代码结构如下：

```
Abstract class tools{
    String color;//工具的颜色
    String factory;//工具的生产商
}
Class eattool extends tools{//添加食品工具的方法和属性}
Class usetool extends tools{//添加使用工具的方法和属性}
```

同样地，生产商又生产了一批修理工具，我们在代码中直接添加下面的类 mendtool 即可：

```
Class mendtool extends tools{
        //添加修理工具的方法和属性
}
```

在面向对象编程中，通过抽象类及接口，规定了具体类的特征作为抽象层，相对稳定，不需要更改，从而满足“对修改关闭”；而从抽象类导出的具体类可以改变系统的行为，从而满足“对扩展开放”。

2. 子类代换原则

说明：子类型必须能够替换它们的基类型。一个软件实体如果使用的是一个基类，那么当把这个基类替换成继承该基类的子类时，程序的行为不会发生任何变化。软件实体察觉不出基类对象和子类对象的区别。

优点：可以很容易地实现同一父类下各个子类的互换，而客户端可以毫无察觉。

3. 依赖倒置原则

说明：以抽象方式耦合是依赖倒转原则的关键。抽象耦合关系总要涉及具体类从抽象类继承，并且需要保证在任何引用到基类的地方都可以改换成其子类，因此，子类代换原则是依赖倒转原则的基础。在抽象层次上的耦合虽然有灵活性，但也带来了额外的复杂性，如果一个具体类发生变化的可能性非常小，那么抽象耦合能发挥的好处便十分有限，这时可能用具体耦合反而会更好。下面列出了依赖倒置原则的使用要点。

- 程序设计要依赖于抽象，不要依赖于具体。
- 客户端依赖于抽象耦合。
- 抽象不应当依赖于细节；细节应当依赖于抽象。
- 要针对接口编程，不针对实现编程。

优点：使用传统过程化程序设计所创建的依赖关系，策略依赖于细节，这是糟糕的，因为策略会受到细节改变的影响。依赖倒置原则使细节和策略都依赖于抽象，抽象的稳定性决定了系统的稳定性。

4. 接口隔离原则

说明：从一个客户类的角度来讲，一个类对另外一个类的依赖性应当是建立在最小接口上的。过于臃肿的接口是对接口的污染，不应该强迫客户依赖于它们不用的方法。

优点：会使一个软件系统功能扩展时，修改的压力不会传到别的对象那里。

5. 多用组合、少用继承

说明：如果新对象的某些功能在其他已经创建好的对象中已经实现，那么应尽量使用其他对象提供的功能，使之成为新对象的一部分，而不要自己再重新创建。简而言之，要尽量使用组合，尽量不要使用继承。

优点：

(1) 新对象存取成员对象的唯一方法是通过成员对象的接口。

(2) 这种复用是黑箱复用，因为成员对象的内部细节是新对象所看不见的。

(3) 这种复用支持包装。

(4) 这种复用所需的依赖较少。

(5) 每一个新的类可以将焦点集中在一个任务上。

(6) 这种复用可以在运行时间内动态进行，新对象可以动态地引用与成员对象类型相同的对象。

(7) 作为复用手段几乎可以应用到任何环境中。

6. 最少知识原则

说明：对象与对象之间应该使用尽可能少的方法来关联，避免千丝万缕的关系。

最少知识原则的主要用意是控制信息的过载，在将其运用到系统设计中的时候应注意以下几点。

(1) 在类的划分上，应当创建有弱耦合的类。类之间的耦合越弱，就越有利于复用。

(2) 在类的结构设计上，每一个类都应当尽量降低成员的访问权限。一个类不应当将自己属性的权限设置为共有权限 public，而应当提供取值和赋值的方法让外界间接访问自己的属性。

(3) 在类的设计上，只要有可能，一个类应当设计成不变类。

(4) 在对其他对象的引用上，一个类对其他对象的引用应该降到最低。

优点：通过减少类间关系，使软件项目失败的损失率降到最低。

7. 单一职责原则

说明：所谓职责，我们可以理解为功能，具体说明如下。

(1) 一个合理的类，应该仅有一个引起它变化的原因，即单一职责。

(2) 在需求实际发生变化时就应该应用该原则来重构代码。

(3) 使用测试驱动开发会迫使我们在设计出现问题之前分离不合理代码。

(4) 如果测试不能迫使职责分离，僵化性和脆弱性的问题会变得很强烈，那就应该用在项目 3 所介绍的外观模式或代理模式对代码重构。

优点：消除耦合，减小因需求变化引起代码僵化。

软件开发时不必严格遵守这些原则，违背它们项目也有可能成功。但你应当把这些原则看成警铃，若违背了其中的一条，那么警铃就会响起。

任务实施

面向对象的七个基本原则是评价各种软件设计方案优劣性的依据，在本书中我们给大家介绍了 23 种先进的设计模式，这些优秀的设计模式均遵守了上面讲解的面向对象的七个基本原则。具体设计模式详解见项目 3。

任务 4　软件项目的生命周期

任务要求

软件生命周期是指一个软件从定义、开发、使用和维护，直到最终被废弃所经历的漫长的时期。软件工程采用的生命周期方法是从时间角度对软件开发和维护的复杂问题进行分解，划分为软件项目准备阶段、开发阶段和运行阶段等。下面详细介绍软件生命周期的各阶段。

知识储备

1. 软件项目的准备阶段

在此阶段的主要任务是调查和分析，具体分为问题定义和可行性研究两个阶段。

1) 问题定义

确定系统的目标、规模和基本任务。

2) 可行性研究

从经济、技术、法律及软件开发风险等方面分析确定系统是否值得开发，及时停止不值得开发的项目，避免人力、物力和时间的浪费。

- 技术可行性：主要解决的问题是“使用现有的技术能实现这个系统吗？”
- 经济可行性：主要解决的问题是“这个系统的经济效益能超过它的开发成本吗？”
- 操作可行性：主要解决的问题是“系统的操作方式在这个用户组织内行得通吗？”
- 法律可行性：主要确定本项目法律上有无纠纷等。

2. 软件项目的开发阶段

在此阶段主要完成“设计”和“实现”两大任务，具体又分为需求分析、软件设计、编码和测试等四个阶段。

1) 需求分析

需求分析的主要任务是要项目开发人员清楚用户对软件系统的全部需求，并用“需求规格说明书”的形式准确地表达出来。

主要步骤：通过正式访谈、非正式访谈、简易规格说明会议、问卷调查、现场勘察等多种方法收集用户、市场对本项目的需求，经过分析建立解题模型、细化模型，抽取完整准确的需求等。

2) 软件设计

软件设计的主要任务是将需求分析转化为软件的表现形式。

(1) 概要设计。确定系统设计方案，软件的体系结构，软件的模块结构。

(2) 详细设计。确定软件系统模块结构中的每一个模块完整而详细的算法和数据结构。

3) 编码

编码的主要任务是由程序员依据模块设计说明书，用选定的程序设计语言对模块算法进行描述，即转化成计算机可接受的程序代码，形成可执行的源程序。

4) 测试

通过各种类型的测试，找出软件设计中的错误并改正错误，确保软件的质量；典型的测试方法有针对软件功能测试的黑盒测试和针对软件源码测试的白盒测试两种方法。

3. 软件项目的运行维护阶段

在此阶段的主要任务是在软件运行期间，通过各种必要的维护措施使系统改正错误或修改扩充功能使软件适应环境变化，以延长软件的使用寿命和提高软件的效益。

软件维护有以下四种类型。

- 改正性维护：诊断和改正在使用过程中发现的软件错误。
- 适应性维护：修改软件以适应环境的变化。
- 完善性维护：根据用户的要求改进或扩展软件使之更完善。
- 预防性维护：修改软件为将来的维护做准备。

任务实施

表 1-1 列出了软件生命周期各阶段及各阶段解决的关键问题和标志各阶段结束的标准。

表 1-1　软件生命周期小结

阶　段	关键问题	结束标准(任务)
问题定义	问题是什么？	关于规模和目标的报告书
可行性研究	是否可行？	系统的高层逻辑模型 数据流图 成本/效益分析
需求分析	系统必须做什么？	系统的逻辑模型、数据流图、数据字典、算法描述
总体设计	如何解决问题？	系统流程图、成本/效益分析、层次图和结构图
详细设计	怎样具体地实现？	HIPO 或 PDL
编码和单元测试	怎样实现正确的程序模块？	源程序清单、单元测试方案和结果
综合测试	怎样让软件符合用户需求？	综合测试方案和结果 完整一致的软件配置
维护	怎样持久地满足用户需要？	完整准确的维护记录

任务 5　软件项目的开发模型

任务要求

根据项目需求及项目要求确定软件开发模型，掌握常用的瀑布模型、快速原型模型、增量模型、螺旋模型、总体数据库规划模型和面向对象开发模型等。

知识储备

软件开发模型是许多学者在软件工程实践中总结出来的软件开发的方法步骤。软件开发模型也称为软件过程模型，它反映了软件生存周期各个阶段的工作是如何组织和衔接的。

软件开发模型分类如下。

- 传统软件工程开发模型。
- 面向对象软件工程开发模型。

1. 传统软件工程的开发模型

1) 瀑布模型

1970 年温斯顿·罗伊斯(Winston Royce)提出了著名的“瀑布模型”，直到 20 世纪 80 年代早期，它一直是唯一被广泛采用的软件开发模型。瀑布模型的核心思想：它是一个项目开发架构，开发过程是通过设计一系列阶段顺序展开的，从系统需求分析开始直到产品发布和维护，每个阶段都会产生循环反馈，因此，如果有信息未被覆盖或者发现了问题，那么最好 “返回”上一个阶段并进行适当的修改，项目开发进程从一个阶段“流动”到下一个阶段，这也是瀑布模型名称的由来。

瀑布模型遵循软件生命周期阶段的划分，明确规定每个阶段的任务，各个阶段的工作以线性顺序展开，恰如奔流不息的瀑布。

瀑布模型(生存周期模型)也就是自顶向下的结构化开发模型方法。其过程是从上一项活动接收该项活动的工作对象作为输入，利用这一输入实施该项活动应完成的内容，给出该项活动的工作成果，并作为输出传给下一项活动。同时评审该项活动的实施，若评审通过，则继续下一项活动；否则返回前面，甚至更前面的活动。对于经常变化的项目而言，瀑布模型毫无价值。瀑布模型的描述如图 1-1 所示。

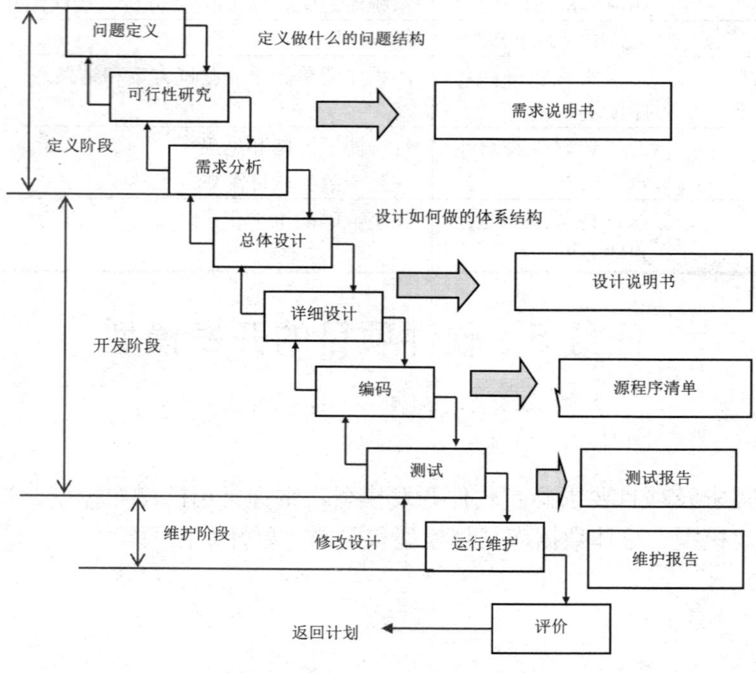

图 1-1　瀑布模型

优点：奠定了软件工程方法的基础；流水依赖，便于分工协作；推迟现实，文档易修改，有复审质量保证。

缺点：用户见面晚；纠错慢；难以克服系统分析员不懂专业领域的知识，用户不懂计算机的困难，成功率低的问题。适合于系统需求明确的小系统。

尽管瀑布模型招致了很多批评，但是它对很多类型的项目而言依然是有效的，如果正确使用，可以节省大量的时间和金钱。对于软件项目而言，是否使用这一模型主要取决于项目分析人员是否能理解客户的需求以及在项目的进程中这些需求的变化程度，对于经常变化的项目而言，瀑布模型毫无价值，对于这种情况，可以考虑其他的模型来进行项目管理，比如螺旋模型。

2)　原型模型

正确的需求定义是系统成功的关键。但是许多用户在开始时，往往不能准确地描述他们的需要，软件开发人员需要反复多次地和用户交流信息，才能全面、准确地了解用户的需求。在用户实际使用了目标系统以后，通过对系统的执行、评价，使用户更加明确对系统的需求。此时用户常常会改变原来的某些想法，对系统提出新的需求，以便使系统更加符合他们的实际需要。

原型模型又称快速原型模型，它的指导思想是为了确定需求而提出的实际模型。打破传统的自顶向下结构化开发模型方法，在计划和需求分析后，把系统主要功能接口作为设计依据，快速开发出软件样机，及时征求用户意见，正确确定系统需求，然后再进一步准确地进行系统设计与实现。

优点：与用户见面快，开发成功率高，适合于需求不确定的大系统。

缺点：周期长，开发成本高。

原型模型的开发流程如图 1-2 所示。

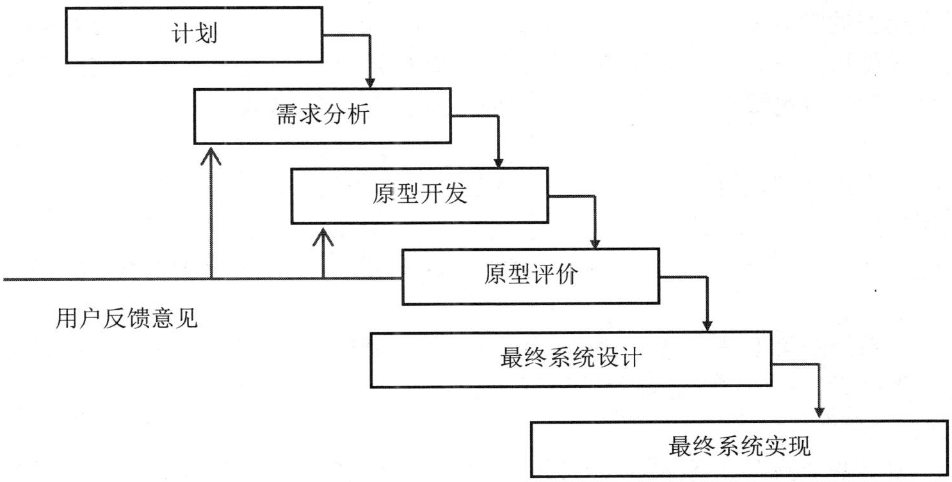

图 1-2　原型模型的开发流程

3)　增量模型

增量模型也称为渐增模型，融合了瀑布模型的基本成分和原型模型的迭代特征，该模型的采用随着日程时间的进展而交错进行的线性序列，每一个线性序列产生软件的一个可发布的“增量”。当使用增量模型时，第一个增量往往是核心的产品，实现了基本的需求，但很多补充的特征还没有发布。客户对每一个增量的使用和评估都作为下一个增量发布的新特征和功能，这个过程在每一个增量发布后不断地重复，直到产生最终的完善产品为止。

增量模型与原型模型和其他演化方法一样，本质上是迭代的，但与原型模型不一样的是其强调每一个增量均发布一个可操作产品。早期的增量是最终产品的“可拆卸”版本，但提供了为用户服务的功能，并且还提供评估的平台。增量模型的开发流程如图 1-3 所示。

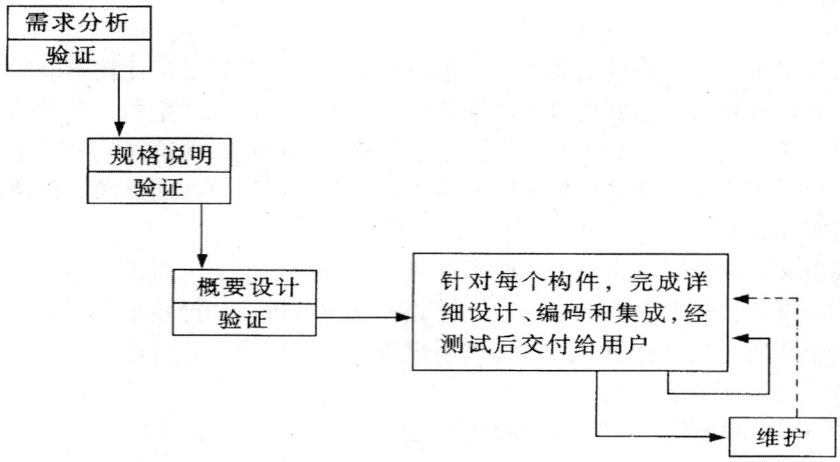

图 1-3 增量模型的开发流程

增量模型的特点是引进了增量包的概念，无须等到所有需求都出来，只要某个需求的增量包出来即可进行开发。虽然某个增量包可能还需要进一步适应客户的需求并且更改，但只要这个增量包足够小，其影响对整个项目来说是可以承受的。

优点：

(1) 由于能够在较短的时间内向用户提交一些有用的工作产品，因此能够解决用户的一些急用功能。

(2) 由于每次只提交给用户部分功能，因此用户有较充分的时间学习和适应新的产品。

(3) 对系统的可维护性是一个极大的提高，因为整个系统是由一个个构件集成在一起的，当需求变更时只变更部分部件，而不必影响整个系统。

缺点：

(1) 由于各个构件是逐渐并入已有的软件体系结构中的，所以加入构件必须不破坏已构造好的系统部分，这需要软件具备开放式的体系结构。

(2) 在开发过程中，需求的变化是不可避免的。增量模型的灵活性可以使其适应这种变化的能力大大优于瀑布模型和快速原型模型，但也很容易退化为边做边改模型，从而使软件过程的控制失去整体性。

(3) 如果增量包之间存在相交的情况且未处理好，则必须做全盘系统分析，这种将功能细化后，分别开发的方法较适用于需求经常改变的软件开发过程。

4) 螺旋模型

软件开发几乎总要冒一定的风险，例如，产品交付给用户之后用户可能对产品不满意，到了预定的交付日期软件可能还未开发出来，实际的开发成本可能超过了预算，产品完成之前一些关键的开发人员可能“跳槽”了，产品投入市场之前竞争对手发布了一个功能相近、价格更低的软件等。因此，在软件开发过程中必须及时识别和分析风险，并且采取适当措施以消除或减少风险的危害。

螺旋模型是一种演化软件开发过程的模型，它兼顾了快速原型的迭代的特征以及瀑布模型的系统化与严格监控等特征。螺旋模型最大的特点在于引入了其他模型不具备的风险分析环节，使软件在无法排除重大风险时有机会停止，以减小损失。同时，在每个迭代阶段构建原型是螺旋模型用以减小风险的途径。螺旋模型更适合大型的昂贵的系统级的软件应用。

螺旋模型的基本思想是，使用原型及其他方法以尽可能地降低风险。理解这种模型的一个简易方法是把它看作在每个阶段之前都增加了风险分析过程的快速原型模型，如图 1-4 所示，它的基本做法是在瀑布模型的每一个开发阶段前引入一个非常严格的风险识别、风险分析和风险控制，它把软件项目分解成一个个小项目。每个小项目都标识一个或多个主要风险，直到所有的主要风险因素都被确定。

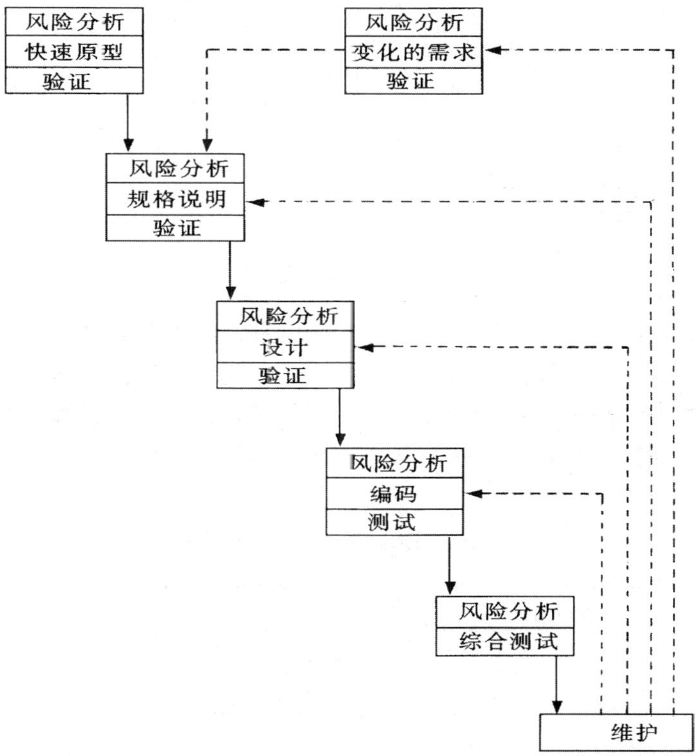

图 1-4　简化的螺旋模型

螺旋模型强调风险分析，使得开发人员和用户对每个演化层出现的风险有所了解，继而做出应有的反应，因此特别适用于庞大、复杂并具有高风险的系统。对于这些系统，风险是软件开发不可忽视且潜在的不利因素，它可能在不同程度上损害软件开发过程，影响软件产品的质量。减小软件风险的目标是在造成危害之前，及时对风险进行识别及分析，决定采取何种对策，进而消除或减少风险的损害。

螺旋模型沿着螺线进行若干次迭代，形成如图 1-5 所示的螺旋样式，图中的四个象限代表了以下活动。

(1) 制订计划：确定软件目标，选定实施方案，弄清项目开发的限制条件。

(2) 风险分析：分析评估所选方案，考虑如何识别和消除风险。

(3) 实施工程：实施软件开发和验证。

(4) 客户评估：评价开发工作，提出修正建议，制订下一步计划。

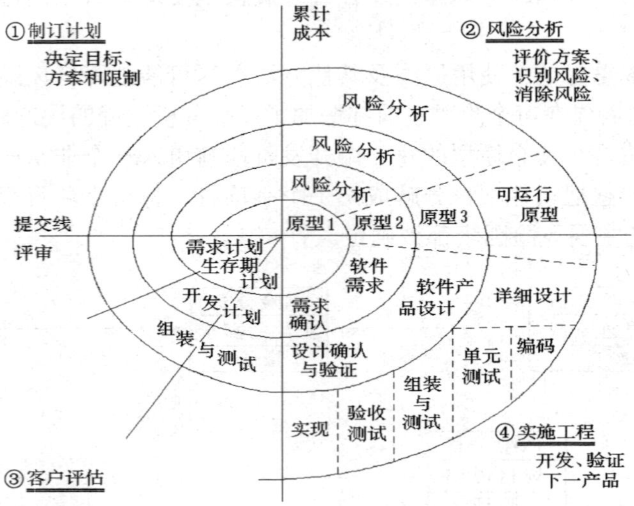

图 1-5　螺旋模型

螺旋模型很大程度上是一种风险驱动的方法体系，因为在每个阶段之前及经常发生的循环之前，都必须首先进行风险评估。在实践中，螺旋模型使技术和流程变得更为简单。迭代方法体系更倾向于按照开发/设计人员的方式工作，而不是项目经理的方式。螺旋模型中存在众多变量，并且在将来会有更大幅度的增长，表 1-2 中列出了螺旋方法能够解决的各种问题。

表 1-2　螺旋方法能解决的问题

经常遇到的问题	螺旋模型的解决方案
用户需求不够充分	允许并鼓励用户反馈信息
沟通不明确	在项目早期就消除严重的曲解
刚性的体系(Overwhelming architectures)	开发首先关注重要的业务和问题
主观臆断	通过测试和质量保证，做出客观的评估

续表

经常遇到的问题	螺旋模型的解决方案
潜在的不一致	在项目早期就发现不一致问题
糟糕的测试和质量保证	从第一次迭代就开始测试
采用瀑布法开发	在早期就找出并关注风险

优点：

(1) 设计上的灵活性，可以在项目的各个阶段允许其变更。

(2) 以小的分段来构建大型系统，使成本计算变得简单容易。

(3) 客户始终参与每个阶段的开发，保证了项目不偏离正确方向以及项目的可控性。

(4) 随着项目推进，客户始终掌握项目的最新信息，从而使他或她能够和管理层有效地交互。

缺点：

很难让用户确信这种演化方法的结果是可以控制的，况且该模型建设周期长，软件技术发展比较快，所以经常出现开发结束后的软件和当前的技术水平有了较大的差距，从而无法满足当前用户的需求等问题。

5) 总体数据库规划模型

数据规划是确定信息系统业务活动的各类数据及相互关系，识别组织中各业务领域的主题数据(或数据类)。主题数据是业务活动中产生或使用的、描述某项业务活动内容与特征的一类数据的总称。数据是组织的重要资源，是信息系统工作的基础。要建造一所歌剧院大厅，如果不进行总体规划，那将是不可能的。一旦做出了总体规划，设计小组就可以分别进行各个部门的具体设计了。一项完整的信息工程，其复杂性并不亚于歌剧院大厅的建造。但是，在大多数企业里，总是不经过充分详细的总体规划，不考虑各部门之间的协调工作，就着手进行。不难想象，歌剧院大厅的总设计师不必专门地为各个部门，如舞台机构、音响设备或其他子系统进行详细设计，这些应该由不同的设计组去独立完成。信息系统的建设也是如此。

特别是随着计算机设备价格的不断下降，个人计算机越来越多地应用于管理的各个部门，要发挥这些设备的功能，必须把它们有机地联系起来，这样才能既能满足每个管理人员的信息需要，又能给决策层领导提供及时的信息。这时，人们才吃惊地发现，分散的开发所带来的严重后果，所耗费的人力和资金比重新建立还要多，甚至采取维护和修改的办法是根本行不通的。系统维护问题就像病魔一样缠住了数据处理的发展，这就是人们所说的“数据处理危机”。总体数据规划的诞生，就像其他理论的出现一样，有着自己的特殊原因和动力，它是数据处理危机的必然结果。

总体数据规划是信息工程规划工作的基础与核心。但在许多单位的软件开发过程中，由于缺少必要的总体数据规划，致使事倍功半，或者虽然知道它的重要性，但对其难度估计不足。

总体数据规划的难点分为以下三个方面。

(1) 管理方面的困难。

数据流设计的最大障碍是部门设置的条块分割，总体规划要为用户方面提供一种灵活性，使他们能积极主动地建立他们所需要的系统，又要遵循一定的规则，使这些系统保持一致性，不论是现在还是将来都能相互交换数据。然而，总体规划的阻力主要来自企业里的一些用户(包括高级管理人员)和一部分习惯于独立开发的数据处理部门的人员。企业里的用户总想要拥有自己的信息资源，只关心与自己有关的系统的建立和修改。其实，社会需要一定的基础结构，有法律、法令和规章制度，才能保障其成员有更多的创造自己生活的自由。

(2) 技术方面的困难。

计算机技术方面：系统平台、操作系统、数据库管理系统和应用软件系统的“连接”需要多方面的知识。例如，有的数据库系统用 FoxBase 数据库，有的用 MySQL 数据库，有的用 Oracle 数据库等，同时负担已经很重的数据处理部门还不得不拿出很多时间来维护旧系统，还要开发一些新的项目，而新项目的时间要求又很紧，此时技术就成为软件研发的难点。

(3) 用户方面的困难。

用户最了解业务过程和管理上的信息需求，但是由于一些用户素质差，或不了解计算机工作的特点，而提出一些似是而非的需求；有的甚至提出“打字员”的需求，每月底帮着打印表格；有时对同一个问题，不同的用户有不同的提法；有时同一个人对同一个问题的提法也存在前后不一致的情况，从而无法准确、及时地确定用户的需求。

总体规划的目的不应该是包括一切的完整的设计，而应该是提出一个稳定的基础结构，其中的各个模块设计可以被连接起来。那种综合的、包括一切的设计太复杂，众多部门的相互影响，数不清的变化都纠缠在一起，实现的代价也很高。而这种基础结构，应该是管理上所需要的一组最小数目的模块，并能保证系统的扩充和互用。在良好的网络结构和稳定的数据模型的基础上，用户就有了使用他们所需要的信息资源的自由。

总体规划的内容应当在如下三个层次上进行。

第一个层次，战略的业务规划。大多数企业都有战略的业务规划，而且所有企业都应有这样的规划。战略业务规划描述企业的基本目标、发展战略和企业的指标。现在的政策和技术发展能改变企业的各个方面，在某些情况下改变企业的业务类型，改变制造方法，改变服务，改变信息流和决策的制定，并由此影响管理结构，影响产品的竞争机会。

第二个层次，战略的信息技术规划。企业计算机应用的发展需要加以规划，这样才能使数据库和办公自动化得到健康的发展。如果没有规划，系统的不一致性问题就会越来越多，就像杂草长满花园一样，与杂草不同的是，这些不一致性要想在系统中根除是极为困难的。

第三个层次，战略的数据规划。一个企业中有许多数据实体和它们的属性，可以与应用项目和系统相互独立地加以定义。管理、知识、技术的变化常常超出我们的认识，但是数据模型如果经过严格的分析和管理，可以保持稳定。通过总体数据规划所得到的数据模型将是富有生命力的，在长达数年之内，它们可以仅有微小的调整和增加，就可适用于多种类型的系统和数据库。

在使用总体数据库规划模型时，不论是数据规划小组，还是用户分析员，都必须保证在数据规划期内能持续地参加实际工作，绝不要任何只挂名而不实干的人员。如果没有决心组建这样的工作班子，则说明暂不具备进行总体数据规划的条件，因此就不要开始这项工作。总体数据规划成功与否的关键在于企业最高层领导的全力支持和高层管理干部的亲自参加。如果领导班子意见尚不一致，又没有高层管理人员参加实际工作，只交给一些中低层管理人员或请外单位人员来搞总体规划，是注定要失败的。总之，总体数据库规划模型是在分析了瀑布模型与原型模型的共同局限而提出来的。总体数据库规划模型开发流程如图 1-6 所示。

优点：起点高，不受行业水平限制。适合于现代化大型企业软件开发。

缺点：投资大，周期长，技术与社会性复杂，难度大。

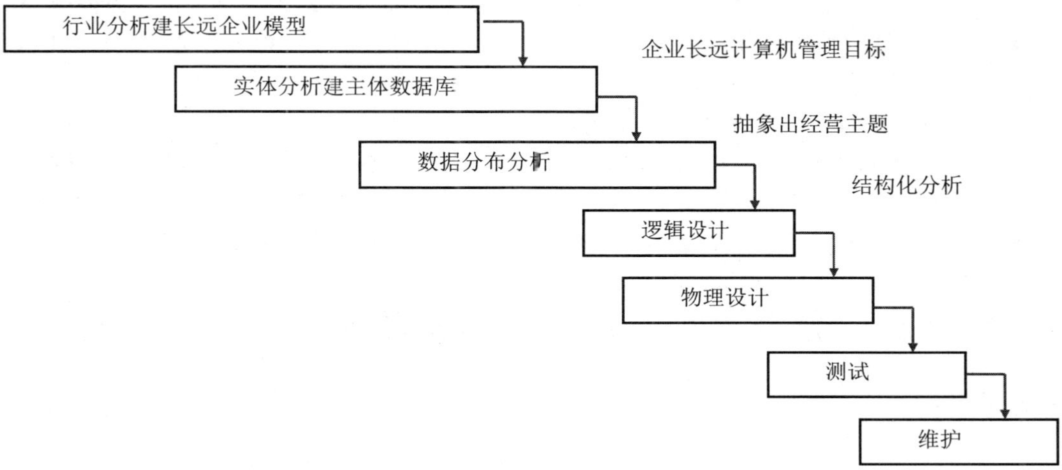

图 1-6　总体数据库规划模型的开发流程

2. 面向对象软件工程的开发模型

在实际开发软件时，往往用户事先难以说清系统需求，开发者也由于主客观的原因，缺乏与用户交流的机会，其结果是系统开发完成后，修改和维护的开销及难度过大。在面向对象软件开发模型中，着重强调不同阶段之间的重叠，不需要或不应该严格区分不同的开发阶段，以适应不断变化的软件开发环境。另外，在现有软件的基础上，还可以进一步开发新的软件，提高程序的重用性。面向对象的开发模型如图 1-7 所示。

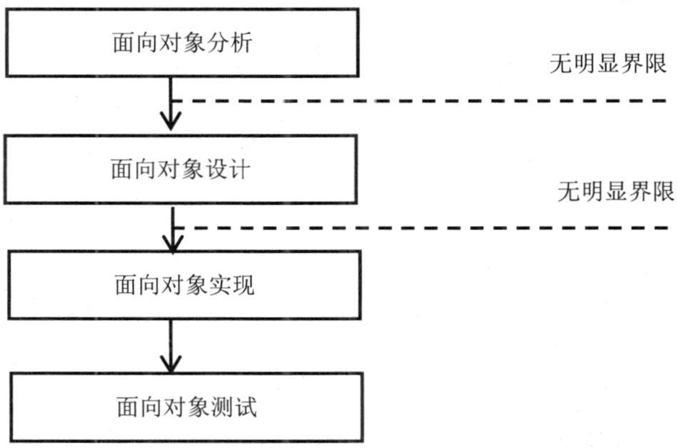

图 1-7　面向对象的开发模型

任务实施

每个软件开发组织都应该根据所要开发的软件特点及本组织的特点，选择适合自己的软件工程模型，把各种生命周期模型的特性有机地结合起来，充分利用它们的优点，回避缺陷，此时应注意以下几点。

- 总体上说，面向对象的程序设计采用的是面向对象模型，但局部可以结合其他模型。
- 在前期需求明确、资料完整的情况下尽量采用瀑布模型。
- 用户没有信息系统使用经验或者需求分析人员技能不足的情况下要借助原型模型。
- 在不确定性因素很多、许多东西无法计划的情况下尽量采用增量模型和螺旋模型。
- 在需求不稳定的情况下尽量采用增量模型。
- 在资金和成本无法一次到位的情况下可以采用增量模型，将产品分多个版本进行发布。
- 增量模型和原型模型可以综合使用，但每一次增量都必须有明确的交付内容。

任务 6　软件工程学的基本原则

任务要求

要求掌握软件工程学的基本原则。

知识储备

在 20 世纪 80 年代初，著名软件工程专家 B.W.Boehm 总结出了软件开发时需遵循的七条基本原则，同样，在进行软件项目管理时，也应该遵循这七条原则。

1. 用分阶段的生命周期计划严格管理

在软件开发与维护的漫长的生命周期中，需要完成许多性质各异的工作。这条基本原则意味着，应该把软件生命周期划分成若干个阶段，并相应地制订出切实可行的计划，然后严格按照计划对软件的开发与维护工作进行管理。在软件的整个生命周期中应该制订并严格执行六类计划，它们是项目概要计划、里程碑计划、项目控制计划、产品控制计划、验证计划、运行维护计划等。不同层次的管理人员都必须严格按照计划各尽其职地管理软件开发与维护工作，绝不能受客户或上级人员的影响而擅自背离预定计划。

2. 坚持进行阶段评审

软件的质量保证工作不能等到编码阶段结束之后再进行。这样说至少有两个理由：第一，大部分错误是在编码之前造成的，根据统计，设计错误占软件错误的 63%，编码仅占 37%；第二，对错误发现与改正得越晚，所需付出的代价也越高。因此，在每个阶段都应进行严格的评审，以便尽早发现在软件开发过程中所犯的错误。

3. 实行严格的产品控制

在软件开发过程中不应随意改变需求，因为改变一项需求往往需要付出较高的代价，但是，在软件开发过程中改变需求又是难免的，由于外部环境的变化，相应地改变用户需求是一种客观需要，显然不能硬性禁止客户提出改变需求的要求，而只能依靠科学的产品控制技术来顺应这种要求。为了保持软件各个配置成分的一致性，当改变需求时，必须实行严格的产品控制，其中主要是实行基线配置，基线是经过阶段评审后的软件配置成分，即各个阶段产生的文档或程序代码。基线配置管理也称为变动控制：一切有关修改软件的建议，特别是涉及对基准配置的修改建议，都必须按照严格的规程进行评审，获得批准以后才能实施修改。绝对不能谁想修改软件(包括尚在开发过程中的软件)，就随意进行修改。

4. 用现代程序设计技术

从提出软件工程的概念开始，人们一直把主要精力用于研究各种新的程序设计技术上。从传统的结构程序设计技术到面向对象程序设计技术，先进的程序设计技术已经成为绝大多数人公认的提高软件开发效率、提高软件维护效率的重要技术保障。

5. 结果应能清楚地审查

软件产品不同于一般的物理产品，它是看不见摸不着的逻辑产品。软件开发人员(或开发小组)的工作进展情况可见性差，难以准确度量，从而使得软件产品的开发过程比一般产品的开发过程更难以评价和管理。为了提高软件开发过程的可见性，更好地进行管理，应该根据软件开发项目的总目标及完成期限，规定开发组织的责任和产品标准，从而使得到的结果能够清楚地审查。

6. 开发小组的人员应该少而精

软件开发小组的组成人员的素质应该称职，而人数则不宜过多。开发小组人员的素质和数量是影响软件产品质量和开发效率的重要因素。素质高的人员的开发效率比素质低的人员的开发效率可能高几倍至几十倍，而且素质高的人员所开发的软件中的错误明显少于素质低的人员所开发的软件中的错误。此外，随着开发小组人员数目的增加，因沟通交流问题而造成的通信开销也急剧增加。因此，组成少而精的开发小组是软件工程的一条基本原则。

7. 承认不断改进软件工程实践的必要性

遵循上述六条基本原则，就能够按照当代软件工程基本原理实现软件的工程化生产，但是，仅有上述六条原则并不能保证软件开发与维护的过程能赶上时代前进的步伐。按照这条原则，不仅要积极主动地采纳新的软件技术，而且要注意不断总结经验、跟上技术不断进步的节奏。

任务实施

软件开发工作是按照软件生存周期，团队协作方可完成的，同学们在开发过程中应尝试使用软件工程学的基本原则规范整个项目的研发，以保证软件项目质量。

上机实训：机票预订系统

实训背景

为方便旅客，某航空公司拟开发一个机票预订系统。旅行社把预订机票的旅客信息(姓名、性别、工作单位、身份证号码、旅行时间、旅行目的地等)输入该系统，系统为旅客安排航班，印出取票通知和账单，旅客在飞机起飞的前一天凭取票通知和账单交款取票，系统校对无误即印出机票给旅客。

实训内容和要求

掌握软件生命周期模型的定义、使用、实现等方法，并为该系统设计其软件开发模型。

实训步骤

(1) 仔细分析机票预订系统的需求，设计出系统功能的源点、终点。
(2) 按照软件生命周期模型，分析、设计该系统的软件开发模型。

实训素材及参考图

软件生命周期模型如图 1-8 所示。

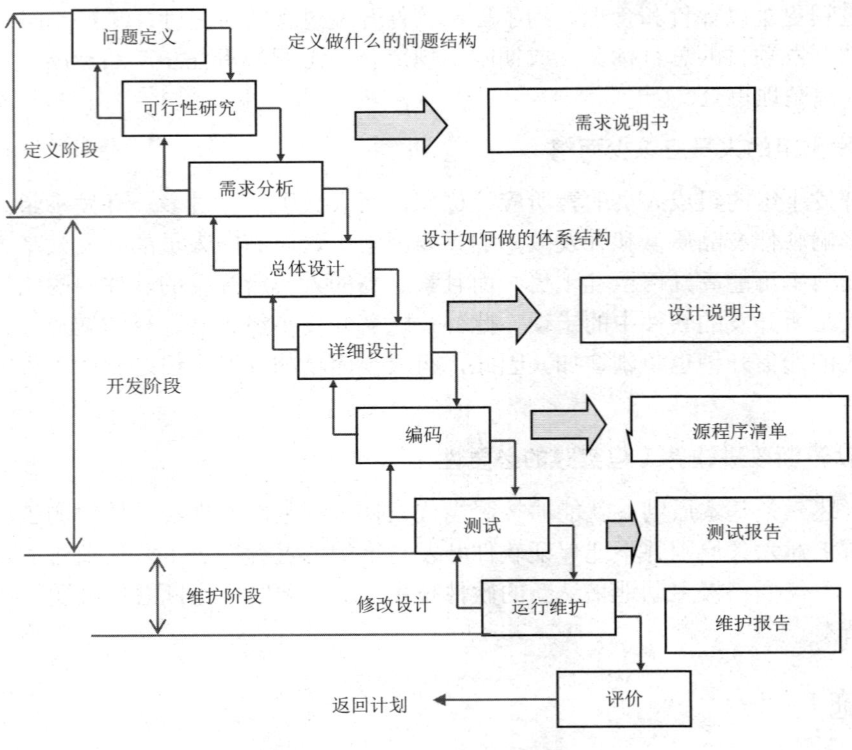

图 1-8　软件生命周期模型

项 目 小 结

本项目主要介绍软件工程学的基础知识和基本概念，讲解时理论联系实际，并采用案例讲解方法，为下一项目软件设计过程的讲解奠定了理论基础。

习　　题

一、选择题

1. 软件是一种(　　)产品。

　A. 有形　　B. 无形

　C. 物质　　D. 消耗

2. 下面机制中，可以让不同的类享有同名函数的是(　　)。

　A. 工具层　　B. 抽象类与接口

　C. 质量保证层　　D. 类与对象

3. 软件生存周期模型有多种，下列选项中，(　　)不是软机生存周期模型。

　A. 螺旋模型　　B. 增量模型

　C. 功能模型　　D. 瀑布模型

4. 需求分析是(　　)。

　A. 要回答“软件必须做什么？”的问题

　B. 是一个不断认识和逐步细化的过程

　C. 要求编写需求规格说明书

　D. 以上都对

5. 在数据流图中，有名字及方向的成分是(　　)。

　A. 数据存储　　B. 加工　　C. 数据流　　D. 信号流

6. 下面过程设计工具中，不是万能的及不能描述系统流程体系的是(　　)

　A. 问题分析图　　B. 盒图　　C. 流程图　　D. 判定树

二、填空题

1. 软件维护按照具体维护的目标分为，完善性维护、改正性维护、________、________、预防性维护。

2. 目前有若干种软件生存周期模型，例如__________模型、__________模型、螺旋模型、增量模型。

三、解答题

1. 请简述软件生存周期。

2. 请简述至少两种软件需求获取方法。

3. 请简述系统分析和系统设计的区别。

项目 2

软件设计过程

项目导入

软件工程是一种建模活动和解决问题的活动，也是一种知识获取的活动。在对应用域和解决方案域进行建模时，软件工程师收集数据，将这些数据转化为信息，并将这些信息形式化为知识。对知识的获取不是线性的，因为单个多余数据就能让整个模型变得无效。软件开发分为分析、设计、实现三个环节，分析就是获取项目需求，设计就是根据整理后的项目需求进行合理、准确、完善的项目设计，实现就是使用软件开发工具实现软件设计方案等。

项目分析

本项目以先进的面向对象方法学为开发基线，讲解了软件设计过程的基本原理、软件设计建模工具 UML(统一建模语言)及其操作工具 PowerDesigner、Violet 的安装使用方式等，最后通过饮料自动售货机系统的设计，总结了软件设计全过程。

任务 1　洞悉软件设计过程

任务要求

根据软件工程生命周期及项目内容确定软件设计过程原理，介绍软件设计过程中需遵守的规则及相关概念。

知识储备

软件工程是一种建模活动。软件工程师通过建模来处理复杂性，以做到每次只专注于相关联的细节而忽略其他一切因素。在开发过程中，软件工程师要构建许多不同的系统模型以及应用域模型。

软件工程是一种解决问题的活动。模型用于寻找一种可接受的解决问题的方法，而这种寻找方法受实验的驱动。软件工程师没有无限可用的资源，并且会受到预算的限制和提交的最后期限的限制。由于缺乏基本理论，他们通常得依靠实验方法来评价各种可选方案的优劣。

软件工程是一种知识获取的活动。在对应用域和解决方案域进行建模时，软件工程师收集数据，将这些数据转化为信息，并将这些信息形式化为知识。

软件工程的传统方法将结构化分析和结构化设计人为地分离成两个独立的部分，将描述数据对象和描述作用于数据上的操作看成两个独立的部分分别进行处理。实际上，数据和对数据的处理是密切相关、不可分割的，分别处理会增加软件开发和维护的难度。

面向对象方法是 1979 年以后发展起来的，是当前软件工程方法的主要方向，也是目前最有效、最实用和最流行的软件开发方法之一。面向对象方法是在汲取结构化方法的思想和优点的基础上发展起来的，是对结构化方法的进一步发展和扩充。

面向对象方法是一种将数据和处理相结合的方法。面向对象的设计(英文缩写为 OOD)与结构化设计有很大的不同，面向对象的设计是在面向对象的分析(英文缩写为 OOA)的基础上，对 OOA 模型逐渐扩充的过程。OOD 和 OOA 采用相同的符号表示，OOD 和 OOA 没有明显的分界线，它们往往反复迭代地进行。

在面向对象的设计(OOD)时，主要解决系统如何做，因此需要在面向对象的分析(OOA)的模型中为系统的实现补充一些新的类，或在原有类中补充一些属性和操作。OOD 时应能从类中导出对象，以及知道这些对象如何互相关联，还要描述对象间的关系、行为以及知道对象间的通信如何实现的等。

任务实施

在面向对象的软件开发过程中，面向对象的设计往往要经历三个阶段：需求分析、系统分析和系统设计等。

1. 需求分析

需求分析阶段所需要解决的问题是从“用户”的角度说明系统即将“做什么”。

软件开发是一个专业领域的人(软件开发人员)在为另一个专业领域的人(行业用户)服务的活动行为。用户了解他们所面对的问题，知道必须做什么，但是通常不能完整准确地表达出他们的要求，更不知道怎样利用计算机解决他们的问题。软件开发人员知道怎样用软件实现客户的要求，但是对特定用户的具体要求并不完全清楚。因此，系统分析员在需求分析阶段必须和用户密切配合，充分交流信息，与用户达成共识。

需求分析阶段的两个任务是捕获需求和分析整理需求，需求分析阶段确定的系统模型是以后设计和实现目标系统的基础，必须准确完整地体现用户的要求。这个阶段的一项重要任务是用正式文档准确地记录对目标系统的需求，即规格说明书。需求分析是否准确对软件项目的成败将会产生重要影响。

2. 系统分析

系统分析阶段所需要解决的问题是从“开发者”的角度来描述系统需要“做什么”。它从系统的角度来看待软件应该为用户提供的服务，进行逻辑上的分析，独立于具体的程序语言，得到相应的逻辑模型即系统分析模型。

3. 系统设计

系统设计阶段所需要解决的问题是从“开发者”的角度来描述系统需要“怎么做”。因此，需要考虑具体的实施方式，包括技术方案的选择、软件的部署、模式的运用、框架的使用等。

面向对象的系统设计又分为总体设计和详细设计两个子阶段。在总体设计子阶段主要重点放在解决系统高层次问题上，如将系统分析模型如何划分成子系统、选择构造系统的策略等，通常在面向对象的设计中把它称为系统总体设计阶段。在详细设计阶段主要解决系统的一些细节问题，如类、关联、接口的形式及实现服务的算法等，通常在面向对象的设计中把它称为系统对象设计阶段。

任务 2 面向对象软件设计工具 UML

任务要求

掌握面向对象软件设计过程的原理及相关概念，熟练掌握统一建模语言 UML，并且能够自行设计 UML 模型。

知识储备

统一建模语言(Unified Modeling Language，UML)是由 Jim Rumbaugh、Grady Booch、Ivar Jacobson 提出的一种定义良好、易于表达、功能强大且普遍适用的建模语言。它是一种构建软件系统和文档的通用可视化建模语言。UML 能与所有的开发方法一同使用，可用于软件开发的整个生命周期。

UML 能表达系统的静态结构和动态信息，并能管理复杂的系统模型，便于软件团队之间的合作开发。UML 不是编程语言，但支持 UML 语言的工具可以提供从 UML 到各种编程语言的代码生成，也可以提供从现有程序逆向构建 UML 模型等。UML 并不是万能的，它是一种离散的建模语言，对于特定的领域，比如 GUI、VLSI 电路设计或基于规则的人工智能，用特定的语言和工具可能更合适。

UML 不是完整的开发方法，它不包括逐步的开发流程，但它提供所有必要的概念，具备足够的表达能力，UML 的目标是能尽量简洁地表达系统的模型。

1. UML 的历史

UML 是在多种面向对象建模方法的基础上发展起来的建模语言，它的演化可以划分为以下四个阶段，最初的阶段是专家的联合行动，由三位 OO(面向对象)方法学家 Grady Booch、Jim Rumbaugh 和 Ivar Jacobson 将他们各自的方法结合在一起，形成 UML0.9；第二阶段是公司的联合行动，由十几家公司组成的“UML 伙伴组织”将各自的意见加入 UML，形成 UML1.0 和 UML 1.1，并作为向 OMG(对象管理组织)申请成为建模语言规范的提案；第三阶段是在 OMG 控制下的修订与改进，出台 UML1.1 作为建模语言规范；第四阶段是做出重大修订后于 2003 年推出 UML2.0，此时 UML 得到了广泛认可和使用。UML 是许多人共同努力的结果，是集体智慧的结晶。

2. UML 的特点

统一建模语言 UML 的特点如下。

(1) 易于使用，表达能力强，能够进行可视化建模。

(2) 与具体的软件开发过程无关，可应用于任何软件开发的过程。

(3) 使用简单、可扩展。扩展无须对核心概念进行修改。

(4) 为面向对象的设计和开发过程中涌现出的高级概念(例如协作、框架、组件)提供支持。

(5) 吸收当代最好的软件工程实践经验。

(6) 工具可以升级，具有广阔的适用性和可用性。

(7) 有利于面向对象工具的市场成长。

3. UML 概念的范围

UML 概念的范围可以划分为以下八个方面。

(1) 系统需求：又称用例视图，它是从外部用户的角度来描述系统的行为，它将系统功能划分为对用户有意义的事务，这些事务被称为用例，用户被称为执行者，用例视图也就是描述活动者在各个用例中的参与情况，它指导所有的行为视图。

(2) 静态结构：又称静态视图，定义各种事物的内部特征和相互之间的关系，应用概念建模成类，类描述事物的属性和操作，类之间可以存在不同的关系，比如泛化(继承)、关联和依赖等。静态视图表示成类图，静态视图在某一时刻的快照称为对象图。

(3) 动态行为：使用状态机视图或活动视图来表示系统对象的动态行为。其中的状态机视图，通过对每个类的对象的生命周期进行建模，描述单个对象在时间上的动态行为和移动状态。状态机是由状态和迁移组成的图，状态机通常附属于类，描述类实例对接受事件的响应。活动视图是利用状态机对运算和工作流进行建模的特殊形式。活动视图的状态代表了运算执行的状态，而非一般对象的状态，活动视图和流程图很相似，不同之处是活动视图支持并发行为。

(4) 交互行为：又称交互视图，它通过对象间协作来进行建模，协作具有结构和行为两个方面，结构包含一系列角色和关系，行为包含绑定于角色对象间的一系列交换的消息等，这些消息在协作中称为交互，消息序列可用两种图来表示：顺序图(重点在消息的时间顺序)和协作图(重点在交换消息的对象间的关系)。

(5) 物理实现：又称物理视图，许多系统模型独立于最终的实现，在实现方面，必须充分考虑系统的重用性。UML 有两种视图来表示系统的实现，分别是实现视图和部署视图，实现视图将可重用的系统片段打包成组件，部署视图描述系统运行时资源的物理分布情况。

(6) 各种视图之间的关系：静态视图(类图、对象图)和物理视图(实现视图、部署视图)是描述系统的静态结构的，用例视图是描述系统的外部视图的，活动视图是描述系统的外部/内部视图结构的，交互视图(顺序图、协作图)是描述系统的内部视图结构的，而状态机视图描述单个类的动态行为等。

(7) 模型组织：任何大系统都必须划分为较小的单元，以使人们能在某一时刻只接触有限的信息，而不影响团队间的并行工作。模型是利用包和包的依赖来进行管理的。包是 UML 模型中通用的层次组织结构，包上的依赖总结了包内容的依赖关系。

(8) 扩展机制：UML 能满足绝大部分系统建模的需要，但任何语言都不是万能的，它必须考虑一定的扩展机制，UML 的扩展机制包括约束、标签值和原型等。这些扩展机制可以用来为特定领域剪裁 UML 的配置，使得设计人员根据自身需要来选取建模语言。

在面向对象的系统开发过程中，每个阶段都要建造不同的模型。需求分析阶段建造的模型用来捕获系统需求信息；设计阶段的模型是分析模型的扩充，为实现阶段作指导性和技术性的解决方案；实现阶段的模型是真正的源代码及编译后的组件；发布阶段是描述系统物理上的架构等。

4. UML 的内容

统一建模语言 UML 包含三方面的内容

(1) UML 基本图素：它是构成 UML 模型图的基本元素。

(2) UML 模型图：它是由 UML 基本图素按照 UML 建模规则构成的若干种图。

(3) UML 建模规则：UML 模型图必须按特定的规则组合，从而构成一个有机的、完整的 UML 模型图。

一个模型必须首先定义各种事物的内部特征和相互之间的关系，下面详细介绍 UML 的模型图素。

1) 基本图素——角色

角色是与系统、子系统或类交互的外部人员、进程或事务，符号如图 2-1 所示。在运行时，具体人员会充当系统的多个执行者，不同用户可能会成为一个执行者。

图 2-1 角色

2) 基本图素——用例

用例是系统提供的外部可感知的功能单元，用例的目的是定义清晰的系统行为，但不解释系统的内部结构。

用例可以与角色关联，也可以参与其他的多种关系，比如扩展、泛化和包含等关系。

用例用椭圆来表示，符号如图 2-2 所示，用例名标在椭圆的下方或内部，用实线与自身通信的角色相连。

3) 基本图素——系统

系统也叫作系统边界，用于界定系统功能范围。它用一个矩形框表示，符号如图 2-3 所示。描述该系统功能的用例都置于其中，而描述的内容与系统交互的角色都置于其外。

注：系统(边界)常常省略不画。

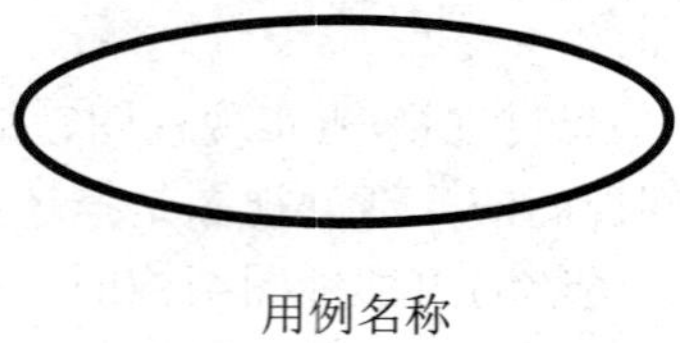

图 2-2 用例

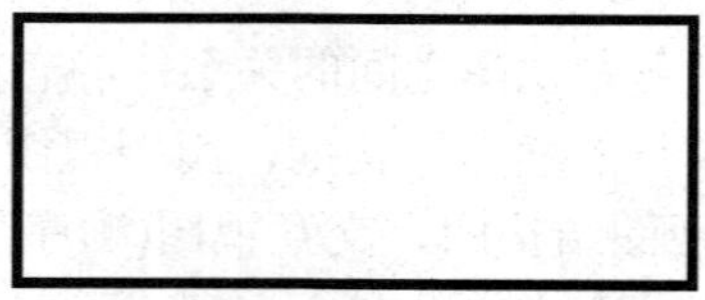

图 2-3 系统边界

4) 基本图素——类

类是具有相同属性、操作和关系的对象集合的总称。通常在 UML 中类被画成三层矩形，包括表示名称的第一层、表示属性的第二层和表示操作的第三层等，符号如图 2-4 所示。类三层结构的具体要求如下。

(1) 名称：每个类都必须有一个名字，用来区分其他的类，类名是一个字符串。例如表示顾客的类，其类名为 Customer。

(2) 属性：类可以有任意多个属性，也可以没有属性。在类图中属性只要写上名字就可以了，也可以在属性名后跟上类型甚至默认取值等。例如，Customer 类有表示顾客姓名的属性 name，表示地址的属性 address，表示电话号码的属性 phone 等。

(3) 操作：操作是类的任意一个实例对象都可以调用的，并可能影响该对象行为的实现，又称为方法。例如 Customer 类中有设置姓名的操作 setName()和获取姓名的操作 getName()等。

总之，世间万物均可看成是一个类，每一个物种总是会有名称，每一个物种总是有特征和特性，每一个物种总是会有相应行为和动作，合起来就是一个完整类的表述。

5) 基本图素——对象

对象是类的实例。对象图素与类图素基本相同，对象名的下面加下划线，如图 2-5 所示 Customer 类的对象，只要在类名下面加下划线即可。对象图素除第一格名称外，其他格是可选的。

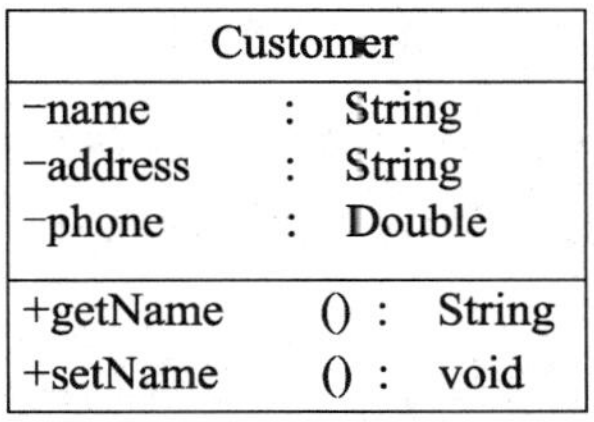

图 2-4　类

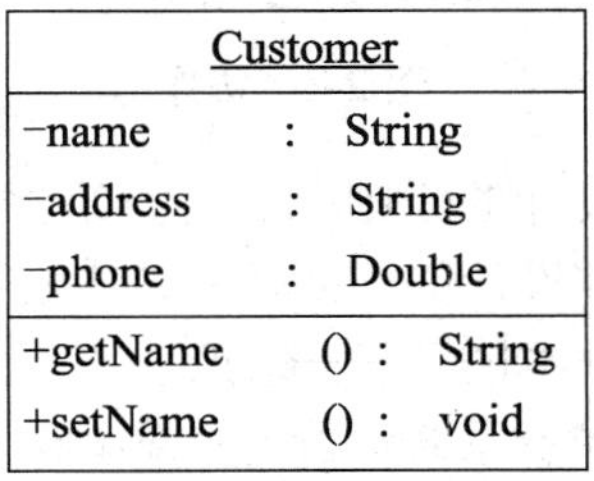

图 2-5　对象

6) 基本图素——接口

接口是未给出实现的对象行为的描述，接口包含操作，但没有属性，一个或多个类可以实现接口，每个具体实现类实现接口的操作，如图 2-6 所示。一般情况下，在系统设计过程中，需要声明同名函数、对象表述和实现相分离等情况就使用接口机制来完成。通常优秀的系统设计方案均会用到接口机制。

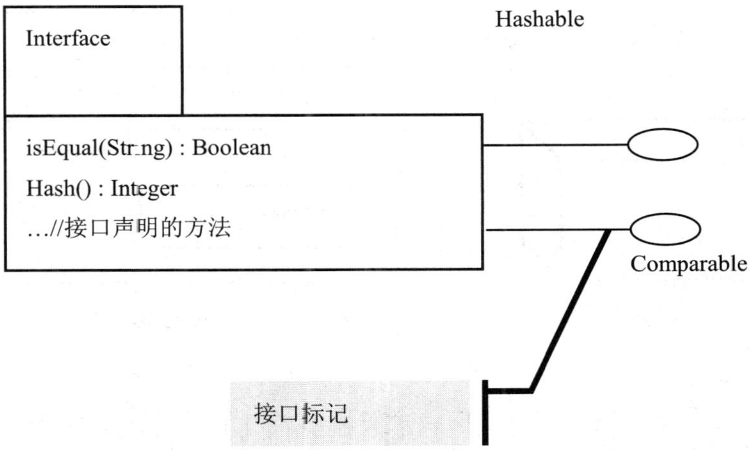

图 2-6　接口

7) 基本图素——协作

协作实质代表一组模型元素协同完成对应用例的功能。协作与对应的用例存在着一种所谓的实现关系，起到协同说明的作用，其符号如图 2-7 所示。协作与对应的用例分离带来的好处是为描述一个用例可以使用不同的协作实现，为用例起到补充、说明、约束的作用。

8) 基本图素——组件

组件是可重用的系统片段，具有良好定义接口的物理实现单元。每个组件均包含系统设计中某些类的实现，符号如图 2-8 所示。一个组件可能是源代码、可执行程序或动态库。

图 2-7 协作

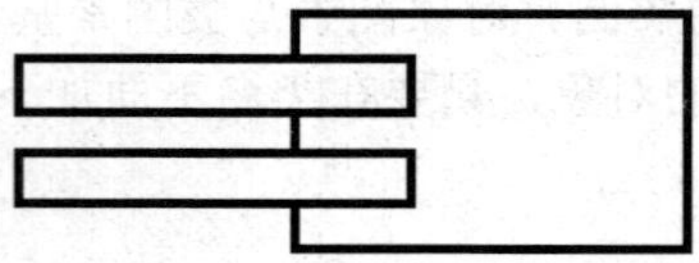

图 2-8 组件

组件设计的原则：良好的组件不直接依赖于其他组件，而是依赖于其他组件所支持的接口。这样设计的好处是系统中的组件可以被支持相同接口的组件所取代而互不影响。

9) 基本图素——结点

结点代表系统运行时的物理对象，结点通常拥有运算能力，它可以容纳对象和组件实例，符号如图 2-9 所示。

10) 基本图素——包

任何大系统都必须划分为较小的单元，以便人们在某一时刻可以处理有限的信息工作，使团队的工作互不影响。包可以包含各种模型元素和其他的包，包之间还可能存在一定的依赖。包代表了与系统其他部分具有清晰接口的清晰单元，也代表了系统在功能或实现范围上的划分。符号如图 2-10 所示。

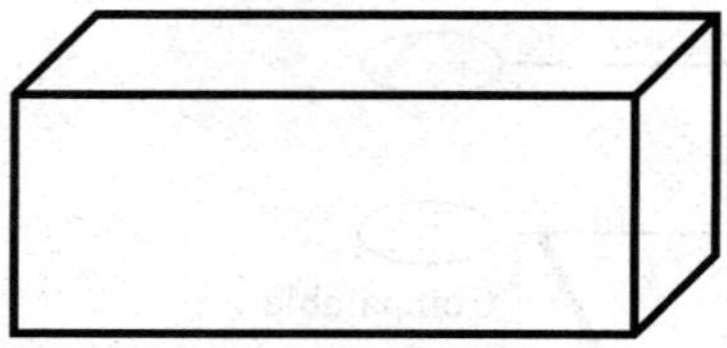

图 2-9 结点

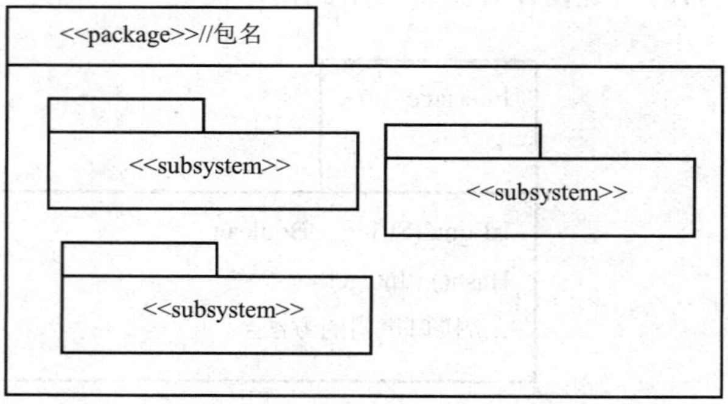

图 2-10 包

11) 基本图素——消息

消息代表软件系统内两个对象中的一个对象向另一个对象发出的执行某种操作的请求。消息没有固定符号，而是传递的具体数据。消息有简单、异步、同步之分。

(1) 简单消息是一个对象到另一个对象的转移。

(2) 同步消息是一个对象发送消息给另一个对象，该对象必须等待对方的回答后才继续自己的操作。

(3) 异步消息是一个对象发送消息给另一个对象，该对象不必等待对方的回答就继续自己的操作。

12) 基本图素——关系

关系分为关联、聚集、组合、泛化、实现、依赖等。

(1) 关联关系。关联描述了系统中对象和其他实例之间离散的连接，关联至对象的连接点称为关联端点，很多信息被附在关联端点上，它拥有角色名、重数(多少个类的实例可以关联于另一个类的实例)、可见性等。关联有自己的名称，可以拥有自己的属性，这时关联本身也是类，称为关联类。如公司与员工之间的关联关系及关联关系工作 Job 引申出来的关联类等，表示符号如图 2-11 所示。

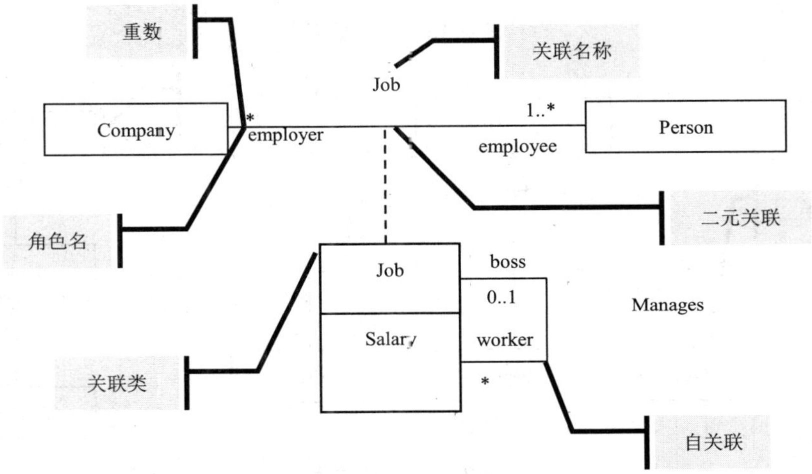

图 2-11　关联关系

(2) 聚集关系。聚集(Aggregation)用来表达整体-部分关系，如点集合组成几何图形等，符号如图 2-12 所示。组合(Composition)是一种聚集，表示具有一定规则、顺序的组成，是关联更强的形式，如窗口的布局情况是有规则和顺序的，符号如图 2-13 所示。

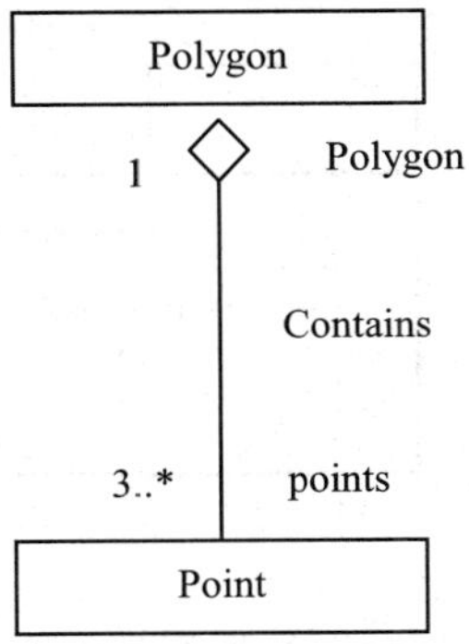

图 2-12　聚集关系

(3) 泛化关系。泛化是一般化和具体化之间的一种关系。继承就是一种泛化关系，更一般化的描述称为双亲，双亲的双亲称为祖先，更具体化的描述称为孩子，在类的范畴，双亲对应超类，孩子对应子类，如树 Tree 和树种之间的关系，或者人、学生、毕业生之间的关系等，符号如图 2-14 所示。

(4) 依赖关系。使赖是指两个或两个以上模型元素之间的关系，符号如图 2-15 所示。依赖有很多种类，比如：使用(usage)、实例化(instantiate)、调用(call)、派生(derive)、访问(access)、引入(import)、友元(friend)等。

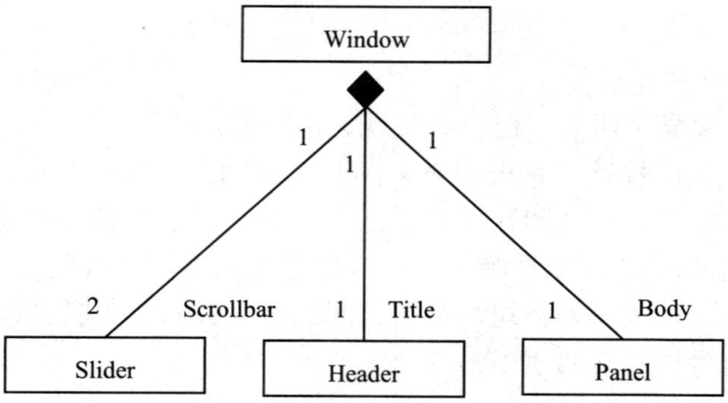

图 2-13　组合关系

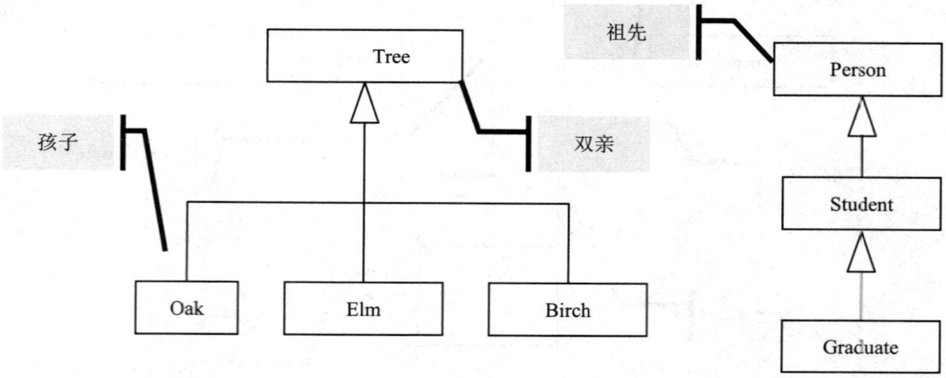

图 2-14　泛化关系

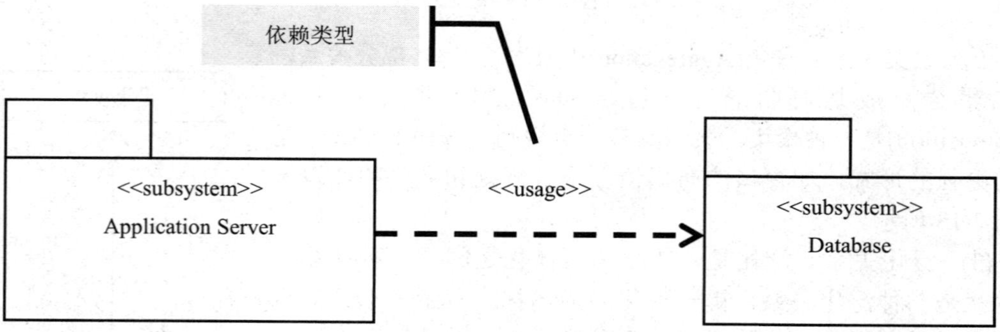

图 2-15　依赖关系

(5) 实现关系。实现是依赖的一种，但由于它具有特殊意义，所以将它独立讲述。实现是连接说明和其具体实现之间的关系，如接口和它的具体实现类之间的关系等，符号如图 2-16 所示。

(6) 约束关系。约束用来表示各种限制，如关联路径上的限制等，符号如图 2-17 所示。

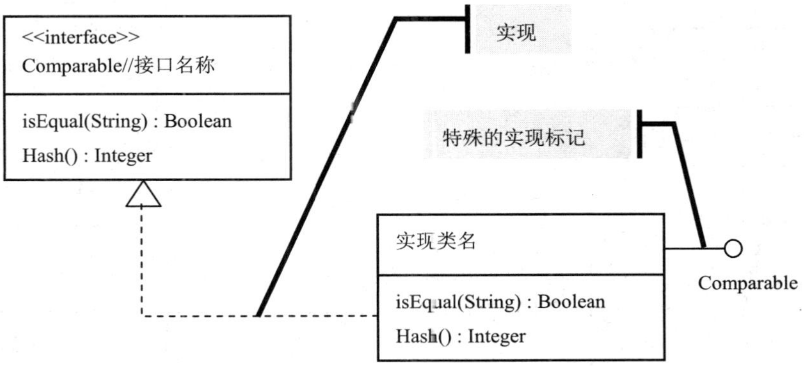

图 2-16　实现关系

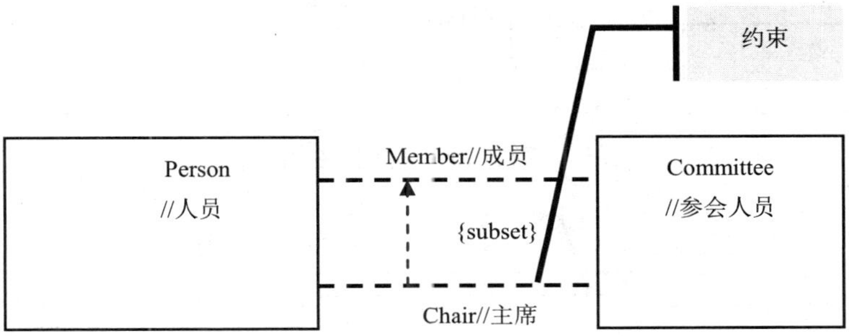

图 2-17　约束关系

任务实施

子任务 1　UML 静态建模

静态建模[1]——类图

静态视图是 UML 的基础，静态视图主要表示为类图，用于描述类和类之间的关系。例如，一个人(Person)购置房子(House)时需向金融机构(Financial Institution)，包含银行(Bank)和信托公司(Trust company)，贷款(Mortgage)方能达到购置房屋的目的，其类图表示如图 2-18 所示。

静态建模[2]——对象图

对象图是系统静态结构在某一时刻的快照，即是类图的一次应用实例，如上面例子中表示人的类 Person 即可实例化为 Smith，表示房子的 House 类即可实例化为 Cottage 和 home 两个对象，类图在 Smith 上的快照及对象图如图 2-19 所示，表示一个叫 Smith 的人购置 cottage 房子时资金充裕，再次购置 home 房子时，需向银行 RoyalBank 两次贷款(Mortgage)方能置办，该对象图即是图 2-18 所示购房类图的一次具体应用。

静态建模[3]——组件图

组件图描述可重用的系统组件以及组件之间的依赖。图 2-20 是学生管理系统的组件图，图中 Billing.exe 代表预算功能模块，Register.exe 表示注册功能模块，Course.dll 表示课程功能模块，People.dll 表示人功能模块(其包含学生 Student 和教授 Professor)。

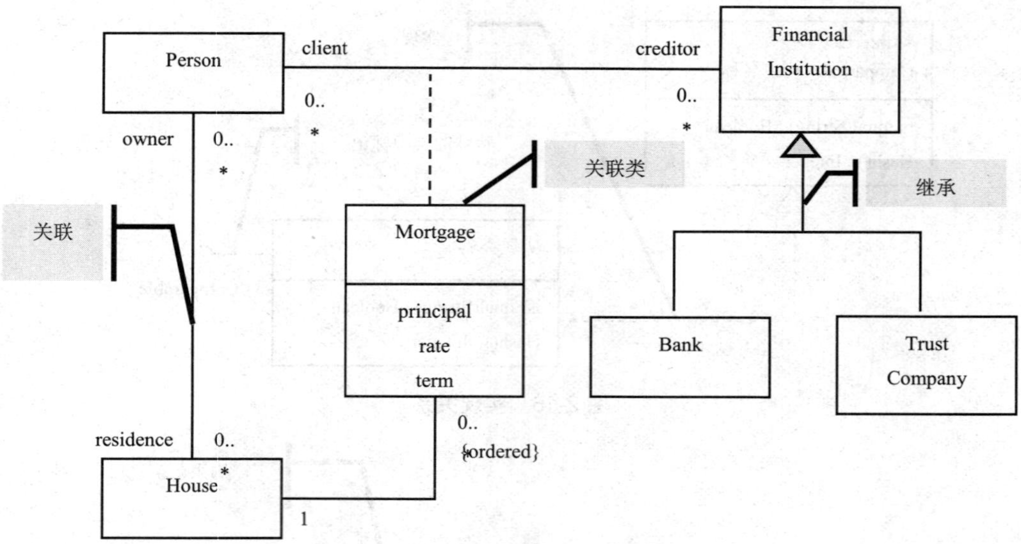

图 2-18　购房类图

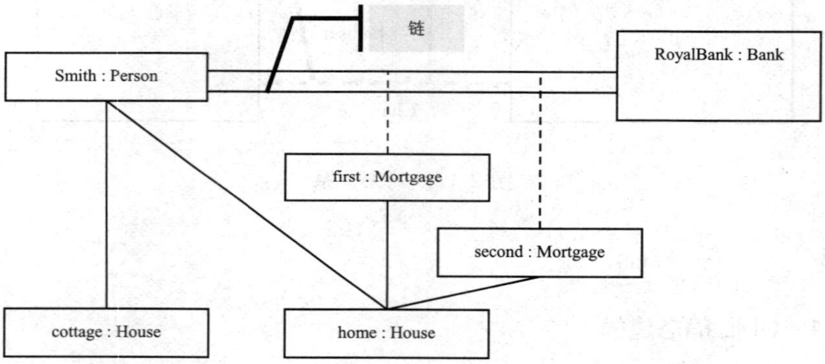

图 2-19　Smith 购房对象图

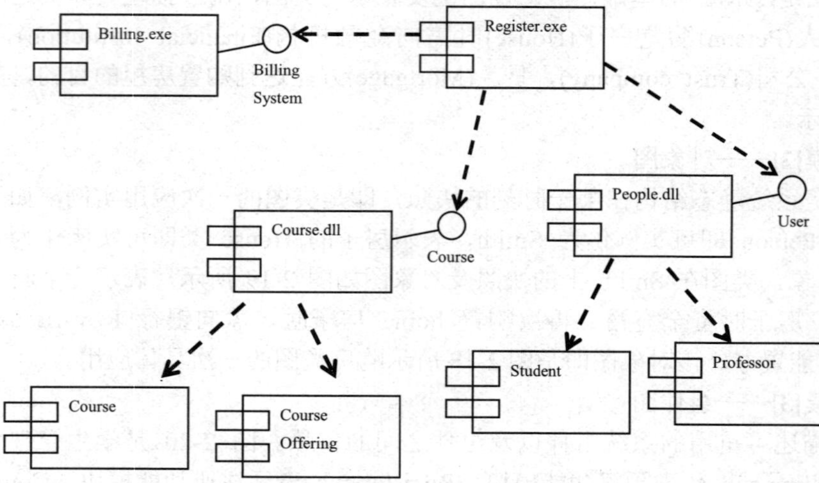

图 2-20　组件图

静态建模[4]——部署图

部署图描述系统资源在运行时的物理分布，图中系统资源称为结点(也称节点)，如图 2-21 所示，这是学生管理系统的部署图，表示学生管理系统需部署安装的物理地点，图中 Registration 代表注册总结点，Database 代表数据库结点，MainBuilding 代表主楼结点，Library 代表图书馆结点，Dorm 代表宿舍结点等。

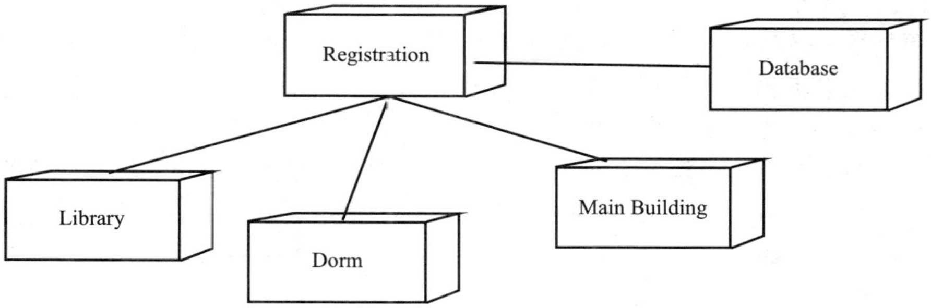

图 2-21　部署图

子任务 2　UML 动态建模

动态建模[1]——用例图

用例图描述各个执行者在各个用例中的参与情况和系统能够实现的功能模块，描述系统为用户所感知的外部视图。例如，图 2-22 中的顾客 Customer、销售员 Salesman、经理 Supervisor、货物提供商 Supplier 表示参与者，使用基本图素中的角色符号，销售模块 Sale、管理模块 Management、货物提供模块 Supply 表示用例，使用基本图素中的用例符号表示，用例和参与者之间的关系则使用基本图素中的关系表示，图中所示的是关联关系。

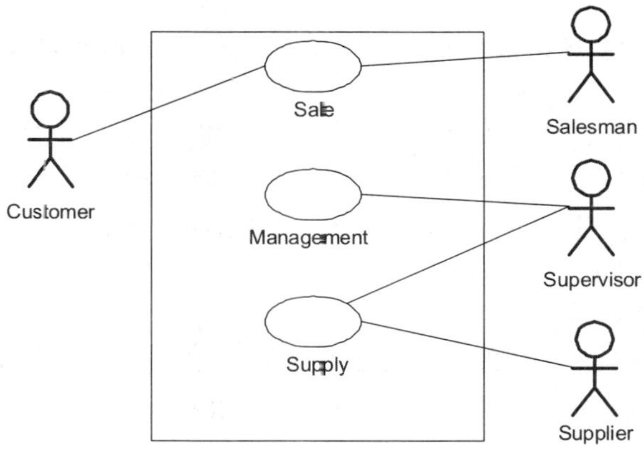

图 2-22　用例图

用例图的功能如下。

- 捕获系统用户需求。
- 能够清晰描述系统边界。
- 能够指明系统外部行为。

- 帮助、指导系统开发者的功能开发。
- 用例图是系统建模的起点，指导所有的类图和交互图的设计。
- 产生测试用例、用户文档等项目参考资料，为项目管理提供依据。

动态建模[2]——状态机图

状态机图(又称为状态转换图)用来描述一个特定对象的所有可能状态，以及引起状态转换的事件。大多数面向对象技术都用状态机图表示单个对象在其生命周期中的行为。一个状态机图包括一系列状态、事件以及该状态下的行为等三要素组成，其符号如图 2-23 所示，状态及该状态下的行为均用椭圆或圆角框表示，引起状态变迁的事件则用箭头表示，事件名称标在箭头上方，使用实心圆表示状态转移的开始、使用双环圆表示状态转移的结束。一个状态要求类所属对象满足一定的条件，所以状态可认为是一个类属性值的抽象。

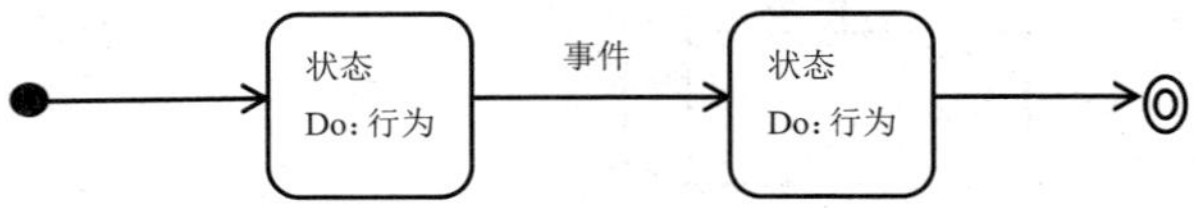

图 2-23　状态转换图

动态建模[3]——活动图

活动图是用状态机对工作流进行建模的特殊形式，它和流程图很类似，不过它支持并发控制。活动图一般不描述所有的运算细节，它显示活动的流，但不显示执行活动的对象。它的目的与状态机图有些不同，活动图的主要目的是描述动作及动作的结果，不需指明任何事件，只要动作被执行，活动图中的状态就自动开始转换。如果状态转换的触发事件是内部动作，可用活动图描述；当状态转换的触发事件是外部事件时，常用状态转换图来表示。

活动图处于系统的外部和内部视图之间，所以它可以作为设计的起点，为了完成设计，每个活动必须扩展成一个或多个操作，每个操作被指派给特定的对象来实现。如图 2-24 所示为商品销售系统的活动图，有表示顾客的 Customer 对象、表示销售员的 Sales 对象、表示仓库管理员的 Stockroom 对象及相应的三个泳道和三个对象间按照事件发生顺序进行交互的各种行为，依次是顾客提出货物请求，销售员拿到订单，仓库管理员满足订单，然后顾客付款，销售员发货，顾客收货等。在活动图中，有一个横线代表同步线，即只有同步线上的事件均发生了才允许进入下一个动作行为，如图中所示只有满足订单，顾客付款这个事件才会发生。

动态建模[4]——序列图

对象行为是通过交互来实现的，交互是对象间为完成某一目的而进行的一系列消息交换的过程。交互的消息序列可用两种图表示：序列图(重点在消息的时间顺序)和协作图(重点在交换消息的对象间的关系)。

如图 2-25 所示，序列图用二维表来表示交互，纵向是时间轴，横向是参与的角色(表示呼叫者的 Caller、通信中介的 Operator 和被呼叫的 Callee 等)以及它们交换的消息。角色的生命周期表现为生命线，一条垂直的线，在激活的时间段里是双线，在状态保持的时间段里是普通线条，消息表示为从一条生命线出发到另一条生命线的有向线，从上而下，表示消息的时间顺序等。

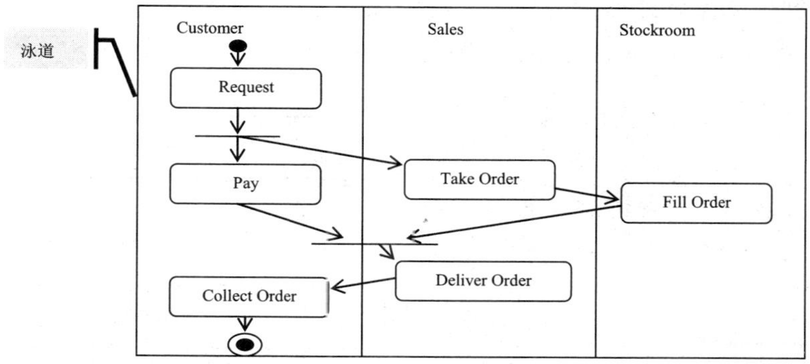

图 2-24　活动图

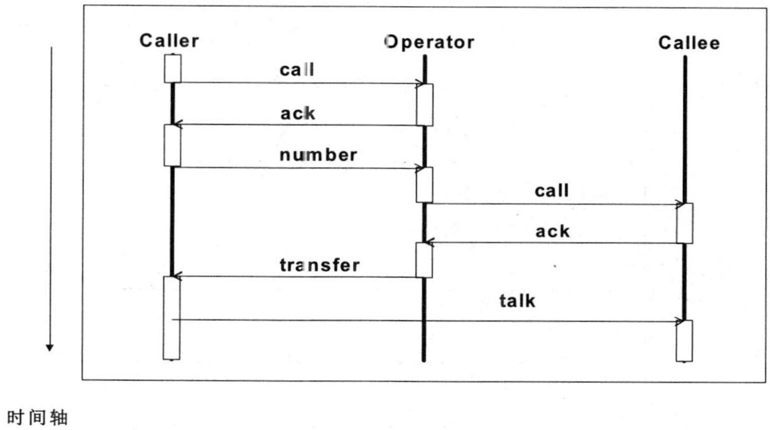

图 2-25　序列图

需要注意的是，序列图又称顺序图，它是 UML 建模过程中常用的图形工具之一。

动态建模[5]——协作图

协作图包含分类角色和关联角色，当它实例化时，对象被绑定到分类角色，链被绑定到关联角色。关联角色还可能被各种暂时性的链来充当，如过程参数和局部过程变量，链可以指定暂时性的原型，如图 2-26 所示，角色 Student 首先填表、提交申请至注册系统 Registration Form，然后根据学生填写信息，由注册管理系统 Registration Manager 负责为学生分配选修课目 Math 等。协作图对实现协作的对象和链进行建模，而忽略其他对象。对协作图来说，时间顺序可以从顺序编号获得。

子任务 3　UML 公用机制

公用机制[1]——注释

注释用于解释设计的思路，起到说明解释作用，便于理解。一个好的模型应该有详尽的注释。尤其在复杂且规模大些的系统设计中要求必须有注释环节，从而便于团队协作和后期的软件测试和调试工作。注释的例子如图 2-27 所示，对公司实体进行说明注释。

公用机制[2]——规范说明

软件模型必须是完整的，以便于软件系统的构建。在软件设计过程中，要求模型必须具备足够的详细信息以供软件建造使用。这些构成完整模型的详细信息就是模型的规范说明(简称规范)。所有 UML 模型成员都有规范说明。

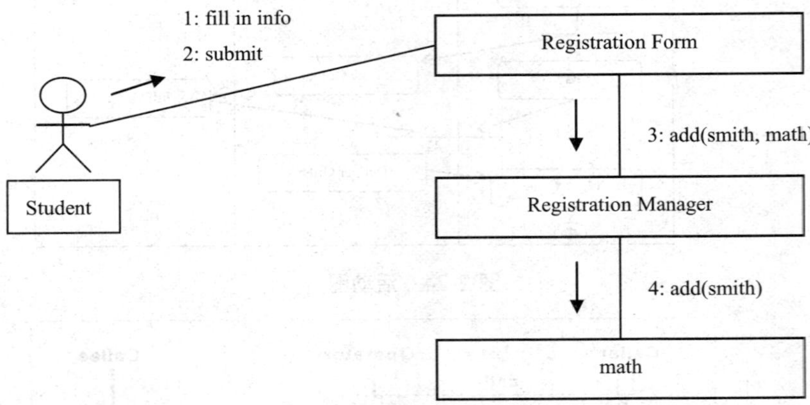

图 2-26 协作图

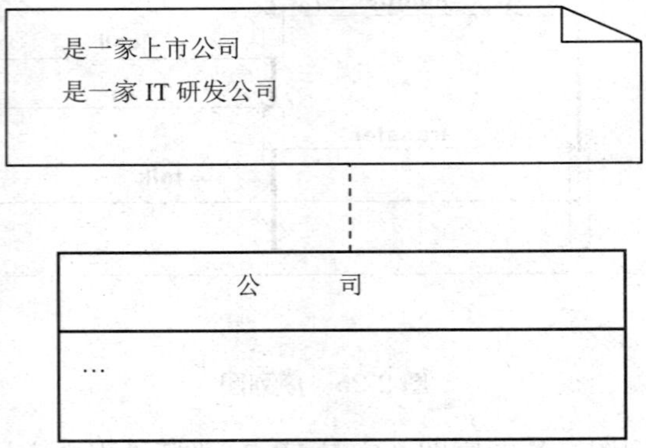

图 2-27 注释

不同的模型成分规范说明的内容不同，这些规范说明的内容一般用属性名和属性值的形式来表达。UML 中有许多预定义的属性，比如：UML 模型中类的成分带“-”表示私有的(Private)权限，只有当前类能够访问；带“+”表示公开的(Public)权限，其他类均可以访问；带“#”表示受保护的(Protected)权限，只有当前类及它的子类可以访问等。

公用机制[3]——扩充机制

当使用 UML 的基本图素难以有效地表达复杂事物时，就需要对 UML 进行某种形式的扩充，正如同人类的语言需要不断地扩充语汇，以描述各种新出现的事物一样。UML 提供了这种扩充机制。 UML 的模型图不是 UML 基本图素的简单堆砌，它必须按特定的规则有机地组合而成，从而构成一个完整的 UML 模型图。

UML 的建模规则包括如下内容。

(1) 命名：任何一个 UML 基本图素和模型图(统称 UML 成员)都必须命名。

(2) 作用域：UML 成员所定义的内容能够起作用的上下文环境，如类名受所属包的约束等。

(3) 可见性：描述 UML 成员能被其他成员引用的方式。

(4) 完整性：描述 UML 成员之间互相关联的合法性和一致性。

(5) 运行属性：描述 UML 成员在运行时的特性，如消息的同步、消息的异步等。

子任务 4　UML 实例：饮料自动售货机系统

【问题描述】

一个饮料自动售货机可以放置五种不同或部分相同的饮料，可由厂商根据销售状况自动调配，并可随时重新设置售价，但售货机最多仅能放置 50 罐饮料，其按钮设计在各种饮料样本的下方，若经金额计算器累计金额足够，则选择键灯会亮；若某一种饮料已销售完毕，则售完灯会亮。

其中“销售”功能需求描述是：顾客将硬币投入售货机，经累加金额足额的饮料选择键灯亮，等顾客按键选择。顾客按键后饮料由取物篓掉出，并自动结算及找钱。

其中“取消交易”功能需求描述是：顾客可在按下选择键前任何一个时刻，拉动退币杆取消交易收回硬币。

(1) 系统分析确定对象(下面粗体显示)。

一个饮料自动**售货机**可以放置五种不同或部分相同的**饮料**，可由厂商根据销售状况自动调配，并可随时重新设置售价，但售货机最多仅能放置 50 罐饮料，其按钮设计在各种饮料样本的下方，若经**金额计算器**累计金额足够，则**选择键**灯会亮，等顾客按键选择。顾客按键后饮料由取物篓掉出，并自动结算及找钱；若某一种饮料已销售完毕，则售完灯会亮。顾客可在按下选择键前任何一个时刻，拉动**退币杆**取消交易收回硬币。

根据系统分析得知，售货机应该还有一个计算存量的对象，称为**存量计算器**。

(2) 设计系统静态结构，饮料自动售货机系统对象图如图 2-28 所示。

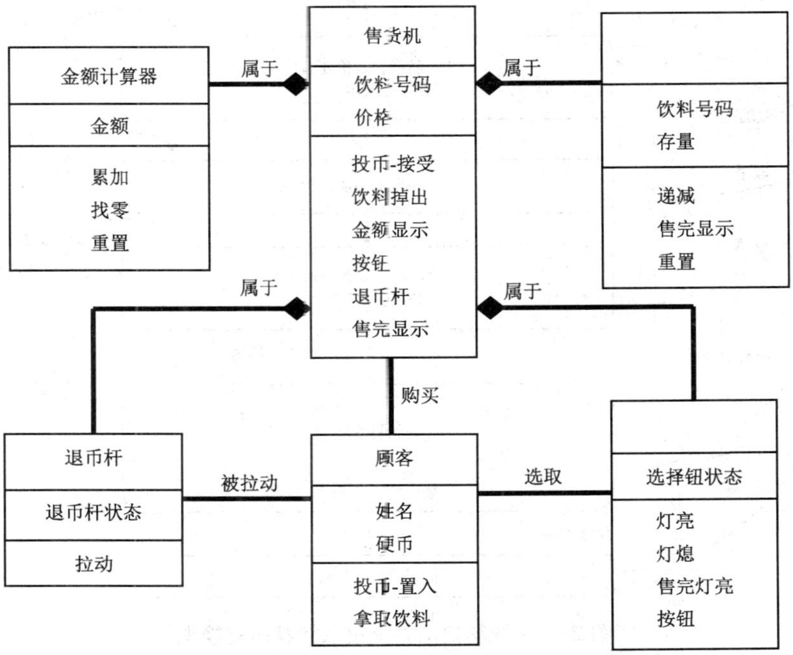

图 2-28　饮料自动售货机对象图

(3) 设计系统交互行为图，饮料自动售货机系统的序列图如图 2-29 所示。

(4) 设计系统动态结构，饮料自动售货机系统状态转换图如图 2-30 所示。

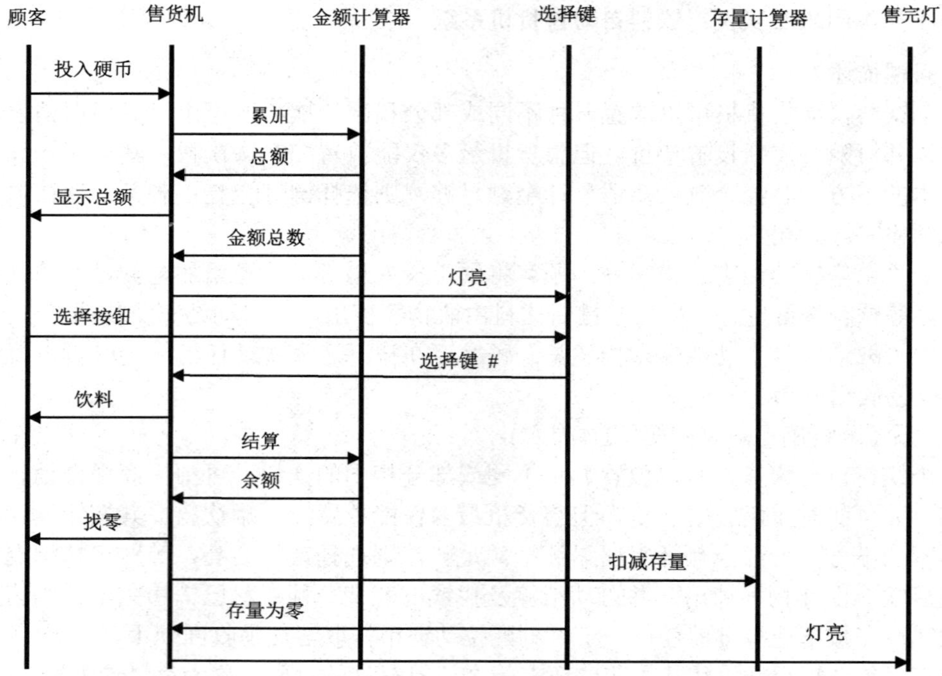

图 2-29　饮料自动售货机系统的序列图

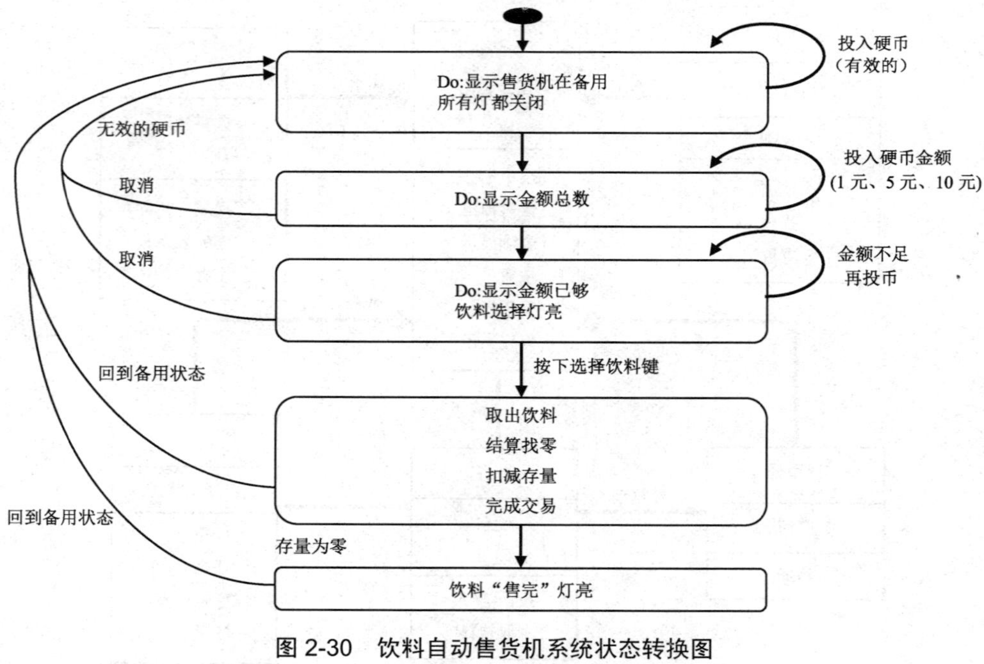

图 2-30　饮料自动售货机系统状态转换图

子任务 5　软件建模工具 PowerDesigner

UML 作为面向对象图形建模工具，需要有特殊的图形设计平台来支持软件设计建模过程，目前市场上较受欢迎的是 PowerDesigner 软件建模工具。具体安装步骤如下。

【安装步骤一】双击安装文件，界面如图 2-31 所示。

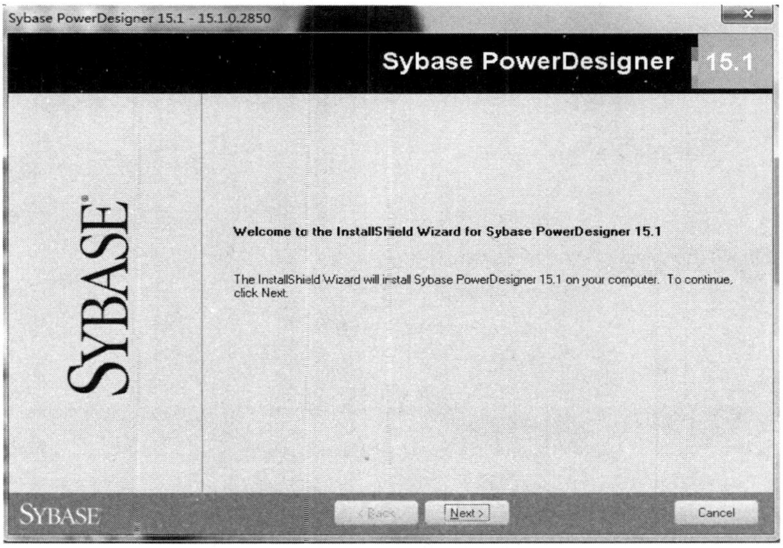

图 2-31　安装界面

【安装步骤二】单击 Next 按钮，选定语言如 America，界面如图 2-32 所示。

【安装步骤三】选取同意协议内容后，进入如图 2-33 所示界面，然后选择安装目录。

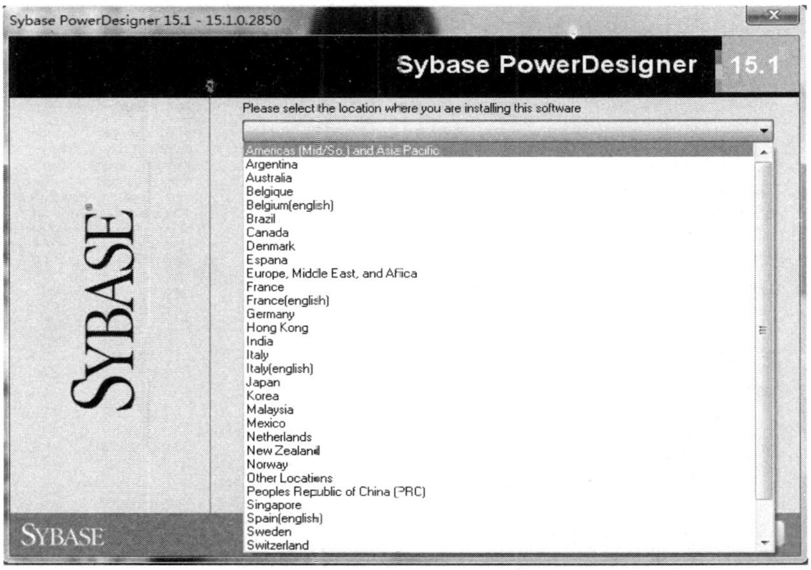

图 2-32　选定语言界面

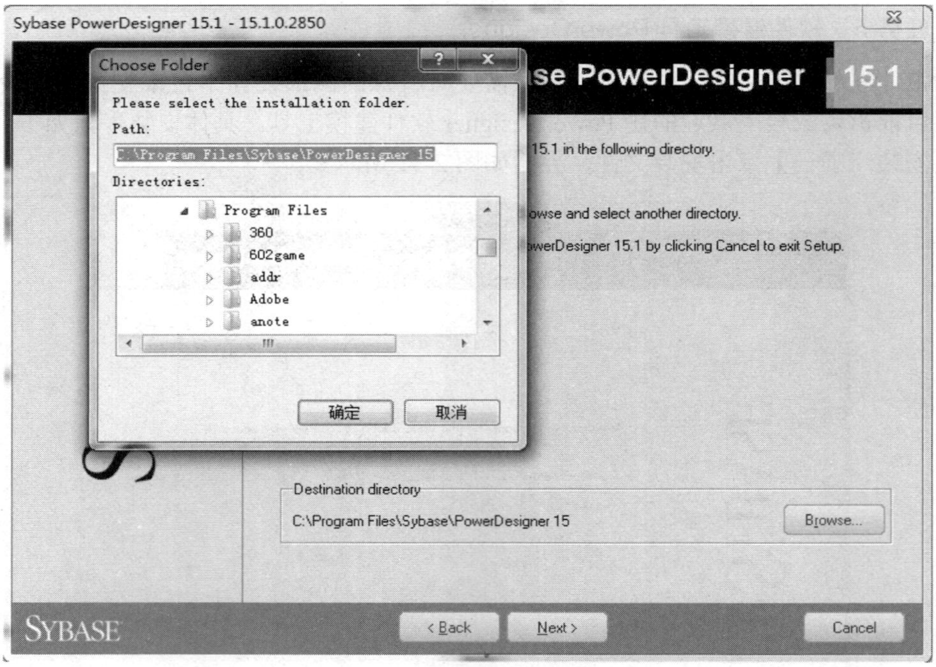

图 2-33　安装路径选择界面

【安装步骤四】随后的三个界面保持默认选项，单击 Next 按钮，最终进入如图 2-34 所示界面，在其中选择安装内容。

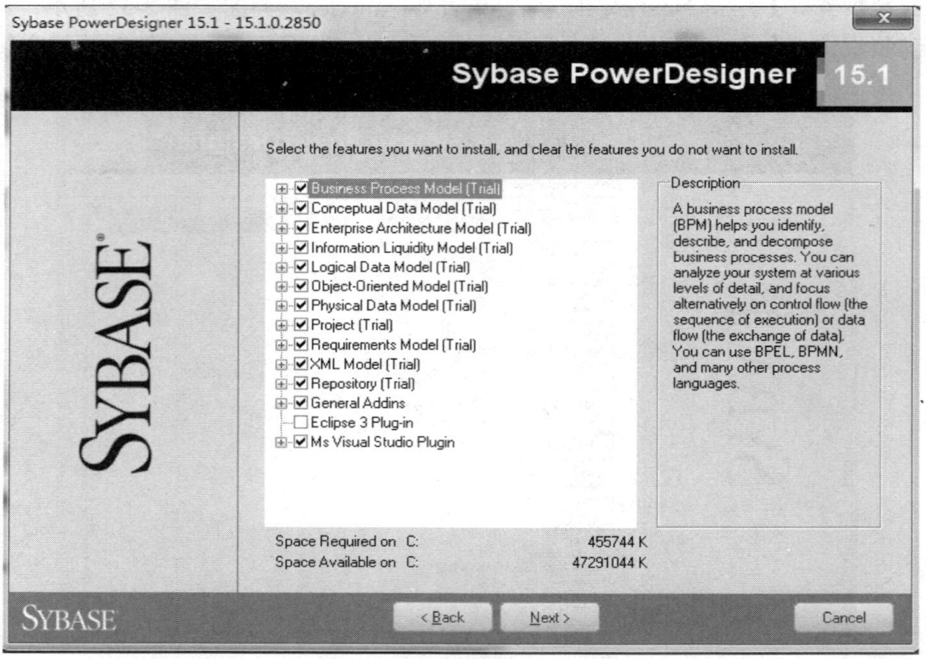

图 2-34　安装内容选项界面

【安装步骤五】单击 Next 按钮，进入安装界面，在其中显示安装进度，如图 2-35 所示。

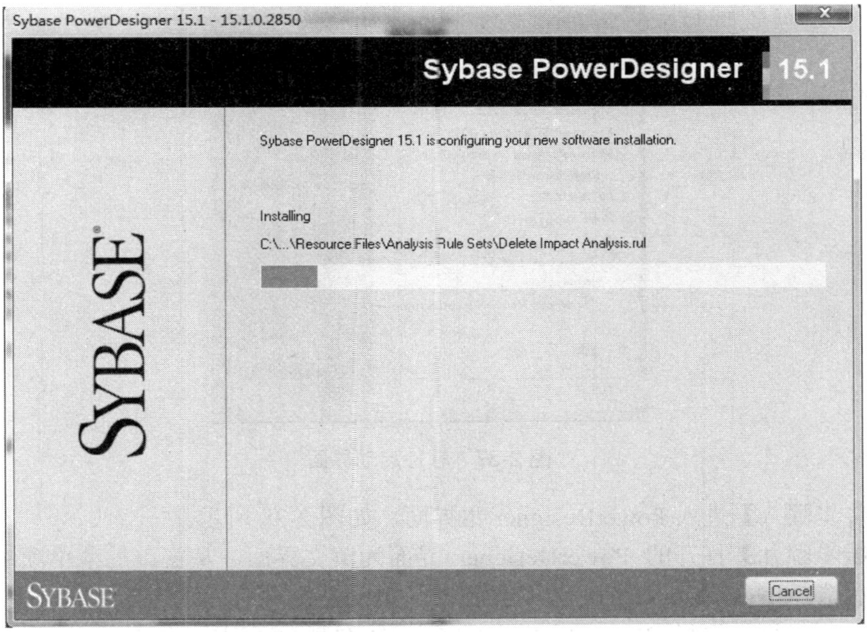

图 2-35　安装进度的显示界面

【安装步骤六】安装成功后，单击 Finish 按钮结束安装，成功安装界面如图 2-36 所示。

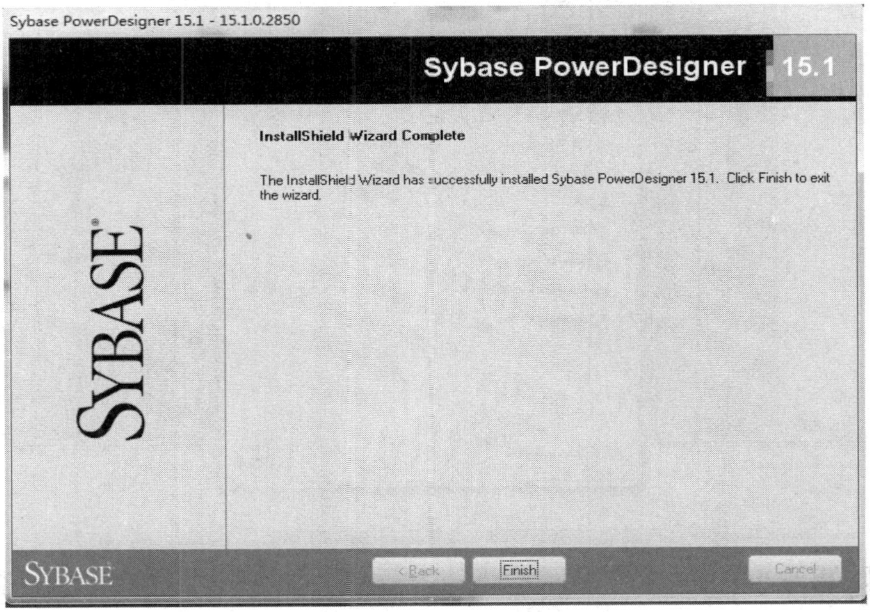

图 2-36　安装结束界面

【安装步骤七】从“桌面”的“开始”菜单中找到 Sybase，选择 PowerDesigner，启动界面如图 2-37 所示。

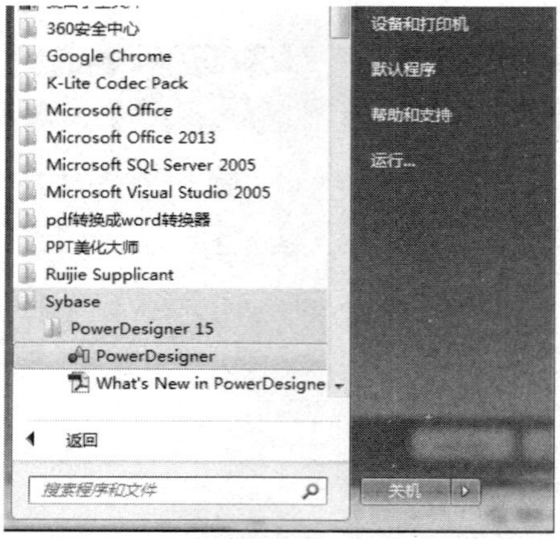

图 2-37　软件启动界面

【安装步骤八】进入 PowerDesigner 主界面，如图 2-38 所示。

【安装步骤九】打开的 PowerDesigner 界面为英文界面，从窗口的菜单项中找到 File 菜单，然后选择 New Model 命令，从弹出对话框的左侧导航栏中选择 Model types，再从 Model type 列表框中选择 Object Oriented Model，右侧就会列出 12 个 UML 图标，界面如图 2-39 所示。

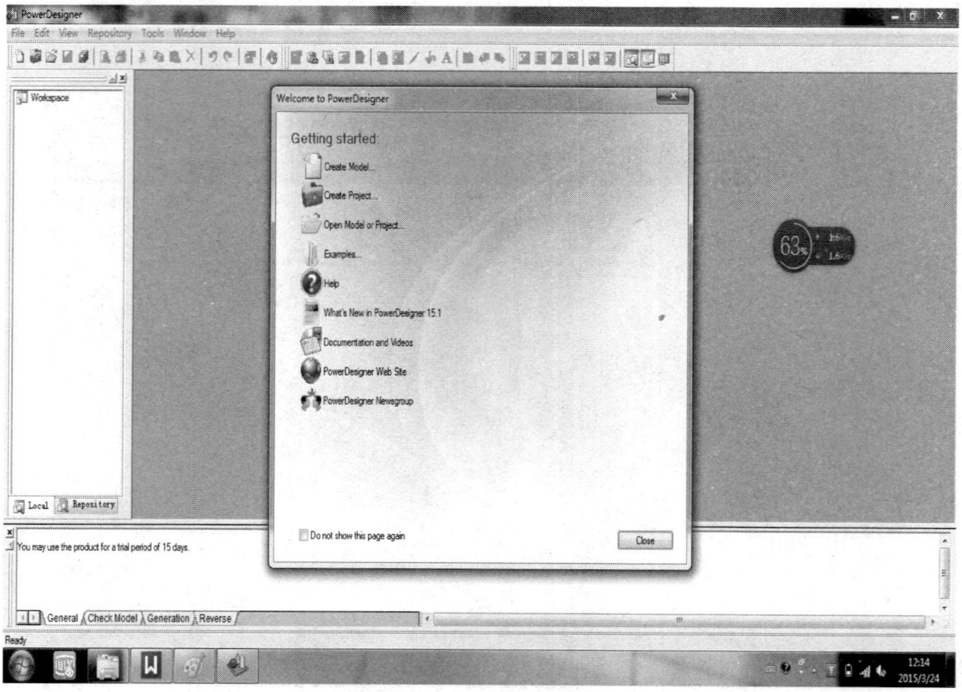

图 2-38　软件打开界面

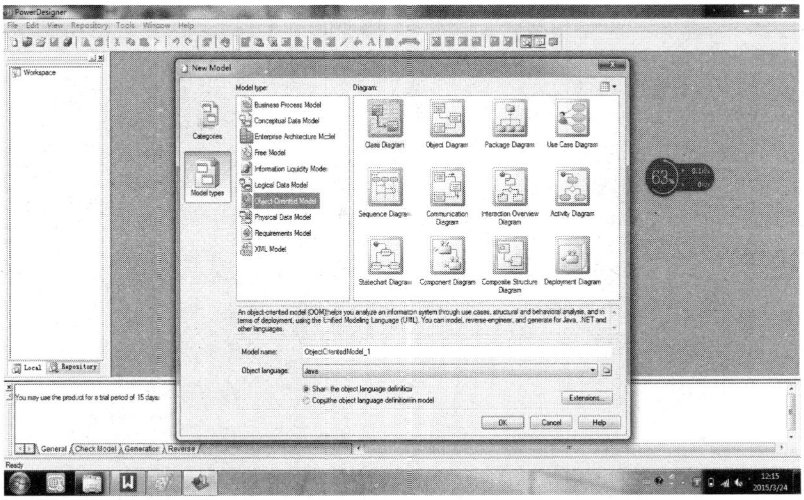

图 2-39　建模界面

【安装步骤十】我们从素材库中找到汉化文件夹，如图 2-40 所示，选定、复制所有文件，然后找到安装目录下的相同文件夹，覆盖原来的所有文件，一般默认安装路径是 C:/Program files/Sybase/PowerDesigner。

图 2-40　汉化文件夹界面

【安装步骤十一】按照上面的步骤，重新启动 PowerDesigner，其操作界面已经变成中文模式，如图 2-41 所示。

子任务 6　软件建模工具 Violet

PowerDesigner 虽然功能强大、表示 UML 图形全面，但是安装过程较为复杂，而且要占据一定的内存容量，人们幻想着有没有一种免安装的软件，既能达到软件建模的目的，又能节省资源，此时 Violet 工具问世了。

图 2-41　PowerDesigner 中文工作界面

Violet 是一种用 Java 语言开发的 jar 文件，是绿色免安装建模工具，其因操作简单、符号体系完整、界面清晰、容易做超链接等优势受到青睐，但是其功能有限，只能设计常用的五种 UML 图，分别是类图、对象图、顺序图、状态转换图和用例图。

Violet 软件虽然免安装，但是作为 Java 语言开发的 jar 文件，要求系统中必须先配置有 JDK 环境才能正常使用。使用 Violet 时，直接双击即可打开如图 2-42 所示的操作界面，从五种图中选择任意一种图形工具，其操作界面中就会显示相应图的工具箱。

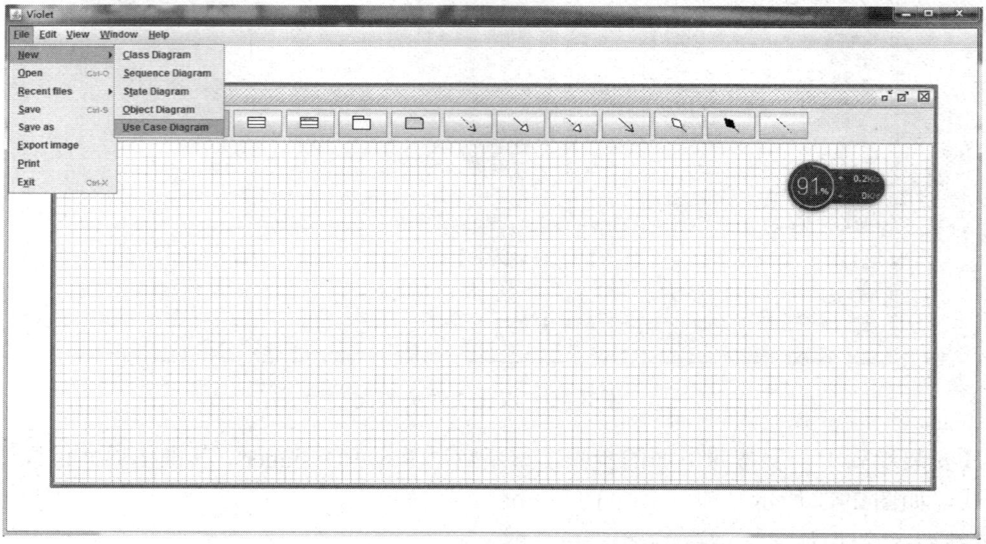

图 2-42　Violet 的工作界面

Violet 软件作为 Java 运行程序，若想正常使用必然先安装 JDK 环境 jdk-6u10-rc2-bin-b32-windows-i586-p-12_sep_2008，具体安装步骤如下。

【安装步骤一】双击安装文件，进入协议阅读界面，界面为英文模式，如图 2-43 所示。

【安装步骤二】单击【接受】按钮，进入自定义安装界面，确定软件安装路径，如图 2-44 所示，也可单击界面右下角的【更改】按钮改变安装路径，如图 2-45 所示。

【安装步骤三】单击【确定】按钮，进入安装界面，这个过程可能需要持续几分钟时间，如图 2-46 所示。

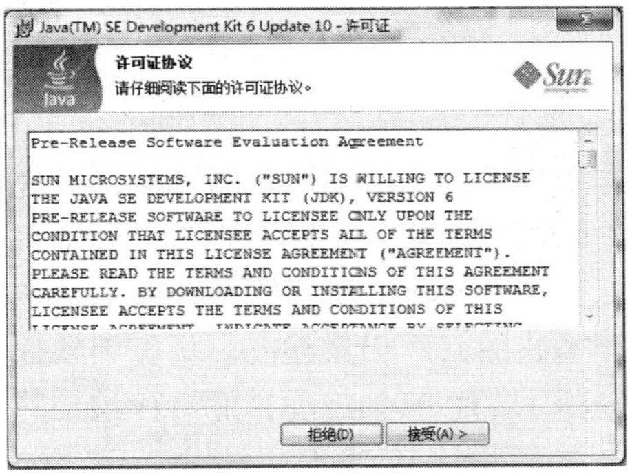

图 2-43　JDK 的安装界面

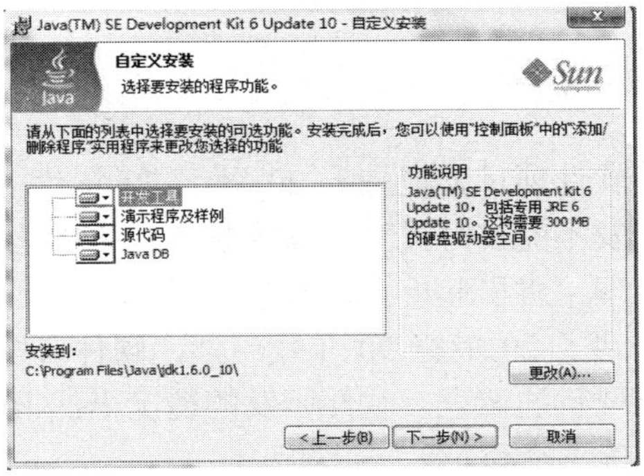

图 2-44　自定义安装界面

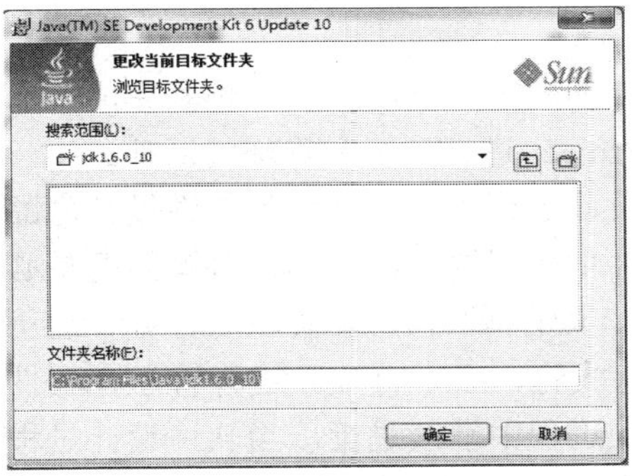

图 2-45　更改安装路径

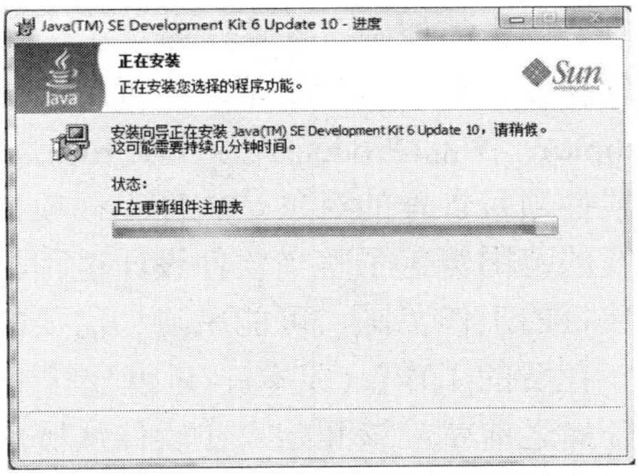

图 2-46　安装进度的显示界面

【安装步骤四】安装成功后，就会显示“成功安装”界面，单击【完成】按钮即可，如图 2-47 所示。

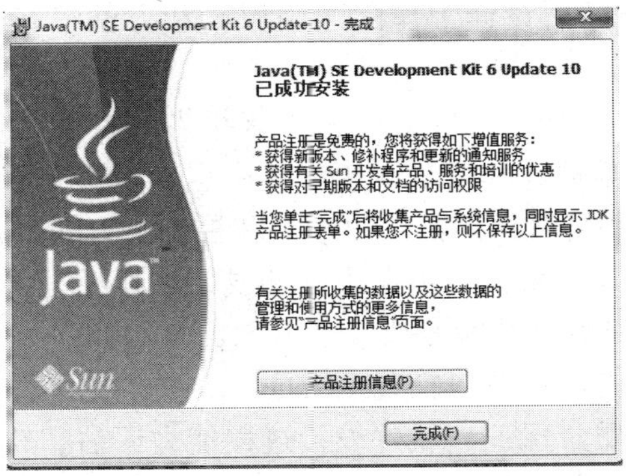

图 2-47　安装完成界面

任务 3　软件设计过程管理

任务要求

了解软件项目管理概况，掌握软件设计过程管理知识等。

知识储备

软件项目管理是于 20 世纪 70 年代中期在美国提出的，当时美国国防部专门研究了软件开发不能按时提交、预算超支和质量达不到用户要求的原因，结果发现 70%的项目是因为管理不善引起的，而非技术原因。于是软件开发者开始逐渐重视起软件开发中的各项管理。到了 20 世纪 90 年代中期，软件研发项目管理不善的问题仍然存在。据美国软件工程实施现状的调查，软件研发的情况仍然很难预测，大约只有 10%的项目能够在预定的费用和进度下交付。

据统计，1995 年，美国共取消了 810 亿美元的商业软件项目，其中 31%的项目未做完就被取消，53%的软件项目进度通常要延长 50%的时间，只有 9%的软件项目能够及时交付并且费用也能控制在预算之内。

软件项目管理是为了使软件项目能够按照预定的成本、进度、质量顺利完成，而对人员(People)、产品(Product)、过程(Process)和项目(Project)进行分析和管理的活动。

软件项目管理的对象是软件工程项目，软件设计过程管理的对象是软件设计产品。它所涉及的范围覆盖了整个软件设计过程。为使软件项目开发获得成功，关键问题是必须对软件项目的工作范围、可能风险、需要的资源(人、硬件/软件)、要实现的任务、经历的里程碑、花费的工作量(成本)、进度安排等做到胸有成竹、心中有数。这种管理在软件设计工作开始之前就应该开始，在软件从概念到设计的过程中继续进行，当软件设计过程最后结束时才终止。

软件项目管理的根本目的是让软件项目尤其是大型项目的整个软件生命周期(从分析、设计、编码到测试、维护全过程)都能在管理者的控制之下，以预定成本、按期、按质地完成软件，并且成功交付用户使用等。而研究软件设计过程管理是为了从已有的成功或失败的案例中总结出能够指导今后设计工作的通用原则和方法，扬长避短、取其精华去其糟粕，同时避免前人的失误。

软件设计过程管理和其他的项目管理相比有相当的特殊性。首先，软件是纯知识产品，其开发进度和质量很难估计和度量，生产效率也难以预测和保证。其次，软件系统的复杂性也导致了开发过程中各种风险的难以预见和控制。Windows 这样的操作系统有 1500 万行以上的代码，同时有数千个程序员在进行开发，项目经理都有上百个。这样庞大的系统如果没有很好的管理，其软件质量是难以想象的。

软件设计过程管理的内容主要包括几个方面：人员的组织与管理、软件度量、软件项目计划、风险管理、软件质量保证、软件设计过程能力评估、软件配置管理等。这几个方面都是贯穿、交织于整个软件设计过程中的，其中人员的组织与管理把注意力集中在项目组人员的构成、优化上；软件度量则关注用量化的方法评测软件开发中的费用、生产率、进度和产品质量等要素是否符合期望值等，包括过程度量和设计度量两个方面；软件项目计划主要包括工作量、成本、开发时间的估计，并根据估计值制定和调整项目组的工作和计划；风险管理是预测未来可能出现、并且危害到软件产品质量的各种潜在因素并研究应对措施进行预防；质量保证是保证产品和服务充分满足消费者要求的质量而进行的有计划、有组织的活动；软件设计过程能力评估是对软件设计开发能力的高低进行衡量；软件配置管理是针对开发过程中人员、工具的配置，提出合理的管理策略等。

任务实施

具体实施软件设计过程管理需要从设计计划、项目控制、组织模式、成功项目和成功原则五个方面详细介绍。

1. 设计计划

软件设计过程管理从项目计划活动开始，软件项目计划是一个软件项目进入系统实施的启动阶段，主要进行的工作包括：确定详细的项目实施范围、定义递交的工作成果、评估实施过程中的风险、制订项目实施时间计划、制订成本预算计划、确定人力资源计划等。

第一项设计计划活动就是估算：完成一个项目需要多长时间、需要多少工作量以及需要多少人员等。此外，我们还必须估算所需要的资源(硬件及软件)和可能涉及的风险。

为了估算软件项目的工作量和完成期限，首先需要预测软件规模。度量软件规模的常用方法有直接的方法即代码行估算技术、间接的方法即任务分解技术等，这两种方法各有优缺点，应该根据软件项目的特点选择适用的软件规模度量方法，具体方法详解见项目 8。

根据项目的规模可以估算出完成项目所需的工作量，我们可以使用一种或多种技术进行估算，这些技术主要分为两大类：分解和经验建模。分解技术需要划分出主要的软件功能，接着估算实现每一个功能所需的程序规模或人月数。经验技术的使用是根据经验导出的方式来预测工作量和时间，可以使用自动工具来实现某一特定的经验模型。

精确的项目估算一般至少会用到上述技术中的两种。通过比较和协调使用不同技术导出的估算值，可能得到更精确的估算。软件项目估算永远不会是一门精确的科学，但将良好的历史数据与系统化的技术结合起来能够提高估算的精确度。

2. 项目控制

目前软件设计过程中面临的问题很多，例如，在有限的时间、资金内，要满足不断增长的软件产品质量要求；开发的环境日益复杂，代码共享日益困难，需跨越的平台增多；程序的规模越来越大；软件的重用性需要提高；软件的维护越来越困难等。对于软件开发项目而言，控制是十分重要的管理活动。下面介绍软件工程控制活动中的质量保证和配置管理。

(1) 软件质量保证(Software Quality Assurance，SQA)是在软件设计过程中的每一步都进行的“保护性活动”。SQA 主要有基于非执行的测试(也称为评审)、基于执行的测试(即通常所说的测试)和基于程序正确性的证明等。

软件评审是最为重要的 SQA 活动之一。它的作用是，在发现及改正错误的成本相对较小时就及时发现并排除错误。审查和走查是进行正式技术评审的两类具体方法。审查过程不仅步数比走查多，而且每个步骤都是正规的。由于在开发大型软件过程中所犯的错误绝大多数是规格说明错误或设计错误，因此使用正式的技术评审发现这两类错误的有效性可以高达 75%。

(2) 软件配置管理(Software Configuration Management，SCM)是应用于整个软件过程中的保护性活动，它是在软件整个生命周期内管理变化的一组活动。是否需要进行配置管理与软件的规模有关，软件的规模越大，配置管理就显得越重要。软件配置管理是在团队开发中，标识、控制和管理软件变更的一种管理。配置管理的使用取决于项目规模和复杂性以及风险水平。软件配置由一组相互关联的对象组成，这些对象也称为软件配置项，它们是作为软件工程活动的结果而产生的。除了文档、程序和数据这些软件配置项之外，用于开发软件的开发环境也可置于配置控制之下。一旦一个配置对象已被开发出来并且通过了评审，它就变成了基线。

3. 组织模式

软件项目可以是一个单独的开发项目，也可以是与其他产品项目组成的一个完整的软件产品项目。如果是订单开发，则成立软件项目组即可；如果是产品开发，需成立软件项目组和产品项目组(负责市场调研和销售)。公司实行项目管理时，首先要成立项目管理委员会，项目管理委员会下设项目管理小组、项目评审小组和软件产品项目组等。

1) 项目管理委员会

项目管理委员会是公司项目管理的最高决策机构，一般由公司总经理、副总经理组成，主要职责如下。

(1) 依照项目管理相关制度管理项目。

(2) 监督项目管理相关制度的执行。

(3) 对项目立项、项目撤销进行决策。

(4) 任命项目管理小组组长、项目评审小组组长、项目组组长等。

2) 项目管理小组

项目管理小组对项目管理委员会负责，一般由公司管理人员组成，主要职责如下。

(1) 草拟项目管理的各项制度。

(2) 组织项目阶段评审。

(3) 保存项目过程中的相关文件和数据。

(4) 为优化项目管理提出建议。

3) 项目评审小组

项目评审小组对项目管理委员会负责，可下设开发评审小组和产品评审小组，一般由公司技术专家和市场专家组成，主要职责如下。

(1) 对项目可行性报告进行评审。

(2) 对市场计划和阶段报告进行评审。

(3) 对开发计划和阶段报告进行评审。

(4) 项目结束时，对项目总结报告进行评审。

4)　软件产品项目组

软件产品项目组对项目管理委员会负责，可下设软件项目组和产品项目组。软件项目组和产品项目组分别设开发经理和产品经理。成员一般由公司技术人员和市场人员构成。主要职责是：根据项目管理委员会的安排具体负责项目的软件开发、市场调研及销售工作等。

项目组成立的第一件事是编写《软件项目计划书》，在计划书中描述开发日程安排、资源需求、项目管理等各项情况的大体内容。计划书主要向公司各相关人员发放，使他们大体了解该软件项目的情况。对于计划书的每个内容，都应有相应的具体实施手册，这些手册是供项目组相关成员使用的。

软件开发中的开发人员是最大的资源。对人员的配置、调度安排贯穿整个软件过程，人员的组织管理是否得当，是影响软件项目质量的决定性因素。一般来说，一个开发小组人数在 5 到 10 人之间最为合适，如果项目规模很大，可以采取层级式结构，配置若干个这样的开发小组。在选择人员的问题上，要结合实际情况来决定，并不是一群高水平的程序员在一起就一定可以组成一个成功的小组。作为考察标准，技术水平、与本项目相关的技能、开发经验以及团队工作能力都是很重要的因素。

没有项目管理，项目也有可能成功。但没有管理的项目，很难保证项目的利润空间，对公司来说，亏损的风险就越大。所以我们要有项目管理，以保证公司在总体上是盈利的，注意不是每一个项目都要盈利，如有些项目是研发型的、有些项目是义务型的等。

另外，有了项目管理，就有了管理改进的基础，无论刚开始的项目管理多么糟糕，只要有管理，就有了改进的可能性，至于能不能得到改进，以及改进的快慢，则取决于两个因素：一个是人，特别是各级管理者；另一个是利益。关键是“利益”，准确地说是“利益的分配”，在权责利明确的前提下，人才能充分地发挥作用。还需要指出的是，“利益”是多元的，这里的多元不仅指利益的具体形式，而且指利益的受众是多元的，包括客户方相关人员个人的利益等。

4. 成功项目

对“成功项目”的标准解释为：项目范围、项目成本、项目开发时间、客户满意度等四个方面达到用户需求即可认定项目是成功的。项目范围、客户满意度主要代表客户的利益，项目成本主要代表开发商的利益，项目开发时间同时影响双方的利益。但每一个人关心的“利益”是不同的。

5. 成功原则

1)　平衡原则

在讨论软件项目为什么会失败时可以列出很多原因，答案也有很多，如管理问题、技术问题、人员问题等，但是有一个根本的思想问题是最容易忽视的，那就是，需求、资源、工期、质量四个要素之间的平衡关系问题。

需求定义了“做什么”，定义了系统的范围与规模，资源决定了项目的投入(人、财、物)，工期定义了项目的交付日期，质量定义了做出的系统好到什么程度，这四个要素之间是有制约平衡关系的。如果需求范围很大，即要在较少的资源投入下、很短的工期内、很高的质量要求下来完成某个项目，那是不现实的，除非要么需要增加投资，要么工程延期。所以一旦需求界定清楚了、资源固定了，又对系统的质量要求很高，则意味着需要延长工期等。

对于上述四个要素之间的平衡关系最容易犯的一个错误，就是鼓吹“多快好省”四个字，需求越多越好、工期越短越好、质量越高越好、投入越少越好，这是用户最常用的口号。相反，软件系统实施的基本原则是“全局规划，分步实施，步步见效”，需求可以多，但是需求一定要分优先级，要分清企业内的主要矛盾与次要矛盾，根据帕累托(Pareto)的 80-20 原则，企业中的 80%的问题可以用 20%的投资来解决，如果客户要大而全，则 20%的次要问题是需要客户花费 80%的投资来实现的，而这一点恰恰是很多软件客户所不能忍受的。

正视“多快好省”四个要素之间的平衡关系是软件用户、开发商、代理商成熟理智的表现，否则系统的成功就失去了一块最坚实的理念基础。企业实施 IT 系统的首要目标是要成功，而不是失败，企业可以容忍小的成功，但不一定容忍小的失败，所以需要真正理解上述四个要素的平衡关系，才能确保项目的成功。

2) 高效原则

在需求、资源、工期、质量四个要素中，很多的项目决策者是将进度放在首位的，现在市场上的竞争越来越激烈，软件开发越来越追求开发效率，因此大家都从技术、工具、管理上寻求更多更好的解决之道。

基于高效的原则，对项目的管理需要从以下几个方面来考虑。

- 要选择精英成员。
- 项目目标要明确，范围要清楚。
- 客户与开发人员或者开发人员之间沟通要及时、充分。
- 要有合理的激励政策。

3) 分解原则

“化繁为简，各个击破”是自古以来解决复杂问题的不二法门，对于软件项目来讲，可以将大的项目划分成几个小项目来做，将周期长的项目划分成几个明确的阶段。

项目越大对项目组的管理人员、开发人员的要求越高，参与的人员越多，需要协调沟通的渠道越多，周期越长，开发人员也容易疲劳，将大项目拆分成几个小项目，可以降低对项目管理人员的要求，减少项目的管理风险，而且能够充分地将项目管理的权力下放，充分调动人员的积极性，目标会比较具体明确，易于取得阶段性的成果，使开发人员有成就感。例如，有一个产品开发项目代号为 BDB，该项目前期投入了 5 人做需求，时间达 3 个多月，进入开发阶段后，投入了 15 人，时间达 10 个月之久，陆续进行了 3 次封闭开发，在此过程中经历了需求的裁剪、开发人员的变更、技术路线的调整，最终项目组成员的压力极大，结束时大家疲惫不堪，产品上市时间拖期达 4 个月。项目验收后总结下来的很致命的一个教训就是，应该将该项目拆成 3 个小的项目来做，进行阶段性版本化发布，以缓解市场上的压力，减少项目组成员的挫折感，从而提高大家的士气等。

4) 实时控制原则

在一家大型的软件公司中，有一位很有个性的项目经理，该项目经理很少谈起什么管理理论，也未见其有什么明显的管理措施，但是他连续做成多个规模很大的软件项目，而且应用效果很好。大家有可能很奇怪他为什么能做得如此成功，经过仔细观察，终于发现他的管理可以用“紧盯”两个字来概括，即每天他都要仔细检查项目组每个成员的工作，从软件演示到内部的处理逻辑、数据结构等，一丝不苟，如果有问题，改不完是不能去休息的。正是在他这种简单的措施下，支撑他完成了很多大的项目，当然他也是相当的辛苦，通常都是在凌晨才去休息。我们并非要推崇这种做法，这种措施也有他的问题，但是，这种实践却说明了一个很朴实的道理：如果没有更好的办法，就要辛苦一点，实时控制项目的进展，要将项目的进展情况完全实时地置于项目管理人员的控制之下。

上述方法对项目经理的个人能力、牺牲精神要求很高，我们需要有一种进行实时控制项目进度的机制，依靠一套规范的过程来保证实时监控项目的进度。实时控制可以确保项目经理能够及时发现问题、解决问题，保证项目具有很高的可见度，也能保证项目的正常进度。

5)　分类管理原则

不同的软件项目的项目目标差别很大，项目规模不同，应用领域也不同，采用的技术路线差别就更大，因而，针对每个项目的不同特点，其管理的方法、管理的侧重点应该是不同的。就像古人讲的，“因材施教”“对症下药”。对于小项目肯定不能像管理大项目那样去做，对于产品开发类的项目，也不可能像管理系统集成类的项目那样去做，项目经理需要根据项目的特点，制定不同的项目管理的方针政策，以确保管理的可行性。

6)　简单有效原则

项目经理在进行项目管理的过程中，往往会听到开发人员这样的抱怨“太麻烦了，浪费时间，没有用处”，这是很普遍的一种现象。当然这样的抱怨要从两个方面来分析，一方面开发人员本身可能存在不理解，或者存在逆反心理等；另一方面，项目经理也要反思，他所采取的管理措施是否简单有效。项目管理不是做学术研究，项目经理往往试图堵住所有的漏洞，解决所有的问题，恰恰是这种理想，会使项目的管理陷入一个误区，作茧自缚，最后无法实施有效的管理，从而导致项目失败。总之，“没有完美的管理，只有有效的管理”。

7)　规模控制原则

该原则是和上面提到的其他原则配合使用的，即要控制项目组的规模，人数不要太多，人数多了，进行沟通的渠道就多，管理的复杂度就高，对项目经理的要求也就更高了。在微软的大型系统开发指南 MSF 中，有一个很明确的原则就是，控制项目组的人数不要超过 10 人，当然这不是绝对的，也和项目经理的水平有很大关系。但是人员“贵精而不贵多”，这是一个基本的原则，这和我们上面提到的高效原则、分解原则是相辅相成的。

实际上，软件设计过程管理涉及各个方面，一味提高某一方面的作用而忽略该方面对其他方面的影响，并不能提高过程管理的层次和最终产出，这是制止我们的设计人员和项目管理人员走偏激立场的一剂良药，希望设计人员和项目管理者们能有所意识。

上机实训：商品销售系统

实训背景

1. 设计 UML 的用例图

下面给出商品销售系统用例图中的各个用例及相应说明。

商品信息：商品购入后，由系统管理员向系统添加该商品的基本信息。

查询信息：系统管理员可以查询商品以及部门的信息。

增加信息：系统管理员可以增加商品以及部门的信息。

删除信息：系统管理员可以删除商品以及部门的信息。

修改信息：系统管理员可以修改商品以及部门的信息。

订单信息：系统管理员可以对指定商品下订单。

2. 设计 UML 的类图

商品销售管理系统设计要求包括供应商管理、商品和库存管理、顾客管理三部分模块。该系统面向的用户是商店店员和顾客。下面给出功能模块的详解。

(1) 供应商管理模块包括：供应商的增加，供应商基本信息的修改和删除，进货订单管理和进货订单的生成、修改、撤销和执行确认(一旦执行确认后就不可以再修改和撤销)，按年月统计订货量等模块。

其中，供应商信息包括供应商的名称、供应商的资质、地址、联系方式、法人代表、开户行等信息。

(2) 商品管理模块包括：新商品的管理，现有商品信息的修改和删除，商品价格管理，进货价格、售货价格、顾客折扣等信息的管理等。除此之外，还包括商品销售情况查询(按商品或顾客)、商品库存量的查询和按年月进行统计商品销售总量、营业额、利润等的查询等模块。

(3) 顾客管理模块包括：对顾客信息的管理，如增加和修改顾客信息；会员折扣的管理，如顾客购买的商品到达一定额度可进行一定的折扣；销售订单管理，如销售订单的生成、修改、撤销和执行确认(一旦执行确认后就不可以再修改和撤销)等。

实训内容和要求

完成商品销售系统的主要业务设计，能针对用例图、类图等进行 UML 设计。

(1) 参照教材中介绍的方法安装 PowerDesigner，并进行设置。

(2) 记录应用 PowerDesigner 进行 UML 建模的过程。

(3) 按要求撰写实验报告。

实训步骤

(1) 安装 PowerDesigner。

(2) 使用 PowerDesigner 建模，工程名称为 SPXSXT。

(3) 在工程 SPXSXT 里，设计用例图和类图。

实训素材及参考图

参考样例如图 2-48 所示。

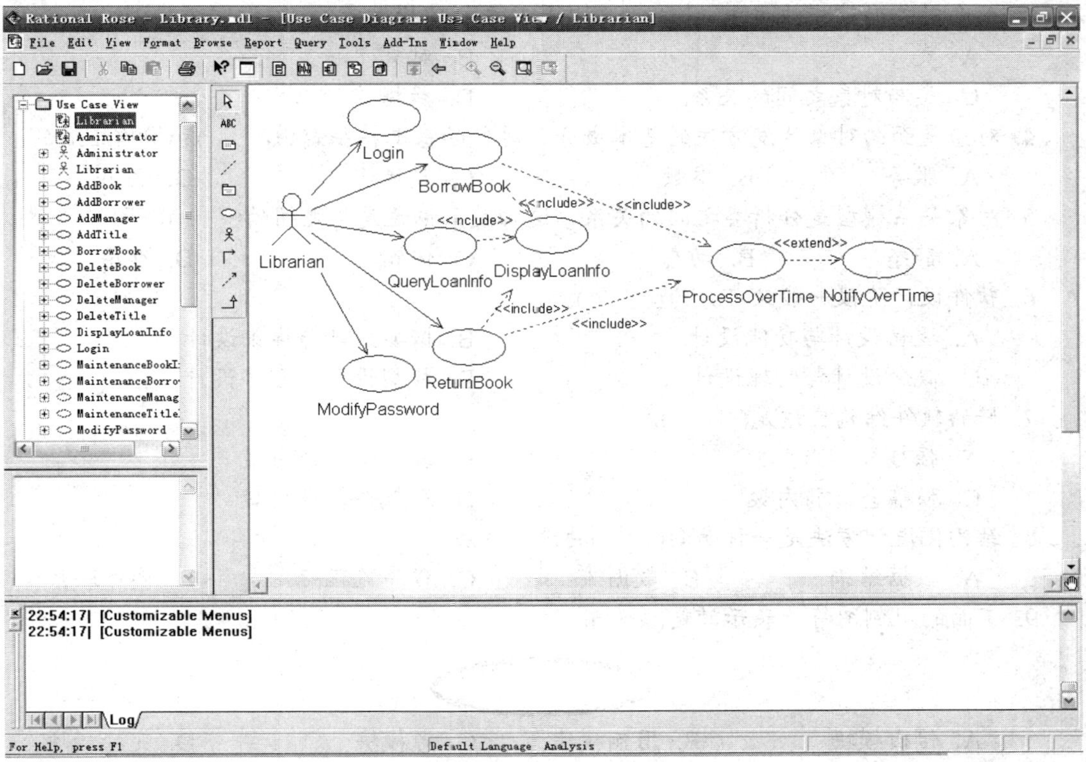

图 2-48　建模用例图参考图

项 目 小 结

一个项目通过市场调研，进行了深入细致的需求分析，获准开发后，为了保证制订软件开发详细计划、软件质量的成功性，必须在项目实施前进行软件设计。本项目详细介绍了软件设计过程原理及面向对象设计建模工具——统一建模语言 UML 的设计方法及其工作环境 PowerDesigner、Violet 等的安装操作方式，从而了解 21 世纪最为流行的面向对象方法学的系统设计技术。

习　　题

一、选择题

1. 面向对象建模中，动态模型所需绘制的图形有(　　)。

   A. 对象图　　　　　　B. 顺序图和状态图

   C. 数据流图　　　　　D. 活动图

2. 面向对象分析方法的基本思想是(　　)。

A. 以处理为核心逐步分解　　B. 以代码为核心逐步分解

C. 以类为核心逐步分解和抽象　　D. 逐步抽象

3. 面向对象的建模技术中，(　　)不是最基本的建模元素。

A. 类　　B. 对象

C. 类与对象之间的关系　　D. 数据流加工

4. 对象是面向对象开发方法的基本成分，对象的基本特征是由(　　)和操作组成的。

A. 服务　　B. 参数　　C. 属性　　D. 调用

5. 对象关系模型是分析类之间的关系，这种关系描述是类之间的(　　)联系。

A. 静态　　B. 动态　　C. 依赖　　D. 继承

6. 软件设计阶段一般又可分为(　　)。

A. 逻辑设计与功能设计　　B. 概要设计与详细设计

C. 概念设计与物理设计　　D. 模型设计与程序设计

7. 好的软件结构应该是(　　)。

A. 强耦合，强内聚　　B. 弱耦合，强内聚

C. 强耦合，弱内聚　　D. 弱耦合，弱内聚

8. 结构化设计方法是一种面向(　　)的设计方法。

A. 数据结构　　B. 数据流　　C. 程序流程　　D. 实体联系

9. 下面的用例图符号表示的是(　　)。

A. 传出模块　　B. 用例模块　　C. 源模块　　D. 变换模块

10. 结构化分析方法以(　　)作为分析与设计的基础。

A. 数据　　B. E-R 图　　C. SC 图　　D. 数据流图

二、填空题

1. 面向对象设计模型分别是对象模型、__________、__________。

2. 面向对象设计的准则是模块化、________、信息隐藏、________、________、可重用。

3. 类图中包含类名、________、________3 层组成成分。

三、判断题

1. UML 描述的类图表示系统中类的动态结构，在系统的整个周期内都有效。　(　　)

2. UML 描述的对象图是类图的实例。　(　　)

3. 面向对象的设计分为两个层次，概要设计和软件测试。　(　　)

4. 面向对象分析方法中，定义系统用例时用例的参与者和用户不是一回事。　(　　)

项目 3

软件设计模式

项目导入

设计模式已经成为软件开发人员的“标准词汇”，很多软件开发人员在相互交流的时候，只是使用设计模式的名称，而不深入说明其具体内容。就如同我们在汉语里面使用成语一样，当你在交流中使用一个成语的时候，是不会去讲述这个成语背后的故事的。举个例子来说：开发人员 A 碰到了一个问题，然后与开发人员 B 讨论，开发人员 B 可能会支招：使用“×××模式”(×××是某个设计模式的名称)就可以了。如果这个时候开发人员 A 不懂设计模式，那他们就无法交流。因此，一个合格的软件开发人员，必须掌握设计模式这个“标准词汇”。本项目通过面向对象工具 Java 语言实现 23 种设计模式，体现 23 种设计模式在软件开发过程中的重要设计地位和作用。

项目分析

本项目详细讲解 Singleton(单件)模式、Abstract Factory(抽象工厂)模式、Builder(生成器)模式、Factory Method(工厂方法)模式、Prototype(原型)模式、Adapter(适配器)模式、Bridge(桥接)模式、Composite(组合)模式、Decorator(装饰)模式、Facade(外观)模式、Flyweight(享元)模式、Proxy(代理)模式、Template Method(模板方法)模式、Command(命令)模式、Interpreter(解释器)模式、Mediator(中介者)模式、Iterator(迭代器)模式、Observer(观察者)模式、Chain Of Responsibility(职责链)模式、Memento(备忘录)模式、State(状态)模式、Strategy(策略)模式、Visitor(访问者)模式等的基本概念、原理和优点。

任务 1　创建型模式

任务要求

本项目通过常用创建型设计模式的讲解，探讨在 Java 程序设计中怎样使用著名的创建型设计模式，以便更好地使用面向对象语言解决设计中的诸多问题。

知识储备

创建型模式涉及对象的实例化，这类模式的特点是，不让用户代码依赖于对象的创建或排列方式，避免用户直接使用 new 运算符创建对象。

创建型模式包括：

- Abstract Factory (抽象工厂)模式。
- Factory Method (工厂方法)模式。
- Singleton (单件)模式。
- Builder (生成器)模式。
- Prototype (原型)模式。

任务实施

3.1.1　工厂方法模式

1. 动机

您只要说出水果的名字就能得到想要的水果，而不必关心水果的生产过程，如图 3-1 所示。该水果农场就如同工厂方法模式，它只需提供一个用于创建对象的接口，让子类决定实例化哪一个类即可。

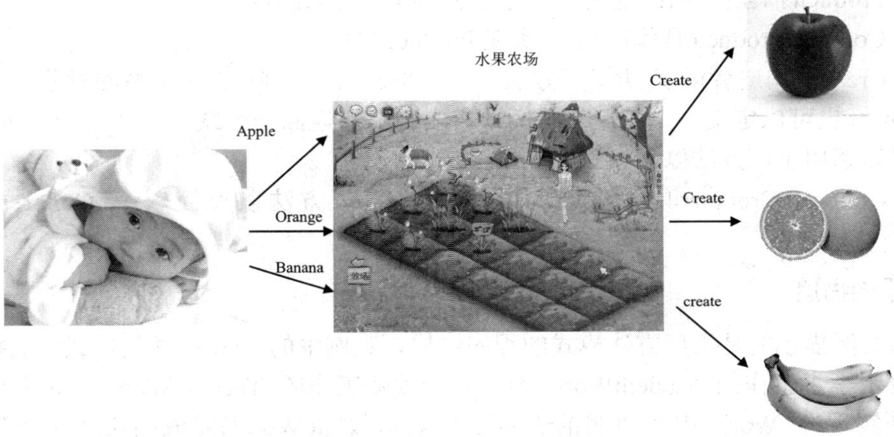

图 3-1　水果农场

工厂方法模式使一个类的实例延迟到其子类，得到一个类的子类实例最常用的方法就是使用 new 运算符和该子类的构造方法，但是在某些情况下，用户可能不应该或无法使用这种办法来得到一个子类的实例，其原因是系统不允许用户代码和该类的子类形成耦合或者用户不知道该类有哪些子类可用。比如，有一个 PenCore 类(笔芯)，该类是一个抽象类。假设 PenCore 类有三个子类，分别是 RedPenCore 类(红笔芯)、BluePenCore(蓝笔芯)和 BlackPenCore(黑笔芯)，而系统设计的目的是为用户提供 BallPen 类(圆珠笔)的子类的实例，即含有笔芯的圆珠笔，也就是说系统想让用户使用 BallPen 类的子类实例来得到 PenCore 类的子类的实例。

当系统准备为用户提供某个类的子类的实例，又不想让用户代码和该子类形成耦合时就可以使用工厂方法模式来设计系统。

2. 概念

语法格式：

工厂方法模式(别名：虚拟构造)

以上格式定义一个用于创建对象的接口，让子类决定实例化哪一个类。工厂方法(Factory Method)模式使一个类的实例化延迟到其子类。

3. 适用性

工厂方法模式在下面情况下适合使用。

(1) 当一个类不知道它所必须创建的对象的类的时候。

(2) 当一个类希望由它的子类来指定它所创建的对象的时候。

(3) 当将创建对象的职责委托给多个子类中的某一个，并且希望将哪一个子类作为代理者这一信息局部化的时候。

4. 参与者

(1) Product(抽象产品)：定义工厂方法所创建的对象的接口。

(2) ConcreteProduct(具体产品)：实现 Product 接口。

(3) Creator(构造者)：声明工厂方法，该方法返回一个 Product 类型的对象。

Creator 也可以定义一个工厂方法的缺省实现，它返回一个缺省的 ConcreteProduct 对象，也可以调用工厂方法以创建一个 Product 对象。

(4) ConcreteCreator(具体构造者)：重定义工厂方法以返回一个 ConcreteProduct 实例。

5. 案例描述

下面案例描述的是工厂方法模式的程序结构，案例中的 Work 类是模式中的抽象产品角色，表示学生工作的 StudentWork 类、表示教师工作的 TeacherWork 类是具体产品角色，分别实现在 Work 中所声明的表示工作的函数 doWork()完成的实际工作任务。而 IWorkFactory 是构造者角色，其利用 TeacherWorkFactory、StudentWorkFactory 类是具体构造者角色，分别使用工厂方法 getWork()来构造 TeacherWork 类和 StudentWork 类，从而达到父类不用直接实例化具体的类，而是子类来完成该项任务实例化的目的，使一个类的实例化延迟到其子类。

6. 案例实现

product

```
public interface Work {

    void doWork();
}
```

ConcreteProduct

```
public class StudentWork implements Work {

    public void doWork() {
        System.out.println("学生做作业!");
    }

}

public class TeacherWork implements Work {
```

```
    public void doWork() {
        System.out.println("老师审批作业!");
    }

}
```

Creator

```
public interface IWorkFactory {

    Work getwork();
}
```

ConcreteCreator

```
public class StudentWorkFactory implements IWorkFactory {

    public Work getWork() {
        return new StudentWork();
    }

}

public class TeacherWorkFactory implements IWorkFactory {

    public Work getWork() {
        return new TeacherWork();
    }

}
```

Test

```
public class Test {

    public static void main(String[] args) {
        IWorkFactory studentWorkFactory = new StudentWorkFactory();
        studentWorkFactory.getWork().doWork();

        IWorkFactory teacherWorkFactory = new TeacherWorkFactory();
        teacherWorkFactory.getWork().doWork();
    }

}
```

result

```
学生做作业!
老师审批作业!
```

7. 应用举例——创建药品对象

【设计要求】

系统目前已经按照有关药品的规定设计了一个抽象类 Drug，该抽象类特别规定了所创建的药品必须给出药品的成分及其含量。Drug 目前有两个子类：Paracetamol 和 Amorolfine。Paracetamol 子类负责创建氨加黄敏一类的药品，Amorolfine 子类负责创建盐酸阿莫罗芬一类的药品。

一个为某药店开发的应用程序需要使用 Drug 类的某个子类的实例为用户提供药品，但是药店的应用程序不能使用 Drug 类的子类的构造方法直接创建对象，因为药店没有能力给出药品的各个成分的含量，只有药厂才有这样的能力。

请使用工厂方法模式为已有系统编写一个抽象类，并在其中定义工厂方法，该工厂方法返回 Drug 类的子类实现。

【设计实现】

1) 抽象产品

```
public abstract class Drug{
   String constitute;
   String name;
   public String getName(){
      return name;
   }
   public String getConstitute(){
      return constitute;
   }
}
```

2) 具体产品

```
public class Paracetamol extends Drug{
     String part1="每粒含乙酰氨基酚";
     String part2="每粒含咖啡因";
     String part3="每粒含人工牛黄";
     String part4="每粒含马来酸氯苯";
     public Paracetamol(String name,int [] a){
        this.name=name;
        part1=part1+":"+a[0]+"毫克\n";
        part2=part2+":"+a[1]+"毫克\n";
        part3=part3+":"+a[2]+"毫克\n";
        part4=part4+":"+a[3]+"毫克\n";
        constitute=part1+part2+part3+part4;
     }
}
public class Amorolfine extends Drug{
     String part1="每粒含甲硝唑";
     String part2="每粒含人工牛黄";
     public Amorolfine(String name,int [] a){
        this.name=name;
        part1=part1+":"+a[0]+"毫克\n";
        part2=part2+":"+a[1]+"毫克\n";
        constitute=part1+part2;
     }
}
```

3) 构造者

```
public interface DrugCreator{
    public abstract Drug getDrug(); //工厂方法
}
```

4)　具体构造者

```
public class ParaDrugCreator implements DrugCreator{
    public Drug getDrug(){
       int [] a={250,15,1,10};
       Drug drug=new Paracetamol("氨加黄敏胶囊",a);
       return drug;
    }
}
public class AmorDrugCreator implements DrugCreator{
    public Drug getDrug(){
       int [] a={200,5};
       Drug drug=new Amorolfine("甲硝唑胶囊",a);
       return drug;
    }
}
```

5)　应用程序

```
import java.util.*;
public class Application{
    public static void main(String args[]){
        DrugCreator creator=new ParaDrugCreator();
        Drug drug=creator.getDrug();
        System.out.println(drug.getName()+"的成分:");
        System.out.println(drug.getConstitute());
        creator=new AmorDrugCreator();
        drug=creator.getDrug();
        System.out.println(drug.getName()+"的成分:");
        System.out.println(drug.getConstitute());
    }
}
```

3.1.2　抽象工厂模式

1. 动机

设计某些系统时可能需要为用户提供一系列相关的对象，但系统不希望用户直接使用 new 运算符实例化这些对象，而是应当由系统来控制这些对象的创建，否则用户不仅要清楚地知道使用哪些类来创建这些对象，而且还必须要清楚这些对象之间是如何相关的，使得用户的代码和这些类形成紧耦合、缺乏弹性、不利于维护。比如，军队要为士兵(用户)提供机关枪、手枪以及相应的子弹，但军队系统不希望由士兵(用户)来生产机关枪、手枪及相应的子弹，而是应当由专门的工厂负责配套生产，即有一个专门负责生产机关枪、机关枪子弹的工厂和一个专门负责生产手枪、手枪子弹的工厂。

当系统准备为用户提供一系列相关的对象，又不想让用户代码和创建这些对象的类形成耦合时，就可以使用抽象工厂模式来设计系统。抽象工厂模式的关键是在一个抽象类或接口中定义若干个抽象方法，这些抽象方法分别返回某个类的实例，该抽象类或接口让其子类或实现该接口的类重写这些抽象方法为用户提供一系列相关的对象。

2. 概念

语法格式：

抽象工厂模式(别名：配套)

以上格式提供一个创建一系列或相互依赖对象的接口，而无须指定它们具体的类。

抽象工厂模式与工厂方法模式非常相似，二者的联系及区别如下。

(1) 工厂方法模式：具有一个抽象产品类，可以派生出多个具体产品类。具有一个抽象工厂类，可以派生出多个具体工厂类。每个具体工厂类只能创建一个具体产品类的实例。

(2) 抽象工厂模式：具有多个抽象产品类，每个抽象产品类可以派生出多个具体产品类。具有一个抽象工厂类，可以派生出多个具体工厂类。每个具体工厂类可以创建多个具体产品类的实例。

(3) 二者区别：工厂方法模式只有一个抽象产品类，而抽象工厂模式有多个。工厂方法模式的具体工厂类只能创建一个具体产品类的实例，而抽象工厂模式可以创建多个。

3. 适用性

抽象工厂方法模式适合使用的情境如下。

(1) 一个系统要独立于它的产品的创建、组合和表示时。

(2) 一个系统要由多个产品系列中的一个来配置时。

(3) 当要强调一系列相关的产品对象的设计以便进行联合使用时。

(4) 当提供一个产品类库，而只想显示它们的接口而不是实现时。

4. 参与者

(1) 案例中的 AbstractFactory(抽象工厂)为 IAnimalFactory：声明一个创建抽象产品对象的操作接口。

(2) 案例中的 ConcreteFactory(具体工厂)为 WhiteAnimalFactory、BlackAnimalFactory：实现创建具体产品对象的操作。

(3) 案例中的 AbstractProduct(抽象产品)为 IDog、ICat：为一类产品对象声明一个接口。

(4) 案例中的 ConcreteProduct(具体产品)为 WhiteDog、BlackDog、WhiteCat、BlackCat：定义一个将被相应的具体工厂创建的产品对象，实现 abstractProduct 接口。

(5) Client(客户)：仅使用由 AbstractFactory 和 AbstractProduct 类声明的接口。

5. 案例描述

下面案例描述的是抽象工厂方法模式的程序结构。假设现有一个生产猫和狗玩具的玩具厂，该厂有两个子公司分别是能够生产白色猫和狗玩具的 WhiteAnimalFactory 类和生产黑色猫和狗玩具的 BlackAnimalFactory 类。客户只要向工厂下达具体要求，不用关心是哪家子工厂怎样生产的，最终只要拿到满意的玩具即可，从而达到客户只要通过一个接口就能达到目标，无须指定具体实现类的目的。

6. 案例实现

abstractFactory

```
public interface IAnimalFactory {

    ICat createCat();

    IDog createDog();
}
```

ConcreteFactory

```
public class BlackAnimalFactory implements IAnimalFactory {

    public ICat createCat() {
        return new BlackCat();
    }

    public IDog createDog() {
        return new BlackDog();
    }

}

public class WhiteAnimalFactory implements IAnimalFactory {

    public ICat createCat() {
        return new WhiteCat();
    }

    public IDog createDog() {
        return new WhiteDog();
    }

}
```

AbstractProduct

```
public interface ICat {

    void eat();
}

public interface IDog {

    void eat();
}
```

ConcreteProduct

```
public class Blackcat implements ICat {

    public void eat() {
        System.out.println("The black cat is eating!");
    }

}
```

```
public class WhiteCat implements Cat {

    public void eat() {
        System.out.println("The white cat is eating!");
    }

}

public class BlackDog implements IDog {

    public void eat() {
        System.out.println("The black dog is eating");
    }

}

public class WhiteDog implements IDog {

    public void eat() {
        System.out.println("The white dog is eating!");
    }

}
```

Client

```
public static void main(String[] args) {
    IAnimalFactory blackAnimalFactory = new BlackAnimalFactory();
    ICat blackCat = blackAnimalFactory.createCat();
    blackCat.eat();
    IDog blackDog = blackAnimalFactory.createDog();
    blackDog.eat();

    IAnimalFactory whiteAnimalFactory = new WhiteAnimalFactory();
    ICat whiteCat = whiteAnimalFactory.createCat();
    whiteCat.eat();
    IDog whiteDog = whiteAnimalFactory.createDog();
    whiteDog.eat();
}
```

result

```
The black cat is eating!
The black dog is eating!
The white cat is eating!
The white dog is eating!
```

7. 应用举例

【设计要求】

用户在银行存款后，用户将得到银行给予的存款凭证，该存款凭证就是加盖业务公章的存款明细。不同银行的业务公章不仅其名称互不相同，而且形状也互不相同，例如交通银行的业务公章是正方形的，中国银行的业务公章是圆形的，中国建设银行的业务公章是等边三角形的。请使用抽象工厂模式为用户提供存款凭证。

【设计实现】

1)　抽象产品

```
public interface DepositSlip{
    public abstract String getBankName();
    public abstract String getClientName();
    public abstract String getClientNumber();
    public abstract int getAmountOfMoney();
}
import java.awt.*;
public interface Seal{
    public abstract Image getImage();
}
```

2)　具体产品

```
public class DepositSlip1 implements DepositSlip{
    String clientNumber;
    String clientName;
    int money;
    DepositSlip1(String clientNumber,String clientName,int money){
       this.clientNumber=clientNumber;
       this.clientName=clientName;
       this.money=money;
    }
    public String getBankName(){
       return "中国银行";
    }
    public String getClientName(){
       return clientName;
    }
    public String getClientNumber(){
       return clientNumber;
    }
    public int getAmountOfMoney(){
       return money;
    }
}
public class DepositSlip2 implements DepositSlip{
    String clientNumber;
    String clientName;
    int money;
    DepositSlip2(String clientNumber,String clientName,int money){
       this.clientNumber=clientNumber;
       this.clientName=clientName;
       this.money=money;
    }
    public String getBankName(){
       return "中国建设银行";
    }
    public String getClientName(){
       return clientName;
    }
    public String getClientNumber(){
       return clientNumber;
    }
    public int getAmountOfMoney(){
       return money;
```

```
    }
}
public class DepositSlip3 implements DepositSlip{
    String clientNumber;
    String clientName;
    int money;
    DepositSlip3(String clientNumber,String clientName,int money){
       this.clientNumber=clientNumber;
       this.clientName=clientName;
       this.money=money;
    }
    public String getBankName(){
       return "交通银行";
    }
    public String getClientName(){
       return clientName;
    }
    public String getClientNumber(){
       return clientNumber;
    }
    public int getAmountOfMoney(){
       return money;
    }
}
import java.awt.image.*;
import java.awt.geom.*;
import java.awt.*;
public class SealOne implements Seal{
    BufferedImage image;
    Graphics2D g;
    SealOne(){
       image=new BufferedImage(100,100,BufferedImage.TYPE_INT_RGB);
       g=image.createGraphics();
       g.setColor(Color.white);
       Rectangle2D rect=new Rectangle2D.Double(0,0,100,100);
       g.fill(rect);
       g.setColor(Color.red);
       BasicStroke bs=
new BasicStroke(3f,BasicStroke.CAP_SQUARE,BasicStroke.JOIN_ROUND);
       Ellipse2D ellipse=new Ellipse2D.Double (5,6,80,80);
       g.setStroke(bs);
       g.draw(ellipse);
       g.setFont(new Font("宋体",Font.BOLD,14));
       g.drawString("中国银行",16,50);
   }
   public Image getImage(){
        return image;
   }
}
import java.awt.image.*;
import java.awt.geom.*;
import java.awt.*;
public class SealTwo implements Seal{
     BufferedImage image;
    Graphics2D g;
    SealTwo(){
       image=new BufferedImage(100,100,BufferedImage.TYPE_INT_RGB);
       g=image.createGraphics();
       g.setColor(Color.white);
       Rectangle2D rect=new Rectangle2D.Double(0,0,100,100);
```

```
        g.fill(rect);
        g.setColor(Color.red);
        BasicStroke bs=
        new BasicStroke(3f,BasicStroke.CAP_SQUARE,BasicStroke.JOIN_ROUND);
        rect=new Rectangle2D.Double(5,6,80,80);
        g.setStroke(bs);
        g.draw(rect);
        g.setFont(new Font("宋体",Font.BOLD,14));
        g.drawString("建设银行",16,50);
    }
    public Image getImage(){
        return image;
    }
}
import java.awt.image.*;
import java.awt.geom.*;
import java.awt.*;
public class SealThree implements Seal{
    BufferedImage image;
    Graphics2D g;
    SealThree(){
        image=new BufferedImage(110,110,BufferedImage.TYPE_INT_RGB);
        g=image.createGraphics();
        g.setColor(Color.white);
        Rectangle2D rect=new Rectangle2D.Double(0,0,110,110);
        g.fill(rect);
        g.setColor(Color.red);
        BasicStroke bs=
        new BasicStroke(3f,BasicStroke.CAP_SQUARE,BasicStroke.JOIN_ROUND);
        g.setStroke(bs);
        Line2D line=new Line2D.Double (5,105,55,5);
        g.draw(line);
        line.setLine(55,5,105,105);
        g.draw(line);
        line.setLine(105,105,5,105);
        g.draw(line);
        g.setFont(new Font("宋体",Font.BOLD,14));
        g.drawString("交通银行",25,78);
    }
    public Image getImage(){
        return image;
    }
}
```

3)　抽象工厂

```
public abstract class Bank{
    public abstract DepositSlip createDepositSlip(String number,String
name,int money);
    public abstract Seal createSeal();
}
```

4)　具体工厂

```
public class ChinaBank extends Bank{
    public DepositSlip createDepositSlip(String number,String name,int
money){
        return new DepositSlip1(number,name,money);
    }
    public Seal createSeal(){
```

```
        return new SealOne();
    }
}
public class ChinaConstructionBank extends Bank{
    public DepositSlip createDepositSlip(String number,String name,int
money){
        return new DepositSlip2(number,name,money);
    }
    public Seal createSeal(){
        return new SealTwo();
    }
}
public class BankOfCommunications extends Bank{
    public DepositSlip createDepositSlip(String number,String name,int
money){
        return new DepositSlip3(number,name,money);
    }
    public Seal createSeal(){
        return new SealThree();
    }
}
```

5) 应用程序

```
import javax.swing.*;
public class Application{
    public static void main(String args[]){
        ShowDepositSlip showDepositSlip=new ShowDepositSlip();
        Bank bank=new ChinaBank();
        showDepositSlip.showDepositSlip(bank,"298765423","张三",5000);
        showDepositSlip.setLocation(20,20);
        showDepositSlip=new ShowDepositSlip();
        bank=new ChinaConstructionBank();
        showDepositSlip.showDepositSlip(bank,"128700542","李四",3000);
        showDepositSlip.setLocation(240,20);
        showDepositSlip=new ShowDepositSlip();
        bank=new BankOfCommunications();
        showDepositSlip.showDepositSlip(bank,"108765469","孙五",8000);
        showDepositSlip.setLocation(460,20);
    }
}
```

3.1.3 建造者模式(生成器模式)

1. 动机

现有一个日历软件，美国想用英文的风格显示日历，中国想用中文的风格显示日历，此时我们又不想开发两个日历软件，那么就得想办法使日历的表示和构建相分离，从而满足不同国家显示风格的要求。使用建造者模式(Builder Pattern)即能达到上述目标。

2. 概念

将一个复杂对象的构建与它的表示分离，使同样的构建过程可以创建不同的表示。

3. 适用性

建造者模式适合使用的情境如下。

(1) 当创建复杂对象的算法应该独立于该对象的组成部分以及它们的装配方式时。

(2) 当构造过程必须允许被构造的对象有不同的表示时。

4. 参与者

(1) 案例中的 Builder(抽象生成器)为 PersonBuilder：为创建一个 Product 对象的各个部件指定抽象接口。

(2) 案例中的 ConcreteBuilder(具体生成器)为 ManBuilder：实现 Builder 的接口以构造和装配该产品的各个部件。

定义并明确它所创建部件的内部表示，并提供一个检索产品的接口。

(3) 案例中的 Director(指挥者)为 PersonDirector：构造一个使用 Builder 接口的对象。

(4) 案例中的 Product(产品)为 Man：表示被构造的复杂对象。ConcreteBuilder 创建该产品的内部表示并定义它的装配过程，包含定义组成部件的类，包括将这些部件装配成最终产品的接口。

5. 案例描述

如同做点心的模具，使用该模具我们可以做出相同形状的荞面点心、白面点心、莜面点心等，不用再重复劳动做出每一种点心的模具，只要更换放进模具中的材料即可。同样在该案例中的模具可以是表示人体框架的 Person 类，它可以通过具体生成器 ManBuilder 生成具体的一个男人 Man，而整个过程是由专门的指挥者 PersonDirector 类来控制和操控的，从而达到将一个复杂对象的构建与它的表示分离，使同样的构建过程可以创建不同表示的目的。下面案例给出了建造者模式的程序结构。

6. 案例实现

Builder

```
public interface PersonBuilder {

    void buildHead();
    void buildBody();
    void buildFoot();
    Person buildPerson();
}
```

ConcreteBuilder

```
public class ManBuilder implements PersonBuilder {

    Person person;
    public ManBuilder() {
        person = new Man();
    }

Public void buildBody() {
```

```
        person.setBody("生成男人的身体");
    }

    public void buildFoot() {
        person.setFoot("生成男人的脚");
    }

    public void buildHead() {
        person.setHead("生成男人的头");
    }

    public Person buildPerson() {
        return person;
    }
}
```

Director

```
public class PersonDirector {

    public Person constructPerson(PersonBuilder pb) {
        pb.buildHead();
        pb.buildBody();
        pb.buildFoot();
        return pb.buildPerson();
    }
}
```

Product

```
public class Person {

    private String head;
    private String body;
    private String foot;

    public String getHead() {
        return head;
    }

    public void setHead(String head) {
        this.head = head;
    }

    public String getBody() {
        return body;
    }

    public void setBody(String body) {
        this.body = body;
    }

    public String getFoot() {
        return foot;
    }
```

```
    public void setFoot(String foot) {
        this.foot = foot;
    }
}
```

Test

```
public class Test{

    public static void main(String[] args) {
        PersonDirector pd = new PersonDirector();
        Person person = pd.constructPerson(new ManBuilder());
        System.out.println(person.getBody());
        System.out.println(person.getFoot());
        System.out.println(person.getHead());
    }
}
```

result

生成男人的身体
生成男人的脚
生成男人的头

3.1.4　单态模式(单件模式)

1. 动机

保证一个类仅有一个实例，只提供一个访问它的全局访问点。在某些情况下，我们可能需要某个类只能创建出一个对象，即不让用户用该类实例化出多于两个的实例。比如，在一个公文管理系统中，公文类的实例“公文文件”，需要将公章类的实例作为自己的一个成员，以表明自己是一个有效的公文文件，那么系统的设计者就需要保证公章类只有一个实例，不能允许使用公章类的构造方法再创建出第二个实例，如图 3-2 所示。

公文文件：人事安排
人事部关于……

公文文件：晋级规定
晋级办公室……

公文文件：规章制度
质量检查部……

图 3-2　多个公文文件使用唯一的公章

单件模式(Singleton Pattern)是关于怎样设计一个类，并使得该类只有一个实例的成熟模式，该模式的关键是将类的构造方法设置为 private 权限，并提供一个返回它的唯一实例的类方法(static 方法)。

2. 概念

保证一个类仅有一个实例，并提供一个访问它的全局访问点。

3. 适用性

单态模式适合使用的情境如下。

(1) 当类只能有一个实例而且客户可以从一个众所周知的访问点访问它时。

(2) 当这个唯一实例应该是通过子类化可扩展的，并且客户应该无须更改代码就能使用一个扩展的实例时。

4. 参与者

生成单件的原型。

5. 案例描述

Singleton(单件)定义如图 3-3 所示。

定义一个 Instance 操作，允许客户访问它的唯一实例。Instance 是一个类操作，负责创建它自己的唯一实例。

图 3-3 类图

6. 案例实现

Singleton

```
public class Singleton {

    private static Singleton sing;
    private Singleton() {

    }

    public static Singleton getinstance() {
        if (sing == null) {
            sing = new Singleton();
        }
        return sing;
    }
}
```

Test

```
public class Test {

    public static void main(String[] args) {
```

```
        Singleton sing = Singleton.getInstance();
        Singleton sing2 = Singleton.getInstance();

        System.out.println(sing);
        System.out.println(sing2);
    }
}
```

result

```
singleton.Singleton@1c78e57
singleton.Singleton@1c78e57
```

7. 应用举例——多线程争冠军

【设计要求】

设计一个 Champion 单件类以及多个线程。每个线程从左向右水平移动一个属于自己的按钮，最先将按钮移动到指定位置的线程为冠军，即该线程将负责创建出 Champion 单件类的唯一实例(冠军)，后续自己将按钮移动到指定位置的其他线程都可以看到冠军的有关信息，即看到 Champion 单件类的唯一实例的有关属性值。

【设计实现】

1) 单件类的设计

单件类是 Champion 类，该类的代码如下：

Champion.java

```
public class CommonSeal  {
      private  static Champion  uniqueChampion;
      String  message;
      private Champion(String message){
          uniqueChampion=this;
          this.message=message;
     }
      public static synchronized Champion getChampion(String
message){    //这是一个同步方法
           if(uniqueChampion==null){
                uniqueChampion=new Champion(message+"是冠军");
           }
           return uniqueChampion;
      }
      public static void initChampion(){
          uniqueChampion=null;
      }
      public String getMess(){
           return message;
      }
}
```

2) 应用程序

应用程序是一个 GUI 程序，该 GUI 程序的窗口有三个线程(Player 类负责创建线程对象)，当一个线程最先将属于自己的按钮移动到指定位置后，程序负责创建 Champion 单件类的唯一实例。

Player.java

```
import javax.swing.*;
public class Player extends Thread{
     int MaxDistance;
     int stopTime,step;
     JButton com;
     JTextField showMess;
     Champion champion;
     Player(int stopTime,int step,int MaxDistance,JButton com,int w,
     int h, JTextField showMess){
          this.stopTime=stopTime;
          this.step=step;
          this.MaxDistance=MaxDistance;
          this.com=com;
          this.showMess=showMess;
     }
    public void run(){
          while(true){
              int a=com.getBounds().x;
              int b=com.getBounds().y;
              if(a+com.getBounds().width>=MaxDistance){
                  champion=Champion.getChampion(com.getText());
                  showMess.setText(champion.getMess());
                  return;
              }
              a=a+step;
              com.setLocation(a,b);
             try{
                     sleep(stopTime);
             }
             catch(InterruptedException exp){}
         }
     }
}
```

Application.java

```
import javax.swing.*;
import java.awt.*;
import java.awt.event.*;
public class Application extends JFrame implements ActionListener{
      JButton  start;
      Player playerOne,playerTwo,playerThree;
      JButton  one,two,three;
      JTextField showLabel;
      int width=60;
      int height=28;
      int MaxDistance=460;
      public Application(){
          setLayout(null);
          start=new JButton("开始比赛");
          start.addActionListener(this);
          add(start);
```

```
        start.setBounds(200,30,90,20);
        showLabel=new JTextField("冠军会是谁呢？");
        showLabel.setEditable(false);
        add(showLabel);
        showLabel.setBounds(300,30,120,20);
        showLabel.setBackground(Color.orange);
        showLabel.setFont(new Font("隶书",Font.BOLD,16));
        one=new JButton("苏快");
        one.setSize(60,30);
        one.setBackground(Color.yellow);
        playerOne=new
Player(18,2,MaxDistance,one,width,height,showLabel);
        two=new JButton("李奔");
        two.setSize(65,30);
        two.setBackground(Color.cyan);
        playerTwo=new
Player(19,2,MaxDistance,two,width,height,showLabel);
        three=new JButton("胡跑");
        three.setSize(62,30);
        three.setBackground(Color.green);
        playerThree=new Player(21,2,MaxDistance,three,width,height,showLabel);
        initPosition();
        setBounds(100,100,600,300);
        setVisible(true);
        setDefaultCloseOperation(JFrame.DISPOSE_ON_CLOSE);
    }
    private void  initPosition(){
          Champion.initChampion();
          showLabel.setText("冠军会是谁呢？");
          repaint();
          remove(one);
          remove(two);
          remove(three) ;
          add(one);
          add(two);
          add(three);
          one.setLocation(1,60);
          two.setLocation(1,60+height+2);
          three.setLocation(1,60+2*height+4);
    }
    public void actionPerformed(ActionEvent e){
        boolean
boo=playerOne.isAlive()||playerTwo.isAlive()||playerThree.isAlive();
        if(boo==false){
              initPosition();
              int m=(int)(Math.random()*2)+19;
              playerOne=new  Player(m,2,MaxDistance,one,width,height,showLabel);
              m=(int)(Math.random()*3)+18;
              playerTwo=new  Player(m,2,MaxDistance,two,width,height,showLabel);
              m=(int)(Math.random()*4)+17;
              playerThree=new
Player(m,2,MaxDistance,three,width,height,showLabel);
        }
        try{
               playerOne.start();
```

```
                playerTwo.start();
                playerThree.start();
            }
            catch(Exception exp){}
        }
        public void paint(Graphics g){
            super.paint(g);
            g.drawLine(MaxDistance,0,MaxDistance,MaxDistance);
        }
        public static void main(String args[]){
            new Application();
        }
}
```

3.1.5 原型模式

1. 动机

用原型实例指定创建对象的种类，并且通过拷贝这些原型创建新的对象。实际上在某些情况下，可能不希望反复使用类的构造方法创建许多对象，而是希望用该类创建一个对象后，以该对象为原型得到该对象的若干个复制品。也就是说，将一个对象定义为原型对象，要求该原型对象提供一个方法，使该原型对象调用此方法复制一个和自己有完全相同状态的同类型对象，即“克隆”原型对象得到一个新对象，这里使用“克隆”一词可能比复制一词更为形象，所以人们使用原型模式复制对象时，亦可等价说是克隆对象。原型对象与以它为原型“克隆”出的新对象可以分别独立地变化，原型对象改变其状态不会影响以它为原型所克隆出的新对象，反之也一样。比如，通过复制一个已有的 Word 文档中的文本创建一个新的 Word 文档后，两个文档中的文本内容可以独立地变化而互不影响，一个含有文本数据的原型对象改变其含有的文本数据不会影响以它为原型所克隆出的新对象中的文本内容。

2. 概念

原型模式(Prototype Pattern)是指用原型实例指定创建对象的种类，并且通过拷贝这些原型创建新的对象。

3. 适用性

原型模式适合使用的情境如下。

(1) 当一个系统应该独立于它的产品创建、构成和表示时。

(2) 当要实例化的类是在运行时刻指定时，例如，通过动态装载。

(3) 为了避免创建一个与产品类层次平行的工厂类层次时。

(4) 当一个类的实例只能有几个不同状态组合中的一种时。

原型模式是从一个对象出发得到一个和自己有相同状态的新对象的成熟模式，该模式的关键是将一个对象定义为原型，并为其提供复制自己的方法，这些方法已经在很多面向对象语言中得以实现，用户只需直接调用即可。下面介绍面向对象语言 Java 中所提供的克隆函数 clone()及其使用方法。

Java.lang 包中的 Object 类提供了一个权限是 protected 的用于复制对象的 clone()方

法。我们知道 Java 中所有的类都是 Java.lang 包中 Object 类的子类或间接子类，因此 Java 中所有的类都继承了这个 clone()方法，但是由于 clone()方法的访问权限是 protected 的，这就意味着，如果一个对象想使用该方法得到自己的一个复制品，就必须保证自己所在的类与 Object 类在同一个包中，这显然是不可能的，因为 Java 不允许用户编写的类拥有 Java.lang 这样的包名(尽管可以编译拥有 Java.lang 包名的类，但运行时 JVM 拒绝加载这样的类)。为了能让一个对象使用 clone()方法，可以创建该对象的类重写(覆盖)clone()方法，并将访问权限提高为 public 权限，为了能使用被覆盖的 clone()方法，只需在重写的 clone()方法中使用关键字 super 调用 Object 类的 clone()方法即可。也可以在创建对象的类中新定义一个复制对象的方法，将访问权限定义为 public，并在该方法中调用 Object 类的 clone()方法。

另外，当对象调用 Object 类中的 clone()方法时，JVM 将会逐个复制该对象的成员变量，然后创建一个新的对象返回，所以 JVM 要求调用 clone()方法的对象必须实现 Clone 接口。Clone 接口中没有任何方法，该接口的唯一作用就是让 JVM 知道实现该接口的对象时可以被克隆。

下面的 Example.java 中，Circle 类的对象使用 clone 方法复制自己，运行效果如图 3-4 所示。

```
circle 对象中的数据：198.99
circleCopy 对象中的数据：198.99
```

图 3-4　使用 clone()方法复制对象

Example.java

```
class Circle implements Cloneable{   //实现 Cloneable 接口
     private double radius;
     public void setRadius(double r){
          radius=r;
    }
    public double getRadius(){
         return radius;
    }
    public Object clone() throws CloneNotSupportedException{
    //重写 clone 方法
         Object object=super.clone();
         return object;
    }
}
public class ExampleOne{
    public static void main(String args[]){
         Circle circle=new Circle();
         circle.setRadius(198.99);
         try{
              Circle circleCopy=(Circle)circle.clone();//调用 clone()复制自己
              System.out.println("circle 对象中的数据："+circle.getRadius());
              System.out.println("circleCopy 对象中的数据：
"+circleCopy.getRadius());
```

```
            }
            catch(CloneNotSupportedException exp){}
        }
    }
```

在某些情况下，建立一定数目的原型并克隆它们可能比每次用合适的状态手工实例化该类更方便一些。下面介绍两种克隆函数 clone()的具体实现方法。

1) 深度克隆

Object 类中的 clone()方法将复制当前对象变量中的值来创建一个新对象。例如，一个对象 object 有两个 int 型的成员变量 x,y，那么该对象与它调用 clone()方法返回的 cloneObject 对象如图 3-5 所示。

需要注意的是，如果调用 clone()方法的当前对象拥有的成员变量是一个对象，那么 clone()方法仅仅复制当前对象所拥有的对象的引用，并没有复制这个对象所拥有的变量，这就是使 clone()方法返回的新对象和当前对象拥有一个相同的对象，而未能实现完全意义的复制。例如，一个对象 object 有两个变量 rectangle 和 height，其中 height 是 int 型变量，但是变量 rectangle 是一个对象，这个对象 rectangle 有两个 double 型的变量 m,n，那么对象 object 与它调用 clone()方法返回的 cloneObject 对象如图 3-6 所示。

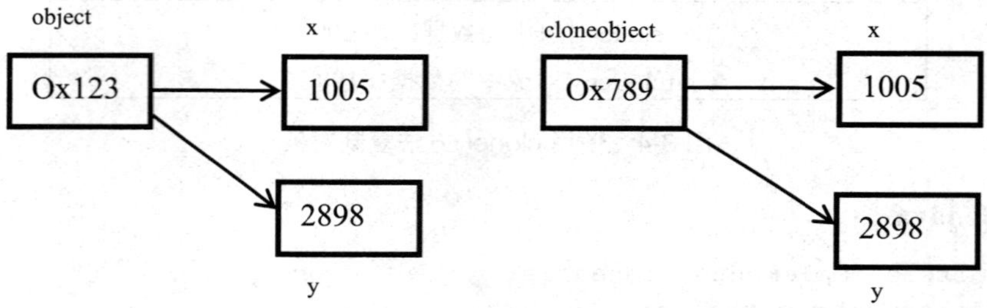

图 3-5　object 对象与 cloneObject 对象(1)

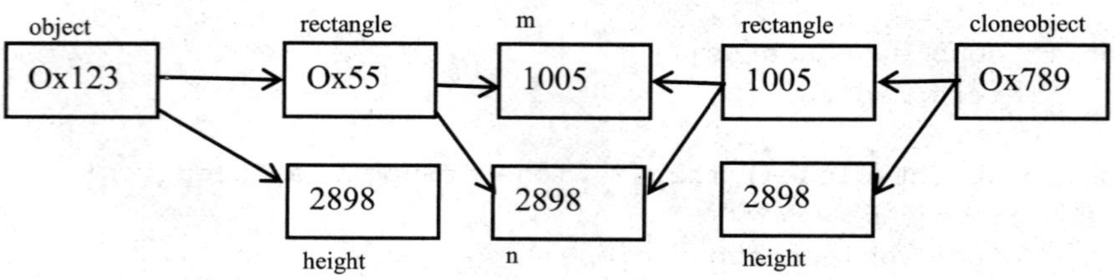

图 3-6　object 对象与 cloneObject 对象(2)

这样一来就涉及一个深度克隆问题，因为，当前对象的成员变量中可能还会有其他对象。所以使用 clone()方法复制对象有许多细节需要用户考虑，比如，在重写 clone()方法时，必须也要对当前对象中的 rectangle 对象进行复制。下面的 ExampleTwo.java 中，Geometry 类的对象使用 clone()方法复制自己，并处理了深度克隆问题，运行效果如图 3-7 所示。

```
geometry 对象中的 rectangle 矩形的长和宽：
10.0,20.0
geometryCopy 对象中的 rectangle 矩形的长和宽：
10.0,20.0
geometry 对象修改其中的 rectangle 矩形的长和宽：
geometry 对象中的 rectangle 矩形的长和宽：
567.98,156.67
geometry 对象修改其中的 rectangle 矩形的长和宽：
10.0,20.0
```

图 3-7　程序运行效果

ExampleTwo.java

```
Class Geometry implements Cloneable{   //实现 Cloneable 接口{
int height;
Rectangle rectangle;
Geometry(Rectangle rectangle, int  height) {
this.rectangle = rectangle;
this.height = height;
{
public Object clone() throws CloneNotSupportedException{//重写 clone()方法
Geometry  object =(Geometry) super. clone() ;
object.rectangle = (Rectangle) rectangle.clone() ; //对 rectangle 进行复制
return object;
}
}
class Rectangre implements Cloneable{  //实现 Cloneable 接口
double m,n;
Rectangle(double m,double n){
this.m=m;
this.n=n;
}
public Object clone() throws CloneNotSupportedException{  //重写 clone 方法
Object object = super.clone();
return object;
}
}
public class Example Two{
public static void main(String args[]){
Geometry geometry = new Geometry(new Rectangle(10,20),100 );
try{
Geometry  geometryCopy =  (Geometry)geometry.clone();//复制自己
System.out.Println("geometry 对象中的 rectangle 矩形的长和宽:");
System.out.Println(geometry.rectangle.m+","+geometry.rectangle.n) ;
System.out.Println("geometryCopy 对象中的 rectangle 矩形的长和宽: ");
System.out.Println(geometryCopy.rectangle.m+","+geometryCopy.rectangle.n);
System.out.Println("geometry 对象修改其中的 rectangle 矩形的长和宽: ");
geometry.rectangle.m = 567.98 ;
geometry.rectangle.n = 156.6 7 ;
System.out.Println("geometry 对象中的 rectangle 矩形的长和宽:");
```

```
System.out.Println(geometry.rectangle.m+","+geometry.rectangle.n) ;
System.out.Println("geometryCopy对象中的 rectangle矩形的长和宽: ");
System.out.Println(geometryCopy.rectangle.m+","+geometryCopy.rectangle.n);
}
Catch(CloneNotSupportedException exp){}
}
    }
```

2) Serializable 接口与克隆对象

相对于 clone()方法，Java 又提供了一种较为简单的解决方案，这个方案就是使用 Serializable 接口和对象流来复制对象。

如果希望得到对象 object 的复制品，必须保证该对象是序列化的，即创建 object 对象的类必须实现 Serializable 接口。Serializable 接口中的方法对程序是不可见的，因此实现该接口的类不需要实现额外的方法。

为了得到 object 的复制品，首先需要将 object 写入 ObjectOutputStream 流中，当把一个序列化的对象写入 ObjectInputStream 输出流时，JVM 就会实现 Serializable 接口中的方法，将一定格式的文本——对象的序列化信息，写入 ObjectInputStream 输出流的目的地。然后使用 ObjectInputStream 对象输入流从 ObjectOutputStream 输出流的目的地读取对象，这时 ObjectInputStream 对象流就读回 object 对象的序列化信息，并根据序列化信息创建一个新的对象，这个新对象就是 object 对象的一个复制品。

需要注意的是，使用对象流把一个对象写入文件时不仅要保证该对象是序列化的，而且该对象的成员对象也必须是序列化的。

4. 参与者

(1) Prototype(抽象原型)：声明一个克隆自身的接口。
(2) ConcretePrototype(具体原型)：实现一个克隆自身的操作。
(3) Client(客户)：让一个原型克隆自身从而创建一个新的对象。

5. 案例描述

原型模式的功能是克隆对象，它的程序结构如下面案例实现所示。在本案例中我们设定的原型是 Prototype 类，通过 Java 语言中提供的 Cloneable 接口实现克隆函数 clone()，从而克隆出 ConcretePrototype 类。

6. 案例实现

Prototype

```
public class Prototype implements Cloneable {

   private String name;

   public void setName(String name) {
      this.name = name;
   }

   public String getName() {
      return this.name;
   }
```

```
    public Object clone(){
        try {
            return super.clone();
        } catch (Exception e) {
            e.printStackTrace();
            return null;
        }
    }
}
```

ConcretePrototype

```
public class ConcretePrototype extends Prototype {

    public ConcretePrototype(String name) {
        setName(name);
    }
}
```

Client

```
public class Test {

    public static void main(String[] args) {
        Prototype pro = new ConcretePrototype("prototype");
        Prototype pro2 = (Prototype)pro.clone();
        System.out.println(pro.getName());
        System.out.println(pro2.getName());
    }
}
```

result

```
prototype
prototype
```

7. 应用举例——克隆容器

【设计要求】

在一个窗口中有一个容器，该容器中有若干个按钮组件，单击按钮可为该按钮选择一个背景颜色，当用户为所有按钮选定颜色后，希望复制当前容器，并把这个复制品也添加到当前窗口中。

【设计实现】

1)　抽象原型

抽象原型是 CloneContainer 类，该类的代码如下：

CloneContainer.java

```
public interface CloneContainer{
public Object CloneContainer();
}
```

2) 具体原型(Concrete Prototype)

具体原型是 ButtonContainer 类，ButtonContainer 类使用对象序列化来复制对象，Java 类库中的绝大多数类都实现了 Serializable 接口，比如 javax.swing 和 java.awt 包中的组件类等。ButtonContainer 类的代码如下：

ButtonContainer.java

```
 import java.io.*;
 import javax.swing.*;
 import java.awt.*;
 import java.awt.event.*;
 public class ButtonContainer extends JPanel implements
CloneContainer,ActionListener{
    JButton []buton;
    ButtonContainer(){
        button=new JButton[25];
        setLayout(new GridLayout(5,5));
        for(int i=0;i<25;i++){
            button[i]=new JButton();
            add(button[i]);
            button[i].addActionListener(this);
        }
    }
    public void actionPerformed(ActionEvent e){
        JButton b=(JButton)e.getSource();
        Color newColor=JColorChooser.showDialog(null, "",
b.getBackground());
        if(newColor!=null)
            b.setBackground(newColor);
    }
    public Object cloneContainer(){
        Object object=null;
        try{
            ByteArrayOutputStream outOne=new ByteArrayQutputStream();
            ObjectOutputStream outTwo=newObjectOutputStream(outOne);
            outTwo.writeObject(this);  //将原型对象写入对象输出流
            ByteArrayInputStream inOne=
                new ByteArrayInputStream(outOne.toByteArray));
          ObjectInputStream inTwo=newObjectInputStream(inOne);
Object=inTwo.readObject();          //创建新的对象，原型的复制品
        }
Catch(Exception event);
    }
Return object;
}
}
```

3) 应用程序

应用程序将使用模式中原型接口定义的方法来复制一个具体原型，运行效果如图 3-8 所示。

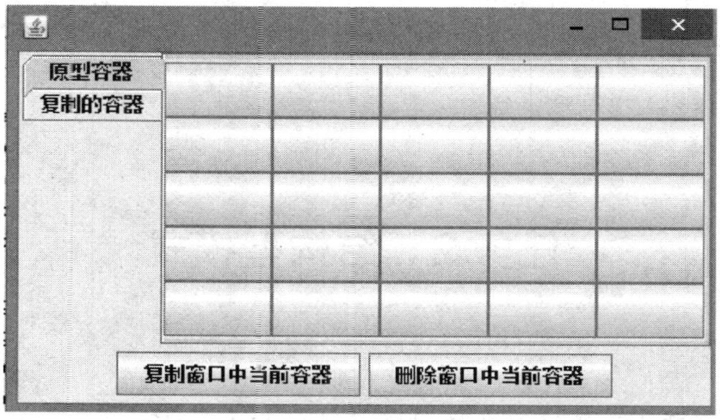

图 3-8　程序运行效果

Application.java

```
import javax.swing.*;
import java.awt.*;
import java.awt.event.*;
public class Application extends JFrame implements ActionListener{
    JTabbedPane jtp;
    ButtonContainer con;
    JButton  add,del;
    public  Application(){
        add = new JButton("复制窗口中当前容器");
        del = new JButton("删除窗口中当前容器");
        add.addActionListener(this);
        del.addActionListener(this);
        JPanel pSouth = new JPanel();
        pSouth.add(add);
        pSouth.add(del);
        add(pSouth,BorderLayout.SOUTH);
        con = new ButtonContainer();
        jtp = new JTabbedPane(JTabbedPane.LEFT);
        add(jtp,BorderLayout.CENTER);
        jtp.add("原型容器",con);
        setBounds(100,100,500,300);
        setVisible(true);
        setDefaultCloseOperation(JFrame.DISPOSE_ON_CLOSE);
    }
    public void actionPerformed(ActionEvent e){
        if(e.getSource() == add){
            int index = jtp.getSelectedIndex();
            ButtonContainer   container =
(ButtonContainer)jtp.getComponentAt(index);
            ButtonContainer   conCopy =
(ButtonContainer)container.cloneContainer();
                jtp.add("复制的容器",conCopy);
        }
        if(e.getSource() == del){
            int index = jtp.getSelectedIndex();
            ButtonContainer   container =(ButtonContainer)
jtp.getComponentAt(index);
```

```
        }
    }
    public static void main(String args[]){
        new Application();
        }
    }
```

任务 2　结构型模式

任务要求

本项目通过常用结构型设计模式的讲解，探讨在 Java 程序设计中怎样使用著名的结构型设计模式，以便更好地使用面向对象语言解决设计中的诸多问题。

知识储备

结构型模式的最大特点是组合类和对象以形成更大的结构，简化软件设计方案。

结构型模式包括 Adapter(适配器模式)、Bridge(桥接模式)、Composite (组合模式)、Decorator(装饰模式)、Facade(外观模式)、Flyweight(享元模式)和 Proxy(代理模式)。

任务实施

3.2.1　适配器模式

1. 动机

将一个类的接口转换成客户希望的另外一个接口。Adapter 模式使得原本由于接口不兼容而不能一起工作的那些类可以一起工作。

在实际生活中有很多和适配器类似的问题，比如有 A 型的螺母和 B 型的螺母，那么用户可以在 A 型螺母上直接使用按着 A 型的螺母标准生产的 A 型螺丝，同样，用户可以在 B 型螺母上直接使用按着 B 型螺母标准生产的 B 型螺丝。但是，由于 A 型螺母和 B 型螺母标准不同，所以用户在 A 型螺母上不能直接使用 B 型螺丝，反之也一样。

现在，不允许修改螺母和螺丝，通过什么办法能让用户在 A 型螺母上使用 B 型螺丝呢？有人想了个不错的办法：生产一种 A 型适配器，可以拧在 A 型螺母上，后端焊接上一个 B 型螺母。现在，用户借助 A 型适配器就可以在 A 型螺母上使用 B 型螺丝。

在 Java 中，接口定义了一些重要的操作，即抽象方法。一个接口变量可以存放实现该接口类的实例引用，从而可以回调该类所实现的接口方法。在编程中也可能遇到上述螺母、螺丝问题。比如，A 和 B 是两个接口，那么 A 接口变量不能存放实现 B 接口实例的引用，这样一来，A 接口变量就无法回调 B 接口定义的方法。

比如，“开发小组一”编写的系统中有一个 A 接口，该接口中有一个名字是 methodA()的方法。“开发小组二”编写的系统中有一个 B 接口，该接口中有一个名字是 methodB()的方法，并且系统中已经有一些类，比如 Think 类，实现了 B 接口。

现在，我们不想修改两个系统的代码(或不允许修改)，由于 A 接口声明的变量无法存放实现 B 类接口类的实例引用，所以 A 接口变量无法回调另一个系统中 B 接口定义的方法，即无法回调 Think 类实现的 methodB()方法。

适配器模式是将一个类的接口(被适配者)转换成客户希望的另外一个接口(目标)的成熟模式，该模式中涉及有目标、被适配者和适配器。适配器模式的关键是建立一个适配器，这个适配器实现了目标接口并包含有被适配者的引用。

现在，“开发小组一”准备使用适配模式改进自己的系统。为了使自己的 A 接口变量能回调“小组二”所开发的系统中的 B 接口定义的方法，这样一来，A 接口变量在回调适配器实现 A 接口的方法过程中，通过委托 B 接口变量回调 B 接口中的方法，就能使用 B 接口定义的方法。

2. 概念

将一个类的接口转换成客户希望的另外一个接口。Adapter 模式使得原本由于接口不兼容而不能一起工作的那些类可以一起工作。

3. 适用性

适配器模式适合使用的情境如下。

(1) 想使用一个已经存在的类，而它的接口不符合你的需求时。

(2) 想创建一个可以复用的类，该类可以与其他不相关的类或不可预见的类(即那些接口可能不一定兼容的类)协同工作时。

(3) (仅适用于对象 Adapter)想使用一些已经存在的子类，但是不可能对每一个都进行子类化以匹配它们的接口时。对象适配器可以适配它的父类接口。

按照适配程度将适配器分为以下三种。

(1) 完全适配。

如果目标(Target)接口中的方法数目与被适配者(Adaptee)接口的方法数目相等，那么适配器(Adapter)可将被适配者接口(抽象类)与目标接口进行完全适配。

(2) 不完全适配。

如果目标(Target)接口中的方法数目少于被适配者(Adaptee)接口的方法数目，那么适配器(Adapter)只能将被适配者接口(抽象类)与目标接口进行部分适配。

(3) 剩余适配。

如果目标(Target)接口中的方法数目大于被适配者(Adaptee)接口的方法数目，那么适配器(Adapter)可将被适配者接口(抽象类)与目标接口进行完全适配，但必须将目标多余的方法给出用户允许的默认实现。

4. 参与者

(1) Target 目标：定义 Client 使用的与特定领域相关的接口。

(2) Client 主函数：与符合 Target 接口的对象协同。

(3) Adaptee 被适配者：定义一个已经存在的接口，这个接口需要适配。

(4) Adapter 适配器：对 Adaptee 接口与 Target 接口进行适配。

5. 案例描述

因程序中存在两个接口 Target 和 Adaptee 不一致的情况导致无法协同工作，我们使用适配器 Adapter 进行适配后使得两个原本不兼容的接口变得能够兼容且协同工作，达到适配器的目的，该案例给出了适配器模式的程序结构。

6. 案例实现

Target

```
public interface Target {

    void adapteeMethod();

    void adapterMethod();
}
```

Adaptee

```
public class Adaptee {

    public void adapteeMethod() {
        System.out.println("Adaptee method!");
    }
}
```

Adapter

```
public class Adapter implements Target {

    private Adaptee adaptee;

    public Adapter(Adaptee adaptee) {
        this.adaptee = adaptee;
    }

    public void adapteeMethod() {
        adaptee.adapteeMethod();
    }

    public void adapterMethod() {
        System.out.println("Adapter method!");
    }
}
```

Client

```
public class Test {

    public static void main(String[] args) {
        Target target = new Adapter(new Adaptee());
        target.adapteeMethod();

        target.adapterMethod();
    }
```

```
}
```

result

```
Adaptee method!
Adapter method!
```

7. 应用举例——Iterator 接口与 Enumeration 接口

【设计要求】

Enumeration 接口中有两个方法：hasMoreElements()和 nextElement()。Iterator 接口有三个方法：hasNext()、next()和 remove()方法。在 JDK 1.2 版本后的集合框架中，有一部分集合，如 Vector、Hashtable 等，使用 elements()方法返回一个实现 Enumeration 接口类的实例，不妨将这个实例称作一个枚举器。枚举器通过调用 nextElement()方法依次返回集合中的元素，通过调用 hasMoreElements()方法判断集合中是否还有元素未被 Iterator 接口类的实例所遍历，可将这个实例称作一个迭代器。值得注意的是，迭代器通过调用 next()方法返回集合中的元素。另外，迭代器比枚举器多了一个 remove()方法，迭代器调用 remove()方法从集合中删除迭代器最近一次调用 next()方法返回的元素。需要注意的是，在 JDK 1.2 版本后的集合框架中，有一部分集合，比如 LinkedList、ArrayList 等只能使用 iterator()方法返回一个迭代器。

目前有一个运行良好的系统，该系统中有一个类：BookNameList。BookNameList 类使用 Vector 存放图书名称，但为用户提供的是 Vector 的枚举器，用户可以使用该枚举器查看 Vector 中存放的图书名称。目前一个开发小组正在设计一个新的系统，根据项目的特点，该系统准备在一个 NewBookList 类中使用 LinkedList 存放图书名称，但为了缩短开发周期，开发小组决定将已有系统中的图书名称导入新的系统中。请使用适配器模式实现开发小组的目的。

【设计实现】

针对上述问题，使用适配器模式设计若干个类。

(1) 目标：本问题中，目标接口是 java.util 包中的 Iterator。

(2) 被适配者：对于本问题，被适配者是 java.util 包中的 Enumeration。

(3) 适配器：适配器是 IteratorAdapter 类，该类包含 Enumeration 声明的变量。

IteratorAdapter 类的代码如下：

IteratorAdapter.Java

```
import java.util.*;
public class IteratorAdapter implements Iterator{
    Enumeration bookenum;
    IteratorAdapter(Enumeration bookenum){
        this.bookenum=bookenum;
    }
    public boolean hasNext(){
        return bookenum.hasMoreElements();
    }
    public Object next(){
        return bookenum.nextElement();
```

```
    }
    public void remove(){
        System.out.println("枚举器没有删除集合元素的方法");
    }
}
```

(4) 应用程序：应用程序中包括系统中已有的 BookNameList 类，导入新元素的 NewBookNameList 类和一个运行类 Application.java。

BookNameList 类

```
BookNameList.java
import java.util.*;
public class BookNameList{
    private Vector<String> vector;
    private Enumeration bookenum;
    BookNameList(){
        vector=new Vector<String>();
    }
    public void setBookName(){    //真实系统可能从一个数据库中得到图书名称
       vector.add("Java 程序设计");
       vector.add("J2ME 程序设计");
       vector.add("XML 程序设计");
       vector.add("JSP 程序设计");
    }
    public Enumeration getEnumeration(){
       return vector.elements();
    }
}
```

NewBookNameList 类

```
NewBookNameList.java
import java.util.*;
public class NewBookNameList{
    LinkedList<String> bookList;
    Iterator iterator;
    NewBookNameList(Iterator iterator){
        bookList=new LinkedList<String>();
        this.iterator=iterator;
    }
    public void setBookName(){
       while(iterator.hasNext()){
          String name=(String)iterator.next();
          bookList.add(name);
       }
    }
    public void getBookName(){
        Iterator<String> iter=bookList.iterator();
        while(iter.hasNext()){
          String name=iter.next();
          System.out.println(name);
       }

    }
}
```

Application 类

```
Application.java
import java.util.*;
import java.io.*;
public class Application{
   public static void main(String args[]){
      BookNameList oldBookList=new BookNameList();
      oldBookList.setBookName();
      Enumeration bookenum=oldBookList.getEnumeration();
      IteratorAdapter adapter=new IteratorAdapter(bookenum);
      NewBookNameList newBookList=new NewBookNameList(adapter);
      newBookList.setBookName();
      System.out.println("导入到新系统中的图书列表:");
      newBookList.getBookName();
   }
}
```

3.2.2　桥接模式

1. 动机

桥接模式是关于怎样将抽象部分与它的实现部分分离，使得它们都可以独立地变化的成熟模式。

2. 概念

将抽象部分与它的实现部分分离，使得它们都可以独立地变化。

3. 适用性

桥接模式适合使用的情境如下。

(1) 不希望在抽象和它的实现部分之间有一个固定的绑定关系时。

例如这种情况可能是因为，在程序运行时刻实现部分被选择或者切换。

(2) 类的抽象以及它的实现都应该可以通过生成子类的方法加以扩充。

这时桥接模式可以对不同抽象接口和实现部分进行组合，并分别对它们进行扩充。

(3) 对一个抽象的实现部分的修改应对客户不产生影响，即客户的代码不必重新编译。

(4) 有许多类要生成或者必须将一个对象分解成两个部分时。

(5) 若想在多个对象间共享实现(可能使用引用计数)，但同时要求对客户不可见时。

4. 参与者

(1) Abstraction(抽象)：定义抽象类的接口。维护一个指向 Implementor 类型对象的指针。

(2) RefinedAbstraction(细化抽象)：扩充由 Abstraction 定义的接口。

(3) Implementor(实现者)：定义实现类的接口，该接口不一定要与 Abstraction 的接口完全一致。事实上这两个接口可以完全不同。一般来讲，Implementor 接口仅提供基本操作，而 Abstraction 则定义了基于这些基本操作的较高层次的操作。

(4) ConcreteImplementor(具体实现者)：实现 Implementor 接口并定义它的具体实现。

5. 案例描述

本案例中将表示人体框架的 Person 和给人体着装的 Clothing 两个抽象类相分离，其中 Person 抽象类构造了表示男人的 Man 类和表示女人的 Lady 类，Clothing 抽象类构造了表示马甲的 Jacket 类和表示裤子的 trouser 类，将对象的抽象部分与它的实现部分分离，使得它们都可以独立变化，该案例给出了桥接模式的程序结构。

6. 案例实现

Abstraction

```
public abstract class Person {
    private Clothing clothing;
    private String type;
    public Clothing getClothing() {
        return clothing;
    }

    public void setClothing() {
        this.clothing = ClothingFactory.getClothing();
    }

    public void setType(String type) {
        this.type = type;
    }

    public String getType() {
        return this.type;
    }

    public abstract void dress();
}
```

RefinedAbstraction

```
public class Man extends Person {

    public Man() {
        setType("男人");
    }

    public void dress() {
        Clothing clothing = getClothing();
        clothing.personDressCloth(this);
    }
}

public class Lady extends Person {

    public Lady() {
        setType("女人");
    }
```

```
    public void dress() {
        Clothing clothing = getClothing();
        clothing.personDressCloth(this);
    }
}
```

Implement

```
public abstract class Clothing {

    public abstract void personDressCloth(person person);
}
```

ConcreteImplement

```
public class Jacket extends Clothing {

    public void personDressCloth(Person person) {
        System.out.println(person.getType() + "穿马甲");
    }
}

public class Trouser extends Clothing {

    public void personDressCloth(Person person) {
        System.out.println(person.getType() + "穿裤子");
    }
}
```

Test

```
public class Test {

    public static void main(String[] args) {

        Person man = new Man();
        Person lady = new Lady();
        Clothing jacket = new Jacket();
        Clothing trouser = new Trouser();
        jacket.personDressCloth(man);
        trouser.personDressCloth(man);
        jacket.personDressCloth(lady);
        trouser.personDressCloth(lady);
    }
}
```

result

男人穿马甲
男人穿裤子
女人穿马甲
女人穿裤子

7. 应用举例——制作电视节目

【设计要求】

中央电视台有许多频道，比如 CCTV5 负责制作体育节目，CCTV6 负责制作电影节目等，下面使用桥接模式，实现中央电视台制作电视节目的程序框架。

【设计实现】

1) 抽象

```
import javax.swing.*;
import java.awt.*;
public abstract class  CCTV extends JPanel{
     Program  programMaker;
     public  abstract void makeProgram () ;
}
```

2) 实现者

```
import java.util.ArrayList;
public interface Program{
    public  ArrayList<String>  makeTVProgram();
}
```

3) 细化抽象

```
import javax.swing.*;
import java.awt.*;
import java.util.ArrayList;
public  class  CCTV5 extends CCTV implements Runnable{
    JLabel showFilm;
    Thread thread;
    ArrayList<String> content;
    CCTV5(Program program){
         programMaker=program;
         setLayout(new BorderLayout());
         showFilm=new JLabel("CCTV5 体育频道");
         showFilm.setFont(new Font("",Font.BOLD,39));
         add(showFilm,BorderLayout.CENTER);
         thread=new Thread(this);
    }
    public void makeProgram (){
         content=programMaker.makeTVProgram();
         if(!thread.isAlive()){
             thread=new Thread(this);
             thread.start();
         }
    }
    public void run(){
         for(int i=0;i<content.size();i++){
             showFilm.setText(content.get(i));
             try{  Thread.sleep(1500);
             }
             catch(InterruptedException exp){}
         }
```

```
    }
}
import javax.swing.*;
import java.awt.*;
import java.util.ArrayList;
public  class  CCTV6 extends CCTV implements Runnable{
    JLabel showFilm;
    Thread thread;
    ArrayList<String> content;
    CCTV6(Program program){
         programMaker=program;
         setLayout(new BorderLayout());
         showFilm=new JLabel("CCTV6 电影频道");
         showFilm.setFont(new Font("",Font.BOLD,39));
         add(showFilm,BorderLayout.CENTER);
         thread=new Thread(this);
    }
    public void makeProgram (){
         content=programMaker.makeTVProgram();
         if(!thread.isAlive()){
              thread=new Thread(this);
              thread.start();
         }
    }
    public void run(){
         for(int i=0;i<content.size();i++){
              showFilm.setText(content.get(i));
              try{  Thread.sleep(1500);
              }
              catch(InterruptedException exp){}
         }
    }
}
```

4)　具体实现者

```
import java.util.ArrayList;
public class AthleticProgram implements Program{
     ArrayList<String> content;
    AthleticProgram(){
        content=new ArrayList<String>();
    }
     public  ArrayList<String>  makeTVProgram(){
            content.clear();
            content.add("足球直播");
            content.add("巴西足球队进场");
            content.add("阿根廷足球队进场");
            content.add("巴西足球队进球");
            content.add("比赛结束");
            return content;
     }
}

import java.util.ArrayList;
public class FilmProgram implements Program{
```

```
        ArrayList<String> content;
        FilmProgram(){
            content=new ArrayList<String>();
        }
        public  ArrayList<String>  makeTVProgram(){
                content.clear();
                content.add("地道战");
                content.add("1937 年鬼子侵略华北");
                content.add("八路军带领民兵展开地道战");
                content.add("把鬼子打的找不着北");
                content.add("鬼子最后被消灭了");
                return content;
        }
}
```

5) 应用程序

```
import javax.swing.*;
import java.awt.*;
import java.awt.event.*;
public class Application extends JFrame{
      JButton seeProgram;
      CCTV cctv;
      Program program;
     Application(CCTV tv,Program program){
          cctv=tv;
          this.program=program;
          add(cctv,BorderLayout.CENTER);
          seeProgram=new JButton("看节目");
          add(seeProgram,BorderLayout.SOUTH);
          seeProgram.addActionListener(new ActionListener(){
     public void actionPerformed(ActionEvent e){
                        cctv.makeProgram();
                                          }});
         setVisible(true);
         setDefaultCloseOperation(JFrame.DISPOSE_ON_CLOSE);
      }
      public static void main(String args[]) {
          Program  program=new AthleticProgram();
          CCTV  cctv=new CCTV5(program);
          Application  application1=new Application(cctv,program);
          application1.setBounds(10,10,200,300);
          program=new FilmProgram();
          cctv=new CCTV6(program);
          Application  application2=new Application(cctv,program);
          application2.setBounds(220,10,200,300);
      }
}
```

3.2.3 组合模式

1. 动机

将对象组合成树形结构以表示部分—整体的层次结构。组合模式是关于怎样将对象形成树形结构来表现整体和部分的层次结构的成熟模式。使用组合模式，可以让用户以一致的方式处理个体对象和组合对象，组合模式的关键在于无论是个体对象还是组合对象都实现了相同的接口或都是同一个抽象类的子类。

2. 概念

将对象组合成树形结构以表示“部分—整体”的层次结构。Composite 使得用户对单个对象和组合对象的使用具有一致性。

3. 适用性

组合模式适合使用的情境如下。

(1) 想表示对象的部分—整体层次结构时。

(2) 希望用户忽略组合对象与单个对象的不同，用户将统一地使用组合结构中的所有对象时。

4. 参与者

(1) Component(抽象组件)：为组合中的对象声明接口。在适当的情况下，实现所有类共有接口的默认行为。

(2) Leaf(叶结点)：在组合中表示叶结点对象，叶结点没有子结点，在组合中定义结点对象的行为。

(3) Composite(结点)：定义有子部件的那些部件的行为。存储子部件，在 Component 接口中实现与子部件有关的操作。

(4) Client(主函数)：通过 Component 接口操纵组合部件的对象。

5. 案例描述

使用组合模式形成了项目经理、项目助理和程序员三层包含与被包含的关系，从而便于对员工进行姓名查询，该案例给出了组合模式的程序结构。

6. 案例实现

Component

```
public abstract class Employer {

    private String name;

    public void setName(String name) {
        this.name = name;
    }

    public String getName() {
        return this.name;
    }

    public abstract void add(Employer employer);

    public abstract void delete(Employer employer);

    public List employers;
```

```
    public void printInfo() {
        System.out.println(name);
    }

    public List getEmployers() {
        return this.employers;
    }
}
```

Leaf

```
public class Programmer extends Employer {

    public Programmer(String name) {
        setName(name);
        employers = null;//程序员，表示没有下属了
    }

    public void add(Employer employer) {

    }

    public void delete(Employer employer) {

    }
}

public class ProdectAssistant extends Employer {

    public ProjectAssistant(String name) {
        setName(name);
        employers = null;//项目助理，表示没有下属了
    }

    public void add(Employer employer) {

    }

    public void delete(Employer employer) {

    }
}
```

Composite

```
public class Projectmanager extends Employer {

    public ProjectManager(String name) {
        setName(name);
        employers = new ArrayList();
    }

    public void add(Employer employer) {
        employers.add(employer);
    }
```

```
    public void delete(Employer employer) {
        employers.remove(employer);
    }
}
```

Client

```
public class Test {

    public static void main(String[] args) {
        Employer pm = new ProjectManager("项目经理");
        Employer pa = new ProjectAssistant("项目助理");
        Employer programmer1 = new Programmer("程序员一");
        Employer programmer2 = new Programmer("程序员二");

        pm.add(pa);//为项目经理添加项目助理
        pm.add(programmer2);//项目经理添加程序员

        List ems = pm.getEmployers();
        for (Employer em : ems) {
            System.out.println(em.getName());
        }
    }
}
```

result

项目助理
程序员二

7. 应用举例——苹果树的重量及苹果的价值

【设计要求】

一棵苹果树的主干上有 2 个分支，一个分支上结了 10 个苹果，另一个分支上结了 8 个苹果，苹果每斤 4 元。请用组合模式组织苹果树的结构，当用户发现有新的分支或新苹果时，不必修改计算苹果树重量和苹果价值的代码。

【设计实现】

1)　抽象组件

```
import java.util.*;
public interface TreeComponent{
      public void add(TreeComponent node);
      public void remove(TreeComponent node);
      public TreeComponent getChild(int index);
      public Iterator<TreeComponent> getAllChildren();
      public boolean isLeaf();
      public double getWeight();
}
```

2)　Composite 结点

```
import java.util.*;
public class TreeBody implements TreeComponent{
```

```
        LinkedList<TreeComponent> list;
        double weight;
        String name;
        TreeBody(String name,double weight){
             this.name=name;
             this.weight=weight;
             list=new LinkedList<TreeComponent>();
        }
        public void add(TreeComponent node) {
             list.add(node);
        }
        public void remove(TreeComponent node){
             list.remove(node);
        }
        public TreeComponent getChild(int index) {
             return list.get(index);
        }
        public Iterator<TreeComponent>  getAllChildren() {
             return list.iterator();
        }
        public boolean isLeaf(){
            return false;
        }
        public double getWeight(){
             return weight;
        }
        public String toString(){
             return name;
        }
}
```

3) Leaf 结点

```
import java.util.*;
public class Apple implements TreeComponent{
        LinkedList<TreeComponent> list;
        double weight;
        String name;
        Apple(String name,double weight){
             this.name=name;
             this.weight=weight;
             list=new LinkedList<TreeComponent>();
        }
        public void add(TreeComponent node) {}
        public void remove(TreeComponent node){}
        public TreeComponent getChild(int index) {
             return null;
        }
        public Iterator<TreeComponent>  getAllChildren() {
             return null;
        }
        public boolean isLeaf(){
            return true;
        }
        public double getWeight(){
```

```
        return weight;
    }
    public String toString(){
        return name;
    }
}
```

4)　应用程序

```
import java.util.*;
public class Computer{
    public static double computerWeight(TreeComponent node){
        double weightSum=0;
        if(node.isLeaf()==true){
            weightSum=weightSum+node.getWeight();
        }
        if(node.isLeaf()==false){
            weightSum=weightSum+node.getWeight();
            Iterator<TreeComponent> iterator=node.getAllChildren();
            while(iterator.hasNext()){
                    TreeComponent p= iterator.next();
                    weightSum=weightSum+computerWeight(p);;
            }
        }
        return weightSum;
    }
    public static double computerValue(TreeComponent node,double unit){
        double appleWorth=0;
        if(node.isLeaf()==true){
            appleWorth=appleWorth+node.getWeight()*unit;
        }
        if(node.isLeaf()==false){
            Iterator<TreeComponent> iterator=node.getAllChildren();
            while(iterator.hasNext()){
                    TreeComponent p= iterator.next();
                    appleWorth=appleWorth+computerValue(p,unit);
            }
        }
        return appleWorth;
    }
    public static String getAllChildrenName(TreeComponent node){
        StringBuffer mess= new StringBuffer();
        if(node.isLeaf()==true){
            mess.append(" "+node.toString());
        }
        if(node.isLeaf()==false){
            mess.append(" "+node.toString());
            Iterator<TreeComponent> iterator=node.getAllChildren();
            while(iterator.hasNext()){
                TreeComponent p= iterator.next();
                mess.append(getAllChildrenName(p));
            }
        }
        return new String(mess);
    }
```

```
}
import javax.swing.*;
import javax.swing.tree.*;
import javax.swing.event.*;
import java.awt.*;
public class Application  extends JFrame implements
TreeSelectionListener{
     TreeComponent  mainBody,branchOne,branchTwo, apple[];
     DefaultMutableTreeNode trunk,branch1,branch2, leaf[] ;
     JTree tree;
     final static int MAX=18;
     JTextArea text;
     public Application() {
        mainBody=new TreeBody("树干",786);
        trunk=new  DefaultMutableTreeNode(mainBody);
        branchOne=new TreeBody("树枝",45);
        branch1=new  DefaultMutableTreeNode(branchOne);
        branchTwo=new TreeBody("树枝",25);
        branch2=new  DefaultMutableTreeNode(branchTwo);
        apple=new Apple[MAX];
        leaf=new DefaultMutableTreeNode[MAX];
        for(int  i=0;i<MAX;i++){
             apple[i]=new Apple("苹果",0.25);
             leaf[i]=new DefaultMutableTreeNode(apple[i]);
        }
        mainBody.add(branchOne);
        trunk.add(branch1);
        mainBody.add(branchTwo);
        trunk.add(branch2);
        for(int  i=0;i<=7;i++){
              branchOne.add(apple[i]);
              branch1.add(leaf[i]);
        }
        for(int  i=8;i<MAX;i++){
              branchTwo.add(apple[i]);
              branch2.add(leaf[i]);
        }
        tree =new JTree(trunk);
        tree.addTreeSelectionListener(this);
        text=new JTextArea(20,20);
        text.setFont(new Font("宋体",Font.BOLD,12));
        text.setLineWrap(true);
        setLayout(new GridLayout(1,2));
        add(new JScrollPane(tree));
        add(new JScrollPane(text));
        setBounds(70,80,460,320);
        setDefaultCloseOperation(JFrame.DISPOSE_ON_CLOSE);
        setVisible(true);
     }
     public void valueChanged(TreeSelectionEvent e){
         text.setText(null);
         DefaultMutableTreeNode node=
         (DefaultMutableTreeNode)tree.getLastSelectedPathComponent();
         TreeComponent
treeComponent=(TreeComponent)node.getUserObject();
```

```
        String allName=Computer.getAllChildrenName(treeComponent);
        double weight=Computer.computerWeight(treeComponent);
        String mess=null;
        if(treeComponent.isLeaf())
            mess=allName+"的重量:\n"+weight+"公斤";
        else
           mess=allName+"加在一起的重量:\n"+weight+"公斤";
        text.append(mess+"\n");
        double unit=4;
        double value=Computer.computerValue(treeComponent,unit);
        String name=treeComponent.toString();
        if(treeComponent.isLeaf())
            mess=name+"的价值("+unit+"元/kg)"+value+"元";
        else
            mess=name+"所结苹果的价值("+unit+"元/kg)"+value+"元";
        text.append("\n"+mess);
    }
    public static void main(String args[]) {
        new Application();
    }
}
```

3.2.4　装饰模式

1. 动机

在许多设计中，可能需要改进类的某些对象的功能，而不是该类创建的全部对象。若想找一个比生成子类更为灵活地动态地给一个对象添加一些额外职责的方法，则使用装饰模式更合适。例如，麻雀类的实例能连续飞行 100 米，如果用麻雀类创建 5 只麻雀，那么这 5 只麻雀都能连续飞行 100 米。假如想让其中一只麻雀能连续飞行 150 米，那应当怎样做呢？我们不想通过修改麻雀类的代码使得麻雀类创建的麻雀都能连续飞行 150 米，这也不符合我们的初衷：改进某个对象的功能。

一种较好的办法就是给麻雀装上智能电子翅膀，智能电子翅膀使得麻雀不使用自己的翅膀就能飞行 50 米。那么安装了这种智能电子翅膀的麻雀就能飞行 150 米，因为麻雀首先使用自己的翅膀飞行 100 米，然后电子翅膀才开始工作再飞行 50 米。

装饰模式是动态地扩展一个对象的功能，而不需要改变原始类代码的一种成熟的模式。在装饰模式中，“具体组件”类和“具体装饰”类是该模式中最重要的两个角色。“具体组件”类的实例称作“被装饰者”。“具体装饰”类的实例称为“装饰者”。“具体装饰”类需要包含“具体组件”类的实例引用，以便装饰“被装饰者”。例如，前面所述的麻雀类就是“具体组件”类，而一只麻雀就是“具体组件”类的实例，即是一个“被装饰者”，而安装了电子翅膀的麻雀就是“具体装饰”类的一个实例，即安装电子翅膀的麻雀就是麻雀的“装饰者”。

比如，麻雀类有一个 fly 方法，麻雀类的实例调用 fly 方法能飞行 100 米。

“具体装饰”类也有一个和麻雀同名的 fly()方法，另外还有一个自己独特的新方法 eleFly()。由于“具体装饰”类包含一只麻雀的引用，因此，“具体装饰”类可以将它的 fly()方法实现为：首先委任麻雀调用 fly()方法飞行 100 米，然后再调用 eleFly()方法飞行

50 米，二者合一“装饰模式”类调用 fly()方法就能飞行 150 米。

2. 概念

装饰模式别名：包装器。

动态地给对象添加一些额外的职责。就功能来说装饰模式相比生成子类更为灵活。

3. 适用性

装饰模式适合使用的情境如下。

(1) 在不影响其他对象的情况下，以动态、透明的方式给单个对象添加职责时。

(2) 处理那些可以撤销的职责时。

(3) 当不能采用生成子类的方法进行扩充时。

4. 参与者

(1) Component(抽象组件)：定义一个对象接口，可以给这些对象动态地添加职责。

(2) ConcreteComponent(具体组件)：定义一个对象，可以给这个对象添加一些实际职责。

(3) Decorator(装饰)：维持一个指向 Component 对象的指针，并定义一个与 Component 接口一致的接口。

(4) ConcreteDecorator(具体装饰)：负责向组件添加职责。

5. 案例描述

本案例使用简单的程序结构描述了装饰模式的实现方法和框架。在例子中有一个男人 Man 类在吃饭，通过给 Man 类安装装饰 Decorator 类来实现让这个人再吃一顿饭的效果。

6. 案例实现

Component

```
public interface Person {

    void eat();
}
ConcreteComponent

public class Man implements Person {

     public void eat() {
         System.out.println("男人在吃");
     }
}
```

Decorator

```
public abstract class Decorator implements Person {

    protected Person person;

    public void setPerson(Person person) {
        this.person = person;
```

```
    }

    public void eat() {
        person.eat();
    }
}
```

ConcreteDecorator

```
public class ManDecoratorA extends Decorator {

    public void eat() {
        super.eat();
        reEat();
        System.out.println("ManDecoratorA 类");
    }

    public void reEat() {
        System.out.println("再吃一顿饭");
 }
}

public class ManDecoratorB extends Decorator {

    public void eat() {
        super.eat();
        System.out.println("===============");
        System.out.println("ManDecoratorB 类");
    }
}
```

Test

```
public class Test {

    public static void main(String[] args) {
        Man man = new Man();
        ManDecoratorA md1 = new ManDecoratorA();
        ManDecoratorB md2 = new ManDecoratorB();

        md1.setPerson(man);
        md2.setPerson(md1);
        md2.eat();
    }
}
```

result

```
男人在吃
再吃一顿饭
ManDecoratorA 类
===============
ManDecoratorB 类
```

7. 应用举例——读取单词表

【设计要求】

Sun 公司在设计 java.io 包中的类时使用了装饰模式。Java.io 包中的很多类是装饰模式，例如 java.io 包中的 Reader 类是一个抽象类，Reader 类相当于装饰模式中的抽象组件，FileReader 类相当于装饰模式中的具体组件，而 BufferReader 相当于装饰模式中的装饰。

当前系统已经有一个抽象类 ReadWord，该类有一个抽象方法 ReadWord()，要求使用 ReadWord 类的对象调用 ReadWord()方法读取文件中的单词。

另外，系统还有一个 ReadWord 类的子类 ReadEnglishWord，该类 ReadWord()方法可以读取一个由英文单词构成的文本文件 Word.txt。例如，Word.txt 的前三行内容如下：

```
Arrange
Example
Intelligence
```

ReadWord 和 ReadEnglishWord 类的代码如下：

ReadWord.java

```
import java.io.*;
import java.util.ArrayList;
public abstract class ReadWord{
   public abstract ArrayList<String> readWord(File file);
}
```

ReadEnglishWord.java

```
import java.io.*;
import java.util.ArrayList;
public class ReadEnglishiWord extends ReadWord{
   public ArrayList<String> readWord(File file){
      ArrayList<String> wordList=new ArrayList<String>();
      try{
          FileReader  inOne=new FileReader(file);
          BufferedReader inTwo= new BufferedReader(inOne);
          String s=null;
          while((s=inTwo.readLine())!=null){
             wordList.add(s);
          }
          inTwo.close();
          inOne.close();
      }
      catch(IOException exp){
          System.out.println(exp);
      }
      return wordList;
   }
}
```

现在有部分用户希望使用 ReadWord 类的对象调用 readWord()方法读取文件 word.txt

中的单词，并且希望可能得到该单词的汉语解释，也有一些用户希望不仅能够得到该单词的注释，而且也能得到该单词的英文例句。

【设计实现】

由于不允许修改原系统中的代码和文件，因此决定使用装饰模式来扩展系统类图，如图 3-9 所示。

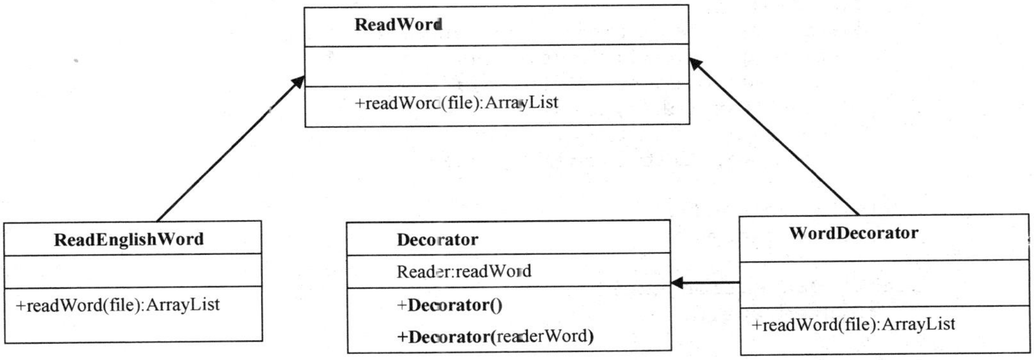

图 3-9　类图

1)　抽象组件

抽象组件就是原系统中已有的 ReadWord 类。

2)　具体组件

具体组件就是原系统中已有的 ReadEnglishWord 类。

3)　装饰

在原系统中添加一个装饰，该装饰是 Decorator 类，代码如下：

Decorator.java

```
public abstract class Decorator extends ReadWord{
    protected ReadWord reader;
    public Decorator(){
    }
    public Decorator(ReadWord reader){
       this.reader=reader;
    }
}
```

4)　具体装饰与相关文件

具体装饰是 WordDecorator 类，该类读取“被装饰者”word.txt 中的内容，使用 chinese.txt 和 englishSentence.txt 两个文件中的内容作为“装饰”来实现装饰模式思想，具体代码如下：

WordDecorator.java

```
import java.io.*;
import java.util.ArrayList;
public class WordDecorator extends Decorator{
    File decoratorFile;
    WordDecorator(ReadWord reader,File decoratorFile){
```

```
        super(reader);
        this.decoratorFile=decoratorFile;
    }
    public ArrayList<String> readWord(File file){
        ArrayList<String> wordList=reader.readWord(file);
        try{
            FileReader  inOne=new FileReader(decoratorFile);
            BufferedReader inTwo= new BufferedReader(inOne);
            String s=null;
            int m=0;
            while((s=inTwo.readLine())!=null){
                String word=wordList.get(m);
                word=word.concat(" | "+s);
                wordList.set(m,word);
                m++;
                if(m>wordList.size()) break;
            }
            inTwo.close();
            inOne.close();
        }
        catch(IOException exp){
            System.out.println(exp);
        }
        return wordList;
    }
}
```

5) 应用程序

下列应用程序中，Application.java 使用了装饰模式中所涉及的类，Application.java 应用程序输出了带有汉语解释的英文单词，也输出了既带有汉语解释的英文单词又带有英文例句的英文单词。

Application.java

```
import java.util.ArrayList;
import java.io.File;
public class Application{
   public static void main(String args[]){
      ArrayList<String> wordList=new ArrayList<String>();
      ReadEnglishiWord REW=new ReadEnglishiWord();
      WordDecorator WD1=new WordDecorator(REW,new File("chinese.txt"));
      ReadWord reader=WD1;
      wordList=reader.readWord(new File("word.txt"));
      for(int i=0;i<wordList.size();i++){
         System.out.println(wordList.get(i));
      }
      WordDecorator WD2=new WordDecorator(WD1,new
File("englishSentence.txt"));
      reader=WD2;
      wordList=reader.readWord(new File("word.txt"));
      for(int i=0;i<wordList.size();i++){
         System.out.println(wordList.get(i));
      }
   }
}
```

3.2.5　外观模式

1. 动机

Facade(外观)模式为子系统中的一组接口提供一个一致的界面，其定义了一个高层接口，这个接口使得子系统更加容易使用。

一个大的系统一般都由若干个子系统构成，每个子系统包含多个类，这些类协同合作为用户提供所需要的功能。一个客户程序中的某个类的实例如果直接和子系统的多个类的实例打交道完成某项任务，就使客户程序的类和子系统类有过多的依赖关系，比如，邮政系统负责邮寄包裹的子系统包含 Check、Weight 和 Transport 类。Check 类的实例负责对包裹进行安全检查，Weight 类的实例负责根据包裹的重量计算邮资，Transport 类的实例负责为包裹选择运输工具。一个要邮寄包裹的用户如果直接和负责邮寄包裹的子系统的类打交道，就必须首先让 Check 类的实例对包裹进行检查，然后再让 Weight 类的实例为包裹计算邮资，最后让 Transport 类的实例为包裹选择一个运输工具，这就会使用户感到非常不方便，结构图如图 3-10 所示。

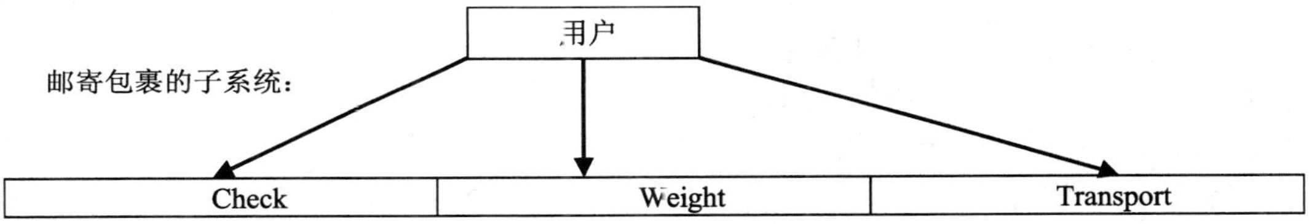

图 3-10　用户直接和子系统互交

外观模式是简化用户和子系统进行交互的成熟模式，外观模式的关键是为子系统提供一个称作外观的类，该外观类的实例负责和子系统中类的实例打交道。当用户想要和子系统中的若干个类的实例打交道时，可直接与子系统中外观类的实例打交道。比如，对于前面叙述的邮寄包裹的子系统，可以为其提供一个外观类 ServerForClient，当用户想邮寄包裹时，可以直接和 ServerForClient 类的实例打交道，用户不必了解邮寄包裹的子系统中类的细节，如图 3-11 所示。

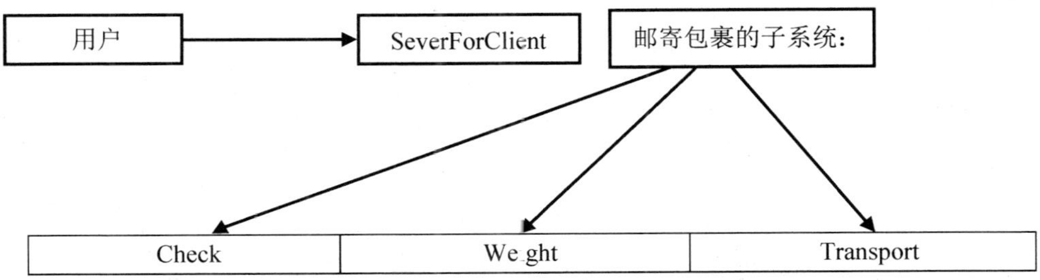

图 3-11　用户与子系统的外观互交

2. 概念

为系统中的一组接口提供一个一致的界面，Facade 模式定义了一个高层接口，这个接口使得这一子系统更加容易使用。

3. 适用性

外观模式适合使用的情境如下。

(1) 要为一个复杂子系统提供一个简单接口时。子系统往往因为不断演化而变得越来越复杂，大多数模式使用时都会产生更多更小的类，这使得子系统更具可重用性，也更容易对子系统进行定制，但这也给一些不需要定制子系统的用户带来了使用上的困难。

Facade 可以提供一个简单的默认视图，这一视图对大多数用户来说已经足够用，而那些需要更多可定制性的用户可以越过 Facade 层。

(2) 客户程序与抽象类的实现部分之间存在着很大的依赖性。引入 Facade 将这个子系统与客户以及其他的子系统分离，可以提高子系统的独立性和可移植性。

(3) 当需要构建一个层次结构的子系统时，使用 Facade 模式定义子系统中每层的入口点。如果子系统之间是相互依赖的，可以让它们仅通过 Facade 进行通信，从而简化了它们之间的依赖关系。

4. 参与者

1) Facade 外观

知道哪些子系统类负责处理请求。

将客户的请求代理给适当的子系统对象。

2) Subsystemclasses 子系统

实现子系统的功能。

处理由 Facade 对象指派的任务。

5. 案例描述

我们公司通过统一的界面 Facade 类提供三种服务，分别是 ServiceA、ServiceB、ServiceC 三个类，客户通过外观 Facade 来选取所需的服务类型，从而避免客户看到多种类型的服务而出现界面混乱的情况。该案例给出了外观模式的程序结构。

6. 案例实现

Facade

```
public class Facade {

    ServiceA sa;

    ServiceB sb;

    ServiceC sc;

    public Facade() {
        sa = new ServiceAImpl();
        sb = new ServiceBImpl();
        sc = new ServiceCImpl();
    }

    public void methodA() {
        sa.methodA();
```

```
        sb.methodB();
    }

    public void methodB() {
        sb.methodB();
        sc.methodC();
    }

    public void methodC() {
        sc.methodC();
        sa.methodA();
    }
}
```

Subsystemclasses

```
public class ServiceAImpl implements ServiceA {

    public void methodA() {
        System.out.println("这是服务 A");
    }
}

public class ServiceBImpl implements ServiceB {

    public void methodB() {
        System.out.println("这是服务 B");
    }
}

public class ServiceCImpl implements ServiceC {

    public void methodC() {
        System.out.println("这是服务 C");
    }
}
```

Test

```
public class Test {

    public static void main(String[] args) {
     ServiceA sa = new ServiceAImpl();
     ServiceB sb = new ServiceBImpl();

        sa.methodA();
        sb.methodB();

        System.out.println("========");
        //facade
        Facade facade = new Facade();
        facade.methodA();
        facade.methodB();
    }
}
```

result

```
这是服务 A
这是服务 B
========
这是服务 A
这是服务 B
这是服务 B
这是服务 C
```

7. 应用举例——解析文件

【设计要求】

设计一个子系统，该子系统有三个类 ReadFile、AnalyzeInformation 和 WriteFile 类，各类的职责如下。

ReadFile 类的实例可以读取文本文件。

AnalyzeInformation 类的实例可以从一个文本中删除用户不需要的内容。

SaveFile 类的实例能将一个文本保存到文本文件。

请为上述子系统设计一个外观，以便简化用户和上述子系统所进行的交互。比如，一个用户想要读取一个 html 文件，并将该文件内容中的全部 html 标记去掉后保存到另一个文本文件中，那么用户只需把要读取的 html 文件名，一个正则表达式(表示删除的信息)以及要保存的文件名告诉子系统的外观即可，外观和子系统中的实例进行交互完成用户所指派的任务。

【设计实现】

1) 子系统

子系统中 ReadFile、AnalyzeInformation 和 WriteFile 类的代码如下：

ReadFile.java

```java
import java.io.*;
public class ReadFile{
    public String readFileContent(String fileName){
        StringBuffer str=new StringBuffer();
        try{ FileReader inOne=new FileReader(fileName);
             BufferedReader inTwo= new BufferedReader(inOne);
             String s=null;
             while((s=inTwo.readLine())!=null){
                str.append(s);
                str.append("\n");
             }
             inOne.close();
             inTwo.close();
        }
        catch(IOException exp){}
        return new String(str);
    }
}
```

AnalyzeInformation.java

```
import java.util.regex.*;
public class AnalyzeInformation{
   public String getSavedContent(String content,String deleteContent){
      Pattern p;
      Matcher m;
      p=Pattern.compile(deleteContent);
      m=p.matcher(content);
      String savedContent=m.replaceAll("");
      return savedContent;
   }
}
```

WriteFile.java

```
import java.io.*;
public class WriteFile{
   public void writeToFile(String fileName,String content){
      StringBuffer str=new StringBuffer();
      try{ StringReader inOne=new StringReader(content);
          BufferedReader inTwo=new BufferedReader(inOne);
          FileWriter outOne=new FileWriter(fileName);
          BufferedWriter outTwo= new BufferedWriter(outOne);
          String s=null;
          while((s=inTwo.readLine())!=null){
             outTwo.write(s);
             outTwo.newLine();
             outTwo.flush();
          }
          inOne.close();
          inTwo.close();
          outOne.close();
          outTwo.close();
      }
      catch(IOException exp){System.out.println(exp);}
   }
}
```

2) 外观

本问题的外观是 ReadAndWriteFacade 类，该类的实例含有 ReadFile、AnalyzeInformation 和 SaveFile 类的实例引用。ReadAndWriteFacade 类的代码如下：

ReadAndWriteFacade.java

```
public class ReadAndWriteFacade{
   private ReadFile readFile;
   private AnalyzeInformation analyzeInformation;
   private WriteFile writeFile;
   public ReadAndWriteFacade(){
      readFile=new ReadFile();
      analyzeInformation=new AnalyzeInformation();
      writeFile=new WriteFile();
   }
   public void doOption(String readFileName,String delContent,String
savedFileName){
      String content=readFile.readFileContent(readFileName);
```

```
        System.out.println("读取文件"+readFileName+"的内容:");
        System.out.println(content);
        String
savedContent=analyzeInformation.getSavedContent(content,delContent);
        writeFile.writeToFile(savedFileName,savedContent);
        System.out.println("保存到文件"+savedFileName+"中的内容:");
        System.out.println(savedContent);

    }
}
```

3) 应用程序

下列应用程序中，Application.java 使用了外观模式中所涉及的类，应用程序负责创建外观类的实例。一个用户想要读取一个 html 文件，并将该文件内容中的全部 html 标记去掉后保存到另一个文本文件中，那么用户只需要把要读取的 html 文件名、一个正则表达式(表示删除的信息)以及要保存的文件名告诉子系统 ReadAndWriteFacade 外观的实例即可。运行效果如图 3-12 所示。

Application.java

```
public class Application{
    public static void main(String args[]){
        ReadAndWriteFacade clientFacade;
        clientFacade=new ReadAndWriteFacade();
        String readFlieName="index.html";
        String delContent="<[^>]*>";
        String savedFlieName="save.txt";
        clientFacade.doOption(readFlieName,delContent,savedFlieName);
    }
}
```

```
读取文件 index.html 的内容
<html>清华大学校园网
<h1>数学系</h1>
<p>计算机科学技术学院
</html>

保存到文件 save.txt 中的内容:
清华大学校园网
数学系
计算机科学技术学院
```

图 3-12 程序运行效果

3.2.6 享元模式

1. 动机

一个类中的成员变量表明该类创建的对象所具有的属性，在某些程序设计中我们可能用一个类创建若干个对象，但是我们发现这些对象的一个共同特点是它们有一部分属性的取值必须是完全相同的，实现时可运用共享技术有效地支持大量属性取值完全不相同的细粒度对象。

例如，一个 Car 类，其类图如图 3-13 所示。

Car
height:double width:double length:double color:String power:double

图 3-13　Car 类

当用 Car 类创建若干个同型号的轿车时，如创建若干个“奥迪 A6”轿车，要求这些轿车的 height、width、length 值都必须是相同的(轿车的属性很多，属于细粒度对象，而且不同轿车的很多属性值是相同的，这里只示意了 height、width 和 length 三个属性)，而 color、power 可以是不同的，就像许多“奥迪 A6”，它们的长度、高度和宽度是相同的，但颜色和功率可能不同，如图 3-14 所示。

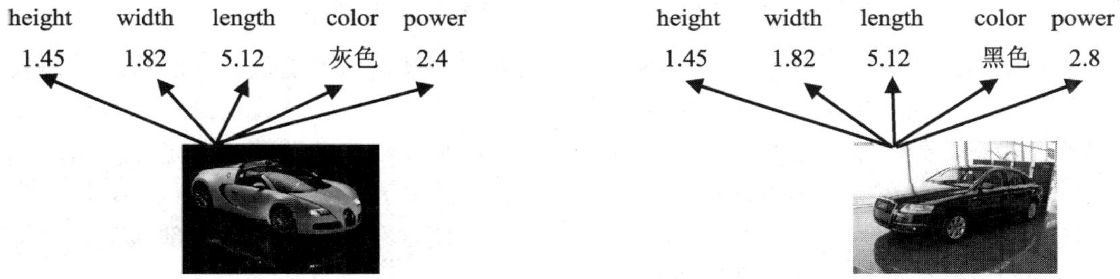

图 3-14　Car 创建的“奥迪 A6”轿车

从创建对象的角度看，我们面对的问题是：Car 的每个对象的变量都各自占有不同的内存空间。这样一来，Car 创建的对象越多就越浪费内存空间，而且程序也无法保证 Car 类创建的多个对象所对应的 height、width 和 length 值是相同的或禁止 Car 类创建的对象随意更改自己的 height、width 和 length 值。现在重新设计 Car 类，由于要求 Car 类所创建的若干个对象的 height、width 和 length 值都必须是相同，因为没有必要为每个对象的 height、width 和 length 分配不同的内存空间，现在将 Car 类中的 height、width 和 length 封装到另一个 CarData 类中。CarData 类的类图如图 3-15 所示。

现在，假设系统能保证像 Car 类的若干个对象提供相同的 CarData 实例，即可以让 Car 类的若干个对象共享 CarData 类的一个实例，那么就可以对 Car 类进行修改，修改后的 Car 类包含 CarData 实例，修改后的 Car 类如图 3-16 所示。

这样一来，Car 类创建的若干个对象的 color、power 都分配了不同的内存空间，但是这些对象共享一个由系统提供的 CarData 对象，让 Car 类的实例无权更改 CarData 对象中的数据，如图 3-17 所示，而且节省了内存开销。

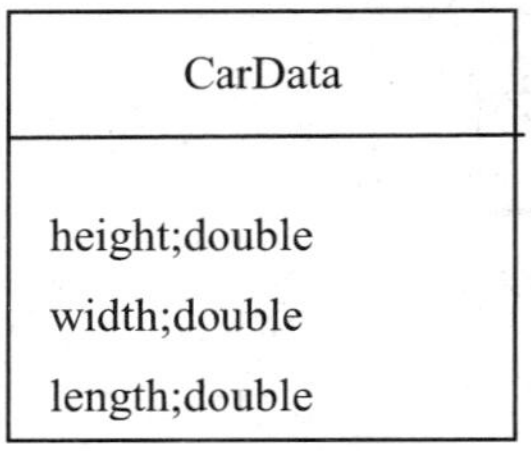

图 3-15　CarData 类

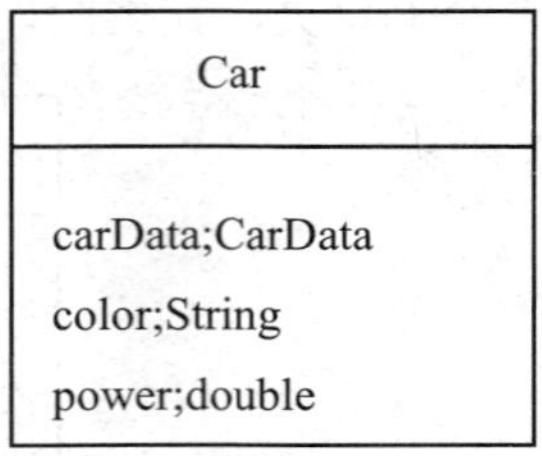

图 3-16　修改后的 Car 类

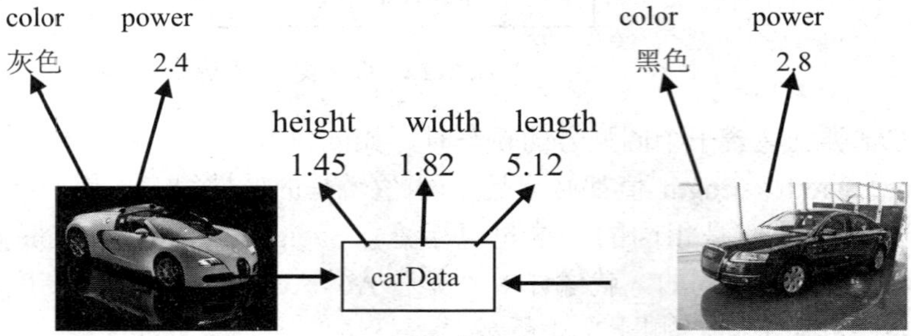

图 3-17　Car 创建的“奥迪 A6”轿车共享 CarData 对象

享元模式的关键作用是使用一个称作享元的对象为其他对象提供共享的状态，而且能够保证使用享元的对象不能更改享元中的数据。从享元角度看，享元所维护的数据称作享元的外部状态，外部状态往往具有不可预见性，可能需要动态的计算来确定，使用享元的对象或应用程序，在需要的时候可以将外部状态传递给享元的方法中的参数，即作为享元中方法调用的参数传入，也就是说享元对象将其成员变量看作自己维护内部状态，而将它的方法的参数看作是自己能得到的外部状态。

前面叙述的 CarData 类的实例就是一个享元。在享元模式中，系统可以保证向若干个 Car 对象提供一个相同的 CarData 类的实例。

2. 概念

运用共享技术有效地支持大量细粒度的对象。

3. 适用性

享元模式适合使用的情境如下。

(1) 一个应用程序使用了大量的对象，由于使用大量的对象，造成很大的存储开销。

(2) 对象的大多数状态都可变为外部状态时。

(3) 应用程序不依赖于对象标识时。由于 Flyweight 对象可以被共享，对于概念上明显有别的对象，标识测试将返回真值。

(4) 一个应用程序使用大量的对象，这些对象之间的部分属性本质上是相同的，这时使用享元来封装相同的部分。

4. 参与者

1)　Flyweight(享元接口)

描述一个接口，通过这个接口 Flyweight 可以接受并作用于外部状态。

2)　ConcreteFlyweight(具体享元)

实现 Flyweight 接口，并为内部状态(如果有的话)增加存储空间。

ConcreteFlyweight 对象必须是可共享的，它所存储的状态是内部的，即它必须独立于 ConcreteFlyweight 对象的场景。

3)　UnsharedConcreteFlyweight(非共享具体享元)

并非所有的 Flyweight 子类都需要被共享。Flyweight 接口使共享成为可能，但它并不强制共享。

在 Flyweight 对象结构的某些层次，UnsharedConcreteFlyweight 对象通常将 ConcreteFlyweight 对象作为子结点。

4)　FlyweightFactory(享元工厂)

创建并管理 Flyweight 对象，当用户请求一个 Flyweight 时，FlyweightFactory 对象提供一个已创建的实例，确保合理地共享 Flyweight。

5. 案例描述

本案例使用简单的程序结构描述了享元模式的思想，即运用共享技术有效地支持大量细粒度的对象，其结构实现如图 3-18 所示。

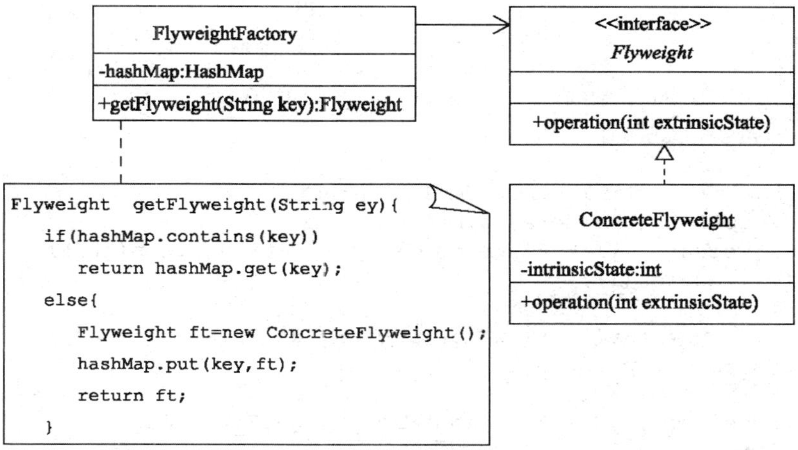

图 3-18　类图

6. 案例实现

Flyweight

```
public interface Flyweight {

   void action(int arg);
}
ConcreteFlyweight
```

```
public class FlyweightImpl implements Flyweight {

    public void action(int arg) {
        // TODO Auto-generated method stub
        System.out.println("参数值:" + arg);
    }
}
```

FlyweightFactory

```
public class FlyweightFactory {

    private static Map flyweights = new HashMap();

    public FlyweightFactory(String arg) {
        flyweights.put(arg, new FlyweightImpl());
    }

    public static Flyweight getFlyweight(String key) {
        if (flyweights.get(key) == null) {
            flyweights.put(key, new FlyweightImpl());
        }
        return flyweights.get(key);
    }

    public static int getSize() {
        return flyweights.size();
    }
}
```

Test

```
public class Test {

    public static void main(String[] args) {
        // TODO Auto-generated method stub
        Flyweight fly1 = FlyweightFactory.getFlyweight("a");
        fly1.action(1);

        Flyweight fly2 = FlyweightFactory.getFlyweight("a");
        System.out.println(fly1 == fly2);

        Flyweight fly3 = FlyweightFactory.getFlyweight("b");
        fly3.action(2);

        Flyweight fly4 = FlyweightFactory.getFlyweight("c");
        fly4.action(3);

        Flyweight fly5 = FlyweightFactory.getFlyweight("d");
        fly4.action(4);

        System.out.println(FlyweightFactory.getSize());
    }
}
```

result

```
参数值：1
true
参数值：2
参数值：3
参数值：4
```

7. 应用举例——创建化合物

【设计要求】

氢氧化合物都是由氢元素和氧元素构成的，只是含有两种元素的个数不同。有人设计了如下用于表示两种元素构成的化合物类 Compound。为 Compound 类的每个对象的 elementOne 变量和 elementTwo 变量分配不同的内存空间是不必要的。请使用享元模式设计 Compound 类。

【设计实现】

1)　享元接口(Flyweight)

本问题中，应当使用享元对象封装化合物中的元素，接口名字是 Element。

Element.java

```
public interface Element{
     public void printMess(String name,int elementOneNumber,int elementTwoNumber);
}
```

2)　享元工厂(ElementFactory)与具体享元

享元工厂是 ElementFactory 类，负责创建和管理享元对象。其具体享元为 TwoElement 类，作为享元工厂的内部类，代码如下：

ElementFactory.java

```
import java.util.HashMap;
public class ElementFactory{
      private  HashMap<String,Element>  hashMap;
      static  ElementFactory  factory=new ElementFactory();
      private ElementFactory(){
           hashMap=new HashMap<String,Element>();
      }
      public static ElementFactory getFactory(){
           return factory;
      }
      public synchronized Element getElement(String key){
          if(hashMap.containsKey(key))
                   return hashMap.get(key);
          else{
                  char elementOne='\0',elementTwo='\0';
                  elementOne=key.charAt(0);
                  elementTwo=key.charAt(1);
                  Element element=new TwoElement(elementOne,elementTwo);
                  hashMap.put(key,element);
                  return element;
          }
```

```
    }
    class TwoElement implements Element{  // TwoElement是内部类
         char elementOne,elementTwo;
         private TwoElement(char elementOne,char elementTwo){
              this.elementOne=elementOne;
              this.elementTwo=elementTwo;
        }
        public void printMess(String name,int elementOneNumber,int
elementTwoNumber) {
   System.out.print(name+"由"+elementOne+"和"+elementTwo+"组成");
   //输出内部数据
   System.out.println(" 含有"+elementOneNumber+ "个"+elementOne+"元素"+"和
"+elementTwoNumber+ "个"+elementTwo+"元素"); //输出外部数据
        }
    }
}
```

下列应用程序中，包含 Compound.java 和 Application.java，Compound 类使用 Element 成员作为自己的成员变量，即 Compound 类的实例可以引用享元对象，Application 使用 Compound 类分别创建了由元素碳(C)和元素氧(O)构成的“二氧化碳”和“一氧化碳”，以及由元素氢(H)和元素氧(O)构成的“水”和“过氧化氢”，运行效果如图 3-19 所示。

```
二氧化碳由C和O组成 含有1个C元素和2个O元素
一氧化碳由C和O组成 含有1个C元素和1个O元素
水由H和O组成 含有2个H元素和1个O元素
过氧化氢由H和O组成 含有2个H元素和2个O元素
```

图 3-19　程序运行效果

Compound.java

```
public class Compound{
     Element  element;    //存放享元对象的引用
     String name;
     int number1,number2;
     Compound(Element  element,String name,int number1,int number2){
          this.element=element;
          this.name=name;
          this.number1=number1;
          this.number2=number2;
    }
}
```

Application.java

```
public class Application{
    public static void main(String args[]) {
         ElementFactory  factory=ElementFactory.getFactory();
         String key="CO",name;
         int number1,number2;
         Element  element=factory.getElement(key);
         number1=1;
         number2=2;
         name="二氧化碳";
```

```
            Compound compound=new Compound(element,name,number1,number2);
            element.printMess(name,number1,number2);
            number1=1;
            number2=1;
            name="一氧化碳";
            compound=new Compound(element,name,number1,number2);
            element.printMess(name,number1,number2);
             key="HO";
            element=factory.getElement(key);
            number1=2;
            number2=1;
            name="水";
            compound=new Compound(element,name,number1,number2);
            element.printMess(name,number1,number2);
            number1=2;
            number2=2;
            name="过氧化氢";
            compound=new Compound(element,name,number1,number2);
            element.printMess(name,number1,number2);
        }
    }
```

3.2.7　代理模式

1. 动机

当用户希望和某个对象打交道时，但程序可能不希望用户直接访问该对象，而是提供一个特殊的对象，这个特殊的对象被称作当前用户要访问对象的代理，程序让用户和对象的代理打交道，即让用户通过访问代理来访问对象。在代理模式中，代理的特点是：它与所代理的对象实现了相同的接口，也就是说代理和它所代理的对象向用户公开了相同的方法，当用户请求代理调用这样的方法时，代理可能需要验证某些信息后检查它所代理的对象是否可用，当代理确认它所代理的对象能调用相同的方法时，就把实际的方法调用委派给它代理的对象，即让所代理的对象调用同样的方法。比如，秘书是老板的代理，老板和秘书都有听电话的方法：herePhone()。公司要求用户必须首先和秘书通电话才能和老板通电话，也就是说，用户必须首先请求秘书调用 herePhone()方法，当秘书确认老板可以接听电话时，就将用户的实际请求委派给老板，即让老板调用 herePhone()方法，如图 3-20 所示。代理模式是为对象提供一个代理，代理可以控制对它所代理对象的访问。

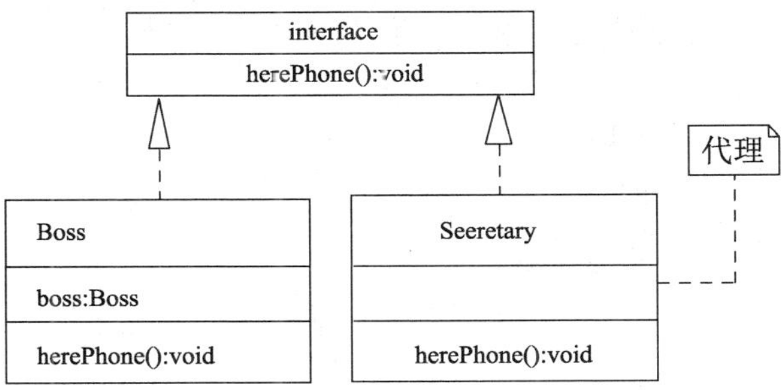

图 3-20　老板与秘书

2. 概念

为其他对象提供一种代理以控制对这个对象的访问。

3. 适用性

代理模式适合使用的情境如下。

(1) 远程代理(RemoteProxy)时。

为一个对象在不同的地址空间提供局部代表。

负责对请求及其参数进行编码，并向不同地址空间中的实体发送已编码的请求。

(2) 虚拟代理(VirtualProxy)时。

根据需要创建开销很大的对象，可以缓存实体的附加信息，以便延迟对它的访问。

(3) 保护代理(ProtectionProxy)时。

控制对原始对象的访问。

检查调用者是否具有实现一个请求所必需的访问权限。

(4) 智能指引(SmartReference)时。

取代了简单的指针，它在访问对象时执行一些附加操作。

4. 参与者

1) Proxy(代理)

保存一个引用使得代理可以访问实体。若 RealSubject 和 Subject 的接口相同，Proxy 会引用 Subject。

提供一个与 Subject 的接口相同的接口，这样代理就可以用来替代实体。

控制对实体的读取，并可能负责创建和删除它。

2) Subject(主题)

定义 RealSubject 和 Proxy 的共用接口，这样就在任何使用 RealSubject 的地方都可以使用 Proxy。

3) RealSubject(实际主题)

Proxy 所代表的实体。

5. 案例描述

该案例描述了代理模式的程序结构，即当用户 Object 接口希望和某个对象打交道，但程序可能不希望用户直接访问该对象时，我们就给它创建了一个代理 ProxyObject 来帮忙。

6. 案例实现

Proxy

```
public class ProxyObject implements Object {

    Object obj;

    public ProxyObject() {
        System.out.println("这是代理类");
```

```
        obj = new ObjectImpl();
    }

    public void action() {
        System.out.println("代理开始");
        Obj.action();
        System.out.println("代理结束");
    }
}
Subject

public interface Object {

    void action();
}
RealSubject

public class ObjectImpl implements Object {

    public void action() {
        System.out.println("========");
        System.out.println("========");
        System.out.println("这是被代理的类");
        System.out.println("========");
        System.out.println("========");
    }
}
Test

public class Test {

    public static void main() {
     Object obj = new ProxyObject();
        obj.action();
    }
}
```

result

这是代理类
代理开始
========
========
这是被代理的类
========
========
代理结束

7. 应用举例——使用远程窗口阅读文件

【设计要求】

使用远程代理可以让用户通过远程机上的窗口阅读文件的内容。涉及 Java 远程方法调用(Remote Method Invocation)与代理模式实现步骤详解如下。

为了描述方便，假设本地客户机存放有关类的目录是 D:\Client，远程服务器的 IP 是

127.0.0.1，存放有关类的目录是 C:\Server。

1) 扩展 Remote 接口

定义一个 java.rmi 包中 Remote 的子接口，即扩展 Remote 接口。Remote 的子接口相当于代理模式中的抽象主题(Subject)角色。

以下定义的 Remote 子接口是 RemoteSubject。RemoteSubject 子接口中定义了计算面积的方法，即要求远程对象为用户计算某种几何图形的面积。RemoteSubject 的代码如下：

RemoteSubject.java

```
Import java.rmi.*;
Public interface RemoteSubject extends Remote{
       Public double getArea() throws RemoteException;
}
```

该接口需要保存在前面约定的远程服务器的 C:\Server 目录中，并编译它生成相应的.class 字节码文件。由于客户端的远程代理也需要该接口，因此需要将生成的字节码文件复制到前面约定的客户机的 D:\Client 目录中(在实际项目设计中，可以提供 Web 服务让用户下载该接口的.class 文件)。

2) 远程对象

创建远程对象的类必须要实现 Remote 接口，RMI 使用 Remote 接口来标识远程对象，但是 Remote 中没有方法，因此创建远程对象的类需要实现 Remote 接口的一个子接口。另外，RMI 为了让一个对象成为远程对象还需要进行一些必要的初始化工作，因此，在编写创建远程对象的类时，可以简单地让该类是 RMI 提供的 java.rmi.server 包中的 UnicastRemoteObject 类的子类即可。创建远程对象的类相当于代理模式中的实际主题(RealSubject)角色。

以下是我们定义的创建远程对象的类 RemoteConcreteSubject，该类实现了上述 RemoteSubject 接口，所创建的远程对象可以计算矩形的面积。RemoteConcreteSubject 的代码如下：

RemoteConcreteSubject.java

```
Import java.rmi.*;
Import java.rmi.*.server.UnicastRemoteObject;
Public class RemoteConcreteSubject extends UnicastRemoteObject
implements
RemoteSubject{
Double width,height;
RemoteConcreteSubject(double width,double height)throws RemoteException{
       this.width=width;
       this.height==height;
}
Public double getArea()throws RemoteException{
return width*height
}
}
```

将 RemoteConcreteSubject.java 保存到前面约定的远程服务器的 C:\Server 目录中，并

编译它生成相应的.class 字节码文件。

3)　存根(Stub)与代理

RMI 负责产生存根(Stub)，如果创建远程对象的字节码是 RemoteConcreteSubject.class，那么存根(Stub)的字节码是 RemoteConcreteSubject_Stub.class，即后缀为“_Stub”。

RMI 使用 rmic 命令生成存根：RemoteConcreteSubject_Stub.class。生成存根的方法是首先进入 C:\Server 目录，然后执行如下 rmic 命令，如图 3-21 所示。

图 3-21　使用 rmic 生成 Stub

客户端需要使用存根(Stub)来创建一个对象，即远程代理，因此需要将 RemoteConcreteSubject_Stub.class 复制到前面约定的客户机的 D:\Client 目录中(在实际项目设计中，可以提供 Web 服务让用户下载 class 文件)。

4)　启动注册：rmiregistry

在远程服务器创建远程对象之前，RMI 要求远程服务器必须首先启动注册：rmiregistry，只有启动了 rmiregistry，远程服务器才可以创建远程对象，并将对象注册到 rmiregistry 所管理的注册表中。

在远程服务开启一个终端，比如 MS-DOS 命令行窗口进入 C:\Server 目录，然后执行 rmiregistry 命令：

```
rmiregistry
```

启动注册，如图 3-22 所示。也可以后台启动注册：

```
start rmiregistry
```

5)　启动远程对象服务

远程服务器启动注册 rmiregistry 后，远程服务器就可以启动远程对象服务了，即编写程序来创建和注册远程对象，并运行该程序。

远程服务器使用 java.rmi 包中的 Naming 类调用其类方法：

```
rebing(String name,Remote obj)
```

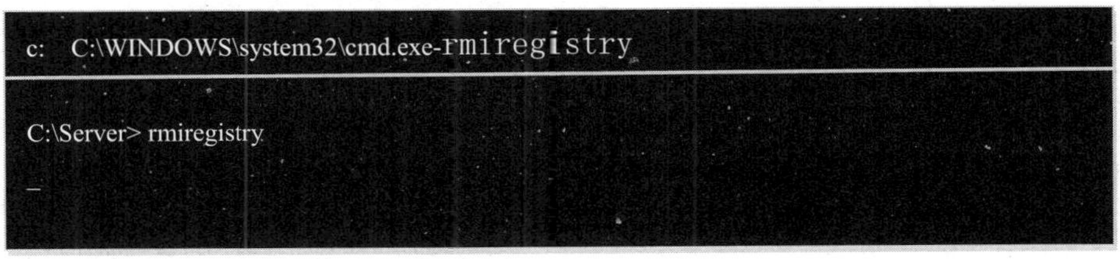

图 3-22　启动注册

绑定一个远程对象到 rmiregistry 所管理的注册表中，该方法的 name 参数是 URL 格式，obj 参数是远程对象，将来客户端的代理会通过 name 找到远程对象 obj。

以下是远程服务器上的应用程序：BindRemoteObject，运行该程序就启动了远程对象服务，即该应用程序可以让用户访问它注册的远程对象。

BindRemoteObject.java

```
import java.rmi.*;
public class BindRemoteObject{
    public static void main(String args[]){
    try{
RemoteConcreteSubject remoteObject=new RemoteConcreteSubject(12,88);
Naming.rebing("rmi://127.0.0.1/rect",remoteObject);
System.out.println("be ready for client server.. ");
}
Catch(Exception exp){
        System.out.println(exp);
}
}
}
```

将 BindRemoteObject.java 保存到前面约定的远程服务器的 C:\Server 目录中，并编译它生成相应的 BindRemoteObject.class 字节码文件，然后运行 BindRemoteObject，效果如图 3-23 所示。

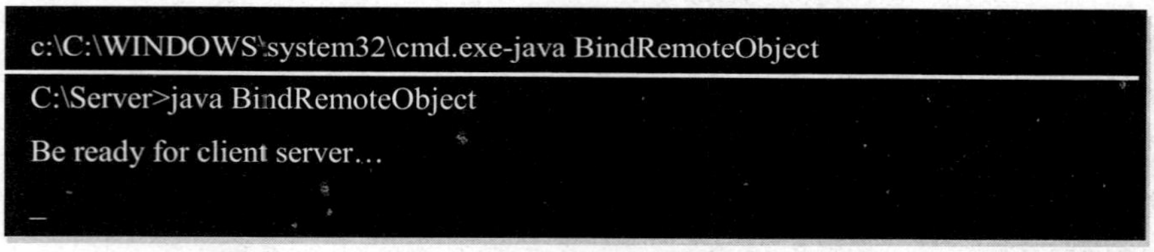

图 3-23　启动远程对象服务

6)　运行客户端程序

远程服务器启动远程对象服务后，客户端就可以运行有关程序，访问使用远程对象。

客户端使用 java.rmi 包中的 Naming 类调用其类方法：

```
lookup(String name)
```

返回一个远程对象的代理，即使用存根(Stub)产生一个和远程对象具有同样接口的对象。

Lookup(String name)方法中的 name 参数的取值必须是远程对象注册的 name，比如，“rmi://127.0.0.0/rect”。

客户程序可以像使用远程对象一样来使用 Lookup(String name)方法返回的远程代理。比如，下面的客户应用程序 ClientApplication 中的 naming.lookup("rmi: //127.0.0.1/rect"); 返回一个实现了 RemoteSubject 接口的远程代理。

ClientApplication 使用远程代理计算矩形的面积。

将 ClientApplication.java 保存到前面约定的客户机的 D:\Client 目录中，然后编译、运行该程序。

ClientApplication.java

```
import java.rmi.*;
public class ClientApplication{
    public static void main(String args[]){
try{
Remote remoteObject=Naming.lookup('rmi://127.0.0.1/rect");
RemoteSubject remoteSubject=(RemoteSubject)remoteObject;
double area=remoteSubject.getArea();
System.out.println("面积: "+area);
}
catch(Exception exp){
System.out.println(exp.toString());
}
}
}
```

【设计实现】

1) 抽象主题(Subject)

抽象主题是 java.rmi 包中 Remote 的子接口 RemoteWindow，代码如下：

```
RemoteWindow.java
import  java.rmi.*;
import  javax.swing.*;
public  interface RemoteWindow extends Remote{
        public  JFrame getWindow()  throws RemoteException;
        public  void setName(String name)throws RemoteException;
}
```

将翻译 RemoteWindow.java 得到的 RemoteWindow.class 文件保存到远程服务器的 C:\Server 目录中，同时将 RemoteWindow.class 文件发布给客户(比如使用 Web 服务)。客户将得到的字节码文件 RemoteWindow.class 复制到客户机的 D:\Client 目录中。

2) 实际主题(RealSubject)

实际主题是实现 RemoteWindow 接口的 RemoteConcreteWindow 类，该类的实例为远程对象。RemoteConcreteWindow 类的代码如下。

RemoteConcreteWindow.java

```
import java.awt.*;
import java.io.*;
import java.rmi.server.UnicastRemoteObject;
public class RemoteConcreteWindow extends UnicastRemoteObject implements
RemoteWindow{
JFrame window;
JTextArea text;
String name;
RemoteConcreteWindow()throw RemoteException{
    window=new JFrame();
    text=new JTextArea text();
    text.setLineWrap(true);
    text.setWrapStyleWord(true);
    text.setFont(new Font("",Font.BOLD,16));
```

```
        window.add(new JScrollPane(text).borderLayout.CENTER);
        window.setTitle("这是远程服务器上的 JAVA 窗口！");
    }
    public void setName(String name){
        text.setText(null);
    this.name=name;
    try{ FileReader inOne=new FileReader(name);
         BufferedReader inTwo=new BufferedReader(inOne);
         String s=null;
         While((s=inTwo.readLine())!=null)
               Text.append(s+"\n");
    inOne.close;
    inTwo.close;
    }
    catch(IOException exp)
    }
    public JFrame getWindow()throws RemoteException{
           Return window;
    }
    }
```

RemoteConcreteWindow.java 保存到远程服务器的 C:\Server 目录中，编译该.java 文件生成相应的 RemoteConcreteWindow.class 字节码文件。

3) 代理

使用 rim 命令生成存根，即创建字节码 RemoteConcreteSubject_Stub.class。进入 RemoteConcreteWindow 所在目录，然后执行 rim 命令：

```
rim RemoteConcreteWindow
```

将 rim 命令生成的 RemoteConcreteWindow_Stub.java 复制或发布给用户。

4) 启动注册：rmiregistry

在远程服务器使用 MS-DOS 命令行窗口进入 C:\Server 目录，然后启动注册：start rmiregistry。

5) 启动远程对象服务

以下是远程服务器上的应用程序：BindRemoteWindow，运行该程序就启动了远程对象服务，即该应用程序可以让用户使用远程服务器窗口阅读文件。

BindRemoteWindow.java

```
import java.rmi.*;
public class BindRemoteWindow{
    public static void main(String args[]){
    try{
        RemoteConcreteWindow remoteWindow=new RemoteConcreteWindow();
        Naming.rebind("rmi://127.0.0.1/window".remoteWindow);
System.out.println("be ready for client server…");
}
catch(Exception exp){
    System.out.println(exp);
}
}
}
```

将 BindRemoteWindow.java 保存到远程服务器的 C:\Server 目录中。编译生成 BindRemoteWindow.class 字节码文件，然后运行 BindRemoteWindow。

6)　应用程序

Client.java 通过远程代理使用远程机上的 Java 窗口阅读文件。

Client.java

```
import java.rmi.*;
import java.rmi.server.*;
import javax.swing.*;
public class Client{
public void main(String args[]){
    Try{
        Remote object=Naming.lookup("rmi://127.0.0.1/window");
        RemoteWindow remoteObject=(RemoteWindow)object;
remoteObject.setName("c:/Server/Hello.txt");
JFrame frame=remoteObject.getWindow();
Frame.setVisible(true);
}
catch(Exception exp){
        System.out.println(exp.toString());

}
}
}
```

任务 3　行为型模式

任务要求

本项目通过常用行为型设计模式的讲解，探讨在 Java 程序设计中怎样使用著名的行为型设计模式，以便更好地使用面向对象语言解决设计中的诸多问题。

知识储备

行为型模式涉及怎样合理地设计对象之间的交互通信，以及怎样合理地为对象分配职责，让设计富有弹性、易维护、易复用。

行为型模式包括 Chain of Responsibility(责任链模式)、Command(命令模式)、Interpreter(解释器模式)、Iterator(迭代器模式)、Mediator(中介者模式)、Memento(备忘录模式)、Observer(观察者模式)、State(状态模式)、Strategy(策略模式)、TemplateMethod(模板方法)和 Visitor (访问者模式)。

任务实施

3.3.1 责任链模式

1. 动机

在设计 Java 程序时，可能需要设计很多对象来满足用户的请求。比如，要建立一个古瓷器鉴定系统，一个好的设计方案就是将古瓷器分门别类，然后创建若干对象，每个对象负责处理一类古瓷器的鉴定。为了能更好地组织这些负责鉴定古瓷器的对象，可以将这些对象组成一个责任链。当用户需要鉴定古瓷器时，系统可以让责任链上的第一个对象来处理用户的请求(也可以不是第一个，这依赖于具体应用)，这个对象首先检查自己是否能处理用户的请求，如果能处理就反馈有关处理结果，如果无法处理就将用户的请求传递给责任链上的下一个对象，以此类推，直到责任链上的某个对象能处理用户的请求，如果责任链上的末端对象也不能处理用户的请求，那么用户的本次请求就无任何结果。比如，为了能满足用户请求鉴定古瓷器，可以创建专门负责鉴定“唐瓷”“宋瓷”“明瓷”和“清瓷”的对象，比如 A、B、C、D 四个对象，该四个对象形成一个责任链 A-B-C-D。当用户请求鉴定自己的古瓷器时，系统将用户的请求提交给责任链上的 A 对象，如果责任链上的 A 对象无法给出处理结果，就把用户的请求传递给责任链上的 B 对象；如果 B 对象也无法给出处理结果，就把用户的请求传递给责任链上的 C 对象；如果 C 对象给出了鉴定“用户的古瓷器是明瓷”，就不再把请求传递给责任链上的 D 对象，如图 3-24 所示。

责任链模式是使用多个对象处理用户请求的成熟模式，责任链模式的关键是将用户的请求分派给许多对象，这些对象被组织成一个责任链，即每个对象含有后继对象的引用。并要求责任链上的每个对象，如果能处理用户的请求，就做出处理，不再将用户的请求传递给责任链上的下一个对象；如果不能处理用户的请求，就必须将用户的请求传递给责任链上的下一个对象。

2. 概念

使多个对象都有机会处理请求，从而避免请求的发送者和接收者之间的耦合关系。将这些对象连成一条链，并沿着这条链传递该请求，直到有一个对象处理它为止。

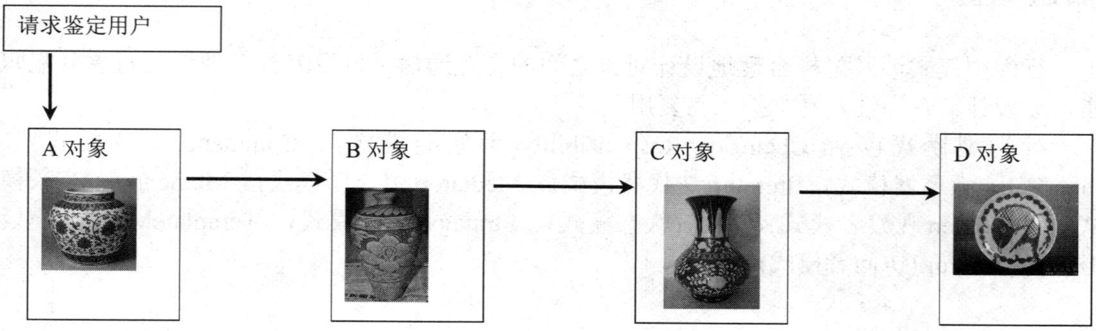

图 3-24　鉴定瓷器的责任链

这一模式的想法是，给多个对象处理一个请求的机会，从而解耦发送者和接收者。

3. 适用性

责任链模式适合使用的情境如下。

(1) 有多个对象可以处理一个请求，哪个对象处理该请求，运行时刻自动确定时。

(2) 在不明确指定接收者的情况下，向多个对象中的任意一个对象提交一个请求时。

(3) 可处理一个请求的对象集合被动态指定时。

4. 参与者

1) Handler(处理者)

定义一个处理请求的接口，并且实现后继链。

2) ConcreteHandler(具体处理者)

处理它所负责的请求。

可访问它的后继者。

3) Client(客户)

向链上的具体处理者(ConcreteHandler)对象提交请求。

5. 案例描述

本案例按照“人事—项目经理—项目助理”形式形成一个责任链条，逐一处理客户的请假、加薪等请求。本案例给出了责任链模式的程序结构。

6. 案例实现

Handler

```
public interface RequestHandle {

    void handleRequest(Request request);
}
```

ConcreteHandler

```
public class HRRequestHandle implements RequestHandler {

    public void handleRequest(Request request) {
        if (request instanceof DimissionRequest) {
            System.out.println("要离职，人事审批!");
        }

        System.out.println("请求完成");
    }
}

public class PMRequestHandle implements RequestHandle {

    RequestHandle rh;

    public PMRequestHandle(RequestHandle rh) {
        this.rh = rh;
    }
```

```
    public void handlerequest(Request request) {
        if (request instanceof AddMoneyRequest) {
            System.out.println("要加薪，项目经理审批!");
        } else {
            rh.handleRequest(request);
        }
    }
}

public class TLRequestHandle implements RequestHandle {

    RequestHandle rh;

    public TLRequestHandle(RequestHandle rh) {
        this.rh = rh;
    }

    public void handleRequest(Request request) {
        if (request instanceof LeaveRequest) {
            System.out.println("要请假，项目组长审批!");
        } else {
            rh.handleRequest(request);
        }
    }
}
```

Client

```
public class Test {


    public static void main(String[] args) {
        RequestHandle hr = new HRRequestHandle();
        RequestHandle pm = new PMRequestHandle(hr);
        RequestHandle tl = new TLRequestHandle(pm);

        //team leader处理离职请求
        Request request = new DimissionRequest();
        tl.handleRequest(request);

        System.out.println("===========");
        //team leader处理加薪请求
        request = new AddMoneyRequest();
        tl.handleRequest(request);

        System.out.println("========");
        //项目经理受理辞职请求
        request = new DimissionRequest();
        pm.handleRequest(request);
    }
}
```

result

要离职，人事审批!

```
请求完成
==========
要加薪，项目经理审批!
========
要离职，人事审批!
请求完成
```

7. 应用举例——计算阶乘

【设计要求】

(1) 设计一个类。该类创建的对象使用 int 型数据计算阶乘，特点是占用内存少，计算速度快。

(2) 设计一个类，该类创建的对象使用 long 型数据计算阶乘，尽管没有 int 数据占用的内存少，但是能计算更大整数的阶乘。

(3) 设计一个类，该类创建的对象使用 BigInteger 对象计算阶乘，特点是占用内存多，但是能计算任意大的整数的阶乘，计算速度相对较慢。

要求使用责任链模式将上面的对象组成一个责任链，要求责任链上对象的顺序是：首先使用 int 型数据计算阶乘的对象，然后使用 long 型数据计算阶乘的对象，最后使用 BigInteger 对象计算阶乘的对象。用户可以请求责任链计算一个整数的阶乘。

【设计实现】

1) 处理者(Handler)

本问题中，处理者(Handler)接口的名字是 Handler，代码如下：

Handler.java

```
public interface Handler{
   public abstract void compuerMultiply(String number);
   public abstract void setNextHandler(Handler handler);
}
```

2) 具体处理者(ConcreteHandler)

对于本问题，一共有三个负责创建具体处理者的类，分别是 UseInt、UseLong 和 UseBigInteger，三个类的代码如下：

UseInt.java

```
public class UseInt implements Handler{
     private Handler handler;        //存放当前处理者后继的Handler接口变量
     private int result=1 ;
     public void compuerMultiply(String number){
        try{
            int n=Integer.parseInt(number);
            int i=1;
            while(i<=n){
                result=result*i;
                if(result<=0){
                   System.out.println("超出我的能力范围,我计算不了");
                   handler.compuerMultiply(number);
                   return;
                }
```

```
                i++;
            }
            System.out.println(number+"的阶乘:"+result);
        }
        catch(NumberFormatException exp){
            System.out.println(exp.toString());
        }
    }
    public void setNextHandler(Handler handler){
        this.handler=handler;
    }
}
```

UseLong.java

```
public class UseLong implements Handler{
    private Handler handler;        //存放当前处理者后继的Handler接口变量
    private long result=1 ;
    public void compuerMultiply(String number){
        try{
            long n=Long.parseLong(number);
            long i=1;
            while(i<=n){
                result=result*i;
                if(result<=0){
                    System.out.println("超出我的能力范围,我计算不了");
                    handler.compuerMultiply(number);
                    return;
                }
                i++;
            }
            System.out.println(number+"的阶乘:"+result);
        }
        catch(NumberFormatException exp){
            System.out.println(exp.toString());
        }
    }
    public void setNextHandler(Handler handler){
        this.handler=handler;
    }
}
```

UseBigInteger.java

```
import java.math.BigInteger;
public class UseBigInteger implements Handler{
    private Handler handler;        //存放当前处理者后继的Handler接口变量
    private BigInteger result=new BigInteger("1") ;
    public void compuerMultiply(String number){
        try{
            BigInteger n=new BigInteger(number);
            BigInteger ONE=new BigInteger("1");
            BigInteger i=ONE;
            while(i.compareTo(n)<=0){
                result=result.multiply(i);
                i=i.add(ONE);
```

```
            }
            System.out.println(number+"的阶乘:"+result);
        }
        catch(NumberFormatException exp){
            System.out.println(exp.toString());
        }
    }
    public void setNextHandler(Handler handler){
        this.handler=handler;
    }
}
```

3)　应用程序

下列应用程序中，Application.java 使用了责任链模式中所涉及的类，应用程序负责创建责任链，并指定从责任链上的哪个对象开始响应用户。在 Application.java 中，用户向责任链提交的数字是 12345678。

Application.java

```
public class Application{
    private Handler useInt,useLong,useBig;  //责任链上的对象
    public void createChain(){               //建立责任链
        useInt=new UseInt();
        useLong=new UseLong();
        useBig=new UseBigInteger();
        useInt.setNextHandler(useLong);
        useLong.setNextHandler(useBig);
    }
    public void reponseClient(String number){   //响应用户的请求
        useInt.computerMultiply(number);
    }
    public static void main(String args[]){
        Application  application=new  Application();
        application.createChain();
        application.reponseClient("32");
    }
}
```

3.3.2　命令模式

1. 动机

将一个请求封装为一个对象，从而可以用不同的请求对客户进行参数化，对请求进行排队或记录请求日志，以及支持可撤销的操作。

在许多设计中，经常设计一个对象请求另一个对象调用其方法以达到某种目的。如果请求者不希望或无法直接和被请求者打交道，即不希望或无法含有被请求者的引用，那么就可以使用命令模式。例如，在军队作战中，指挥官请求“三连偷袭敌人”，但是指挥官不希望或无法直接与三连取得联系，那么可以将该请求：“三连偷袭敌人”形成一个“作战命令”，该作战命令的核心就是“三连偷袭敌人”。只要能让该“作战命令”被执行(即使指挥官已经不存在)，就会实现三连偷袭敌人的目的。

命令模式是关于怎样处理一个对象请求另一个对象调用其方法完成某项任务的一种成

熟的模式，这里称提出请求的对象为请求者，被请求的对象为接收者。在命令模式中，当一个对象请求另一个对象调用其方法时，不和被请求的对象直接打交道，而是把这种“请求”封装到一个称作“命令”的对象中，其封装手段是将“请求”封装在“命令”对象的一个方法中。命令模式的核心就是使用命令对象来封装方法调用，即“接收者调用方法”封装到命令对象的一个方法中，这样一来，当一个对象请求另一个对象调用方法来完成某项任务时，只需和命令对象打交道，让命令对象调用封装了“请求”的方法即可。

2. 概念

命令模式(别名：动作，事务)

将一个请求封装为一个对象，从而可用不同的请求对客户进行参数化，对请求进行排队或记录请求日志，以及支持可撤销的操作。

3. 适用性

命令模式适合使用的情境如下。

(1) 程序需要在不同的时刻指定、排列和执行请求时。

(2) 程序需要支持取消操作时。

(3) 程序需要支持修改日志时。这样当系统崩溃时，这些修改可以被重做一遍。

(4) 用构建在原语操作上的高层操作构造一个系统时。

4. 参与者

1) Command(命令接口)

声明执行操作的接口。

2) ConcreteCommand(具体命令)

将一个接收者对象绑定于一个动作 Execute，调用接收者相应的操作，以实现 Execute。

3) Client(客户)

创建一个具体命令对象并设定它的接收者。

4) Invoker(请求者)

负责下达执行请求的命令。

5) Receiver(接收者)

知道如何实现与执行一个请求相关的操作，而且任何类都可能作为一个接收者。

5. 案例描述

在前面提到的“指挥官”请求“三连”偷袭敌人的问题中，指挥官就是命令模式中的 Invoker 角色，指挥官制定的作战命令就是命令模式中的 ConcreteCommand 角色，三连就是命令模式中的 Receiver 角色。下面案例实现中，给出了命令模式的程序框架。

6. 案例实现

Command

```
public abstract class Command {
```

```
    protected Receiver receiver;

    public Command(Receiver receiver) {
        this.receiver = receiver;
    }

    public abstract void execute();
}
```

ConcreteCommand

```
public class CommandImpl extends Command {

    public CommandImpl(Receiver receiver) {
        super(receiver);
    }

    public void execute() {
        receiver.request();
    }
}
```

Invoker

```
public class Invoker {

    private Command command;

    public void setCommand(Command command) {
        this.command = command;
    }

    public void execute() {
        command.execute();
    }
}
```

Receiver

```
public class Receiver {

    public void receive() {
        System.out.println("This is Receive class!");
    }
}
```

Test

```
public class Test {

    public static void main(String[] args) {
        Receiver rec = new Receiver();
        Command cmd = new CommandImpl(rec);
        Invoker i = new Invoker();
        i.setCommand(cmd);
        i.execute();
    }
```

```
}
```

result

```
This is Receive class!
```

7. 应用举例——模拟小电器

在本节我们借助 javax.swing 包提供的组件并使用命令模式模拟一个带控制开关的小电器。该小电器上有四个开关，两个一组，其中一组负责打开、关闭电器上的照明灯，另一组负责打开、关闭小电器上的摄像头。

【设计要求】

(1) 设计 Camera 类(模拟摄像头)和 Light 类(模拟照明灯)。

(2) 设计 Machine 类(模拟小电器)。

(3) 要求 Machine 类创建的对象中含有打开、关闭摄像头以及打开、关闭照明灯的按钮。

(4) 为客户提供友好的界面，当用户单击小电器上的按钮时，界面能呈现摄像头或照明灯的状态。

【设计实现】

1) 接受者

Camera 类和 Light 类的实例是命令模式中的接收者。Camera 类和 Light 类的代码如下：

Camera.java

```
import javax.swing.*;
public class Camera extends JPanel{
    String name;
    Icon imageIcon;
    JLabel label;
    public Camera(){
        label = new JLabel("我是摄像头");
        add(label);
    }
    public Void on(){
        label.setIcon(new ImageIcon("cameraOpen.jpg"));
        return null;
    }
    public void off(){
        label.setIcon(new ImageIcon("cameraClosed.jpg"));
    }
}
```

Light.java

```
import javax.swing.*;
public class Light extends JPanel{
    String name;
    Icon imageIcon;
```

```
    JLabel label;
    public Light(){
        label = new JLabel("我是照明灯");
        add(label);
    }
    public void on(){
        label.setIcon(new ImageIcon("lightOpen.jpg"));
    }
    public void off(){
        label.setIcon(new ImageIcon("lightClose"));
    }
}
```

2) 命令接口

命令接口包括 execute()方法和 getName()方法。

Command.java

```
public interface Command {
public abstract void execute();
public abstract String getName();
}
```

3) 具体命令

共有 OnCameraCommand、OffCameraCommand、OnLightCommand 和 OffLightCommand 四个具体命令类，代码如下:

OnCameraCommand.java

```
public class OnCameraCommand implements Command {
    Camera camera;
    OnCameraCommand(Camera camera){
    this.camera = camera;
    }
    public void execute(){
        camera.on();
    }
    public String getName(){
        return "打开摄像头";
    }
}
```

OffCameraCommand.java

```
public class OffCameraCommand implements Command{
    Camera camera;
    OffCameraCommand(Camera camera){
        this.camera = camera;
    }
    public void execute(){
        camera.off();
    }
    public String getName(){
        return "关闭摄像头";
    }
}
```

OnLightCommand.java

```
public class OnLightCommand implements Command{
    Light light;
    OnLightCommand(Light light){
        this.light=light;
    }
    public void execute(){
        light.on();
    }
    public String getName(){
        return "打开照明灯";
    }
}
```

OffLightCommand.java

```
public class OffLightCommand implements Command {
    Light light;
    OffLightCommand(Light light){
        this.light=light;
    }
    public void execute(){
        light.off();
    }
    public String getName(){
        return "关闭照明灯";
    }

}
```

4) 请求者

Invoker 类的实例含有程序所需要的按钮。

Invoker.java

```
import java.awt.*;
import java.awt.event.*;
import javax.swing.*;

public class Invoker {
    JButton button;
    Command command;
    Invoker(){
        button=new JButton();
        button.addActionListener(new ActionListener(){
        public void actionPerformed(ActionEvent e){
            executeCommand();
        }
    });
}
    /**
     * @param args
     */
    public  void setCommand(Command command) {
        this.command=command;
```

```
        button.setText(command.getName());
    }
    public JButton getButton(){
        return button;
    }
    private void executeCommand(){
        command.execute();
    }
}
```

5)　小电器

Machine 类的实例可以由若干个请求者中的按钮构成。在编写 Machine 时还将用到命令模式中的具体命令类以及接收者类。运行程序时，要将名字为 cameraOpen.jpg(摄像头打开时的图片)、cameraClosed.jpg(摄像头关闭时的图片)、lightOpen0.jpg(照明灯打开时的图片)、lightClosed.jpg(照明灯关闭时的图片)保存在程序运行所在的当前目录中。Machine 类的代码如下：

Machine.java

```
import javax.swing.*;
import java.awt.*;
import java.awt.event.*;
public class Machine extends JFrame{

    Invoker
requestOnCamera,requestOffCamera,requestOnLight,requestOffLight;
    Camera camera;
    Light light;
    Machine(){
        setTitle("小电器");
        requestOnCamera=new Invoker();
        requestOffCamera=new Invoker();
        camera=new Camera();
        light=new Light();
        requestOnCamera.setCommand(new OnCameraCommand(camera));
        requestOffCamera.setCommand(new OffCameraCommand(camera));
        requestOnLight=new Invoker();
        requestOffLight=new Invoker();
        requestOnLight.setCommand(new OnLightCommand(light));
        requestOffLight.setCommand(new OffLightCommand(light));
        initPosition();
        setSize(200,300);
        setDefaultCloseOperation(JFrame.EXIT_ON_CLOSE);
        setVisible(true);
    }
    private void initPosition(){
        JPanel pSourth=new JPanel();
        pSourth.add(requestOnCamera.getButton());
        pSourth.add(requestOffCamera.getButton());
        pSourth.add(requestOnLight.getButton());
        pSourth.add(requestOffLight.getButton());
        add(pSourth,BorderLayout.SOUTH);
        JPanel pNorth=new JPanel();
        pNorth.add(light);
```

```
        add(pNorth,BorderLayout.NORTH);
        JPanel pCenter=new JPanel();
        pCenter.setBackground(Color.yellow);
        pCenter.add(camera);
        add(pCenter,BorderLayout.CENTER);
    }
    public static void main(String[] args) {
        Machine machine=new Machine();

    }

}
```

3.3.3 解释器模式

1. 动机

给定一个语言，定义其文法的一种表示，并定义一个解释器，这个解释器使用该表示来解释语言中的句子。对于某些问题，我们可能希望用简单的语言来描述，即用简单的语言来实现一些操作，比如用简单的语言实现简单的翻译操作，用户输入 Teacher Drink Water，程序将输出“老师喝水”。学习使用解释器模式需要一些形式语言的知识，在本节不准备系统介绍这方面的知识，如果学习过编程原理课程，对理解解释器模式以及设计有关程序是很有帮助的。

下面仅简单地介绍一下形式语言中的基本知识。

简单地说，语言是由语句(Sentence)组成的集合，而语句是由一组符号所构成的序列。当表述一种语言时，无非是说明这种语言有怎样的语句，例如，对于英语语言，某些语句可以是由 Subject(主语)跟随 Predicate(谓语)而成，而 Predicate(谓语)可以由 Verb(动词)和 Object(宾语)构成，Subject(主语)可以是 SubjectPronoun(主语代词)或 Noun(名词)，Object(宾语)可以是 ObjectPronoun(宾语代词)或 Noun(名词)，使用形式语言的语法规则来表示就是：

```
<Sentence>::=<Subject><Predicate>
<Precate>::=<Verb><Object>
<Subject>::<SubjectPronoun>|<Noun>
<Object>::<ObjectPronoun>|<Noun>
<SubjectPronoun>::=You|I|He|She
<ObjectPronoun>::=Me|You|Him|Them
<Noun>:: = Teacher|Student|Tiger|Water
<Verb>:: = Drink|Instruct|Receive>
```

上述语言是英语语法的一部分(一个子集)，该语言一共规定了八个语言单位和相关的语法规则，用左右尖括号括起来的字符串表示语法构造成分或称语法单位，符号“::=”，可读作“定义为”，即该符号左面的语法单位由“::=”的右面所定义。语法单位分非终结符和终结符，比如，在上述规则中，符号“::=”左面的<Sentence>、<Predicate>、<Subject>都是非终结符号，而<Pronoun>、<Noun>和<Verb>都是终结符号。

那么根据上述规则定义出的语言就会有很多语句，这些语句是由终结符号的值所组成的，比如，Teacher Drink Water 就是该语言中的一个语句，同样 Student Instruct Tiger 也是该语言中的一个语句，但是 We Read Book 就不是该语言中的语句，因为该语言中没有终结符号的值是 We，同样，Receive You Tiger 也不是该语言中的语句，因为按着该语言的规则，终结符号<Verb> Water 的值 Receive 不能做 Subject(主语)。

形式语言主要是研究怎样严格地定义语句的规则，并使用这些规则把语言的全部语句描述出来。一个语言一旦有了语句，就可以让程序根据语句进行某种操作，比如对于上述定义的简单语言，如果使用程序实现该语言时，定义的基本操作是将终结符号的值翻译成汉语，如 Teacher 翻译成“老师”，Tiger 翻译成“老虎”，那么当用户使用该语言输入“Teacher Drink Water”后，程序将输出“老师喝水”。

解释模式是关于怎样实现一个简单语言的成熟模式，其关键是将每一个语法规则表示成一个类。

2. 概念

给定一个语言，定义它的文法的一种表示，并定义一个解释器，这个解释器使用该表示来解释语言中的句子。

3. 适用性

解释器模式适合使用的情境如下。

当有一个语言需要解释执行，并且可以将该语言中的句子表示为一个抽象语法树时，可使用解释器模式。而当存在以下情况时该模式效果最好。

(1) 文法的层次变得庞大而无法管理时。

(2) 最高效的解释器通常不是通过直接解释语法分析树实现的，而是首先将它们转换成另一种形式，此时使用解释器模式。

4. 参与者

1) AbstractExpression(抽象表达式)

声明一个抽象的解释操作，这个接口为抽象语法树中所有的结点所共享。

2) TerminalExpression(终结符表达式)

实现与文法中的终结符相关联的解释操作。

一个句子中的每个终结符都需要该类的一个实例。

3) NonterminalExpression(非终结符表达式)

为文法中的非终结符实现解释(Interpret)操作。

4) Context(上下文)

包含解释器之外的一些全局信息。

5) Client(客户)

构建(或被给定)表示该文法定义的抽象方法树。

该抽象语法树由 NonterminalExpression 和 TerminalExpression 的实例装配而成。

5. 案例描述

通过定义一个高级解释器和普通解释器两种解析器，给出解释器解释文法的实现方式。

6. 案例实现

AbstractExpression

```
public abstract class Expression {

    abstract void interpret(Context ctx);
}
```

Expression

```
public class AdvanceExpression extends Expression {

    void interpret(Context ctx) {
        System.out.println("这是高级解析器!");
    }
}

public class SimpleExpression extends Expression {

    void interpret(Context ctx) {
        System.out.println("这是普通解析器!");
    }
}
```

Context

```
public class Context {

    private String content;

    private List list = new ArrayList();

    public void setContent(String content) {
        this.content = content;
    }

    public String getContent() {
        return this.content;
    }

    public void add(Expression eps) {
        list.add(eps);
    }

    public List getList() {
        return list;
    }
}
```

Test

```
public class Test {

    public static void main(String[] args) {
        Context ctx = new Context();
        ctx.add(new SimpleExpression());
```

```
        ctx.add(new AdvanceExpression());
        ctx.add(new SimpleExpression());

        for (Expression eps : ctx.getList()) {
            Eps.interpret(ctx);
        }
    }
}
```

result

```
这是普通解析器!
这是高级解析器!
这是普通解析器!
```

7. 应用举例——简单的英文翻译器

以下使用解释器模式来解释所描述的文法：

```
<Sentence>::=<Subject><Predicate>
<Precate>::=<Verb><Object>
<Subject>::<SubjectPronoun>|<Noun>
<Object>::<ObjectPronoun>|<Noun>
<SubjectPronoun>::=You|I|He|She
<ObjectPronoun>::=Me|You|Him|Them
<Noun>:: = Teacher|Student|Tiger|Water
<Verb>:: = Drink|Instruct|Receive>
```

对于上述定义的简单语言，如果使用程序实现该语言时，定义的基本操作是将终结符号的值翻译为汉语，比如，Teacher 翻译为“老师”，Drink 翻译为“喝”，Water 翻译为“水”，那么当用户使用该语言输入语句“Teacher Drink Water”后，程序将输出“老师喝水”。

1)　抽象表达式(AbstractExpression)

本问题中的抽象表达式(AbstractExpression)是 Node 接口，代码如下：

Node.Java

```
public interface Node{
     public void parse(Context text);
     public void execute();
}
```

2)　终结表达式(TerminalExpression)

文法中共有四个终结语言单位，分别是<SubjectPronoun>、<ObjectPronoun>、<Noun>和<Verb>。由于<ObjectPronoun>与<SubjectPronoun>和<Noun>之间是“或”关系，因此，针对<SubjectPronoun>和<Noun>语言单位的类是同一个类 SubjectPronounOrNounNode；同样的道理，针对<ObjectPronoun>和<Noun>语言单位的类是同一个类 ObjectPronounOrNounNode。针对<Verb>语言单位的类是 VerbNode。各个类的代码如下：

SubjectPronounOrNounNode.Java(对应<SubjectPronoun>和<Noun>语言单位)

```
public class SubjectPronounOrNounNode implements Node{
     String [] word={"You","He","Teacher","Student"};
     String token;
```

```
    boolean boo;
    public void parse(Context context){
          token=context.nextToken();
          int i=0;
          for(i=0;i<word.length;i++){
             if(token.equalsIgnoreCase(word[i])){
                 boo=true;
                 break;
             }
          }
          if(i==word.length)
             boo=false;
    }
    public void execute(){
         if(boo){
             if(token.equalsIgnoreCase(word[0]))
                 System.out.print("你");
             if(token.equalsIgnoreCase(word[1]))
                 System.out.print("他");
             if(token.equalsIgnoreCase(word[2]))
                System.out.print("老师");
             if(token.equalsIgnoreCase(word[3]))
                 System.out.print("学生");
         }
         else{
              System.out.println("不是该语言中的句子");
              //System.exit(0);
         }
    }
}
```

ObjectPronounOrNounNode.java(对应<ObjectPronoun>和<Noun>语言单位)

```
public class ObjectPronounOrNounNode implements Node{
      String [] word={"Me","Him","Tiger","Apple"};
      String token;
      boolean boo;
      public void parse(Context context){
             token=context.nextToken();
             int i=0;
             for(i=0;i<word.length;i++){
                if(token.equalsIgnoreCase(word[i])){
                    boo=true;
                    break;
                }
             }
             if(i==word.length)
                boo=false;
      }
      public void execute(){
            if(boo){
                if(token.equalsIgnoreCase(word[0]))
                    System.out.print("我");
                if(token.equalsIgnoreCase(word[1]))
                    System.out.print("他");
```

```
                if(token.equalsIgnoreCase(word[2]))
                   System.out.print("老虎");
                if(token.equalsIgnoreCase(word[3]))
                    System.out.print("苹果");
            }
            else{
                System.out.print(token+"(不是该语言中的句子)");
            }
        }
}
```

VerbNode.Java(对应<Verb>语言单位)

```
public class VerbNode implements Node{
      String [] word={"Drink","Eat","Look","beat"};
      String token;
      boolean boo;
      public void parse(Context context){
             token=context.nextToken();
             int i=0;
             for(i=0;i<word.length;i++){
                if(token.equalsIgnoreCase(word[i])){
                    boo=true;
                    break;
                }
             }
             if(i==word.length)
                boo=false;
      }
      public void execute(){
            if(boo){
                if(token.equalsIgnoreCase(word[0]))
                    System.out.print("喝");
                if(token.equalsIgnoreCase(word[1]))
                    System.out.print("吃");
                if(token.equalsIgnoreCase(word[2]))
                   System.out.print("看");
                if(token.equalsIgnoreCase(word[3]))
                    System.out.print("打");
            }
            else{
               System.out.print(token+"(不是该语言中的句子)");
            }
      }
}
```

3)　非终结表达式(TerminalExpression)

针对给出的文法，共有四个非终结表达式类。针对<Sentence>语言单位的类是 SentenceNode，针对<Subject>语言单位的类是 SubjectNode，针对<Predicate>语言单位的类是 PredicateNode，针对<Object>语言单位的类是 ObjectNode。各个类的代码如下：

SentenceNode.java

```
public class SentenceNode implements Node{
     Node subjectNode,predicateNode;
```

```
    public void parse(Context context){
          subjectNode =new SubjectNode();
          predicateNode=new PredicateNode();
          subjectNode.parse(context);
          predicateNode.parse(context);
    }
    public void execute(){
         subjectNode.execute();
         predicateNode.execute();
    }
}
```

SubjectNode.java

```
public class SubjectNode implements Node{
     Node node;
     public void parse(Context context){
          node =new SubjectPronounOrNounNode();
          node.parse(context);
     }
     public void execute(){
         node.execute();
     }
}
```

PredicateNode.java

```
public class PredicateNode implements Node{
     Node verbNode,objectNode;
     public void parse(Context context){
          verbNode =new VerbNode();
          objectNode=new ObjectNode();
          verbNode.parse(context);
          objectNode.parse(context);
     }
     public void execute(){
        verbNode.execute();
        objectNode.execute();
     }
}
```

4) 上下文(Context)

上下文(Context)角色是 Context 类，代码如下：

Context.Java

```
import java.util.StringTokenizer;
public class Context{
     StringTokenizer tokenizer;
     String token;
     public Context(String text){
         setContext(text);
     }
    public void setContext(String text){
        tokenizer=new StringTokenizer(text);
     }
     String nextToken(){
```

```
            if(tokenizer.hasMoreTokens()){
                token=tokenizer.nextToken();
            }
            else
                token="";
            return token;
        }
}
```

5)　应用程序

前面已经使用解释器模式给出了可使用的类，这些类就是一个小框架，可以使用这些小框架中的类编写应用程序。下列应用程序中，Application.java 类使用 Context 创建一个环境，然后使用 SentenceNode 解释环境给出的语句是否是文法中的语句，并针对该语句进行操作，输出操作的结果，例如，环境提供“Teacher beat tiger”，那么该语句是文法中的语句，针对该语句的操作结果是“老师打老虎”。Application.java 的代码如下。

Application.Java

```
public class Application{
    public static void main(String args[]){
        String text="Teacher beat tiger";
        Context context=new Context(text);
        Node node=new SentenceNode();
        node.parse(context);
        node.execute();
        text="You eat  apple";
        context.setContext(text);
        System.out.println();
        node.parse(context);
        node.execute();
         text="you look  him";
        context.setContext(text);
        System.out.println();
        node.parse(context);
        node.execute();
    }
}
```

3.3.4　迭代器模式

1. 动机

迭代器模式是遍历集合的成熟模式，迭代器模式的关键是将遍历集合的任务交给一个称作迭代器的对象。比如，人口普查中，人所居住的楼就是一个集合，其中人就是集合中的对象，而警察就是一个迭代器。

2. 概念

迭代器模式(别名：游标)

提供一种方法顺序访问一个聚合对象的各个元素，而又不需要暴露该对象的内部表示。

3. 适用性

迭代器模式适合使用的情境如下。

(1) 访问一个聚合对象的内容而无须暴露它的内部表示时。

(2) 程序需要支持对聚合对象的多种遍历时。

(3) 为遍历不同的聚合结构提供一个统一的接口时(即支持多态迭代)。

4. 参与者

1) Iterator(迭代器)

迭代器定义访问和遍历元素的接口。

2) ConcreteIterator(具体迭代器)

具体迭代器实现迭代器接口。

对该聚合遍历时跟踪当前位置。

3) Aggregate(集合)

集合定义创建相应迭代器抽象的接口。

4) ConcreteAggregate(具体集合)

具体集合实现创建相应迭代器的接口，该操作返回 ConcreteIterator 的一个适当的实例。

5. 案例描述

在代码结构中，往往有些集合没有读数据的方法或直接从集合中读取数据速度太慢，故本案例引入了迭代器作为读集合数据的工具，其读数据的方法如下列代码所示，需要借助包含安装迭代器的方法 iterator()、判断集合是否有元素的方法 hasNext()、自动读取每一个元素的方法 next()等功能的迭代器模式。

```
Iterator it = list.iterator();
    while (it.hasNext()) {
        System.out.println(it.next());
    }
```

6. 案例实现

Iterator

```
public interface Iterator {

    Object next();

    void first();

    void last();

    boolean hasNext();
}
```

ConcreteIterator

```
public class IteratorImpl implements Iterator {
```

```
    private List list;

    private int index;

    public IteratorImpl(List list) {
        index = 0;
        this.list = list;
    }

    public void first() {
        index = 0;
    }

    public void last() {
        index = list.getSize();
    }

    public Object next() {
        Object obj = list.get(index);
        index++;
        return obj;
    }

    public boolean hasNext() {
        return index < list.getSize();
    }
}
```

Aggregate

```
public interface List {

    Iterator iterator();

    Object get(int index);

    int getSize();

    void add(Object obj);
}
```

ConcreteAggregate

```
public class ListImpl implements List {

    private Object[] list;

    private int index;

    private int size;

    public ListImpl() {
        index = 0;
        size = 0;
        list = new Object[100];
    }
```

```
    public Iterator iterator() {
        return new IteratorImpl(this);
    }

    public Object get(int index) {
        return list[index];
    }

    public int getSize() {
        return this.size;
    }

    public void add(Object obj) {
        list[index++] = obj;
        size++;
    }
}
```

Test

```
public class Test {

    public static void main(String[] args) {
        List list = new ListImpl();
        list.add("a");
        list.add("b");
        list.add("c");
        //第一种迭代方式
        Iterator it = list.iterator();
        while (it.hasNext()) {
            System.out.println(it.next());
        }

        System.out.println("=====");
        //第二种迭代方式
        for (int i = 0; i < list.getSize(); i++) {
            System.out.println(list.get(i));
        }
    }
}
```

result

```
a
b
c
=====
a
b
c
```

7. 应用举例——使用多个集合储存对象

【设计要求】

链表适合插入、删除等操作，但不适合查找和排序。现在有若干个学生，他们有姓名、学号和出生日期等属性。

(1) 使用链表存放学生对象。

(2) 用一个散列表和一个树集存放链表中的对象。

(3) 使用散列表查询某个学生。

(4) 通过树集将学生按成绩排序。

【设计实现】

这里设计了三个类：UseSet、Student 和 Application。其中，UseSet 类包含链表、散列表和树集；Application 类负责创建 Student 的实例，并添加到 UseSet 所包含的集合中，UseSet 提供了按 Student 的 number 属性查找 student 实例的方法，也提供按 Student 的 score 属性进行排序的方法；Student 类负责创建保存数据的集合。

Application.java

```
public class Application{
    public static void main(String args[]){
        UseSet useSet=new UseSet();
        useSet.addStudent(new Student("001","张三",76.89));
        useSet.addStudent(new Student("002","李四",88.89));
        useSet.addStudent(new Student("003","刘五",58.12));
        useSet.addStudent(new Student("004","赵六",66.55));
        useSet.addStudent(new Student("005","周七",92.57));
        String n="003";
        System.out.println("查找学号为"+n+"的学生:");
        useSet.lookStudent(n);
        System.out.println("将学生按成绩排列:");
        useSet.printStudentsByScore();
    }
}
```

UseSet.java

```
import java.util.*;
public class UseSet{
    LinkedList<Student> list;
    Hashtable<String,Student> table;
    TreeSet<Student> tree;
    UseSet(){
       list=new LinkedList<Student>();
       table=new Hashtable<String,Student>();
       tree=new TreeSet<Student>();
    }
    public void addStudent(Student stu){
       list.add(stu);
       update();
    }
    public void lookStudent(String num){
```

```
            Student stu=table.get(num);
            String number=stu.getNumber();
            String name=stu.getName();
            double score=stu.getScore();
            System.out.println("学号:"+number+" 姓名:"+name+" 分数:"+score);
        }
        public void printStudentsByScore(){
            Iterator<Student> iterator=tree.iterator();
            while(iterator.hasNext()){
                Student stu=iterator.next();
                String number=stu.getNumber();
                String name=stu.getName();
                double score=stu.getScore();
                System.out.println("学号:"+number+" 姓名:"+name+" 分数:"+score);
            }
        }
        private void update(){
            tree.clear();
            Iterator<Student> iterator=list.iterator();
            while(iterator.hasNext()){
                Student stu=iterator.next();
                String number=stu.getNumber();
                table.put(number,stu);
                tree.add(stu);
            }
        }
}
```

Student.java

```
import java.util.*;
class Student implements Comparable{
    String number,name;
    double score=0;
    private int x=10;
    Student(){}
    Student(String number,String name,double score){
        this.number=number;
        this.name=name;
        this.score=score;
    }
    public int compareTo(Object b){
        Student st=(Student)b;
        if(Math.abs(this.score-st.score)<=1/10000)
            return 1;
        return (int)(1000*(this.score-st.score));
    }
    public String getNumber(){
        return number;
    }
    public String getName(){
        return name;
    }
    public double getScore(){
        return score;
```

```
    }
}
```

3.3.5　中介者模式

1. 动机

用一个中介对象来封装一系列的对象交互。中介者使各对象不需要显式地相互引用，从而使其耦合松散，独立地改变它们之间的交互。

一个对象含有另一个对象的引用是面向对象中经常使用的方式，也是面向对象所提倡的，即少用继承多用组合。但是怎样合理地组合对象对今后的扩展、维护和对象的复用是至关重要的，这也正是学习设计模式的重要原因。在面向对象编程中，如果对象 A 含有对象 B 的引用，则人们习惯称 B 是 A 的朋友。如果 B 是 A 的朋友。那么对象 A 就可以请求对象 B 的相关操作。但是，对某些特殊系统，特别是涉及很多对象时，该系统可能不希望这些对象直接交互，即不希望这些对象互相包含对方的引用成为朋友，其原因是不利于今后的扩展、维护以及对象的复用。

比如，在一个房屋租赁系统中，有很多对象，有些对象是求租者，有些是出租者，如果要求他们之间必须互相成为朋友才能进行有关租赁操作，显然不利于系统的维护和扩展，因为，每当有新的求租者或出租者加入该系统，这个新加入者必须和现有系统中所有的人互相成为朋友后才能和他们进行有关租赁操作，这就意味着要修改大量的代码，这对系统的维护是非常不利的，也是无法容忍的。一个好的解决办法就是在房屋租赁系统中建立一个称作中介者的对象，中介者包含系统中所有其他对象的引用，而系统中的其他对象完全解耦，当系统中的某个对象需要和系统中的另外一个对象交互时，只需将自己的请求通知中介者即可，如果有新的加入者，该加入者只需含有中介者的引用，并让中介者含有自己的引用，他就可以和系统中的其他对象进行有关租赁操作。

2. 概念

用一个中介对象来封装一系列的对象交互。中介者使各对象不需要显式地相互引用，从而使其耦合松散，而且可以独立地改变它们之间的交互。

3. 适用性

中介者模式适合使用的情境如下。

(1)　一组对象以定义良好但是复杂的方式进行通信时。

(2)　对象之间产生的相互依赖关系比较混乱且难以理解时。

(3)　一个对象引用其他很多对象并且直接与这些对象通信，导致难以复制该对象时。

(4)　想定制一个分布在多个类中的行为，但又不想生成太多的子类时。

4. 参与者

1)　Mediator(中介者)

中介者定义一个接口用于与各同事(Colleague)对象通信。

2)　ConcreteMediator(具体中介者)

具体中介者通过协调各同事对象实现协作行为。

了解并维护它的各个同事。

3) Colleagueclass(同事类)

每一个同事类都知道它的中介者对象。

每一个同事对象在需要与其他的同事通信的时候，可与它的中介者通信。

5. 案例描述

该案例使用中介者模式的概念实现了一个酒店中介，它负责将客户到来这个信息传递给前台，也负责将老板来了这个信息传递给普通员工。

6. 案例实现

Mediator

```
public abstract class Mediator {

    public abstract void notice(String content);
}
ConcreteMediator

public class ConcreteMediator extends Mediator {

    private ColleagueA ca;

    private ColleagueB cb;

    public ConcreteMediator() {
        ca = new ColleagueA();
        cb = new ColleagueB();
    }

    public void notice(String content) {
        if (content.equals("boss")) {
            //老板来了，通知员工 A
            ca.action();
        }
        if (content.equals("client")) {
            //客户来了，通知前台 B
            cb.action();
        }
    }
}
```

Colleagueclass

```
public class ColleagueA extends Colleague {


    public void action() {
        System.out.println("普通员工努力工作");
    }
}
public class ColleagueB extends Colleague {

    public void action() {
        System.out.println("前台注意了!");
```

```
    }
}
```

Test

```
public class Test {

    public static void main(String[] args) {
        Mediator med = new ConcreteMediator();
        //老板来了
        med.notice("boss");

        //客户来了
        med.notice("client");
    }
}
```

result

```
普通员工努力工作
前台注意了!
```

7. 应用举例——模拟交通信号灯

【设计要求】

十字路口的交通信号灯是人们熟悉的装置。南北和东西方向的信号灯分别由一组红、黄、绿灯构成，这些灯的开、关变化由一个控制器负责。当一个方向的信号灯为红灯时，另一个方向的信号灯为绿灯；当一个方向的信号灯是绿灯时，另一个方向的信号灯为红灯；当一个方向的信号灯为黄灯时，另一个方向的信号灯为红灯。

使用 Java 中的组件，并使用中介者模式设计一个模拟十字路口的交通信号灯的 GUI 程序。

【设计实现】

为模拟十字路口的交通信号灯，并不需要明确定义出模式中的同事接口和中介者接口，只需要给出具体同事和具体中介者即可。

1)　具体同事

具体同事是 javax.swing 包中的 JLabel 类的三个子类，即 GreenLight、RedLight 和 YellowLight 类，它们的实例分别用来模拟交通信号中的绿灯、红灯和黄灯。

GreenLight、RedLight 和 YellowLight 类的代码如下：

GreenLight.java

```
import javax.swing.*;
import java.awt.Font;
public class GreenLight extends JLabel{
   ImageIcon onIcon,offIcon;
   GreenLight(){
      onIcon=new ImageIcon("onGreen.jpg");
      offIcon=new ImageIcon("offGreen.jpg");
      setHorizontalTextPosition(AbstractButton.CENTER);
      setVerticalTextPosition(AbstractButton.CENTER);
```

```
        setFont(new Font("宋体",Font.BOLD,11));
    }
    public void on(){
        setIcon(onIcon);
        setText("绿灯亮");
    }
    public void off(){
        setIcon(offIcon);
        setText("绿灯灭");
    }
}
```

RedLight.java

```
import javax.swing.*;
import java.awt.Font;
public class RedLight extends JLabel{
    ImageIcon onIcon,offIcon;
    RedLight(){
        onIcon=new ImageIcon("onRed.jpg");
        offIcon=new ImageIcon("offRed.jpg");
        setHorizontalTextPosition(AbstractButton.CENTER);
        setVerticalTextPosition(AbstractButton.CENTER);
        setFont(new Font("宋体",Font.BOLD,11));
    }
    public void on(){
        setIcon(onIcon);
        setText("红灯亮");
    }
    public void off(){
        setIcon(offIcon);
        setText("红灯灭");
    }
}
```

YellowLight.java

```
import javax.swing.*;
import java.awt.Font;
public class YellowLight extends JLabel{
    ImageIcon onIcon,offIcon;
    YellowLight(){
        onIcon=new ImageIcon("onYellow.jpg");
        offIcon=new ImageIcon("offYellow.jpg");
        setHorizontalTextPosition(AbstractButton.CENTER);
        setVerticalTextPosition(AbstractButton.CENTER);
        setFont(new Font("宋体",Font.BOLD,11));
    }
    public void on(){
        setIcon(onIcon);
        setText("黄灯亮");
    }
    public void off(){
        setIcon(offIcon);
        setText("黄灯灭");
    }
}
```

2)　具体中介者

具体中介者类是 ConcreteMediator 类，其实例模拟十字路口交通信号灯的控制器，代码如下：

ConcreteMediator.java

```
public class ConcreteMediator implements Runnable{
    RedLight SNredLight;      // 南北方向的红灯
    GreenLight SNgreenLight;
    YellowLight SNyellowLight;
    RedLight EWredLight;      // 东西方向的红灯
    GreenLight EWgreenLight;
    YellowLight EWyellowLight;
    Thread thread;
    int timeOne=8,timeTwo=3,timeThree=10,timeFour=3;
    ConcreteMediator(){
        thread=new Thread(this);
    }
    public void startRun(){
        thread.start();
    }
    public void run(){
      while(true) {
        for(int i=1;i<=timeOne;i++){
            SNgreenLight.on();
            EWredLight.on();
            SNredLight.off();
            EWgreenLight.off();
            SNyellowLight.off();
            EWyellowLight.off();
            try{
                Thread.sleep(500);
            }
            catch(InterruptedException exp){}
        }
        for(int i=1;i<=timeTwo;i++){
            SNyellowLight.on();
            EWredLight.on();
            SNgreenLight.off();
            EWgreenLight.off();
            SNredLight.off();
            EWyellowLight.off();
            try{
                Thread.sleep(500);
            }
            catch(InterruptedException exp){}
        }
        for(int i=1;i<=timeThree;i++){
            EWgreenLight.on();
            SNredLight.on();
            SNyellowLight.off();
            EWredLight.off();
            SNgreenLight.off();
            EWyellowLight.off();
            try{
```

```
                Thread.sleep(500);
            }
            catch(InterruptedException exp){}
        }
        for(int i=1;i<=timeFour;i++){
            EWyellowLight.on();
            SNredLight.on();
            EWgreenLight.off();
            SNgreenLight.off();
            EWredLight.off();
            SNyellowLight.off();
            try{
                Thread.sleep(500);
            }
            catch(InterruptedException exp){}
        }
      }
    }
    public void registerSNRedLight(RedLight redLight){
      SNredLight=redLight;
    }
    public void registerSNGreenLight(GreenLight greenLight){
      SNgreenLight=greenLight;
    }
    public void registerSNYellowLight(YellowLight yellowLight){
      SNyellowLight=yellowLight;
    }
    public void registerEWRedLight(RedLight redLight){
      EWredLight=redLight;
    }
    public void registerEWGreenLight(GreenLight greenLight){
      EWgreenLight=greenLight;
    }
    public void registerEWYellowLight(YellowLight yellowLight){
      EWyellowLight=yellowLight;
    }
}
```

3) 应用程序

下列应用程序中，Application.java 使用了中介者模式中所涉及的类。在运行程序时，需要将名字为 onRed、onGreen、onYellow、offRed、offGreen、offYellow 和 road 的 JPG 图像文件保存在当前应用程序所在的目录中。

Application.java

```
import javax.swing.*;
import java.awt.event.*;
import java.awt.*;
import javax.swing.event.*;
public class Application extends JFrame{
    ConcreteMediator mediator;
    RedLight SNredLight;        // 南北方向的红灯
    GreenLight SNgreenLight;
    YellowLight SNyellowLight;
    RedLight EWredLight;        // 东西方向的红灯
```

```
    GreenLight EWgreenLight;
    YellowLight EWyellowLight;
    Application(){
      mediator=new ConcreteMediator();
      SNredLight=new RedLight();
      SNgreenLight=new GreenLight();
      SNyellowLight=new YellowLight();
      EWredLight=new RedLight();
      EWgreenLight=new GreenLight();
      EWyellowLight=new YellowLight();
      Box westBox=Box.createVerticalBox();
      westBox.add(EWgreenLight);
      westBox.add(EWyellowLight);
      westBox.add(EWredLight);
      Box northBox=Box.createHorizontalBox();
      northBox.add(SNredLight);
      northBox.add(SNyellowLight);
      northBox.add(SNgreenLight);
      JPanel pNorth=new JPanel();
      pNorth.add(northBox);
      BorderLayout layout=new BorderLayout();
      setLayout(layout);
      add(pNorth,BorderLayout.NORTH);
      add(westBox,BorderLayout.WEST);
      JButton road=new JButton(new ImageIcon("road.jpg"));
      add(road,BorderLayout.CENTER);
      register();
      setDefaultCloseOperation(JFrame.EXIT_ON_CLOSE);
      mediator.startRun();
    }
    private void register(){
      mediator.registerSNRedLight(SNredLight);
      mediator.registerSNGreenLight(SNgreenLight);
      mediator.registerSNYellowLight(SNyellowLight);
      mediator.registerEWRedLight(EWredLight);
      mediator.registerEWGreenLight(EWgreenLight);
      mediator.registerEWYellowLight(EWyellowLight);
    }
    public static void main(String args[]){
      Application application=new Application();
      application.setBounds(100,200,300,300);
      application.setVisible(true);
    }
}
```

3.3.6 备忘录模式

1. 动机

在不破坏封装性的前提下，捕获一个对象的内部状态，并在该对象之外保存这个状态，以便随时恢复到对象原先保存的状态。对象的状态依赖于其变量的取值情况，对象在程序运行期间的各个时刻可能具有不同的状态。在某些应用中，程序可能需要使用一种合理的方式来保存对象在某一时刻的状态，以便在需要时，对象能恢复到原先保存的状态。

在备忘录模式中，称需要保存状态的对象为“原发者”，称负责保存原发者状态的对象为“备忘录”，称负责管理备忘录的对象为“负责人”。备忘录模式要求原发者可以访问备忘录中的细节，即可以访问备忘录中的数据，以便恢复原发者的状态，而负责人只能保存和得到备忘录，但访问备忘录中的数据受到一定的限制。备忘录模式使原发者可以将自己的状态暴露给备忘录，但其他对象要想获得备忘录中的数据会受到一定的限制，这就保证了原发者暴露内部数据的同时，又保证了数据的封装性。另外，经过精心设计的备忘录在保存原发者状态时，可能只需要保存原发者的部分变量即可，也就是说备忘录通过保存原发者状态中最本质的数据，就能使原发者根据备忘录中的数据恢复原始状态。

例如，对于一个游戏软件，该游戏可能需要经过许多关卡才能最后成功，那么该游戏应当提供保存“游戏关卡”的功能，使玩游戏者在成功完成游戏的某一关卡之后，保存当前的游戏状态，当玩下一关卡失败时，可以选择让游戏从上一次保存的状态开始，即从上一次成功后的关卡开始，而不是再从第一关开始。

备忘录模式是关于怎样保存对象状态的成熟模式，其关键是提供一个备忘录对象，该备忘录负责存储一个对象的状态，程序可以在磁盘或内存中保存这个备忘录，这样一来，程序就可以根据对象的备忘录将该对象恢复到备忘录中所存储的状态。

2. 概念

备忘录模式(别名：标记)

在不破坏封装性的前提下，捕获一个对象的内部状态，并在该对象之外保存这个状态，这样以后就可将该对象恢复到原先保存的状态。

3. 适用性

备忘录模式适合使用的情境如下。

(1) 程序需要必须保存一个对象在某一个时刻的(部分)状态时使用备忘录模式，这样以后需要时它才能恢复到先前的状态。

(2) 程序需要用接口让其他对象直接得到状态，将会暴露对象的实现细节并破坏对象的封装性时使用该模式。

4. 参与者

1) Memento(备忘录)

备忘录存储原发者对象的内部状态。

2) Originator(原发者)

原发者创建一个备忘录，用以记录当前时刻的内部状态。

使用备忘录恢复内部状态。

3) Caretaker(负责人)

负责保存好备忘录。

不能对备忘录的内容进行操作或检查。

5. 案例描述

在该案例中创建了一个表示人的对象，并利用备忘录保存其睡觉、开会等状态，便于随时恢复对象的原状态。该案例给出了备忘录模式的程序结构。

6. 案例实现

Memento

```
public class Memento {

    private String state;

    public Memento(String state) {
        this.state = state;
    }

    public String getState() {
        return state;
    }

    public void setState(String state) {
        this.state = state;
    }
}
```

Originator

```
public class Originator {

    private String state;

    public String getState() {
        return state;
    }

    public void setState(String state) {
        this.state = state;
    }

    public Memento createMemento() {
        return new Memento(state);
    }

    public void setMemento(Memento memento) {
        state = memento.getState();
    }

    public void showState(){
        System.out.println(state);
    }
}
```

Caretaker

```
public class Caretaker {
```

```
    private Memento memento;

    public Memento getMemento(){
        return this.memento;
    }

    public void setMemento(Memento memento){
        this.memento = memento;
    }
}
```

Test

```
public class Test {

    public static void main(String[] args) {
        Originator org = new Originator();
        org.setState("开会中");

        Caretaker ctk = new Caretaker();
        ctk.setMemento(org.createMemento());//将数据封装在 Caretaker

        org.setState("睡觉中");
        org.showState();//显示

        org.setMemento(ctk.getMemento());//将数据重新导入
        org.showState();
    }
}
```

result

```
睡觉中
开会中
```

7. 应用举例——使用备忘录实现 undo 操作

【设计要求】

使用备忘录模式来设计一个 CUI 程序，其主要功能要求如下。

(1) 程序的窗体中有一个标签组件，用户在标签组件上单击鼠标左键可以在标签上随机显示一个汉字。但标签上只保留最后一次单击鼠标左键所显示的汉字。

(2) 程序提供 undo 操作。当用户在标签上单击鼠标右键时，将取消用户最近一次单击鼠标左键所产生的操作效果，即将标签上的汉字恢复为上一次单击鼠标左键所得到的汉字。用户可以多次单击鼠标右键来依次取消单击鼠标左键所产生的操作效果。

【设计实现】

1) 原发者(Originator)与备忘录(Memento)

本程序中，原发者(Originator)是 UnicodeLabel 类的实例，UnicodeLabel 类是 javax.string 包中 JLabel 类的子类，包含 Integer 对象，该对象中的 int 值代表一个汉字在 Unicode 表中的位置。备忘录(Memento)是 UnicodeLabel 的内部类，因此只有 UnicodeLabel 类的实例可以访问备忘录中的数据，其他类无法获得备忘录中的数据。UnicodeLabel 类的代码如下：

UnicodeLabel.java

```
import javax.swing.*;
import java.awt.*;
import java.awt.event.*;
public class UnicodeLabel extends JLabel{
     private Integer m;
     public UnicodeLabel(){
         setFont(new Font("宋体",Font.BOLD,100));
         setHorizontalAlignment(SwingConstants.CENTER);
         m=new Integer(19968);
         setText(""+(char)m.intValue());
         addMouseListener(new MouseAdapter(){
                       public void mouseReleased(MouseEvent e) {
                          if(e.getModifiers()==InputEvent.BUTTON1_MASK){
                             m= (int)(Math.random()*1000+19968);
                             setText(""+(char)m.intValue());
                          }
                       }});
    }
    public Memento createMemento(){
         Memento mem=new Memento();
         mem.setState(m);
         return mem;
    }
    public void restoreFromMemento(Memento mem){
         m=mem.getState();
         if(m!=null)
           setText(""+(char)m.intValue());
   }
   public class Memento {         //Mememo 是 UnicodeLabel 中的内部类
      private Integer m;
      private void setState( Integer m){
            this.m=m;
      }
      private Integer getState(){
             return m;
      }
   }
}
```

2)　负责人(Caretaker)

对于本问题，负责人(Caretaker)是 Caretaker 类，Caretaker 类使用一个堆栈来存放备忘录，当用户需要 undo 操作时，从堆栈弹出最近一次的备忘录给用户，用户用该备忘录恢复原发者的状态，当堆栈为空时，用户不能进行 undo 操作。Caretaker 类的代码如下：

Caretaker.java

```
import java.util.*;
public class Caretaker{
      Stack <UnicodeLabel.Memento> stack;
      Caretaker(){
           stack=new Stack<UnicodeLabel.Memento>();
```

```
    }
    public  UnicodeLabel.Memento getMemento(){
         if(!(stack.isEmpty())){
            UnicodeLabel.Memento memento=stack.pop();
            return  memento;
         }
         else{
            return null;
         }
    }
    public void saveMemento(UnicodeLabel.Memento  memento){
         stack.push(memento);
    }
}
```

3) 应用程序

下列应用程序中，将原发者创建的标签添加到窗体中，用户在标签上单击鼠标左键可以在标签上显示一个汉字，但标签上只保留最后一次单击鼠标左键所显示的汉字。当用户在标签上单击鼠标右键时，将取消最近一次单击鼠标左键所产生的操作效果，用户可以多次单击鼠标右键来依次取消单击鼠标左键所产生的操作效果。Application.java 类的代码如下：

Application.java

```
import javax.swing.*;
import java.awt.*;
import java.awt.event.*;
public class Application extends JFrame implements MouseListener{
      UnicodeLabel label;
      Caretaker  caretaker;      //负责人
      Application(){
          label=new UnicodeLabel();
          label.addMouseListener(this);
          add(new JLabel("单击左键显示一个汉字，单击右键撤销单击左键的操作效果"),
               BorderLayout.NORTH);
          add(label,BorderLayout.CENTER);
          caretaker=new Caretaker();              //创建负责人
     }
     public void mousePressed(MouseEvent e)  {
          if(e.getModifiers()==InputEvent.BUTTON1_MASK){
               caretaker.saveMemento(label.createMemento());   //保存备忘录
          }
          if(e.getModifiers()==InputEvent.BUTTON3_MASK){
              UnicodeLabel.Memento memento=caretaker.getMemento();//得到备忘录
                if(memento!=null){
                  label.restoreFromMemento(memento);  //使用备忘录恢复状态
                }
          }
     }
     public void mouseReleased(MouseEvent e){}
     public void mouseEntered(MouseEvent e)  {}
     public void mouseExited(MouseEvent e)  {}
     public void mouseClicked(MouseEvent e){}
     public static void main(String args[])  {
```

```
        Application win=new Application();
        win.setBounds(10,10,300,300);
        win.setVisible(true);
        win.setDefaultCloseOperation(JFrame.DISPOSE_ON_CLOSE);
    }
}
```

3.3.7　观察者模式

1. 动机

定义对象间的一种一对多的依赖关系，当一个对象的状态发生改变时，所有依赖它的对象都得到通知并被自动更新。在许多设计中，经常涉及多个对象对一个特殊对象中的数据变化感兴趣，而且这些对象都希望跟踪特殊对象中的数据变化。例如，某些寻找工作的人对“求职中心”的职业需求信息的变化非常关心，很想跟踪“求职中心”中职业需求的信息变化。一位想知道“求职中心”职业需求信息变化的人需要成为求职中心的“求职者”，即让求职中心把自己登记到求职中心的“求职者”列表中，当一个人成为求职中心的求职者之后，求职中心就会及时通知他最新的职业需求信息。如果一个求职者不想继续知道求职中心的职业需求信息，就让求职中心把自己从求职者列表中删除，求职中心就不会再通知他职业需求信息。

观察者模式是关于多个对象想知道一个对象中的数据变化情况的一种成熟模式。观察者模式中有一个称作“主题”的对象和若干个称作“观察者”的对象，“主题”和“观察者”之间是一种一对多的依赖关系，当“主题”的状态发生变化时，所有的“观察者”都得到通知。前面所述的“求职中心”相当于观察者模式的一个具体“主题”；每个“求职者”相当于观察者模式中的一个具体“观察者”。

2. 概念

观察者模式(别名：依赖，发布-订阅)。

定义对象间的一种一对多的依赖关系，当一个对象的状态发生变化时，所有依赖它的对象都得到通知并自动更新。

3. 适用性

观察者模式适合使用的情境如下。

(1)　当一个抽象模型有两个方面，其中一个方面依赖于另一方面时。将这二者封装在独立的对象中以使它们可以各自独立地改变和复用。

(2)　当改变一个对象，不知道影响多少其他对象时。

(3)　当一个对象必须通知其他对象，而它又不能假定其他对象是谁时。

4. 参与者

1)　Subject(主题)

提供注册和删除观察者对象的接口。

2)　Observer(观察者)

与主题相连接的具体观察者们的统一接口。

3) ConcreteSubject(具体主题)

将有关状态存入各具体观察者 ConcreteObserver 对象中。

当它的状态发生改变时，向它的各个观察者发出通知。

4) ConcreteObserver(具体观察者)

维护一个指向 ConcreteSubject 对象的引用。

存储有关状态，这些状态应与主题状态保持一致。

实现 Observer 的更新接口，使自身状态与主题状态保持一致。

5. 案例描述

该案例模拟了各区警察监视各区治安情况的运行模式，当黄埔区发生犯罪行为时，观察者就会通知黄埔警察出动；当天河区发生犯罪行为时，观察者就会通知天河警察出动，该案例给出了观察者模式的程序结构。

6. 案例实现

Subject

```
public abstract class Citizen {

   List pols;

   String help = "normal";

   public void setHelp(String help) {
      this.help = help;
   }

   public String getHelp() {
      return this.help;
   }

   abstract void sendMessage(String help);

   public void setPolicemen() {
      this.pols = new ArrayList();
   }

   public void register(Policeman pol) {
      this.pols.add(pol);
   }

   public void unRegister(Policeman pol) {
      this.pols.remove(pol);
   }
}
```

Observer

```
public interface Policeman {

   void action(Citizen ci);
}
```

ConcreteSubject

```
public class HuangPuCitizen extends Citizen {

    public HuangPuCitizen(Policeman pol) {
        setPolicemen();
        Register(pol);
    }

    public void sendMessage(String help) {
        setHelp(help);
        for(int i = 0; i < pols.size(); i++) {
            Policeman pol = pols.get(i);
            //通知警察行动
            pol.action(this);
        }
    }
}

public class TianHeCitizen extends Citizen {

    public TianHeCitizen(Policeman pol) {
        setPolicemen();
        register(pol);
    }

    public void sendMessage(String help) {
        setHelp(help);
        for (int i = 0; i < pols.size(); i++) {
            Policeman pol = pols.get(i);
            //通知警察行动
            pol.action(this);
        }
    }
}
```

ConcreteObserver

```
public class HuangPuPoliceman implements Policeman {

    public void action(Citizen ci) {
        String help = ci.getHelp();
        if (help.equals("normal")) {
            System.out.println("一切正常, 不用出动");
        }
        if (help.equals("unnormal")) {
            System.out.println("有犯罪行为, 黄埔警察出动!");
        }
    }
}

public class TianHePoliceman implements Policeman {

    public void action(Citizen ci) {
        String help = ci.getHelp();
```

```
        if (help.equals("normal")) {
            System.out.println("一切正常, 不用出动");
      }
        if (help.equals("unnormal")) {
            System.out.println("有犯罪行为, 天河警察出动!");
        }
    }
}
```

Test

```
public class Test{

    public static void main(String[] args) {
        Policeman thPol = new TianHePoliceman();
        Policeman hpPol = new HuangPuPoliceman();

        Citizen citizen = new HuangPuCitizen(hpPol);
        citizen.sendMessage("unnormal");
        citizen.sendMessage("normal");
        System.out.println("===========");
        citizen = new TianHeCitizen(thPol);
        citizen.sendMessage("normal");
        citizen.sendMessage("unnormal");
    }
}
```

result

```
有犯罪行为, 黄埔警察出动!
一切正常, 不用出动
===========
一切正常, 不用出动
有犯罪行为, 天河警察出动!
```

7. 应用举例

具体主题在使用主题规定的方法通知具体接收者更新数据时会出现下列两种极端方式。

1) 推数据方式

推数据方式是指具体主题将变化后的数据全部交给具体观察者，即将变化后的数据传递给具体观察者用作更新数据方法的参数。当具体主题认为具体观察者需要这些变换后的全部数据时往往采用推数据方式。

2) 拉数据方式

拉数据方式是指具体主题不将变化后的数据交给具体观察者，而是提供获得这些数据的方法，具体观察者在得到通知后，可以调用具体主题提供的方法得到数据(观察者自己把数据拉过来)，但需要自己判断数据是否发生了变化。当具体主题不知道具体观察者是否需要这些变换后的数据时往往采用拉数据的方式。在前面的警察监视各区治安情况的例子中，采用的就是推数据方式。下面的简单问题中具体主题采用拉数据方式。

3) 拉数据的简单例子

一家商店每天都在发布当天打折商品的名称、原价和折扣后的价格，有两位顾客对此很感兴趣，但是一位顾客只关心打折商品的名称，并不关心原价和折扣后的价格，而另一位顾客只关心商品的原价和折扣后的价格，并不关心商品的名称。

对于上面的问题，两位顾客都是具体观察者，而商品是他们所依赖的一个具体主题。按照观察者模式的结构，我们给出的设计如下。

(1) 主题。

本问题中，主题接口 Subject 规定了具体主题需要实现的添加、删除观察者以及通知观察者更新数据的方法。主题接口 Subject 的代码如下：

Subject.java

```
public interface Subject{
  public void addObserver(Observer o);
  public void deleteObserver(Observer o);
  public void notifyObservers();
}
```

(2) 观察者。

对于本问题，观察者接口规定的方法是 update()。观察者接口 Observer 的代码如下：

Observer.java

```
public interface Observer{
  public void hearTelephone(String heardMess);
}
```

(3) 具体主题。

本问题中，商店是一个具体主题。商店不清楚它的观察者是否对打折商品的全部信息都感兴趣，所以采用拉数据的方式通知顾客。商店用 string 字符串表示商品名称，用两个 double 型数据分别表示商品的原价和打折后的价格，商店提供获得商品名称、商品原价和折扣后价格的方法。本问题中，创建具体主题的类是 ShopSubject，其代码如下：

ShopSubject.java

```
import java.util.ArrayList;
public class ShopSubject implements Subject{
  String goodsName;
  double oldPrice,newPrice;
  ArrayList<Observer> customerList;
  ShopSubject(){
    customerList=new ArrayList<Observer>();
  }
  public void addObserver(Observer o){
    if(!(customerList.contains(o)))
      customerList.add(o);
  }
  public void deleteObserver(Observer o){
    if(customerList.contains(o))
      customerList.remove(o);
  }
  public void notifyObservers(){
    for(int i=0;i<customerList.size();i++){
        Observer observer=customerList.get(i);
```

```
            observer.update();          //仅仅让观察者执行更新操作,但不提供数据
        }
    }
    public void setDiscountGoods(String name,double oldP,double newP){
    //设置打折商品
        goodsName=name;
        oldPrice=oldP;
        newPrice=newP;
        notifyObservers();          //通知所有的观察者
    }
    public String getGoodsName(){   //提供获得商品名字的方法
        return goodsName;
    }
    public double getOldPrice(){    //提供获得商品原价的方法
        return oldPrice;
    }
    public double getNewPrice(){  //提供获得商品折扣后的价格的方法
        return newPrice;
    }
}
```

(4) 具体观察者。

本问题中，顾客是具体观察者，创建具体观察者的类分别是 CustomerOne 和 CustomerTwo。CustomerOne 创建的观察者(顾客)只关心打折商品的名称；CustomerTwo 创建的观察者(顾客)只关心打折商品的原价和打折后的价格。CustomerOne 和 CustomerTwo 类的代码如下：

CustomerOne.java

```
import java.io.*;
public class CustomerOne implements Observer{
    Subject subject;
    String goodsName,personName;
    CustomerOne(Subject subject,String personName){
        this.subject=subject;
        this.personName=personName;
        subject.addObserver(this);
    }
    public void update(){
        if(subject instanceof ShopSubject){
            goodsName=((ShopSubject)subject).getGoodsName();
            //调用具体主题提供的方法
            System.out.println(personName+"只对打折商品的名字感兴趣:");
            System.out.println("打折的商品是:"+goodsName);
        }
    }
}
```

CustomerTwo.java

```
import java.io.*;
public class CustomerTwo implements Observer{
    Subject subject;
```

```
    double oldPrice,newPrice;
    String personName;
    CustomerTwo(Subject subject,String personName){
       this.subject=subject;
       this.personName=personName;
       subject.addObserver(this);
    }
    public void update(){
       if(subject instanceof ShopSubject){
         oldPrice=((ShopSubject)subject).getOldPrice();
         //调用具体主题提供的 getOldPrice()方法
         newPrice=((ShopSubject)subject).getNewPrice();
         //调用具体主题提供的 getNewPrice()方法
         System.out.println(personName+"只对商品的原价和折扣后的价格感兴趣:");
         System.out.println("原价是:"+oldPrice);
         System.out.println("现价是:"+newPrice);
       }
    }
}
```

(5) 应用程序。

下列应用程序中，Application.java 使用了观察者模式中所涉及的类，Application.java 演示了两个顾客在得到商店的打折通知后，各自输出了自己感兴趣的数据，运行效果如图 3-25 所示。

```
张大三只对打折商品的名字感兴趣
打折商品是：Photo 数码相机
李红花只对商品的原价和折扣后的价格感兴趣
原价是：2345.9
现价是：2008.8
张大三只对打折商品的名字感兴趣
打折的商品是：HKO 手机
李红花只对商品的原价和折扣后的价格感兴趣
原价是：1236.0
现价是：998.0
```

图 3-25　客户程序的运行结果

Application.java

```
public class Application{
 public static void main(String args[]){
    ShopSubject shop=new ShopSubject();
    CustomerOne boy=new CustomerOne(shop,"张大三");
    CustomerTwo girl=new CustomerTwo(shop,"李红花");
    shop.setDiscountGoods("Photo 数码相机",2345.9,2008.8);
    shop.setDiscountGoods("HKO 手机",1236,998);
 }
}
```

4) 观察者与多主题

一个具体观察者可以依赖于多个具体主题，当所依赖的任何具体主题的数据发生变化时，该观察者都能得到通知。多主题所涉及的主要问题是观察者如何处理主题中变化后的数据，因为，不同的具体主题所含的数据结构可能有很大不同。

在处理多主题时，主题应当采用拉数据方式，观察者接口可以将更新数据方法的参数类型设置为主题接口类型，比如 update(Subject subject)，即具体主题数据发生变化时将自己的引用传递给具体观察者，然后具体观察者让这个具体主题调用有关的方法返回该具体主题中的数据。

以下通过一个简单的问题说明多主题的设计。这个简单的问题是：李先生希望及时知道气象站所维护的每日的天气数据，比如最高气温和最低气温等，同时希望及时知道旅行社每日的旅行信息。案例中，李先生就是一个具体观察者，而气象站和旅行社是他依赖的两个具体主题，根据观察者模式的结构，给出的设计如下。

(1) 主题。

本问题中，主题接口 Subject 规定了具体主题需要实现的添加、删除观察者以及通知观察者更新数据的方法。Subject 接口的代码如下：

Subject.java

```
public interface Subject{
   public void addObserver(Observer o);
   public void deleteObserver(Observer o);
   public void notifyObservers();
}
```

(2) 观察者。

观察者是一个接口，该接口规定了具体观察者用来更新数据的方法。对于本问题，观察者接口规定的方法是 update(Subject subject)。

Observer.java

```
public interface Observer{
   public void update();
}
```

(3) 具体主题。

在本问题中，气象站和旅行社是两个具体主题。创建气象站主题和旅行社主题的类分别是 WeatherStation 和 TravelAgency。WeatherStation 类使用一个 String 型数据表示天气状况，比如“多云”“阴有小雨”等；使用一个 String 型数据表示所预报的日期；使用两个 int 型数据分别表示最高气温和最低气温。TravelAgency 类使用一个 String 型数据表示旅游信息状况，比如“黄山 2 日游”“漓江 1 日游”等；使用一个 String 型数据表示旅游的开始时间。WeatherStation 和 TravelAgency 类的代码结构如下：

```
Public class WeatherStation implements Subject{
   WeatherStation(){
   ArrayList<Observer> personList=new ArrayList<Observer>();
}
   Public void addobserver(Observer o){}
   Public void deleteobserver(Observer o){}
```

```
    //气象信息成员函数
}
Public class TravelAgency implements Subject{
    TravelAgency(){
    ArrayList<Observer> personList=new ArrayList<Observer>();
}
    Public void addobserver(Observer o){}
    Public void deleteobserver(Observer o){}
    //旅行信息函数
}
```

(4) 具体观察者。

本问题中，创建具体观察者的是 Person 类，李先生是一个具体观察者，即李先生是 Person 类的实例。Person 类创建的观察者可以依赖于两个具体主题：WeatherStation 和 TravelAgency。

3.3.8 状态模式

1. 动机

定义对象间一种一对多的依赖关系，当一个对象的状态发生改变时，所有依赖于它的对象都得到通知并被自动更新。其对象的状态依赖于它的变量的取值情况，对象在不同的运行环境中，可能具有不同的状态。在许多情况下，对象调用方法所产生的行为效果依赖于它当时的状态。比如，一个温度计是下列 Thermometer 类的实例，温度计在调用 showMessage()方法显示有关信息时，需要根据当前自己 temperature 变量的值来显示有关信息，即根据自己的状态决定 showMessage()方法所体现的具体行为，这就要求 showMessage()方法中要有许多条件分支语句，例如：

```
public void showMessage (){
if(temperature<=-20){
System.out.pringln("现在是低温度+temperature");
}
If(temperature>=30){
System.out.pringiln("现在是高温度"+temperature);
```

我们注意到 showMessage()的行为依赖于 temperature 的大小，这就使 Thermometer 类的实例在应对需求变化时缺乏弹性，不能很好地满足用户需求。然而，有些用户可能需要温度计当其 temperature 的值大于 60 时显示某些重要的信息；有些用户需要温度计当其 temperature 的值在 18 至 25 之间时显示某些重要的信息；甚至有些用户要求温度计只有当其 temperature 的值大于 39(而不是大于 30)时显示“现在是高温度”。这必须修改上面的代码才可以满足用户需求，这显然不是人们喜欢做的。

现在我们要重新考虑 Thermometer 类的设计，发现 Thermometer 类中因用户需求变化而需要改变的代码都和对象的状态，即 temperature 的值有关，因此，按着面向抽象、不面向实现的设计原则，应当将对象的状态从当前对象中分离出去，即将一个对象的状态封装在另外一个类中。现在，设计另一个抽象类 TemperatureState，该类规定了显示和温度有关的信息的方法 showTemperature()。TemperatureState 类的类图如图 3-26 所示。

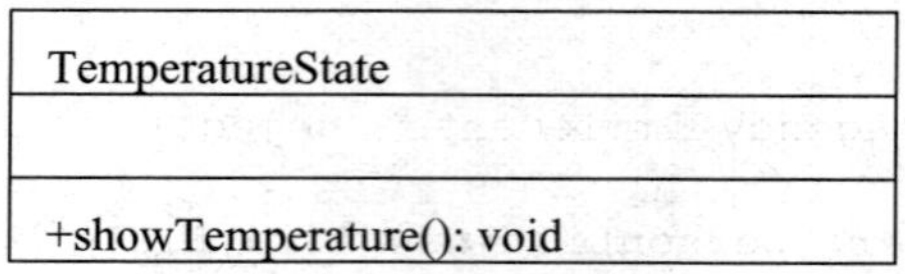

图 3-26　TemperatureState 的类图

现在，面向 TemperatureState 类来重新设计 Thermometer 类，即让 Thermometer 类包含 TemperatureState 类声明的若干个变量(不再是 double 声明的变量)，表明 Thermometer 类的实例：温度计可以将任何 TemperatureState 类子类的实例作为自己的状态，而且 Thermometer 类的实例(温度计)可以把和状态相关的请求委派给所维护的状态对象，类图如图 3-27 所示。

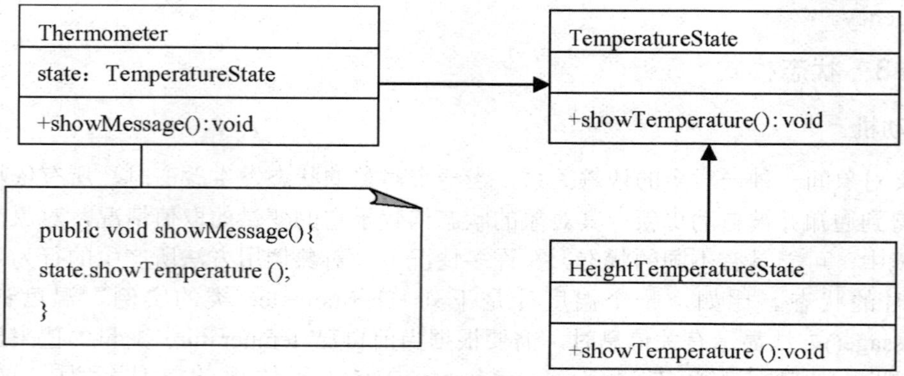

图 3-27　封装对象的状态

从图 3-27 中分析得知，温度计将 state 属性即状态设置为 HeightTemperatureState 的实例后，如果 HeightTemperatureState 的实例 showTemperature()方法显示的信息是温度 39℃，属于高温，注意防暑，那么温度计调用 showMessage()方法显示的信息也是温度 39℃，属于高温，注意防暑。这样一来，可以根据用户的需求动态增加 TemperatureState 的子类，却不必修改 Thermometer 类的代码，使得 Thermometer 的实例在满足用户需求上具有更好的弹性。

状态模式的关键是将对象的状态封装成为独立的类，对象调用方法时，可以委托当前对象所具有的状态调用相应的方法，使当前对象看起来好像修改了它的类。

2. 概念

状态模式(别名：状态对象)

允许一个对象在其内部状态改变时改变它的行为，对象看起来似乎修改了它的类。

3. 适用性

状态模式适合使用的情境如下。

(1) 一个对象的行为取决于它的状态，并且它必须在运行时刻根据状态改变它的行为时。

(2) 一个操作中含有庞大的多分支的条件语句，且这些分支依赖于该对象的状态时。

(3) 状态通常用一个或多个枚举常量表示时。

(4) 通常有多个操作包含相同的条件结构时。

(5) State 模式将每一个条件分支放入一个独立的类中时。

使用状态模式可以根据对象自身的情况将对象的状态作为一个对象，这一对象可以不依赖于其他对象而独立变化。

4. 参与者

1) Context(上下文)

定义客户感兴趣的接口。

维护一个 ConcreteState 子类的实例，这个实例定义当前状态。

2) State(状态)

定义一个接口以封装与 Context 的一个特定状态相关的行为。

3) ConcreteStateSubClasses(具体状态)

每一个具体状态实现一个与 Context 有关的行为。

5. 案例描述

第一个案例使用状态模式模拟天气晴朗、下雨等状态；第二个案例使用状态切换模拟手枪发射子弹的不同状态；第三个案例使用状态共享模拟列车车厢的移动、停止等不同状态。从而给出状态模式的实现结构。

6. 案例实现

1) 简单的状态模拟

Context

```
public class Context {

    private Weather weather;

    public void setWeather(Weather weather) {
        this.weather = weather;
    }

    public Weather getWeather() {
        return this.weather;
    }

    public String weatherMessage() {
        return weather.getWeather();
    }
}
```

State

```
public interface Weather {

    String getWeather();
}
ConcreteStateSubClasses
```

```
public class Rain implements Weather {

    public String getWeather() {
        return "下雨";
    }
}
public class Sunshine implements Weather {

    public String getWeather() {
        return "阳光";
    }
}
```

Test

```
public class Test{

    public static void main(String[] args) {
        Context ctx1 = new Context();
        ctx1.setWeather(new Sunshine());
        System.out.println(ctx1.weatherMessage());

        System.out.println("===============");

        Context ctx2 = new Context();
        ctx2.setWeather(new Rain());
        System.out.println(ctx2.weatherMessage());
    }
}
```

result

```
阳光
===============
下雨
```

2) 状态切换

环境(Context)实例在某种状态下执行一个方法后，可能会导致该实例的状态发生变化。程序通过使用状态模式可方便地将环境(Context)实例从一个状态切换为另一个状态。当一个环境(Context)实例有确定的若干个状态时，可以由环境(Context)实例本身负责状态的切换，该环境(Context)实例可以含有所有状态的引用，并提供设置改变状态的方法，比如 setState(State state)方法。

以下通过一个简单的问题来说明状态切换。

一个弹夹大小为 3 颗子弹的手枪通过更换弹夹重新获取子弹。使用弹夹大小为 3 颗子弹的手枪共有 4 种状态：有 3 颗子弹、有 2 颗子弹、有 1 颗子弹、没有子弹。手枪只有在有子弹的状态下才能调用 fire()方法进行射击，而只有在没有子弹的状态下可以调用 LoadBullet()方法装载新弹夹获得子弹。需要注意的是，手枪调用 fire()方法和 LoadBullet()方法都会导致手枪的状态发生变换，如图 3-28 所示。

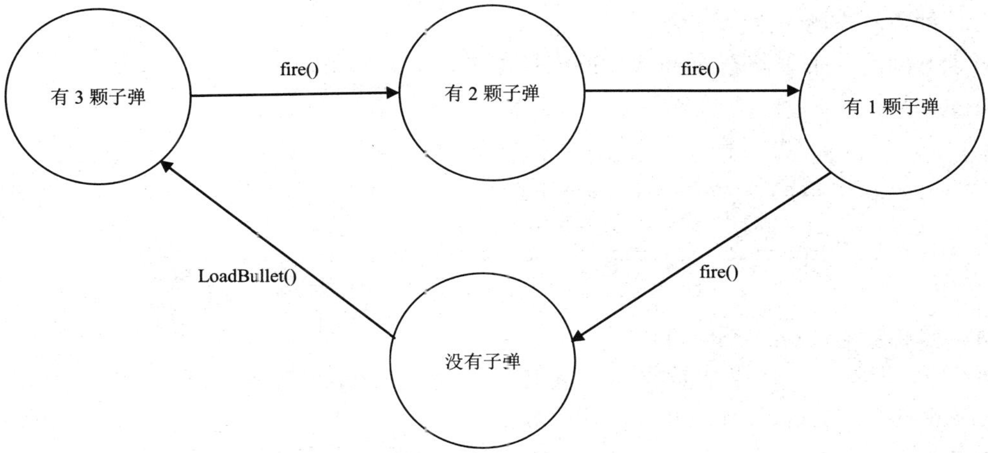

图 3-28　对象的状态切换

(1)　环境(Context)。

本问题中，环境角色是 Gun 类，代码如下：

Gun.java

```
public  class  Gun{
      State  stateThree,stateTwo,stateOne,stateNull;
      State  state;
      Gun(){
             stateThree=new BulletStateThree(this);
             stateTwo=new BulletStateTwo(this);
             stateOne=new BulletStateOne(this);
             stateNull=new BulletStateNull(this);
             state=stateThree;                    //手枪的默认状态是有 3 颗子弹
      }
      public  void  fire(){
           state.fire();
     }
     public void loadBullet(){
           state.loadBullet();
     }
     public void setState(State state){
          this.state=state;
     }
     public  State getBulletStateThree(){
          return stateThree;
     }
     public  State getBulletStateTwo(){
          return stateTwo;
     }
     public  State getBulletStateOne(){
          return stateOne;
     }
     public  State getBulletStateNull(){
          return stateNull;
     }
}
```

(2) 抽象状态(State)。

对于本问题，抽象状态(State)是 State 抽象类，代码如下：

State.java

```
public abstract class  State{
      public abstract void fire();
      public abstract void loadBullet();
      public abstract String showStateMess();
}
```

(3) 具体状态(ContextState)。

对于本问题，共有四个具体状态角色，分别是 BulletStateThree、BulletStateTwo、BulletStateOne 和 BulletStateNull 类，代码如下：

BulletStateThree.java

```
public  class  BulletStateThree extends State{
       Gun gun;
       BulletStateThree(Gun gun){
            this.gun=gun;
       }
       public  void fire(){
            System.out.print("射出一颗子弹");
            gun.setState(gun.getBulletStateTwo());
            System.out.println("(进入"+gun.getBulletStateTwo().showStateMess()+")") ;
      }
      public  void loadBullet(){
            System.out.println("无法装弹");
      }
      public String showStateMess(){
           return "3 颗子弹状态";
      }
}
```

BulletStateTwo.java

```
public  class  BulletStateTwo extends State{
       Gun gun;
       BulletStateTwo(Gun gun){
            this.gun=gun;
       }
       public  void fire(){
            System.out.print("射出一颗子弹");
            gun.setState(gun.getBulletStateOne());
            System.out.println("(进入"+gun.getBulletStateOne().showStateMess()+")");
      }
      public  void loadBullet(){
            System.out.println("无法装弹");
      }
      public String showStateMess(){
```

```
            return "2 颗子弹状态";
        }
}
```

BulletStateOne.java

```
public  class  BulletStateOne extends State{
       Gun gun;
       BulletStateOne(Gun gun){
            this.gun=gun;
       }
       public  void fire(){
            System.out.print("射出最后一颗子弹");
            gun.setState(gun.getBulletStateNull());
            System.out.println("(进入"+gun.getBulletStateNull().showStateMess()+")");
      }
      public  void loadBullet(){
            System.out.println("无法装弹");
      }
      public String showStateMess(){
           return "1 颗子弹状态";
      }
}
```

BulletStateNull.java

```
public  class  BulletStateNull extends State{
       Gun gun;
       BulletStateNull(Gun gun){
            this.gun=gun;
       }
       public  void fire(){
            System.out.print("不能射出子弹");
            System.out.println("(目前是"+showStateMess()+")")  ;
      }
      public  void loadBullet(){
          System.out.print("装弹");
          gun.setState(gun.getBulletStateThree());
          System.out.println("(进入"+gun.getBulletStateThree().showStateMess()+")");
      }
      public String showStateMess(){
           return "无子弹状态";
      }
}
```

(4)　应用程序。

下列应用程序中，Application.java 使用了状态模式中所涉及的类，演示了手枪在射击过程中的状态变化，运行效果如图 3-29 所示。

Application.java

```
public class Application{
     public static void main(String args[])  {
```

```
            Gun gun=new Gun();
            gun.fire();
            gun.fire();
            gun.fire();
            gun.fire();
            gun.loadBullet();
            gun.fire();
        }
    }
```

```
射出 1 颗子弹(进入 2 颗子弹状态)
射出 1 颗子弹(进入 1 颗子弹状态)
射出最后 1 颗子弹(进入无子弹状态)
不能射出子弹(目前是无子弹状态)
装弹(进入 3 颗子弹状态)
射出 1 颗子弹(进入 2 颗子弹状态)
```

图 3-29　程序运行效果

3)　状态共享

环境(Context)的多个实例可以共享同一个状态，比如我们经常见到的客运列车中的车厢都有两种状态，即运动状态和静止状态，那么一列客运列车的所有车厢就要共享运动状态和静止状态。在状态模式中，要使环境(Context)的多个实例共享一个或多个状态，需要将这些状态声明为环境(Context)的静态成员，另外，一定要保证共享的状态没有自己的实例变量，否则是无法共享的。

以下通过一个简单的问题，说明环境(Context)的多个实例共享一个或多个状态。这个简单的问题是：一列客运列车的卧铺车厢和普通车厢共享运动和静止状态。车厢可以由静止状态切换到运动状态，也可以由运动状态切换到静止状态，那么当卧铺车厢从运动状态切换到静止状态后，普通车厢自然也是静止状态，反之依然。

(1)　环境(Context)。

本问题中，环境角色是 Vehicle 类，代码如下：

Vehicle.java

```
public  class  Vehicle{
      static State  moveState,restState;
      static State  state;
      String name;
      Vehicle(String name){
             this.name=name;
             moveState=new VehicleMoveState();
             restState=new VehicleRestState();
             state=restState;                    //车辆的默认状态是静止状态
      }
      public  void  startUp(){
           state.startUp(this);
      }
      public void stop(){
           state.stop(this);
```

```
    }
    public void setState(State state){
        this.state=state;
    }
    public  State getMoveState(){
        return moveState;
    }
    public  State getRestState(){
        return restState;
    }
    public String getName(){
        return name;
    }
}
```

(2) 抽象状态(State)。

对于本问题，抽象状态(State)是 State 的抽象类，代码如下：

State.java

```
public abstract class  State{
     public abstract void startUp(Vehicle vehicle);
     public abstract void stop(Vehicle vehicle);
}
```

(3) 具体状态(ConcreteState)。

对于本问题，共有两个具体状态角色，分别是 VehicleMoveState 和 VehicleRestState 类，代码如下：

VehicleMoveState. java

```
public  class  VehicleMoveState extends State{
     public  void startUp(Vehicle vehicle){
            System.out.println(vehicle.getName()+"已经在运动状态了");
      }
      public  void stop(Vehicle vehicle){
           System.out.println(vehicle.getName()+"停止运动");
           vehicle.setState(vehicle.getRestState());
      }
}
```

VehicleRestState.java

```
public  class  VehicleRestState extends State{
     public  void startUp(Vehicle vehicle){
           System.out.println(vehicle.getName()+"开始运动");
           vehicle.setState(vehicle.getMoveState());
      }
      public  void stop(Vehicle vehicle){
           System.out.println(vehicle.getName()+"已经是静止状态了");
      }
}
```

(4) 应用程序。

下列应用程序中，Application.java 使用了状态模式中所涉及的类，模拟了卧铺车厢和普通车厢的状态共享，程序运行效果如图 3-30 所示。

```
卧铺车厢开始运动
普通车厢已经在运动状态了
普通车厢停止运动
卧铺车厢已经是静止状态了
```

图 3-30　程序运行效果

Application.java

```
public class Application{
    public static void main(String args[]) {
         Vehicle carOne=new Vehicle("卧铺车厢");
         Vehicle carTwo=new Vehicle("普通车厢");
         carOne.startUp();
         carTwo.startUp();
         carTwo.stop();
         carOne.stop();
    }
}
```

7. 应用举例——模拟咖啡自动售货机

【设计要求】

我们经常见到一些自动售货机，比如咖啡自动售货机。当你把一元硬币投入咖啡自动售货机时，就会得到一杯热咖啡。

咖啡自动售货机一共有三种状态，分别是“有咖啡、无人投币”，“有咖啡、有人投币”和无咖啡状态。咖啡自动售货机还有两个方法：showMessage()和 giveAnCupCoffee()，分别实现显示信息和得到一杯咖啡功能。

咖啡自动售货机的默认初始状态是“有咖啡、无人投币”。当咖啡自动售货机处于“有咖啡、无人投币状态”时，调用 showMessage()方法将显示“请您投入一元硬币”信息；当用户投入一元硬币后，咖啡自动售货机将处于“有咖啡、有人投币状态”，此时，如果调用 giveAnCupCoffee()方法将得到一杯咖啡，然后咖啡自动售货机将处于“有咖啡、无人投币”状态或“无咖啡”状态；当咖啡自动售货机处于“无咖啡”或“有咖啡、无人投币”状态时，调用 giveAnCupCoffee()方法不会得到咖啡。

请使用状态模式模拟咖啡自动售货机。

【设计实现】

1)　环境(Context)

本设计中，环境角色是 AutoCoffeeMachine 类，代码如下：

AutoCoffeeMachine.java

```
import javax.swing.*;
import java.awt.*;
import java.awt.event.*;
public  class  AutoCoffeeMachine extends JFrame {
      State  haveCoffeeNoCoin,haveCoffeeAndCoin,haveNotCoffee;
      State  state;
```

```
JButton putInCoin,getCoffee;
JLabel messShowing;
int coffeeCount;            //记录一共有多少杯咖啡
AutoCoffeeMachine(int coffeeCount){
        this.coffeeCount=coffeeCount;
        haveCoffeeNoCoin=new HaveCoffeeNoCoin(this);
        haveCoffeeAndCoin=new HaveCoffeeAndCoin(this);
        haveNotCoffee=new HaveNotCoffee(this);
        state=haveCoffeeNoCoin;    //咖啡机的默认状态是有咖啡但无人投币
        putInCoin=new JButton("投币");
        getCoffee=new JButton("取咖啡");
        putInCoin.addActionListener(new ActionListener(){
        public void actionPerformed(ActionEvent exp){
              if(state==haveCoffeeNoCoin){
                    state=haveCoffeeAndCoin;
                    messShowing.setText("您投币一元");
                    messShowing.setIcon(new ImageIcon("machine.jpg"));
              }
              else if(state==haveCoffeeAndCoin){
                   messShowing.setText("您已经投币一元，请取咖啡");
                   messShowing.setIcon(new  ImageIcon("machine.jpg"));
              }
              else if(state==haveNotCoffee){
                   messShowing.setText("没有咖啡，无法投币");
                   messShowing.setIcon(new ImageIcon("no.jpg"));
             }}});
        getCoffee=new JButton("取咖啡");
        getCoffee.addActionListener(new ActionListener(){
                  public void actionPerformed(ActionEvent exp){
                           giveAnCupCoffee();
                     }});
        messShowing=new JLabel();
        messShowing.setIcon(new ImageIcon("machine.jpg"));
        messShowing.setFont(new Font("",Font.BOLD,14));
        JPanel pSouth=new JPanel();
        pSouth.add(putInCoin);
        pSouth.add(getCoffee);
        add(messShowing,BorderLayout.CENTER);
        add(pSouth,BorderLayout.SOUTH);
        setVisible(true);
        setDefaultCloseOperation(JFrame.EXIT_ON_CLOSE);
 }
public  void  giveAnCupCoffee(){
     state.giveAnCupCoffee();
}
public void showMessage(){
     state.showMessage();
}
public void setState(State state){
    this.state=state;
}
public  State getHaveCoffeeNoCoin(){
    return haveCoffeeNoCoin;
}
public  State getHaveCoffeeAndCoin(){
```

```
            return haveCoffeeAndCoin;
        }
        public  State getHaveNotCoffee(){
            return haveNotCoffee;
        }
        public int getCoffeeCount(){
           return coffeeCount;
        }
        public void setCoffeeCount(int n){
           coffeeCount=n;
       }
}
```

2) 抽象状态(State)

对于本问题，抽象状态(State)是 State 抽象类，代码如下：

State.java

```
public abstract class  State{
      public abstract void giveAnCupCoffee();
      public abstract void showMessage();
}
```

3) 具体状态(Concrete State)

对于本问题，三个具体状态对应的类分别是 HaveCoffeeNoCoin、HaveCoffeeAndCoin 和 HaveNotCoffee 类，代码如下：

HaveCoffeeNoCoin.java

```
import javax.swing.*;
public  class  HaveCoffeeNoCoin extends State{
      AutoCoffeeMachine  machine;
      HaveCoffeeNoCoin(AutoCoffeeMachine  machine){
             this.machine=machine;
      }
      public  void  giveAnCupCoffee(){
            machine.messShowing.setIcon(new ImageIcon("machine.jpg"));
            showMessage();
      }
       public  void showMessage(){
           machine.messShowing.setText("请投入一枚一元硬币");
      }
}
```

HaveCoffeeAndCoin.java

```
import javax.swing.*;
public  class  HaveCoffeeAndCoin extends State{
      AutoCoffeeMachine  machine;
     HaveCoffeeAndCoin(AutoCoffeeMachine  machine){
             this.machine=machine;
      }
      public  void  giveAnCupCoffee(){
             int count=machine.getCoffeeCount();
             if(count==0){
```

```
                machine.setState(machine.getHaveNotCoffee());
                machine.messShowing.setText("没有咖啡了");
                machine.messShowing.setIcon(new ImageIcon("no.jpg"));
            }
            else if(count==1){
                machine.messShowing.setIcon(new ImageIcon("coffee.jpg"));
                machine.setCoffeeCount(count-1);
                showMessage();
                machine.setState(machine.getHaveNotCoffee());
            }
            else{
                machine.messShowing.setIcon(new ImageIcon("coffee.jpg"));
                machine.setCoffeeCount(count-1);
                showMessage();
                machine.setState(machine.getHaveCoffeeNoCoin());
            }
        }
        public  void showMessage(){
            machine.messShowing.setText("您得到一杯咖啡");
        }
}
```

HaveNotCoffee.java

```
import javax.swing.*;
public  class  HaveNotCoffee extends State{
     AutoCoffeeMachine  machine;
     HaveNotCoffee(AutoCoffeeMachine  machine){
          this.machine=machine;
     }
     public  void  giveAnCupCaffee(){
          machine.messShowing.setIcon(new ImageIcon("no.jpg"));
          machine.putInCoin.setEnabled(false);
          machine.getCoffee.setEnabled(false);
          showMessage();
     }
     public  void showMessage(){
          machine.messShowing.setText("目前机器中没有咖啡");
     }
}
```

4)　应用程序

下列应用程序中，Application.java 使用了状态模式中所涉及的类，用户可以通过单击投币按钮向咖啡机投币一元，然后单击取咖啡得到一杯咖啡。

Application.java

```
public class Application{
    public static void main(String args[]) {
        AutoCoffeeMachine  autoCoffeeMachine=new AutoCoffeeMachine(3);
        autoCoffeeMachine.setBounds(12,12,200,200);
    }
}
```

3.3.9　策略模式

1. 动机

定义一系列的算法，把它们一个个封装起来，并且使它们可相互替换。本模式使得算法可独立于使用它的客户而变化。策略模式是处理算法的不同变体的一种成熟模式，策略模式通过接口或抽象类封装算法的标识，即在接口中定义一个抽象方法，实现该接口的类将实现接口中的抽象方法。

在策略模式中，封装算法标识的接口称作策略，实现该接口的类称作具体策略。

2. 概念

策略模式(别名：政策)

定义一系列算法，把它们一个个封装起来，并且使它们可以相互替换。本模式使得算法可独立于使用它的客户而变化。

3. 适用性

策略模式适合使用的情境如下。

(1)　许多相关的类仅仅是行为有异时。

“策略”提供了一种用多个行为中的一个行为来配置一个类的方法。

(2)　程序需要使用一个算法的不同变体时。

(3)　算法使用客户不应该知道的数据时。

可使用策略模式以避免暴露复杂的、与算法相关的数据结构。

(4)　一个类定义了多种行为，并且这些行为在这个类的操作中以多个条件语句的形式出现时。将相关的条件分支移入它们各自表示策略的类中以代替这些条件语句。

4. 参与者

1)　Strategy(策略)

定义所有支持的算法的公共接口。Context 使用这个接口来调用某个 ConcreteStrategy 定义的算法。

2)　ConcreteStrategy(具体策略)

以 Strategy 接口实现某具体算法。

3)　Context(上下文)

用一个 ConcreteStrategy 对象来配置。

维护一个对 Strategy 对象的引用。

可定义一个接口来让 Strategy 访问它的数据。

5. 案例描述

该案例给出了具有三种具体策略的策略模式的实现结构。

6. 案例实现

Strategy

```
public abstract class Strategy {

    public abstract void methcd();
}
```

ConcreteStrategy

```
public class strategyImplA extends Strategy {

    public void method() {
        System.out.println("这是第一个实现");
    }
}

public class StrategyImplB extends Strategy {

    public void method() {
        System.out.println("这是第二个实现");
    }
}

public class StrategyImplC extends Strategy {

    public void method() {
        System.out.println("这是第三个实现");
    }
}
```

Context

```
public class Context {

    Strategy stra;

    public Context(Strategy stra) {
        this.stra = stra;
    }

    public void doMethod() {
        stra.method();
    }
}
```

Test

```
public class Test {

    public static void main(String[] args) {
        Context ctx = new Context(new StrategyImplA());
        ctx.doMethod();

        ctx = new Context(new strategyImplB());
```

```
        ctx.doMethod();

        ctx = new Context(new StrategyImplC());
        ctx.doMethod();
    }
}
```

result

这是第一个实现
这是第二个实现
这是第三个实现

7. 应用举例——文件加解密

【设计要求】

对文件进行两种不同策略的文件加解密。

【设计实现】

```
import java.io.*;
public interface EncryptStrategy{
    public abstract void encryptFile(File file);
    public abstract String decryptFile(File file);
}
import java.io.*;
public class StrategyOne implements EncryptStrategy{
    String password;
    StrategyOne(){
      this.password="I loev This Game";
    }
    StrategyOne(String password){
      if(password.length()==0)
         this.password="I loev This Game";
      this.password=password;
    }
    public void encryptFile(File file){
      try{
          byte [] a=password.getBytes();
          FileInputStream in=new FileInputStream(file);
          long length=file.length();
          byte [] c=new byte[(int)length];
          int m=in.read(c);
          for(int k=0;k<m;k++){
              int n=c[k]+a[k%a.length];      //加密运算
              c[k]=(byte)n;
          }
          in.close();
          FileOutputStream out=new FileOutputStream(file);
          out.write(c,0,m);
          out.close();
      }
      catch(IOException exp){}
    }
    public String decryptFile(File file){
      try{
          byte [] a=password.getBytes();
```

```
            long length=file.length();
            FileInputStream in=new FileInputStream(file);
            byte [] c=new byte[(int)length];
            int m=in.read(c);
            for(int k=0;k<m;k++){
               int n=c[k]-a[k%a.length];
               c[k]=(byte)n;                  //解密运算
            }
            in.close();
            return new String(c,0,m);
        }
        catch(IOException exp){
            return exp.toString();
        }
    }
}
import java.io.*;
public class StrategyTwo implements EncryptStrategy{
    String password;
    StrategyTwo(){
      this.password="I love This Game";
    }
    StrategyTwo(String password){
      if(password.length()==0)
         this.password="I love This Game";
      this.password=password;
    }
    public void encryptFile(File file){
      try{
           byte [] a=password.getBytes();
           FileInputStream in=new FileInputStream(file);
           long length=file.length();
           byte [] c=new byte[(int)length];
           int m=in.read(c);
           for(int k=0;k<m;k++){
               int n=c[k]^a[k%a.length];       //加密运算
               c[k]=(byte)n;
           }
           in.close();
           FileOutputStream out=new FileOutputStream(file);
           out.write(c,0,m);
           out.close();
      }
      catch(IOException exp){}
    }
    public String decryptFile(File file){
      try{
           byte [] a=password.getBytes();
           long length=file.length();
           FileInputStream in=new FileInputStream(file);
           byte [] c=new byte[(int)length];
           int m=in.read(c);
           for(int k=0;k<m;k++){
              int n=c[k]^a[k%a.length];
              c[k]=(byte)n;                    //解密运算
           }
           in.close();
           return new String(c,0,m);
```

```
        }
        catch(IOException exp){
            return exp.toString();
        }
    }
}
import java.io.File;
public class EncodeContext{
    EncryptStrategy strategy;
    public void setStrategy(EncryptStrategy strategy){
        this.strategy=strategy;
    }
    public void encryptFile(File file){
        strategy.encryptFile(file);
    }
    public String decryptFile(File file){
        return strategy.decryptFile(file);
    }
}
import java.io.*;
public class Application{
  public static void main(String args[]){
    File fileOne=new File("A.txt");
    File fileTwo=new File("B.txt");
    String s="";
    EncodeContext encode=new EncodeContext();          //上下文对象
    encode.setStrategy(new StrategyOne("你好 hello")); //上下文对象使用策略一
    encode.encryptFile(fileOne);
    System.out.println(fileOne.getName()+"加密后的内容:");
    try{  FileReader inOne=new FileReader(fileOne);
          BufferedReader inTwo= new BufferedReader(inOne);
          while((s=inTwo.readLine())!=null){
            System.out.println(s);
          }
          inOne.close();
          inTwo.close();
    }
    catch(IOException exp){}
    String str=encode.decryptFile(fileOne);
    System.out.println(fileOne.getName()+"解密后的内容:");
    System.out.println(str);
    encode.setStrategy(new StrategyTwo("篮球 game"));  //上下文对象使用策略二
    encode.encryptFile(fileTwo);
    System.out.println("\n"+fileTwo.getName()+"加密后的内容:");
    try{  FileReader inOne=new FileReader(fileTwo);
          BufferedReader inTwo= new BufferedReader(inOne);
          while((s=inTwo.readLine())!=null){
            System.out.println(s);
          }
          inOne.close();
          inTwo.close();
    }
    catch(IOException exp){}
    str=encode.decryptFile(fileTwo);
    System.out.println(fileTwo.getName()+"解密后的内容:");
    System.out.println(str);
  }
}
```

注意：程序中涉及的 A.txt、B.txt、C.txt 等硬盘文件事先需准备好。

3.3.10　模板方法

1. 动机

定义一个操作中的算法的骨架，并将一些算法操作步骤延迟到子类中。模板方法使得子类可以不改变一个算法的结构即可重定义该算法的某些特定步骤。类中的方法用以表明该类的实例所具有的行为，一个类可以有多种方法，而且类中的实例方法也可以调用该类的其他若干个方法。在编写类的时候，可能需要将类的许多方法集成到一个实例方法中，即用一个实例方法封装若干个方法的调用，以此表示一个算法的骨架，即调用该实例方法相当于按着一定顺序执行若干个方法。

比如，各类客运车站在安排乘客上车时都进行安全检查、验证车票、选择车体类型三个步骤，我们假设一个抽象类 Station 中包含 safetyExamine()、validateTicket()和 choiceCarriageType()三个函数，分别表示乘车步骤的抽象方法，而且该抽象类特别包含有 ridingStep()方法，该方法顺序地调用 safetyExamine()、validateTicket()和 choiceCarriageType 方法，也就是说抽象类 Station 使用 ridingStep()方法封装了乘车步骤。ridingStep()方法所调用的 safetyExamine()、validateTicket()和 choiceCarriageType 方法都是抽象方法，因此 Station 的子类可以直接继承 ridingStep()方法，即子类必须给出步骤的细节，比如 Station 的子类：RailwayStation(火车站)在实现 safetyExamine()、validateTicket()和 choiceCarriageType 方法时，分别给出了自己的安全检查方式、检票方式和所选车体类型。当 Station 类声明的变量存放于它的子类 RailwayStation 实例的引用后，该变量就可以调用 ridingStep()方法展示乘客的乘车步骤。

模板方法是关于怎样将若干个方法集成到一个方法中，以便形成一个解决问题的算法骨架的模式。模板方法模式的关键是在一个抽象类中定义一个算法的骨架，即将若干个方法集成到一个方法中，并称该方法为一个模板方法，或简称为模板。模板方法所调用的其他方法通常为抽象方法，这些抽象方法相当于算法骨架中的各个步骤，这些步骤的实现可以由子类去完成。上述 Station 类中的 ridingStep()方法就是一个模板方法。

2. 概念

定义一个操作中算法的骨架，而将一些步骤延迟到子类中。模板方法使子类可以不改变一个算法的结构即可重定义该算法的某些特定步骤。

3. 适用性

模板方法模式适合使用的情境如下。

(1)　一次性实现一个算法的不变部分，并将可变的行为留给子类来实现时。

(2)　各子类中公共的行为应被提取出来并集中到一个公共父类中以避免代码重复时。

(3)　父类控制子类扩展时。

4. 参与者

1)　AbstractClass(抽象类)

定义抽象的原语操作，具体的子类将重定义它们以实现一个算法的各步骤。

实现一个模板方法，定义一个算法的骨架，该模板方法不仅调用原语操作，也调用定义在 AbstractClass 或其他对象中的操作。

2) ConcreteClass(具体类)

实现原语操作以完成算法中与特定子类相关的步骤。

5. 案例描述

模板方法使子类可以不改变一个算法的结构即可重定义该算法的某些特定步骤。该案例给出了模板方法模式的程序结构。

6. 案例实现

AbstractClass

```
public abstract class Template {

    public abstract void print();

    public void update() {
        System.out.println("开始打印");
        for (int i = 0; i < 10; i++) {
            print();
        }
    }
}
```

ConcreteClass

```
public class TemplateConcrete extends Template {

    public void print() {
        System.out.println("这是子类的实现");
    }
}
```

Test

```
public class Test {

    public static void main(String[] args) {
        Template temp = new TemplateConcrete();
        temp.update();
    }
}
```

result

```
开始打印
这是子类的实现
这是子类的实现
这是子类的实现
这是子类的实现
这是子类的实现
这是子类的实现
这是子类的实现
这是子类的实现
```

这是子类的实现
这是子类的实现

7. 应用举例——数据库的连接与记录查询

【设计要求】

JDBC(Java Database Connectivity)是 Java 运行平台核心类库中的一部分，提供了访问数据库的 API，它由一些 Java 类和接口组成。在 Java 中可以使用 JDBC 实现对数据库中表记录的查询、修改和删除等操作。JDBC 技术在数据库开发中占有很重要的地位，JDBC 操作不同的数据库仅仅是连接方式上的差异而已，使用 JDBC 的应用程序一旦和数据库建立连接，就可以使用 JDBC 提供的 API 操作数据库。

常用的两种连接方式是建立 JDBC-ODBC 桥接器和加载纯 Java 数据库驱动程序两种，如图 3-31 和图 3-32 所示。两种方式都有各自的优势，应针对实际需求选择一种合理的方式。但是，使用 JDBC 应用程序无论采用哪种方式连接数据库，都不会影响操作数据库的逻辑代码，这有利于代码的维护和升级。

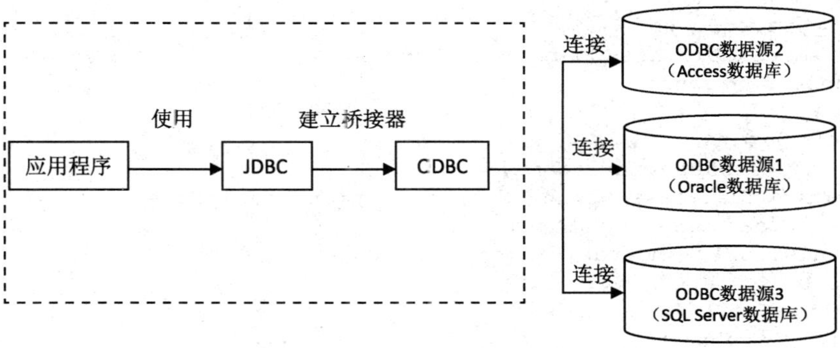

图 3-31　使用 JDBC-ODBC 桥接器方式

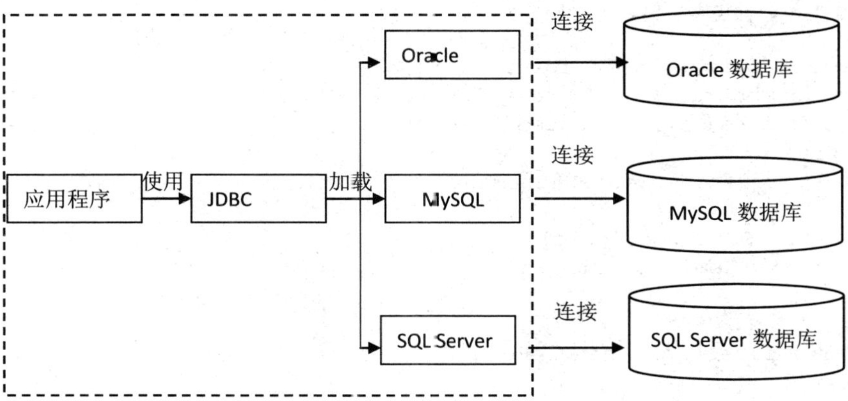

图 3-32　使用纯 Java 数据库驱动程序

我们和数据打交道时，经常有如下顺序的操作。

(1) 加载访问数据库的驱动程序，比如加载 JDBC-ODBC 桥接器或加载纯 Java 数据库驱动程序。

(2) 与一个数据库建立连接。

(3) 向已连接的数据库发送 SQL 语句。

(4) 处理 SQL 查询语句返回的结果。

请使用模板方法模式将关于数据库的上述操作封装在抽象模板的方法中，具体模板可以给出加载访问数据库的驱动程序以及和数据库的连接方法，但具体模板操作数据库的逻辑代码是相同的，比如相同的 SQL 查询语句。

【设计实现】

1) 抽象模板

本问题中，抽象模板(Abstract Template)角色是 OperationDatabase 类，抽象模板中的模板方法是 lookResult()，抽象模板中表示具体步骤的方法是 loadDriver()、createConnection()、createStatement()、handleResult()，其中 loadDriver()和 createConnection()方法是原语操作。OperationDatabase 类的代码如下：

OperationDatabase.java

```
import java.sql.*;
public abstract class OperationDatabase{
   Connection con;
   Statement sql;
   ResultSet rs;
   String dataBase,tableName;
   OperationDatabase(String dataBase,String tableName){
      this.dataBase=dataBase;
      this.tableName=tableName;
   }
   public final void lookResult(){
      loadDriver();
      createConnection();
      createStatement();
      handleResult();
   }
   public abstract void loadDriver();
   public abstract void createConnection();
   public final void createStatement(){
      try{
          sql=con.createStatement();
      }
      catch(SQLException e){
          System.out.println(e);
      }
   }
   public final void handleResult(){
     try {
          DatabaseMetaData metadata=con.getMetaData();
          ResultSet rs1=metadata.getColumns(null,null,tableName,null);
          int 字段个数=0;
          while(rs1.next()){
              字段个数++;
              System.out.printf("%-15s",rs1.getString(4));
          }
```

```
            System.out.println();
            rs=sql.executeQuery("SELECT * FROM "+tableName);
            while(rs.next()){
              for(int k=1;k<=字段个数;k++){
                  System.out.printf("%-15s",rs.getString(k));
              }
              System.out.println();
            }
            con.close();
        }
        catch(SQLException e){
            System.out.println(e);
        }
    }
}
```

2)　具体模板

具体模板 OperationAccessDatabase 将抽象模板中的原语操作 loadDriver()实现为加载 JDBC-ODBC 桥接器，将原语操作 createConnection()实现为和 ODBC 制定的数据源建立连接。在这里，使用 Microsoft Access 数据库管理系统建立了名称为 student.mdb 的数据库，并在该库中创建名称为 chengjibiao 的表。chengjibiao 表的字段(属性)如下：

```
number(文本) name(文本)  math(数字)  english(数字)
```

使用 ODBC 数据源管理器(选择“控制面板”→“管理工具”→“ODBC 数据源”)，将创建的数据库 student.mbd 设置成名字为 moon 的 ODBC 数据源。

具体模板 OperationSQLServerDatabase 将抽象模板中的原语操作 loadDriver()实现为加载纯 Java 的 SQL Server 数据库驱动程序，将原语操作 createConnection()实现为与名称为 teacher 的 SQL Server 数据库建立连接。在这里，使用 SQL Server 数据库管理系统建立了名称为 teacher 的数据库，并在该库中创建名称为 wagesTable 的表。wagesTable 表的字段(属性)如下：

```
序号(int) 姓名(char) 薪水(float)
```

OperationAccessDatabase 和 OperationSQLServerDatabase 类的代码如下：

OperationAccessDatabase.java

```
import java.sql.*;
public class OperationAccessDatabase extends OperationDatabase{
    OperationAccessDatabase(String dataBase,String tableName){
       super(dataBase,tableName);
    }
    public void loadDriver(){
       try {
             Class.forName("sun.jdbc.odbc.JdbcOdbcDriver");
       }
       catch(ClassNotFoundException e){
             System.out.println(""+e);
       }
    }
    public void createConnection(){
```

```
        try{
            String str="jdbc:odbc:"+dataBase;
            String user="";
            String password="";
            con=DriverManager.getConnection(str,user,password);
        }
        catch(SQLException exp){
            System.out.println(""+exp);
        }
    }
}
```

OperationSQLServerDatabase.java

```
import java.sql.*;
public class OperationSQLServerDatabase extends OperationDatabase{
    OperationSQLServerDatabase(String dataBase,String tableName){
        super(dataBase,tableName);
    }
    public void loadDriver(){
        try {
             Class.forName("com.microsoft.sqlserver.jdbc.SQLServerDriver");
        }
        catch(ClassNotFoundException e){
             System.out.println(""+e);
        }
    }
    public void createConnection(){
        try{
            String
uri="jdbc:sqlserver://127.0.0.1:1433;DatabaseName="+dataBase;
            String user="sa";
            String password="sa";
            con=DriverManager.getConnection(uri,user,password);
        }
        catch(SQLException exp){
            System.out.println(""+exp);
        }
    }
}
```

3) 应用程序

下列应用程序中，Application.java 使用了模板方法模式中所涉及的类，运行效果如图 3-33 所示。

Application.java

```
public class Application{
   public static void main(String args[]) {
    OperationDatabase operation1=new
OperationAccessDatabase("moon","chengjibiao");
    OperationDatabase operation2=new
OperationSQLServerDatabase("teacher","wagesTable");
     System.out.println("查询到的记录:");
```

```
        operation1.lookResult();
        System.out.println("查询到的记录:");
        operation2.lookResult();
    }
}
```

```
查询到的记录:
number      name      math      English
2009001     张三      70        93
2009002     钱久      99        70
2009003     周能      77        88
查询到的记录:
序号        姓名      薪水
01          李四好    2567.0
02          赵五强    2897.0
03          孙六壮    3098.0
```

图 3-33　程序运行效果

3.3.11　访问者模式

1. 动机

编写类的时候，可能在该类中编写了若干个实例方法，该类的对象通过调用这些实例方法操作其成员变量表现所产生的行为。在某些设计中，可能需要作用于类成员变量的新操作，而且这个新操作不应当由该类中的某个实例方法来承担。比如，有一个 Ammeter(电表)类，在 Ammeter 类中，electricAmmeter 成员变量的值表示用电量，showElectricAmmeter()方法返回 electricAmmeter 变量的值。现在的问题是：希望根据用电量来计算电费，即根据 electricAmmeter 变量的值来收取电费。显然，不应该在 Ammeter 类中增加计算电费的方法(电表本身不能计算出电费)。在实际生活中，应当由物业部门的“计表员”观察电表的用电量，然后按着有关收费标准计算出电费。访问者模式建议让一个称作访问者的对象访问 Ammeter 对象(电表)，以便定义作用于 Ammeter 对象上的操作。在访问者模式中，“计表员”是 AmmeterVisitor 类的实例，称作 Ammeter 类实例的访问者，AmmeterVisitor 类中有一个计算电费的方法：

```
void visit(Ammeter ammeter);
```

该方法的参数是 Ammeter 类的实例，因此只要将 Ammeter 类的实例(电表)传递给该方法的参数，AmmeterVisitor 类的实例就可如下计算电费(假设 1 度电为 3.89)：

```
Double visit(Ammeter ammeter){
    charge = ammeter.showElectricAmount()*3.89;
    return charge;
  }
```

接着访问者模式，应当在 Ammeter 类中增加一个接受访问者的方法。Ammeter 类中接受访问者的方法可如下定义：

```
void accept(AmmeterVisitor v){
      v.visit(this);            //将自身传递给参数指定的访问者
  }
```

因此，一个 Ammeter 类的实例通过调用 accept()方法，并向该方法传递一个访问者，即 AmmeterVisitor 的实例，然后 Ammeter 类的实例再将自身传递给访问者就可以知道自己需要缴纳多少电费了。

Ammeter 类有了接受访问者的 accept(AmmeterVisitor visitor)方法后，可以不改变 Ammeter 类就能定义作用于 Ammeter 对象的成员变量上的新操作，比如，可以让 accept(AmmeterVisitor visitor)的参数是 AmmeterVisitor 类的一个实例，该实例不仅根据 Ammeter 对象的成员变量计算出正常的电费，而且也能计算超电量所应缴纳的额外的费用。

当一个集合中有若干个对象时，习惯上将这些对象称作集合中的元素，访问者模式可以在不改变集合中各个元素类的前提下定义作用于这些元素上的新操作。

2. 概念

访问者模式表示一个作用于某对象结构中的各个元素的操作。它可以在不改变各个元素的类的前提下定义作用于这些元素的新操作。

3. 适用性

访问者模式适合使用的情境如下。

(1) 一个对象结构包含很多类对象，它们有不同的接口，而又想对这些对象实施一些依赖于其具体类的操作时。

(2) 需要对一个对象结构中的对象进行很多不同的并且不相关的操作，避免让这些操作“污染”这些对象的类时。

Visitor 可以将相关的操作集中起来定义在一个类中，当该对象结构被很多应用共享时，用 Visitor 模式让每个应用仅包含需要用到的操作。

(3) 定义对象结构的类很少改变，但经常需要在此结构上定义新的操作时。

改变对象结构类需要重定义对所有访问者的接口，这可能需要很大的代价。

如果对象结构类经常改变，那么可能还是在这些类中定义这些操作较好。

4. 参与者

1) Visitor(抽象访问者)

为访问者们直接访问提供的特定接口。

2) ConcreteVisitor(具体访问者)

实现每个由 Visitor 声明的操作。每个操作实现本算法的一部分，而该算法片段对应于结构对象的类。

3) Element(抽象元素)

定义一个 Accept 操作，它以一个访问者为参数。

4) ConcreteElement(具体元素)

实现 Accept 操作，该操作以一个访问者为参数。

5) ObjectStructure(对象结构)

能枚举它的元素。

可以提供一个高层的接口以允许该访问者访问它的元素。

可以是一个复合或一个集合，如一个列表或一个无序集合。

5. 案例描述

访问者模式可以在不改变各个元素的类的前提下定义作用于这些元素的新操作。该案例给出了访问者模式的程序结构。

6. 案例实现

Visitor

```
public interface Visitor {

    public void visitString(StringElement stringE);

    public void visitFloat(FloatElement floatE);

    public void visitCollection(Collection collection);
}
```

ConcreteVisitor

```
public class ConcreteVisitor implements Visitor {

    public void visitCollection(Collection collection) {
        // TODO Auto-generated method stub
        Iterator iterator = collection.iterator();
        while (iterator.hasNext()) {
            Object o = iterator.next();
            if (o instanceof Visitable) {
                ((Visitable)o).accept(this);
            }
        }
    }

    public void visitFloat(FloatElement floatE) {
        System.out.println(floatE.getFe());
    }

    public void visitString(StringElement stringE) {
        System.out.println(stringE.getSe());
    }
}
```

Element

```
public interface Visitable{

    public void accept(Visitor visitor);
}
```

ConcreteElement

```
public class FloatElement implements Visitable {
```

```
    private Float fe;

    public FloatElement(Float fe) {
        this.fe = fe;
    }

    public Float getFe() {
        return this.fe;
    }

    public void accept(Visitor visitor) {
        visitor.visitFloat(this);
    }
}

public class StringElement implements Visitable {

    private String se;

    public StringElement(String se) {
        this.se = se;
    }

    public String getS() {
        return this.se;
    }

    public void accept(Visitor visitor) {
        visitor.visitString(this);
    }
}
```

Test

```
public class Test {

    public static void main(String[] args) {
        Visitor visitor = new ConcreteVisitor();
        StringElement se = new StringElement("abc");
        se.accept(visitor);

        FloatElement fe = new FloatElement(new Float(1.5));
        fe.accept(visitor);
        System.out.println("===========");
        List result = new ArrayList();
        result.add(new StringElement("abc"));
        result.add(new StringElement("abc"));
        result.add(new StringElement("abc"));
        result.add(new FloatElement(new Float(1.5)));
        result.add(new FloatElement(new Float(1.5)));
        result.add(new FloatElement(new Float(1.5)));
        visitor.visitCollection(result);
    }
}
```

result

```
abc
1.5
===========
abc
abc
abc
1.5
1.5
1.5
```

7. 应用举例——评价体检表

【设计要求】

有若干人员的体检表，每张体检表记载着和该人有关的体检数据，比如，该人的血压、心率、身高、视力等数据，但是体检表本身并不能使用一个方法来标明其中的数据是否符合某个行业的体检标准。现在假设有军队的一个负责人和工厂的一个负责人，他俩分别审阅体检表，并标明体检表中的数据是否符合作为军人或工人的体检标准。

【设计实现】

1)　抽象元素(Element)

本问题中，抽象元素角色是 Person 类，代码如下：

Person.java

```
Public abstract class Person{
public abstract void accept(Visitor v);
}
```

2)　具体元素(Concrete Element)

本问题中有两个具体元素，分别是 Man 和 Woman 类，这两个类的实例分别表示“男士”和“女士”，二者的体验数据体是不同的，代码如下：

Man.java

```
Public class Man extends Person{
        String name;
double stature;          //身高
double eyeSight;         //视力
    Man(String name,double stature,double eyeSight){
            this.name=name;
            this.stature = stature;
            this.eyeSight = eyeSight;
}
public double getStature(){
        return stature;
}
Public double getEyeSight(){
        return eyeSight;
}
Public String getName(){
        Return name;
```

```
}
Public void accept(Visitor v){
        v visit(this);
}
}
```

Women.java

```
Public class Women extends Person{
String name;
double stature;     //身高
double eyeSight;    //视力
int bloodSugar;     //血糖
Woman(String name,double stature,double eyeSight,int bloodSugar){
        this.name=name;
        this.stature = stature;
        this.eyeSight = eyeSight;
        this.bloodSugar = bloodSugar;
}
Public double getstature (){
    return stature;
}
Public double getEyesight (){
    return eyeSight;
}
Public double getBloodSugar (){
    return bloodSugar;
} Public String getName(){
    return name;
}
Public void accept(Visitor v){
        v.visit(this);
}
}
```

3) 对象结构(Object Structure)

本问题中，对象结构角色是 java.util 包中定义的 ArrayList 集合。

4) 抽象访问者(Visitor)

本问题中，抽象访问者接口是 Visitor，代码如下：

Visitor.java

```
public interface Visitor{
    public void visit(Man man);
    public void visit(Women women);
}
```

5) 具体访问者(Concrete Visitor)

本问题中，具体访问者是 ArmyVisitor 和 FactoryVisitor 类，代码如下：

ArmyVisitor.java

```
Public class ArmyVisitor implements Visitor{
    Public void visit(Man man){
        double stature = man.getStature();
        double eyeSight = man.getEyeSight();
```

```
        If(stature>1.72&&eyesight>1.2)
            System.out.println(man.getName()+"符合当兵标准");
    else
            System.out.println(man.getName()+"不符合当兵标准");
}
Public void visit(Woman woman){
        double stature = woman.getStature();
        double eyeSight = woman.getEyeSight();
int bloodSugar = woman.getBloodSugar();
        Boolean boo=bloodSugar>=60&&bloodSugar<=80;
if(Stature>1.65&&eyeSight>1.2&&boo)
            System.out.println(woman.getName()+"符合当兵标准");
    else
            System.out.println(woman.getName()+"不符合当兵标准");
}
}
```

FactoryVisitor.java

```
Public class FactoryVisitor implements Visitor{
    Public void visit(Man man){
        double stature = man.getStature();
        double eyeSight = man.getEyeSight();
        If(stature>1.55&&eyesight>0.8)
            System.out.println(man.getName()+"符合当工人标准");
    else
            System.out.println(man.getName()+"不符合当工人标准");
}
Public void visit(Woman woman){
        double stature = woman.getStature();
        double eyeSight = woman.getEyeSight();
int bloodSugar = woman.getBloodSugar();
        boolean boo=bloodSugar>=50&&bloodSugar<=100;
if(Stature>1.45&&eyeSight>0.8&&boo)
            System.out.println(woman.getName()+"符合当工人标准");
    else
            System.out.println(woman.getName()+"不符合当工人标准");
}
}
```

6)　应用程序

下列应用程序中，Application.java 使用集合 ArrayList 添加若干个 Man 和 Woman 对象，然后让 Man 和 Women 的实例，既让两个具体访问者依次“访问”集合中的 Man 和 Woman 对象，以标明 Man 和 Woman 的实例的体检数据是否符合访问者的要求。

```
import java.util.*;
import java.util.*;
public classApplication{
        public Static void main(String args[]){
            Visitor armyVisitor=new ArmyVIsitor();
            Visitor factoryVisitor=new FactoryVIsitor();
            ArrayList<Person> personList=new ArrayList<Person>();
Person person=null;
```

```
            personList.add(person=new Man("张三",1.56,1.2));
            personList.add(person=new Man("李强",1.76,1.5));
            personList.add(person=new Man("张军",1.86,1.3));
            personList.add(person=new Woman("江萍萍",1.62,1.2,67));
            personList.add(person=new Woman("孙利娟",1.67,1.5,70));
            personList.add(person=new Woman("刘小花",1.42,0.9,70));
            Iterator< person > iter=personList.iterator();
            While(iter.hasNext()){
        person= iter.next();
        person.accept(armyVisitor);
        person.accept(factoryVisitor);
}
}
}
```

上机实训：小动物模式的应用

实训背景

通过编程和上机实验理解适配器模式的编程基本思想，了解设计模式的基本原理和方法，以及进一步深入理解面向对象编程思想，并将适配器模式的理念应用到实际的项目开发中解决遇到的诸多问题。

实训内容和要求

(1) 请设计一个表示猫的 cat(接口)，表示加菲猫的具体实现类 Kittie，并实现猫叫方法 miao()、猫跑方法 run()、猫睡方法 sleep()、猫抓老鼠方法 catchRat()等方法。

(2) 再设计一个表示狗的 dog(接口)，表示啪皮狗的具体实现类 Puppie，并实现狗叫方法 wao()、狗玩球方法 fetchBall()、狗跑方法 run()、狗睡方法 sleep()等方法。

(3) 设计一个双向适配器，将一只猫 kittie 伪装成小狗 puppie，将一只小狗 puppie 伪装成猫 kittie。

(4) 编写一个测试主类，测试你的程序。

实训步骤

(1) 构思并实现统计功能。

- 定义目标。
- 定义被适配者。
- 定义适配器。
- 定义应用程序。

(2) 写出实验报告，写出程序的源代码。

实训素材及参考图

实训内容中猫与狗的适配，就如同广为相传的披着羊皮的狼，如图 3-34 所示，将猫披层狗皮，将狗披层猫皮，从而实现双向适配。

图 3-34　披着羊皮的狼

项目小结

设计模式是从许多优秀的软件系统中总结出的、成功的、可复用的设计方案，已经被成功应用于许多系统的设计中。目前，面向对象程序设计已经成为软件设计开发领域的主流，而学习使用设计模式无疑非常有助于软件开发人员使用面向对象语言开发出易维护、易扩展、易复用的代码。本章详细、系统地介绍了著名的 23 种软件设计模式的概念、结构及基本原理。

习　　题

一、选择题

1. 使用模式设计时所遵循的原则是(　　)。

   A. 高耦合，低内聚　　　　B. 高内聚，低耦合

   C. 高耦合，高内聚　　　　D. 低耦合，低内聚

2. 开闭原则的含义是一个软件实体(　　)。

   A. 应当对扩展开放，对修改关闭　　　　B. 应当对修改开放，对扩展关闭

   C. 应当对继承开放，对修改关闭　　　　D. 以上都不对

3. 下面描述模式使用原则不合理的是(　　)。

   A. 正确使用　　　　B. 避免教条

   C. 模式挖掘　　　　D. 绝对按照规则使用

4. 类的三层结构分别为(　　)。

   A. 类名、属性、方法　　　　B. 普通函、数构造函数、实现函数

   C. 函数、定义、实现　　　　D. 分析、设计、实现

5. 下面表述中错误的是(　　)。

A. 抽象类的关键字是 abstract　　B. 接口的关键字是 interface

C. 模式是适合任何编程情况　　D. 抽象类不能用 new 创建对象

6. Java 设计模式中定义太阳、月亮、地球等唯一实体的模式是(　　)。

A. 调试模式　　B. 单件模式

C. 克隆模式　　D. 访问者模式

7. 当我们想创建一个具体的对象而又不希望指定具体的类时，可以使用(　　)模式。

A. 创建型　　B. 结构型　　C. 行为型　　D. 以上都可以

8. (　　)将一个请求封装为一个对象，从而可以用不同的请求对客户进行参数化，对请求排队或记录请求日志，以及支持可撤销的操作。

A. 命令模式　　B. 工厂模式　　C. 装饰模式　　D. 观察者模式

9. 每个对象可用它的一组属性和它可执行的一组(　　)来实现。

A. 特点　　B. 功能　　C. 操作　　D. 数据

10. 要实现童话故事里的披着羊皮的狼应该使用(　　)。

A. 适配器模式　　B. 外观模式　　C. 修饰模式　　D. 生成器模式

二、程序填空

```
public class CheckWord{
    public final int basicAmount=85;
    String advertisement;
    int amount;
    public (  1  )(String advertisement){
       this.advertisement=advertisement;
    }
    public void setChargeAmount(){
       amount=advertisement.length()+basicAmount; //计算出计费字符数目
    }
    public int getAmount(){
       return (  2   );
    }}}
public class Charge{
    public final int basicCharge=12;
    CheckWord checkWord;
    Charge(CheckWord checkWord){
       this.checkWord=checkWord;
    }
    public void giveCharge(){
        int charge=checkWord.getAmount()*(   3  );
        System.out.println("广告费用:"+charge+"元");
    } }
public class TypeSeting{
    String advertisement;
    public TypeSeting(   4   ){
       this.advertisement=advertisement;
    }
    public void (   5   ){
       System.out.println("广告排版格式:");
       System.out.println("********");
```

```
        System.out.println(advertisement);
        System.out.println("********");
    } }
public class ClientServerFacade{
    private CheckWord checkWord;
    private (    6    ) charge;
    private TypeSeting typeSeting;
    String advertisement;
    public ClientServerFacade(String advertisement){
        (    7    )=advertisement;
        checkWord=new CheckWord(advertisement);
        charge=new Charge(checkWord);
        typeSeting=new TypeSeting(advertisement);
    }
    public void doAdvertisement(){
        checkWord.setChargeAmount();
        charge.(    8    );
        typeSeting.typeSeting();
    } }
public class Application{
    public static void (    9    )(String args[]){
        ClientServerFacade clientFacade;
        String clientAdvertisement="月光电脑，价格6356元，联系电话：1234567";
        clientFacade=(    10    ) ClientServerFacade(clientAdvertisement);
        clientFacade.doAdvertisement();
    }}
```

三、综合题

1. 简述适配器模式，并写出它适合使用的情境和优点。

2. 简述策略模式。

3. 我们原来有一个程序使用小狗对象，现在想让它使用小猫对象，但是小狗与小猫的接口不同，不能直接使用。写一个狗猫适配器，让小狗看起来像小猫。

4. 请从概念、特点、结构、作用等方面论述设计模式。

项目 4

设计模式案例

项目导入

软件设计模式已经成为软件开发过程中的重要环节，人们习惯使用前一个项目所讲述的设计模式，从而达到降低软件开发成本、控制预算、提高开发效率和保障软件质量的目的。本项目通过面向对象工具 Java 语言实现 23 种设计模式的案例，体现 23 种设计模式在软件开发过程中的应用。

项目分析

本项目通过 23 种设计模式应用案例分析，讲解 Singleton 单件模式、Abstract Factory(抽象工厂)模式、Builder(生成器)模式、Factory Method(工厂方法)模式、Prototype(原型)模式、Adapter(适配器)模式、Bridge(桥接)模式、Composite(组合)模式、Decorator(装饰)模式、Facade(外观)模式、Flyweight(享元)模式、Proxy 代理模式、Template Method(模板方法)模式、Command(命令)模式、Interpreter(解释器)模式、Mediator(中介者)模式、Iterator(迭代器)模式、Observer(观察者)模式、Chain Of Responsibility(职责链)模式、Memento(备忘录)模式、State(状态)模式、Strategy(策略)模式、Visitor(访问者)模式的基本概念、原理及其优点。设计模式是很多前辈经验的积累，大都是一些相对优秀的解决方案，很多问题都是典型的、有代表性的问题。学习设计模式，可以学习到众多前辈的经验，吸收和领会他们设计思想，掌握他们解决问题的方法，就相当于站在这些巨人的肩膀上，可以让我们个人的技术能力得到快速提升。学习设计模式虽然有一定的困难，但绝对是快速提高个人技术能力的捷径。

任务1 命 令 模 式

任务要求

掌握命令模式的结构角色、设计类图和实际应用优势，实现用命令模式设计军队传递作战命令案例。

知识储备

在许多设计中，经常需要一个对象请求另一个对象调用其方法达到某种目的。如果请求者不希望或无法直接和被请求者打交道，即不希望或无法含有被请求者的引用，那么就可以使用命令模式。

命令模式的结构中包括四种角色：①接收者(Receiver)；②命令(Command)接口；③具体命令(ConcreteCommand)；④请求者(Invoker)。关系类图如图 4-1 所示。

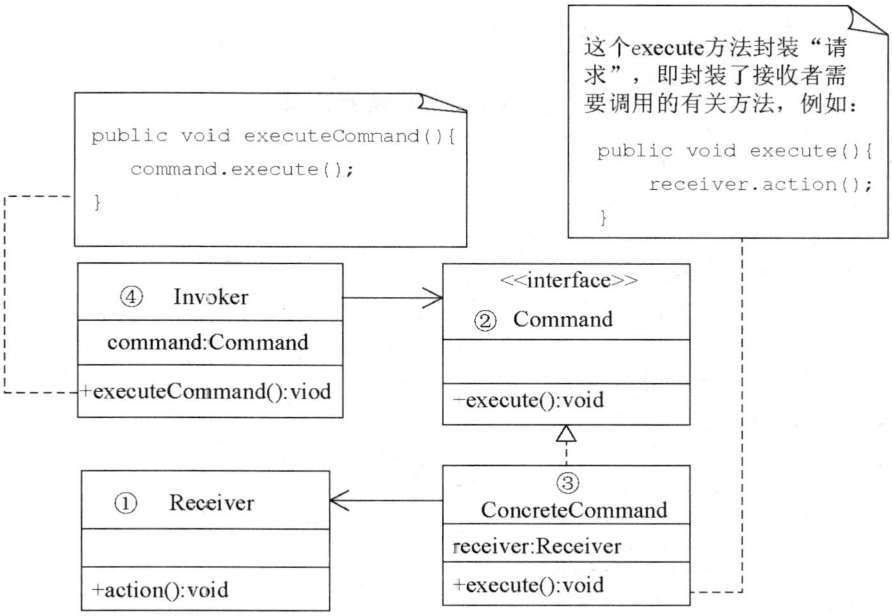

图 4-1　命令模式类图

任务实施

1. 命令模式的案例实现

1)　接收者(Receiver)：CompanyArmy.java

```
public class CompanyArmy{
   public void sneakAttack(){
      System.out.println("我们知道如何偷袭敌人,保证完成任务");
   }
}
```

2)　命令(Command)接口：Command.java

```
public interface Command {
   public abstract void execute();
}
```

3)　具体命令(ConcreteCommand)：ConcreteCommand.java

```
public class ConcreteCommand implements Command{
   CompanyArmy army;              //含有接收者的引用
   ConcreteCommand(CompanyArmy army){
      this.army=army;
   }
   public  void execute(){       //封装着指挥官的请求
      army.sneakAttack();        //偷袭敌人
   }
}
```

4) 请求者(Invoker)：ArmySuperior.java

```
public class ArmySuperior{
  Command command;          //用来存放具体命令的引用
  public void setCommand(Command command){
     this.command=command;
  }
  public void startExecuteCommand(){
                  //让具体命令执行 execute()方法
     command.execute();
  }
}
```

5) 应用程序：Application.java

```
public class Application{
  public static void main(String args[]){
     CompanyArmy 三连=new CompanyArmy();
     Command command=new ConcreteCommand(三连);
     ArmySuperior 指挥官=new ArmySuperior();
     指挥官.setCommand(command);
     指挥官.startExecuteCommand();
  }
}
```

2. 命令模式的优点

在命令模式中，请求者(Invoker)不直接与接收者(Receiver)交互，即请求者(Invoker)不包含接收者(Receiver)的引用，因此彻底消除了彼此之间的耦合。

命令模式满足“开-闭原则”。如果增加新的具体命令和该命令的接收者，不必修改调用者的代码，调用者就可以使用新的命令对象；反之，如果增加新的调用者，不必修改现有的具体命令和接收者，新增加的调用者就可以使用已有的具体命令。

由于请求者的请求被封装到了具体命令中，那么就可以将具体命令保存到持久化的媒介中，在需要的时候，重新执行这个具体命令。因此，使用命令模式可以记录日志。

使用命令模式可以对请求者的“请求”进行排队。每个请求都各自对应一个具体命令，因此可以按一定的顺序执行这些具体命令。

任务 2　观察者模式

任务要求

掌握观察者模式的结构角色、设计类图和实际应用优势，实现用观察者模式设计就业信息中心案例。

知识储备

在许多设计中，经常会遇到多个对象都对一个特殊对象中的数据变化感兴趣，而且多个对象都希望跟踪那个特殊对象中的数据变化的情况。

观察者模式的结构中包括四种角色：①主题(Subject)；②观察者(Observer)；③具体主题(ConcreteSubject)；④具体观察者(ConcreteObserver)。关系类图如图 4-2 所示。

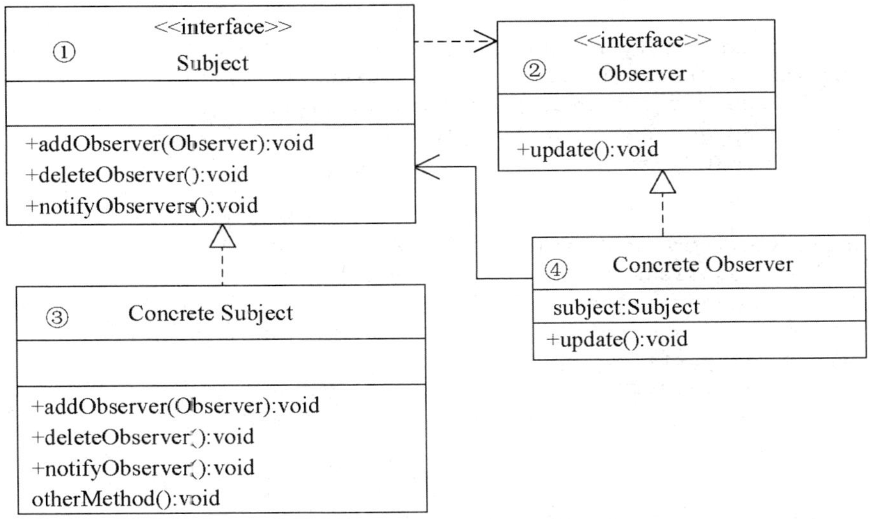

图 4-2　观察者模式类图

任务实施

1. 观察者模式的案例实现

1)　主题：Subject.java

```
  public interface Subject{
  public void addObserver(Observer o);
  public void deleteObserver(Observer o);
  public void notifyObservers();
}
```

2)　观察者：Obsever.java

```
public interface Observer{
  public void hearTelephone(String heardMess);
}
```

3)　具体主题：SeekJobCenter.java_1

```
import java.util.ArrayList;
public class SeekJobCenter implements Subject{
    String mess;
    boolean changed;
    ArrayList<Observer> personList; SeekJobCenter(){
       personList=new ArrayList<Observer>();
       mess="";
       changed=false;
    }
    public void addObserver(Observer o){
```

```
        if(!(personList.contains(o)))
          personList.add(o); }
     public void deleteObserver(Observer o){
        if(personList.contains(o))
          personList.remove(o);
     }
     public void notifyObservers(){
        if(changed){for(int i=0;i<personList.size();i++){
             Observer observer=personList.get(i);
             observer.hearTelephone(mess); }
           changed=false;
        }
     }
     public void giveNewMess(String str){
        if(str.equals(mess))
             changed=false;
        else{
             mess=str;
             changed=true;
        }
     }
}
```

4)　具体观察者_1：UniversityStudent.java

```
import java.io.*;
public class UniverStudent implements Observer{
   Subject subject;
   File myFile;
   UniverStudent(Subject subject,String fileName){
      this.subject=subject;
      subject.addObserver(this);
//使当前实例成为subject所引用的具体主题的观察者
      myFile=new File(fileName);
   }
   public void hearTelephone(String heardMess){
      try{ RandomAccessFile out=new RandomAccessFile(myFile,"rw");
           out.seek(out.length());
           byte [] b=heardMess.getBytes();
           out.write(b);                                    //更新文件中的内容
           System.out.print("我是一个大学生,");
           System.out.println("我向文件"+myFile.getName()+"写入如下内容:");
           System.out.println(heardMess);
      }
      catch(IOException exp){
          System.out.println(exp.toString());
      }
  }
}
import java.io.*;
import java.util.regex.*;
public class HaiGui implements Observer{
   Subject subject;
   File myFile;
   HaiGui(Subject subject,String fileName){
```

```
        this.subject=subject;
        subject.addObserver(this);
    //使当前实例成为 subject 所引用的具体主题的观察者
        myFile=new File(fileName);
     }
     public void hearTelephone(String heardMess){
        try{ boolean boo=heardMess.contains("Java 程序员
  ")||heardMess.contains("软件");
             if(boo){
               RandomAccessFile out=new RandomAccessFile(myFile,"rw");
               out.seek(out.length());
               byte [] b=heardMess.getBytes();
               out.write(b);
             System.out.print("我是一个海归,");
             System.out.println("我向文件"+myFile.getName()+"写入如下内容:");
             System.out.println(heardMess);
             }
             else{
                System.out.println("我是海归,这次的信息中没有我需要的信息");
             }
        }
        catch(IOException exp){
            System.out.println(exp.toString());
        }
    }
  }
```

5)　应用程序：Application.java

```
  public class Application{
     public static void main(String args[]){
        SeekJobCenter center=new SeekJobCenter();
        UniverStudent zhangLin=new UniverStudent(center,"A.txt");
        HaiGui wangHao=new HaiGui(center,"B.txt");
        center.giveNewMess("腾辉公司需要 10 个 Java 程序员。");
        center.notifyObservers();
        center.giveNewMess("海景公司需要 8 个动画设计师。");
        center.notifyObservers();
        center.giveNewMess("仁海公司需要 9 个电工。");
        center.notifyObservers();
        center.giveNewMess("仁海公司需要 9 个电工。");
        center.notifyObservers();
  }
```

2. 观察者模式的优点

具体主题和具体观察者是松耦合关系。由于主题(Subject)接口仅仅依赖于观察者(Observer)接口，因此具体主题只需知道它的观察者是实现观察者(Observer)接口的某个类的实例，而不需要知道具体是哪个类。同样，由于观察者仅仅依赖于主题(Subject)接口，因此具体观察者只需知道它依赖的主题是实现主题(Subject)接口的某个类的实例，而不需要知道具体是哪个类。

观察模式满足“开-闭原则”。主题(Subject)接口仅仅依赖于观察者(Observer)接口，这样，我们就可以让创建具体主题的类也仅仅是依赖于观察者(Observer)接口，因此如果增加新的实现观察者(Observer)接口的类，也不必修改创建具体主题的类的代码。同样，创建具体观察者的类仅仅依赖于主题(Subject)接口，如果增加新的实现主题接口的类，也不必修改创建具体观察者类的代码。

任务3 装饰模式

任务要求

掌握装饰模式的结构角色、设计类图和实际应用优势，实现用装饰模式设计小鸟飞得更高的案例。

知识储备

装饰模式是动态地扩展一个对象的功能，而不需要改变原始类代码的一种成熟模式。在装饰模式中，“具体组件”类和“具体装饰”类是该模式中最重要的两个角色。

装饰模式的结构中包括四种角色：①抽象组件(Component)；②具体组件(ConcreteComponent)；③装饰(Decorator)；④具体装饰(ConcreteDecorator)。关系类图如图4-3所示。

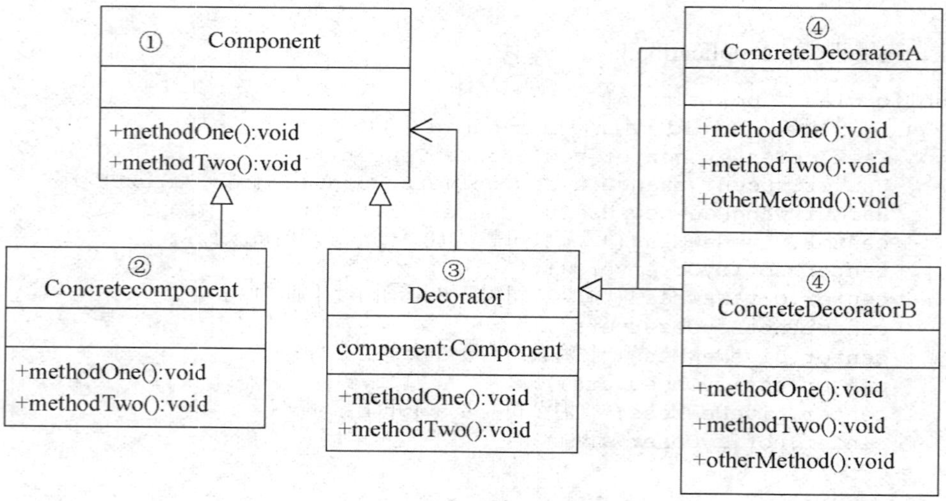

图4-3 装饰模式类图

任务实施

1. 装饰模式的案例实现

1) 抽象组件：Bird.java

```
public abstract class Bird{
   public abstract int fly();
}
```

2)　具体组件：Sparrow.java

```
public class Sparrow extends Bird{
   public final int DISTANCE=100;
   public int fly(){
      return DISTANCE;
   }
}
```

3)　装饰(Decorator)：Decorator.java

```
public abstract class Decorator extends Bird{
    protected Bird bird;
    public Decorator(){
    }
    public Decorator(Bird bird){
       this.bird=bird;
    }
}
```

4)　具体装饰(ConcreteDecorator): SparrowDecorator.java

```
public class  SparrowDecorator extends Decorator{
   public final int DISTANCE=50;        //eleFly 方法能飞 50 米
   SparrowDecorator(Bird bird){
      super(bird);
   }
   public int fly(){
      int distance=0;
      distance=bird.fly()+eleFly();
      return distance;
   }
   private int eleFly(){                //装饰者新添加的方法
      return DISTANCE;
   }
}
```

5)　应用程序：Application.java

```
public class Application{
   public void needBird(Bird bird){
       int flyDistance=bird.fly();
       System.out.println("这只鸟能飞行"+flyDistance +"米");
   }
   public static void main(String args[]){
      Application client=new Application ();
      Bird sparrow=new Sparrow();
      Bird sparrowDecorator1=
      new SparrowDecorator(sparrow);
      Bird sparrowDecorator2=
      new SparrowDecorator(sparrowDecorator1);
      client.needBird(sparrowDecorator1);
      client.needBird(sparrowDecorator2);
   }
}
```

2. 装饰模式的优点

被装饰者和装饰者是松耦合关系。由于装饰(Decorator)仅仅依赖于抽象组件(Component)，因此具体装饰只需知道它要装饰的对象是抽象组件的某一个子类的实例，但不需要知道是哪一个具体子类。

装饰模式满足“开-闭原则”。不必修改具体组件，就可以增加新的针对该具体组件的具体装饰。

可以使用多个具体装饰来装饰具体组件的实例。

任务 4　策 略 模 式

任务要求

掌握策略模式的结构角色、设计类图和实际应用优势，实现用策略模式设计计算分数案例。

知识储备

策略模式是处理算法的不同变体的一种成熟模式，策略模式通过接口或抽象类封装算法的标识，即在接口中定义一个抽象方法，实现该接口的类将实现接口中的抽象方法。

在策略模式中，封装算法标识的接口称作策略，实现该接口的类称作具体策略。

策略模式的结构中包括三种角色：①策略(Strategy)；②具体策略(ConcreteStrategy)；③上下文(Context)。关系类图如图 4-4 所示。

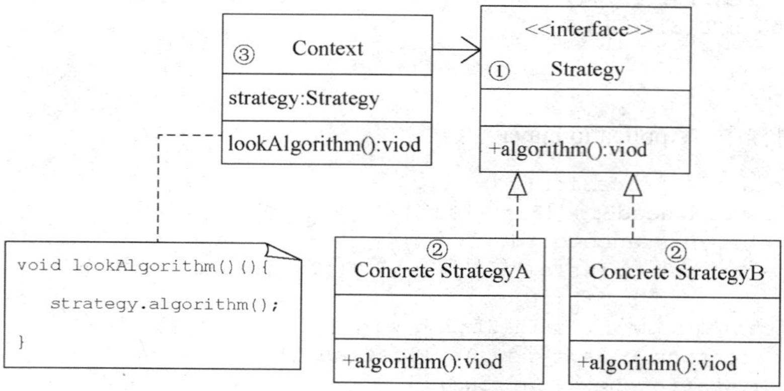

图 4-4　策略模式类图

任务实施

1. 策略模式的案例实现

1)　策略(Strategy)：Computable.java

```
public interface ComputableStrategy{
```

```
  public abstract double computeScore(double [] a);
}
```

2)　具体策略(ConcreteStrategy)_1：StrategyOne.java

```
import java.util.Arrays;
public class StrategyOne implements ComputableStrategy{
    public double computeScore(double [] a){
        double score=0,sum=0;
        for(int i=0;i<a.length;i++){
            sum=sum+a[i];
        }
        score=sum/a.length;
        return score;
    }
}
```

3)　具体策略(ConcreteStrategy)_2：StrategyTwo.java

```
import java.util.Arrays;
public class StrategyTwo implements ComputableStrategy{
    public double computeScore(double [] a){
        double score=0,multi=1;
        int n=a.length;
        for(int i=0;i<a.length;i++){
            multi=multi*a[i];
        }
        score=Math.pow(multi,1.0/n);
        return score;
    }
}
```

4)　具体策略(ConcreteStrategy)_3：StrategyThree.java

```
import java.util.Arrays;
public class StrategyThree implements ComputableStrategy{
    public double computeScore(double [] a){
        if(a.length<=2)
            return 0;
        double score=0,sum=0;
        Arrays.sort(a);
        for(int i=1;i<a.length-1;i++){
           sum=sum+a[i];
        }
        score=sum/(a.length-2);
        return score;
    }
}
```

5)　上下文(Context)：Gymnastics Game.java

```
public class  GymnasticsGame{
     ComputableStrategy strategy;
     public void setStrategy(ComputableStrategy strategy){
         this.strategy=strategy;
     }
```

```
    public double getPersonScore(double [] a){
      if(strategy!=null)
        return strategy.computeScore(a);
      else
        return 0;
    }
}
```

6) 应用程序：Application.java

```
public class Application{
   public static void main(String args[]){
     GymnasticsGame game=new GymnasticsGame();
     game.setStrategy(new StrategyOne());
     Person zhang=new Person();
     zhang.setName("张三");
     double [] a={9.12,9.25,8.87,9.99,6.99,7.88};
     Person li=new Person();
     li.setName("李四");
     double [] b={9.15,9.26,8.97,9.89,6.97,7.89};
     zhang.setScore(game.getPersonScore(a));
     li.setScore(game.getPersonScore(b));
     System.out.println("使用算术平均值方案:");
    System.out.printf("%s 最后得分:%5.3f%n",zhang.getName(),zhang.getScore());
    System.out.printf("%s 最后得分:%5.3f%n",li.getName(),li.getScore());
     game.setStrategy(new StrategyTwo());
     zhang.setScore(game.getPersonScore(a));
     li.setScore(game.getPersonScore(b));
    System.out.println("使用几何平均值方案:");
    System.out.printf("%s 最后得分:%5.3f%n",zhang.getName(),zhang.getScore());
    System.out.printf("%s 最后得分:%5.3f%n",li.getName(),li.getScore());
game.setStrategy(new StrategyThree());
     zhang.setScore(game.getPersonScore(a));
     li.setScore(game.getPersonScore(b));
    System.out.println("使用(去掉最高、最低)算术平均值方案:");
    System.out.printf("%s 最后得分:%5.3f%n",zhang.getName(),zhang.getScore());
    System.out.printf("%s 最后得分:%5.3f%n",li.getName(),li.getScore());
  }
}
class Person{
   String name;
   double score;
   public void setScore(double t){
      score=t;
   }
   public void setName(String s){
      name=s;
   }
   public double getScore(){
      return score;
   }
   public String getName(){
      return name;
   }
}
```

2. 策略模式的优点

- 上下文(Context)和具体策略(ConcreteStrategy)是松耦合关系。因此上下文只需知道它要使用某一个实现 Strategy 接口类的实例，而不需要知道具体是哪一个类。
- 策略模式满足“开-闭原则”。当增加新的具体策略时，不需要修改上下文类的代码，上下文就可以引用新的具体策略的实例。

任务 5 适配器模式

任务要求

掌握适配器模式的结构角色、设计类图和实际应用优势，实现用适配器模式设计家电通用案例。

知识储备

适配器模式是将一个类的接口(被适配者)转换成客户希望的另外一个接口(目标)的成熟模式，该模式中涉及有目标、被适配者和适配器。适配器模式的关键是建立一个适配器，这个适配器实现了目标接口并包含有被适配者的引用。

适配器模式的结构中包括三种角色：①目标(Target)；②被适配者(Adaptee)；③适配器(Adapter)。关系类图如图 4-5 所示。

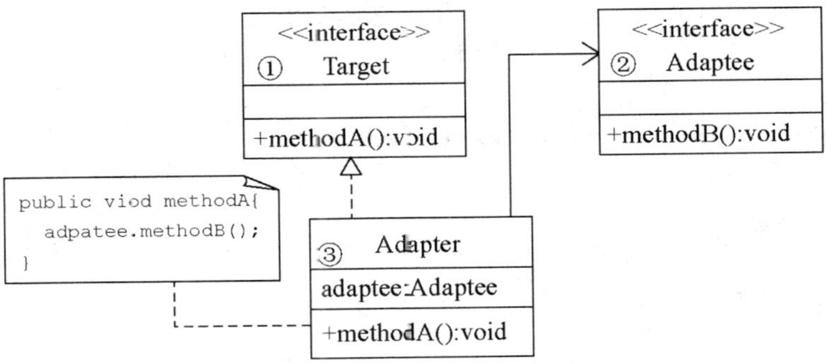

图 4-5 适配器模式类图

任务实施

1. 适配器模式的案例实现

1) 目标(Target)：ThreeElectricOutlet.java

```
public interface ThreeElectricOutlet{
    public abstract void connectElectricCurrent();
}
```

2) 被适配者(Adaptee)：TwoElectricOutlet.java

```
public interface TwoElectricOutlet{
    public abstract void connectElectricCurrent();
}
```

3) 适配器(Adapter)：TreeElectricAdapter.java

```
public class TreeElectricAdapter implements ThreeElectricOutlet{
   TwoElectricOutlet outlet;
   TreeElectricAdapter(TwoElectricOutlet outlet){
      this.outlet=outlet;
   }
   public void connectElectricCurrent(){
      outlet.connectElectricCurrent();
   }
}
```

4) 应用程序：Application.java_1

```
public class Application{
   public static void main(String args[]){
      ThreeElectricOutlet outlet;
      Wash wash=new Wash();
      outlet=wash;
      System.out.println("使用三相插座接通电流：");
      outlet.connectElectricCurrent();
      TV tv=new TV();
      TreeElectricAdapter adapter=new TreeElectricAdapter(tv);
      outlet=adapter;
      System.out.println("使用三相插座接通电流：");
      outlet.connectElectricCurrent();
   }
}
class Wash implements ThreeElectricOutlet{
   String name;
   Wash(){
      name="黄河洗衣机";
   }
   Wash(String s){
      name=s;
   }
   public void connectElectricCurrent(){
      turnOn();
   }
   public void turnOn(){
      System.out.println(name+"开始洗衣物。");
   }
}
class TV implements TwoElectricOutlet{
   String name;
   TV(){
      name="长江电视机";
   }
   TV(String s){
      name=s;
```

```
    }
    public void connectElectricCurrent(){
       turnOn();
    }
    public void turnOn(){
       System.out.println(name+"开始播放节目。");
    }
}
```

2. 适配器模式的优点

目标(Target)和被适配者(Adaptee)是完全解耦的关系。

适配器模式满足“开-闭原则”。当添加一个实现 Adaptee 接口的新类时，不必修改 Adapter，Adapter 就能对这个新类的实例进行适配。

任务 6　责任链模式

任务要求

掌握责任链模式的结构角色、设计类图和实际应用优势，实现用责任链模式设计身份证验证系统案例。

知识储备

责任链模式是使用多个对象处理用户请求的成熟模式，责任链模式的关键是将用户的请求分派给许多对象，这些对象被组织成一个责任链，即每个对象含有后继对象的引用，并要求责任链上的每个对象，如果能处理用户的请求，就做出处理，不再将用户的请求传递给责任链上的下一个对象；如果不能处理用户的请求，就必须将用户的请求传递给责任链上的下一个对象。

责任链模式的结构中包括两种角色：①处理者(Handler)；②具体处理者(ConcreteHandler)。关系类图如图 4-6 所示。

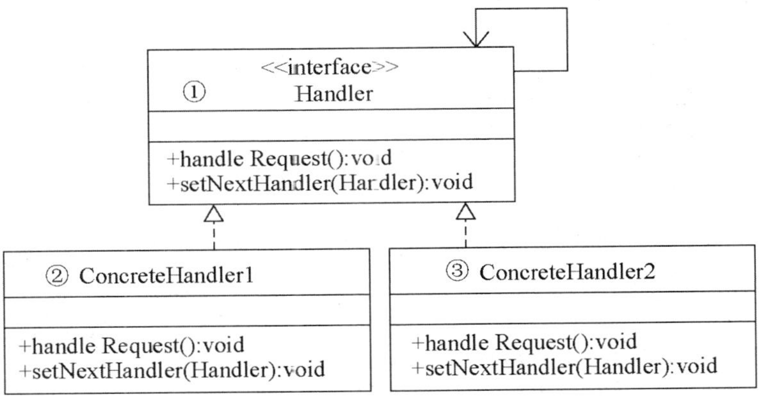

图 4-6　责任链模式类图

任务实施

1. 责任链模式的案例实现

1) 处理者(Handler)：Handler.java

```
public interface Handler{
   public abstract void handleRequest(String number);
   public abstract void setNextHandler(Handler handler);
}
```

2) 具体处理者(ConcreteHandler)：Beijing.java

```
import java.util.*;
public class Beijing implements Handler{
     private Handler handler;
     private ArrayList<String> numberList;
     Beijing(){
        numberList=new ArrayList<String>();
        numberList.add("11129812340930034");
        numberList.add("10120810340930632");
        numberList.add("22029812340930034");
        numberList.add("32620810340930632");
     }
     public void handleRequest(String number){
        if(numberList.contains(number))
           System.out.println("该人在北京居住");
        else{
           System.out.println("该人不在北京居住");
           if(handler!=null)
             handler.handleRequest(number);
        }
     }
     public void setNextHandler(Handler handler){
        this.handler=handler;
     }
}
```

3) 具体处理者(ConcreteHandler)：Shanghai.java

```
import java.util.*;
public class Shanghai implements Handler{
     private Handler handler;
     private ArrayList<String> numberList;
     Shanghai(){
        numberList=new ArrayList<String>();
        numberList.add("34529812340930034");
        numberList.add("98720810340430632");
        numberList.add("36529812340930034");
        numberList.add("77720810340930632");
     }
     public void handleRequest(String number){
        if(numberList.contains(number))
           System.out.println("该人在上海居住");
        else{
```

```
            System.out.println("该人不在上海居住");
            if(handler!=null)
               handler.handleRequest(number);
         }
      }
      public void setNextHandler(Handler handler){
         this.handler=handler;
      }
}
```

4) 具体处理者(ConcreteHandler)：Tianjin.java

```
import java.util.*;
public class Tianjin implements Handler{
      private Handler handler;
      private ArrayList<String> numberList;
      Tianjin(){
         numberList=new ArrayList<String>();
         numberList.add("10029812340930034");
         numberList.add("20020810340430632");
         numberList.add("30029812340930034");
         numberList.add("50020810340930632");
      }
      public void handleRequest(String number){
         if(numberList.contains(number))
            System.out.println("该人在天津居住");
         else{
            System.out.println("该人不在天津居住");
            if(handler!=null)
               handler.handleRequest(number);
         }
      }
      public void setNextHandler(Handler handler){
         this.handler=handler;
      }
}
```

5) 应用程序：Application.java

```
public class Application{
    private Handler beijing,shanghai,tianjin;
    public void createChain(){
       beijing=new Beijing();
       shanghai=new Shanghai();
       tianjin=new Tianjin();
       beijing.setNextHandler(shanghai);
       shanghai.setNextHandler(tianjin);
    }
    public void reponseClient(String number){
       beijing.handleRequest(number);
    }
    public static void main(String args[]){
       Application  application=new  Application();
       application.createChain();
       application.reponseClient("77720810340930632");;
    }
}
```

2. 责任链模式的优点

- 责任链中的对象只和自己的后继是低耦合关系，和其他对象毫无关联，这使得编写处理者对象以及创建责任链变得非常容易。
- 当在处理者中分配职责时，责任链可以使应用程序具有更大的灵活性。
- 应用程序可以动态地增加、删除处理者或重新指派处理者的职责。
- 应用程序可以动态地改变处理者之间的先后顺序。
- 使用责任链的用户不必知道处理者的信息，用户不会知道到底是哪个对象处理了它的请求。

任务 7　外 观 模 式

任务要求

掌握外观模式的结构角色、设计类图和实际应用优势，实现用外观模式设计出租车广告设计案例。

知识储备

外观模式是简化用户和子系统进行交互的成熟模式，外观模式的关键是为子系统提供一个称作外观的类，该外观类的实例负责和子系统中类的实例打交道。当用户想要和子系统中的若干个类的实例打交道时，可以代替地和子系统的外观类的实例打交道。

外观模式的结构中包括两种角色：①子系统(Subsystem)；②外观(Facade)。关系类图如图 4-7 所示。

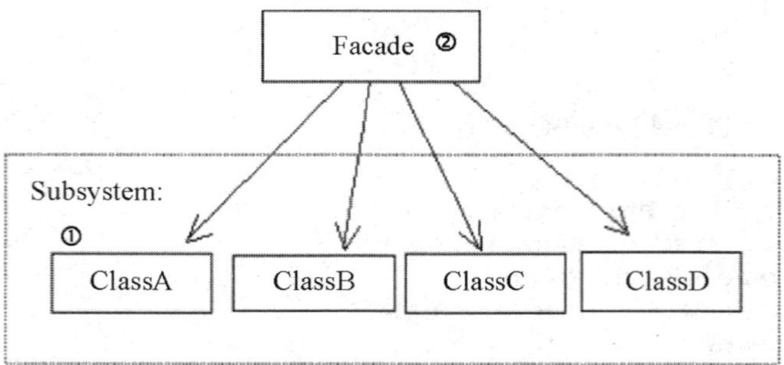

图 4-7　外观模式类图

任务实施

1. 外观模式的案例实现

1)　子系统(Subsystem)：CheckWord.java

```
public class CheckWord{
```

```
    public final int basicAmount=85;
    String advertisement;
    int amount;
    public CheckWord(String advertisement){
      this.advertisement=advertisement;
    }
    public void setChargeAmount(){
      amount=advertisement.length()-basicAmount; //计算出计费字符数目
    }
    public int getAmount(){
      return amount;
    }
}
```

2)　子系统(Subsystem)：Charge.java

```
public class Charge{
    public final int basicCharge=12;
    CheckWord checkWord;
    Charge(CheckWord checkWord){
      this.checkWord=checkWord;
    }
    public void giveCharge(){
       int charge=checkWord.getAmount()*basicCharge;
       System.out.println("广告费用:"+charge+"元");
    }
}
```

3)　子系统(Subsystem)：TypeSeting.java

```
public class TypeSeting{
    String advertisement;
    public TypeSeting(String advertisement){
      this.advertisement=advertisement;
    }
    public void typeSeting(){
      System.out.println("广告排版格式:");
      System.out.println("********");
      System.out.println(advertisement);
      System.out.println("********");
    }
}
```

4)　外观(Facade)：ClientServerFacade.java

```
public class ClientServerFacade{
    private CheckWord checkWord;
    private Charge charge;
    private TypeSeting typeSeting;
    String advertisement;
    public ClientServerFacade(String advertisement){
      this.advertisement=advertisement;
      checkWord=new CheckWord(advertisement);
      charge=new Charge(checkWord);
      typeSeting=new TypeSeting(advertisement);
    }
```

```
    public void doAdvertisement(){
        checkWord.setChargeAmount();
        charge.giveCharge();
        typeSeting.typeSeting();
    }
}
```

5) 应用程序：Application.java

```
 public class Application{
    public static void main(String args[]){
        ClientServerFacade clientFacade;
        String clientAdvertisement="鹿花牌洗衣机，价格 2356 元，联系电话：
1234567";
        clientFacade=new ClientServerFacade(clientAdvertisement);
        clientFacade.doAdvertisement();
    }
}
```

2. 外观模式的优点

- 使客户和子系统中的类无耦合，并且使得子系统使用起来更加方便。
- 外观只是提供了一个更加简洁的界面，并不影响用户直接使用子系统中的类。
- 子系统中任何类对其方法的内容进行修改，都不影响外观的代码。

任务 8 迭代器模式

任务要求

掌握迭代器模式的结构角色、设计类图和实际应用优势，实现用迭代器模式设计货币验证案例。

知识储备

迭代器模式是遍历集合的成熟模式，迭代器模式的关键是将遍历集合的任务交给一个称作迭代器的对象。

迭代器模式的结构中包括四种角色：①集合(Aggregate)；②具体集合(ConcreteAggregate)；③迭代器(Iterator)；④具体迭代器(ConcreteIterator)。关系类图如图 4-8 所示。

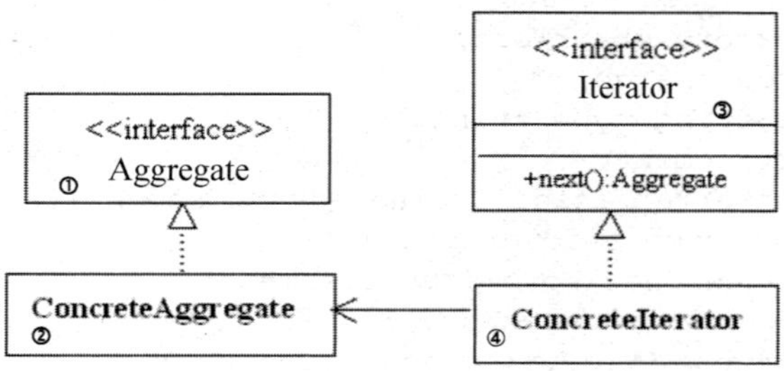

图 4-8 迭代器模式类图

任务实施

1. 迭代器模式的案例实现

1)　集合(Aggregate)

在这里我们使用 java.util 包中的 Collection 接口作为模式中的集合角色。Java 所有的集合都实现了该接口。

2)　具体集合(ConcreteAggregate)

在这里我们使用 java.util 包中的 HashSet 类的实例作为模式中的具体集合角色。

3)　迭代器(Iterator)

在本案列中，我们使用的迭代器是 java.util 包中的 Itertator 接口。

4)　具体迭代器(ConcreteIterator)

HashSet 创建的集合可以使用 iterator()方法返回一个实现 Iterator 接口类的实例，即一个具体迭代器。

5)　应用程序：Application.java_1

```
import java.util.*;
public class Application{
    public static void main(String args[]){
       int n=20;
       int sum=0;
       Collection<RenMinMony> set=new HashSet<RenMinMony>();
       for(int i=1;i<=n;i++){
          if(i==n/2||i==n/5||i==n/6)
            set.add(new RenMinMony(100,false));
          else
            set.add(new RenMinMony(100,true));
       }
       Iterator<RenMinMony> iterator=set.iterator();
       int jia=1,zhen=1;
       System.out.println("保险箱共有"+set.size()+"张人民币");
       int k=0;
       while(iterator.hasNext()){
           RenMinMony money=iterator.next();
           k++;
           if(money.getIsTrue()==false){
              System.out.println("第"+k+"张是假币,被销毁");
              iterator.remove();
              k++;
           }
       }
      System.out.println("保险箱现有真人民币"+set.size()+"张,总价值是:");
       iterator=set.iterator();
       while(iterator.hasNext()){
           RenMinMony money=iterator.next();
           sum=sum+money.getValue();
       }
       System.out.println(sum+"元");
    }
}
class RenMinMony{
   int value;
```

```
    private boolean isTrue;
    RenMinMony(int value,boolean b){
       this.value=value;
        isTrue=b;
    }
    public boolean getIsTrue(){
       return isTrue;
    }
    public int getValue(){
       return value;
    }
}
```

2. 迭代器模式的优点

- 用户使用迭代器访问集合中的对象，不需要知道这些对象在集合中是如何表示及存储的。
- 用户可以同时使用多个迭代器遍历一个集合。

任务 9　中介者模式

任务要求

掌握中介者模式的结构角色、设计类图和实际应用优势，实现用中介者处理设计多国债务案例。

知识储备

中介者模式是封装一系列的对象交互的成熟模式，其关键是将对象之间的交互封装在称作中介者的对象中，中介者使各对象不需要显式地相互引用，这些对象只包含中介者的引用。当系统中某个对象需要和系统中的另外一个对象交互时，只需将自己的请求通知中介者即可。

中介者模式的结构中包括四种角色：①中介者(Mediator)；②具体中介者(ConcreteMediator)；③同事(Colleague)；④具体同事(ConcreteColleague)。关系类图如图 4-9 所示。

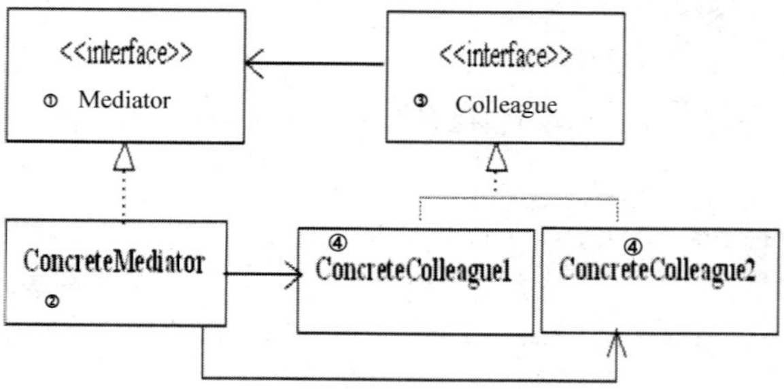

图 4-9　中介者模式类图

任务实施

1. 中介者模式的案例实现

1)　同事(Colleague)：Colleague.java

```
public interface Colleague{
   public void giveMess(String [] mess);
   public void receiverMess(String mess);
   public void setName(String name);
   public String getName();
}
```

2)　具体中介者(Mediator)：ConcreteMediator.java

```
public class ConcreteMediator{
   ColleagueA colleagueA;
   ColleagueB colleagueB;
   ColleagueC colleagueC;
   public void registerColleagueA(ColleagueA colleagueA){
      this.colleagueA=colleagueA;
   }
   public void registerColleagueB(ColleagueB colleagueB){
      this.colleagueB=colleagueB;
   }
   public void registerColleagueC(ColleagueC colleagueC){
      this.colleagueC=colleagueC;
   }
   public void deliverMess(Colleague colleague,String [] mess){
      if(colleague==colleagueA){
         if(mess.length>=2){
           colleagueB.receiverMess(colleague.getName()+mess[0]);
           colleagueC.receiverMess(colleague.getName()+mess[1]);
         }
      }
      else if(colleague==colleagueB){
         if(mess.length>=2){
           colleagueA.receiverMess(colleague.getName()+mess[0]);
           colleagueC.receiverMess(colleague.getName()+mess[1]);
         }
      }
      else if(colleague==colleagueC){
         if(mess.length>=2){
           colleagueA.receiverMess(colleague.getName()+mess[0]);
           colleagueB.receiverMess(colleague.getName()+mess[1]);
         }
      }
   }
}
```

3)　具体同事(ConcreteColleague)_1：ColleagueA.java

```
public class ColleagueA implements Colleague{
   ConcreteMediator mediator; String name;
   ColleagueA(ConcreteMediator mediator){
```

```
        this.mediator=mediator;
        mediator.registerColleagueA(this);
    }
    public void setName(String name){
        this.name=name;
    }
    public String getName(){
        return name;
    }
    public void giveMess(String [] mess){
        mediator.deliverMess(this,mess);
    }
    public void receiverMess(String mess){
        System.out.println(name+"收到的信息:");
        System.out.println("\t"+mess);
    }
}
```

4) 具体同事(ConcreteColleague)_2：ColleagueB.java

```
public class ColleagueB implements Colleague{
    ConcreteMediator mediator;
    String name;
    ColleagueB(ConcreteMediator mediator){
        this.mediator=mediator;
        mediator.registerColleagueB(this);
    }
    public void setName(String name){
        this.name=name;
    }
    public String getName(){
        return name;
    }
    public void giveMess(String [] mess){
        mediator.deliverMess(this,mess);
    }
    public void receiverMess(String mess){
        System.out.println(name+"收到的信息:");
        System.out.println("\t"+mess);
    }
}
```

5) 具体同事(ConcreteColleague)_3：ColleagueC.java

```
public class ColleagueC implements Colleague{
    ConcreteMediator mediator;
    String name;
    ColleagueC(ConcreteMediator mediator){
        this.mediator=mediator;
        mediator.registerColleagueC(this);
    }
    public void setName(String name){
        this.name=name;
    }
    public String getName(){
        return name;
```

```
    }
    public void giveMess(String [] mess){
        mediator.deliverMess(this,mess);
    }
    public void receiverMess(String mess){
       System.out.println(name+"收到的信息:");
       System.out.println("\t"+mess);
    }
}
```

6)　应用程序：Application.java

```
public class Application{
   public static void main(String args[]){
      ConcreteMediator mediator=new ConcreteMediator();
      ColleagueA colleagueA=new ColleagueA(mediator);
      ColleagueB colleagueB=new ColleagueB(mediator);
      ColleagueC colleagueC=new ColleagueC(mediator);
      colleagueA.setName("A 国");
      colleagueB.setName("B 国");
      colleagueC.setName("C 国");
      String [] messA={"要求归还曾抢夺的 100 斤土豆","要求归还曾抢夺的 20 头牛"};
      colleagueA.giveMess(messA);
      String [] messB={"要求归还曾抢夺的 10 只公鸡","要求归还曾抢夺的 15 匹马"};
      colleagueB.giveMess(messB);
      String [] messC={"要求归还曾抢夺的 300 斤小麦","要求归还曾抢夺的 50 头驴"};
      colleagueC.giveMess(messC);
   }
}
```

2. 中介者模式的优点

- 可以避免许多对象为了之间的通信而相互显式引用，使系统不仅难以维护，而且也使其他系统难以复用这些对象。
- 可以通过中介者将原本分布于多个对象之间的交互行为集中在一起。当这些对象需要改变之间的通信行为时，只需使用一个具体中介者即可，而不必修改各个具体同事的代码，即这些同事可被重用。
- 具体中介者使得各个具体同事完全解耦，修改任何一个具体同事的代码不会影响到其他同事。
- 具体中介者集中了同事之间是如何交互的细节，使得系统比较清楚地知道整个系统中的同事是如何交互的。
- 当一些对象想互相通信，但又无法相互包含对方的引用时，使用中介者模式就可以使这些对象互相通信。

任务 10　工厂方法模式

任务要求

掌握工厂方法模式的结构角色、设计类图和实际应用优势，实现用工厂方法模式设计生产圆珠笔案例。

知识储备

当系统准备为用户提供某个类的子类的实例，而又不想让用户代码和该子类形成耦合时，就可以使用工厂方法模式来设计系统。工厂方法模式的关键是在一个接口或抽象类中定义一个抽象方法，该方法返回某个类的子类的实例，该抽象类或接口让其子类或实现该接口的类通过重写这个抽象方法返回某个子类的实例。

工厂方法模式的结构中包括四种角色：①抽象产品(Product)；②具体产品(ConcreteProduct)；③创建者(Creator)；④具体创建者(ConcreteCreator)。关系类图如图 4-10 所示。

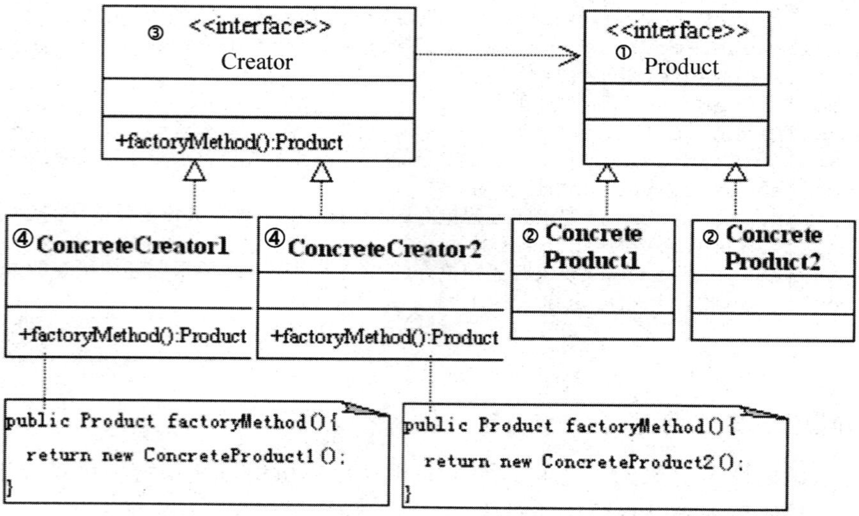

图 4-10　工厂方法模式类图

任务实施

1. 工厂方法模式的案例实现

1)　抽象产品(Product)：PenCore.java

```
public abstract class PenCore{
   String color;
   public abstract void writeWord(String s);
}
```

2)　具体产品(ConcreteProduct)_1：RedPenCore.java

```
public class RedPenCore extends PenCore{
    RedPenCore(){
      color="红色";
    }
    public void writeWord(String s){
```

```
        System.out.println("写出"+color+"的字:"+s);
    }
}
```

3)　具体产品(ConcreteProduct_2：BluePenCore.java)

```
public class BluePenCore extends PenCore{
    BluePenCore(){
      color="蓝色";
    }
    public void writeWord(String s){
       System.out.println("写出"+color+"的字:"+s);
    }
}
```

4)　具体产品(ConcreteProduct_3：BlackPenCore.java)

```
public class BlackPenCore extends PenCore{
    BlackPenCore(){
      color="黑色";
    }
    public void writeWord(String s){
       System.out.println("写出"+color+"的字:"+s);
    }
}
```

5)　创建者(Creator)：BallPen.java

```
public abstract class BallPen{
    BallPen(){
 System.out.println("生产了一只装有"+getPenCore().color+"笔芯的圆珠笔");
    }
    public abstract PenCore getPenCore(); //工厂方法
}
```

6)　具体创建者(ConcreteCreator)：RedBallPen.java、BlueBallPen.java 和 BlackBallPen.java

RedBallPen.java

```
public class RedBallPen extends BallPen{
    public PenCore getPenCore(){
       return new RedPenCore();
    }
}
```

BlueBallPen.java

```
public class BlueBallPen extends BallPen{
    public PenCore getPenCore(){
       return new BluePenCore();
    }
}
```

BlackBallPen.java

```
public class BlackBallPen extends BallPen{
    public PenCore getPenCore(){
```

```
        return new BlackPenCore();
    }
}
```

7) 应用程序：Application.java

```
public class Application{
    public static void main(String args[]){
        PenCore penCore;
        BallPen ballPen=new BlueBallPen();
        penCore=ballPen.getPenCore();
        penCore.writeWord("你好,很高兴认识你");
        ballPen=new RedBallPen();
        penCore=ballPen.getPenCore();
        penCore.writeWord("How are you");
        ballPen=new BlackBallPen();
        penCore=ballPen.getPenCore();
        penCore.writeWord("nice to meet you");
    }
}
```

2. 工厂方法模式的优点

- 使用工厂方法可以让用户的代码和某个特定类的子类的代码解耦。
- 工厂方法使用户不必知道它所使用的对象是怎样被创建的，只需知道该对象有哪些方法即可。

任务 11　抽象工厂模式

任务要求

掌握抽象工厂模式的结构角色、设计类图和实际应用优势，实现用抽象工厂模式设计生产服装案例。

知识储备

当系统准备为用户提供一系列相关的对象，而又不想让用户代码和创建这些对象的类形成耦合时，就可以使用抽象工厂方法模式来设计系统。抽象工厂模式的关键是在一个抽象类或接口中定义若干个抽象方法，这些抽象方法分别返回某个类的实例，该抽象类或接口让其子类或实现该接口的类重写这些抽象方法为用户提供一系列相关的对象。

工厂方法模式：一个抽象产品类，可以派生出多个具体产品类。一个抽象工厂类，可以派生出多个具体工厂类。每个具体工厂类只能创建一个具体产品类的实例。

抽象工厂模式：多个抽象产品类，每个抽象产品类可以派生出多个具体产品类。一个抽象工厂类，可以派生出多个具体工厂类。每个具体工厂类可以创建多个具体产品类的实例。

区别：工厂方法模式只有一个抽象产品类，而抽象工厂模式有多个。工厂方法模式的具体工厂类只能创建一个具体产品类的实例，而抽象工厂模式可以创建多个。

模式的结构中包括四种角色：①抽象产品(Prodcut)；②具体产品(ConcreteProduct)；③抽象工厂(AbstractFactory)；④具体工厂(ConcreteFactory)。关系类图如图 4-11 所示。

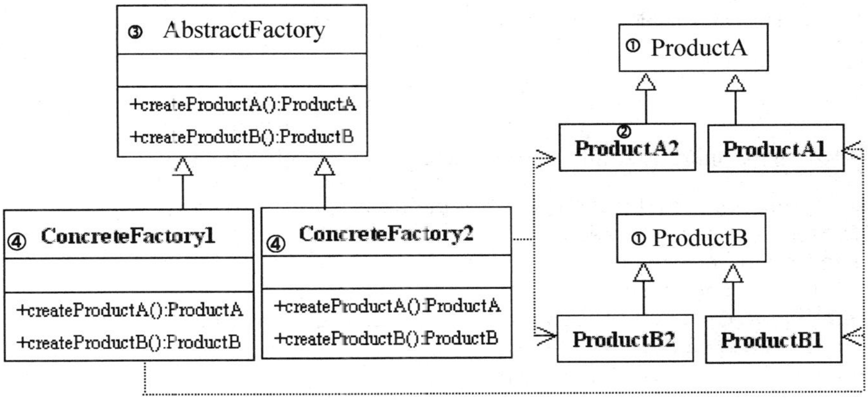

图 4-11　抽象工厂模式类图

任务实施

1. 抽象工厂模式的案例实现

1)　抽象产品(Product)：UpperClothes.java 和 Trousers.java

UpperClothes.java

```
public abstract class UpperClothes{
   public abstract int getChestSize();
   public abstract int getHeight();
   public abstract String getName();
}
```

Trousers.java

```
public abstract class Trousers{
   public abstract int getWaistSize();
   public abstract int getHeight();
   public abstract String getName();
}
```

2)　具体产品(ConcreteProduct)_1：WesternUpperClothes.java

```
public class WesternUpperClothes extends UpperClothes{
   private int chestSize;
   private int height;
   private String name;
   WesternUpperClothes(String name,int chestSize,int height){
      this.name=name;
      this.chestSize=chestSize;
      this.height=height;
   }
   public int getChestSize(){
```

```
        return chestSize;
    }
    public int getHeight(){
        return height;
    }
    public String getName(){
        return name;
    }
}
```

3) 具体产品(ConcreteProduct)_2：CowboyUpperClothes.java

```
public class CowboyUpperClothes extends UpperClothes{
    private int chestSize;
    private int height;
    private String name;
    CowboyUpperClothes(String name,int chestSize,int height){
        this.name=name;
        this.chestSize=chestSize;
        this.height=height;
    }
    public int getChestSize(){
        return chestSize;
    }
    public int getHeight(){
        return height;
    }
    public String getName(){
        return name;
    }
}
```

4) 具体产品(ConcreteProduct)_3：WesternTrousers.java

```
public class WesternTrousers extends Trousers{
    private int waistSize;
    private int height;
    private String name;
    WesternTrousers(String name,int waistSize,int height){
        this.name=name;
        this.waistSize=waistSize;
        this.height=height;
    }
    public int getWaistSize(){
        return waistSize;
    }
    public int getHeight(){
        return height;
    }
    public String getName(){
        return name;
    }
}
```

5)　具体产品(ConcreteProduct)_4：CowboyTrousers.java

```
public class CowboyTrousers extends Trousers{
  private int waistSize;
  private int height;
  private String name;
  CowboyTrousers(String name,int waistSize,int height){
     this.name=name;
     this.waistSize=waistSize;
     this.height=height;
  }
  public int getWaistSize(){
     return waistSize;
  }
  public int getHeight(){
     return height;
  }
  public String getName(){
     return name;
  }
}
```

6)　抽象工厂(AbstractFactory)：ClothesFactory.java

```
public abstract class ClothesFactory{
   public abstract UpperClothes createUpperClothes(int chestSize,int
height);
   public abstract Trousers createTrousers(int waistSize,int height);
}
```

7)　具体工厂(ConcreteFactory)：BeijingClothesFactory.java 和 ShanghaiClothesFactory.java

BeijingClothesFactory.java

```
public class BeijingClothesFactory extends ClothesFactory {
   public UpperClothes createUpperClothes(int chestSize,int height){
       return new CowboyUpperClothes("北京牌西服上衣",chestSize,height);
   }
   public Trousers createTrousers(int waistSize,int height){
       return new CowboyTrousers("北京牌西服裤子",waistSize,height);
   }
}
```

ShanghaiClothesFactory.java

```
public class ShanghaiClothesFactory extends ClothesFactory {
   public UpperClothes createUpperClothes(int chestSize,int height){
       return new CowboyUpperClothes("上海牌牛仔上衣",chestSize,height);
   }
   public Trousers createTrousers(int waistSize,int height){
       return new CowboyTrousers("上海牌牛仔裤",waistSize,height);
   }
}
```

8)　应用程序_1：Shop.java

```
public class Shop{
```

```
    UpperClothes cloth;
    Trousers trouser;
    public void giveSuit(ClothesFactory factory,int chestSize,int 
waistSize,int height){
        cloth=factory.createUpperClothes(chestSize,height);
        trouser=factory.createTrousers(waistSize,height);
        showMess();
    }
    private void showMess(){
        System.out.println("<套装信息>");
        System.out.println(cloth.getName()+":");
        System.out.print("胸围:"+cloth.getChestSize());
        System.out.println("身高:"+cloth.getHeight());
        System.out.println(trouser.getName()+":");
        System.out.print("腰围:"+trouser.getWaistSize());
        System.out.println("身高:"+trouser.getHeight());
    }
}
```

9) 应用程序_2：Application.java

```
public class Application{
    public static void main(String args[]){
        Shop shop=new Shop();
        ClothesFactory factory=new BeijingClothesFactory();
        shop.giveSuit(factory,110,82,170);
        factory=new ShanghaiClothesFactory();
        shop.giveSuit(factory,120,88,180);
    }
}
```

2. 抽象工厂模式的优点

- 抽象工厂模式可以为用户创建一系列相关的对象，使得用户和创建这些对象的类脱耦。
- 使用抽象工厂模式可以方便地为用户配置一系列对象。用户使用不同的具体工厂就能得到一组相关的对象，同时也能避免用户混用不同系列中的对象。
- 在抽象工厂模式中，可以随时增加“具体工厂”为用户提供一组相关的对象。

任务 12　生成器模式

任务要求

掌握生成器模式的结构角色、设计类图和实际应用优势，实现用生成器模式设计多种版本界面设计案例。

知识储备

当系统准备为用户提供一个内部结构复杂的对象时，就可以使用生成器模式，使用该模式可以逐步地构造对象，使得对象的创建更具弹性。生成器模式的关键是将一个包含有多个组件对象的创建分成若干个步骤，并将这些步骤封装在一个称作生成器的接口中。

生成器模式的结构中包括四种角色：①产品(Product)；②抽象生成器(Builder)；③具体生成器(ConcreteBuilder)；④指挥者(Director)。关系类图如图 4-12 所示。

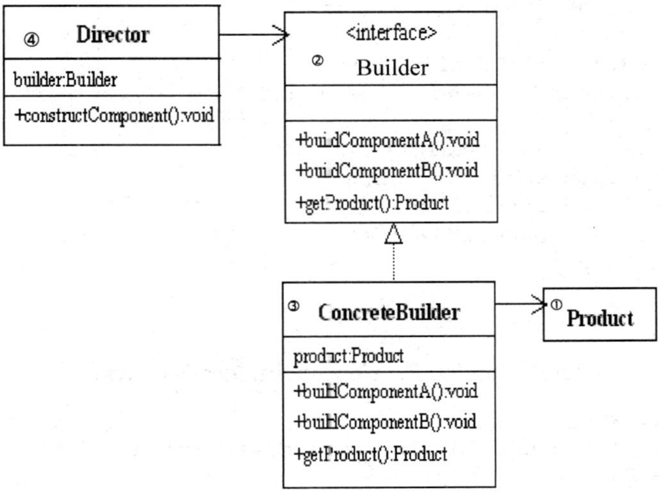

图 4-12　生成器模式类图

任务实施

1. 生成器模式的案例实现

1)　产品(Product)：PanelProduct.java

```
import javax.swing.*;
public class PanelProduct extends JPanel{
   JButton button;
   JLabel label;
   JTextField textField;
}
```

2)　抽象生成器(Builder)：Builer.java

```
import.javax.swing.*;
public interface Builder{
    public abstract void buildButton();
    public abstract void buildLabel();
    public abstract void buildTextField();
    public abstract JPanel getPanel();
}
```

3)　具体生成器(ConcreteBuilder)_1：ConcreteBuilderOne.java

```
import javax.swing.*;
public class ConcreteBuilderOne implements Builder{
      private PanelProduct panel;
      ConcreteBuilderOne(){
```

```
            panel=new PanelProduct();
        }
        public void buildButton(){
            panel.button=new JButton("按钮");
        }
        public void buildLabel(){
            panel.label=new JLabel("标签");
        }
        public void buildTextField(){
            panel.textField=new JTextField("文本框");
        }
        public JPanel  getPanel(){
            panel.add(panel.button);
            panel.add(panel.label);
            panel.add(panel.textField);
            return panel;
        }
}
```

4) 具体生成器(ConcreteBuilder_2：ConcreteBuilderTwo.java)

```
import javax.swing.*;
public class ConcreteBuilderTwo implements Builder{
      private PanelProduct panel;
      ConcreteBuilderTwo(){
            panel=new PanelProduct();
      }
      public void buildButton(){
            panel.button=new JButton("button");
      }
      public void buildLabel(){
           panel.label=new JLabel("label");
      }
      public void buildTextField(){
           panel.textField=new JTextField("textField");
      }
      public JPanel  getPanel(){
            panel.add(panel.textField);
            panel.add(panel.label);
            panel.add(panel.button);
            return panel;
      }
}
```

5) 指挥者(Director)：Director.java

```
import javax.swing.*;
public class Director{
   private Builder builder;
   Director(Builder builder){
      this.builder=builder;
   }
   public JPanel constructProduct(){
      builder.buildButton();
      builder.buildLabel();
      builder.buildTextField();
```

```
        JPanel product=builder.getPanel();
        return product;
    }
}
```

6) 应用程序：Application.java

```
import javax.swing.*;
public class Application{
    public static void main(String args[]){
        Builder builder=new ConcreteBuilderOne();
        Director director=new Director(builder);
        JPanel panel=director.constructProduct();
        JFrame frameOne=new JFrame();
        frameOne.add(panel);
        frameOne.setBounds(12,12,200,120);
        frameOne.setDefaultCloseOperation(JFrame.DISPOSE_ON_CLOSE);
        frameOne.setVisible(true);
        builder=new ConcreteBuilderTwo();
        director=new Director(builder);
        panel=director.constructProduct();
        JFrame frameTwo=new JFrame();
        frameTwo.add(panel);
        frameTwo.setBounds(212,12,200,120);
        frameTwo.setDefaultCloseOperation(JFrame.DISPOSE_ON_CLOSE);
        frameTwo.setVisible(true);
    }
}
```

2. 生成器模式的优点

- 生成器模式将对象的构造过程封装在具体生成器中，用户使用不同的具体生成器就可以得到该对象的不同表示。
- 生成器模式将对象的构造过程从创建该对象的类中分离出来，使得用户无须了解该对象的具体组件。
- 生成器将对象的构造过程分解成若干步骤，这使得程序可以更加精细有效地控制整个对象的构造。
- 生成器模式将对象的构造过程与创建该对象类解耦，使得对象的创建更加灵活有弹性。
- 当增加新的具体生成器时，不必修改指挥者的代码，即该模式满足开-闭原则。

任务 13　原 型 模 式

任务要求

掌握原型模式的结构角色、设计类图和实际应用优势，实现用原型模式设计克隆对象案例。

知识储备

原型模式是从一个对象出发得到一个和自己有相同状态的新对象的成熟模式，该模式的关键是将一个对象定义为原型，并为其提供复制自己的方法。

原型模式的结构中包括两种角色：①抽象原型(Prototype)；②具体原型(Concrete Prototype)。关系类图如图 4-13 所示。

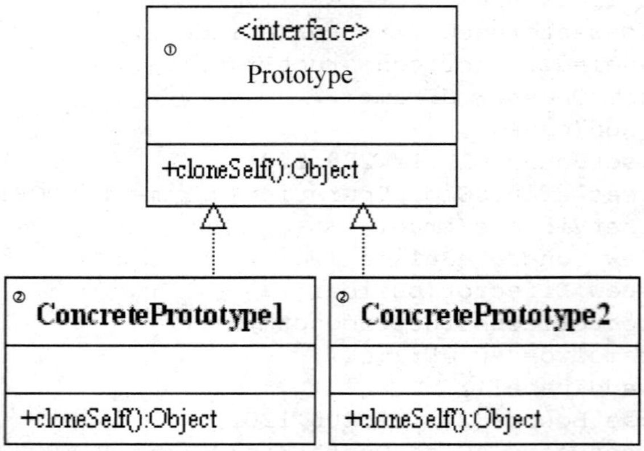

图 4-13　原型模式类图

任务实施

1. 原型模型的案例实现

1)　抽象原型(Prototype)：Prototype.java

```
public interface  Prototype {
public Object cloneMe() throws CloneNotSupportedException,;
}
```

2)　具体原型(Concrete Prototype)_1：Cubic.java

```
public class Cubic implements Prototype, Cloneable{
      double  length,width,height;
      Cubic(double a,double b,double c){
            length=a;
            width=b;
            height=c;
      }
      public Object cloneMe() throws CloneNotSupportedException{
            Cubic object=(Cubic)clone();
            return object;
      }
}
```

3)　具体原型(ConcretePrototype)_2：Goat.java

```
import java.io.*;
public class Goat implements Prototype,Serializable{
```

```
        StringBuffer color;
        public void setColor(StringBuffer c){
             color=c;
       }
       public  StringBuffer getColor(){
             return color;
       }
public Object cloneMe() throws CloneNotSupportedException{
             Object object=null;
             try{
                 ByteArrayOutputStream outOne=new ByteArrayOutputStream();
                 ObjectOutputStream outTwo=new ObjectOutputStream(outOne);
                    outTwo.writeObject(this);
                    ByteArrayInputStream  inOne=
                    new ByteArrayInputStream(outOne.toByteArray());
                    ObjectInputStream inTwo=new ObjectInputStream(inOne);
                    object=inTwo.readObject();
            }
            catch(Exception event){
                    System.out.println(event);
            }
            return object;
       }
}
```

4)　应用程序：Application.java

```
public class Application{
    public static void main(String args[]){
         Cubic  cubic=new Cubic(12,20,66);
         System.out.println("cubic 的长、宽和高：");
         System.out.println(cubic.length+","+cubic.width+","+cubic.height);
         try{
                Cubic  cubicCopy=(Cubic)cubic.cloneMe();
                System.out.println("cubicCopy 的长、宽和高：");
                System.out.println(cubicCopy.length+","+cubicCopy.width+","
                +cubicCopy.height);
         }
         catch(CloneNotSupportedException exp){}
Goat  goat=new Goat();
         goat.setColor(new StringBuffer("白颜色的山羊"));
         System.out.println("goat 是"+goat.getColor());
          try{
                 Goat  goatCopy=(Goat)goat.cloneMe();
                 System.out.println("goatCopy 是"+goatCopy.getColor());
                 System.out.println("goatCopy 将自己的颜色改变成黑色");
                 goatCopy.setColor(new StringBuffer("黑颜色的山羊"));
                 System.out.println("goat 仍然是"+goat.getColor());
                 System.out.println("goatCopy 是"+goatCopy.getColor());
          }
          catch(CloneNotSupportedException exp){}
    }
}
```

2. 原型模式的优点

- 当创建类的新实例的代价较大时，使用原型模式复制一个已有的实例可以提高创建新实例的效率。
- 可以动态地保存当前对象的状态。在运行时刻，可以随时使用对象流保存当前对象的一个复制品。
- 可以在运行时创建新的对象，而无须创建一系列类和继承结构。
- 可以动态地添加、删除原型的复制品。

任务 14　单 件 模 式

任务要求

掌握单件模式的结构角色、设计类图和实际应用优势，实现用单件模式设计唯一对象实现案例。

知识储备

单件模式是关于怎样设计一个类，并使得该类只有一个实例的成熟模式，该模式的关键是将类的构造方法设置为 private 权限，并提供一个返回它的唯一实例的类方法。

单件模式的结构中只包括一个角色，即单件类(Singleton)，关系类图如图 4-14 所示。

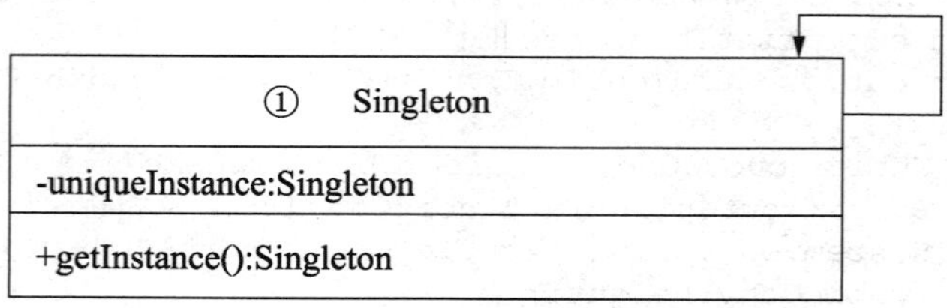

图 4-14　单件模式类图

任务实施

1. 单件模式的案例实现

1)　单件类(Singleton)：Moon.java

```
public class Moon{
      private static Moon  uniqueMoon;
      double radius;
      double distanceToEarth;
      private Moon(){
           uniqueMoon=this;
           radius=1738;
           distanceToEarth=363300;
      }
      public static synchronized Moon getMoon(){
```

```
            if(uniqueMoon==null){
                  uniqueMoon=new Moon();
            }
            return uniqueMoon;
      }
      public String show(){
    String s="月亮的半径是"+radius+"km,距地球是"+distanceToEarth+"km";
          return s;
      }
}
```

2)　应用程序：Application.java

```
import javax.swing.*;
import java.awt.*;
public class Application{
    public static void main(String args[]){
          MyFrame f1=new MyFrame("张三看月亮");
          MyFrame f2=new MyFrame( "李四看月亮");
          f1.setBounds(10,10,360,150);
          f2.setBounds(370,10,360,150);
          f1.validate();
          f2.validate();
    }
}
class  MyFrame extends JFrame{
    String str;
    MyFrame(String title){
        setTitle(title);
        Moon moon=Moon.getMoon();
        str=moon.show();
        setDefaultCloseOperation(JFrame.DISPOSE_ON_CLOSE);
        setVisible(true);
        repaint();
    }
    public void paint(Graphics g){
          super.paint(g);
          g.setFont(new Font("宋体",Font.BOLD,14));
          g.drawString(str,5,100);
    }
}
```

2. 单件模式的优点

单件类的唯一实例由单件类本身来控制，所以可以很好地控制用户何时访问它。

任务 15　组 合 模 式

任务要求

掌握组合模式的结构角色、设计类图和实际应用优势，实现用组合模式设计军饷计算案例。

知识储备

组合模式是关于怎样将对象形成树形结构来表现整体和部分的层次结构的成熟模式。使用组合模式，可以以一致的方式处理个体对象和组合对象，组合模式的关键在于，无论是个体对象还是组合对象都实现了相同的接口或都是同一个抽象类的子类。

组合模式的结构中包括三种角色：①抽象组件(Component)；②Composite 节点(Composite Node)；③Leaf 节点(Leaf Node)。关系类图如图 4-15 所示。

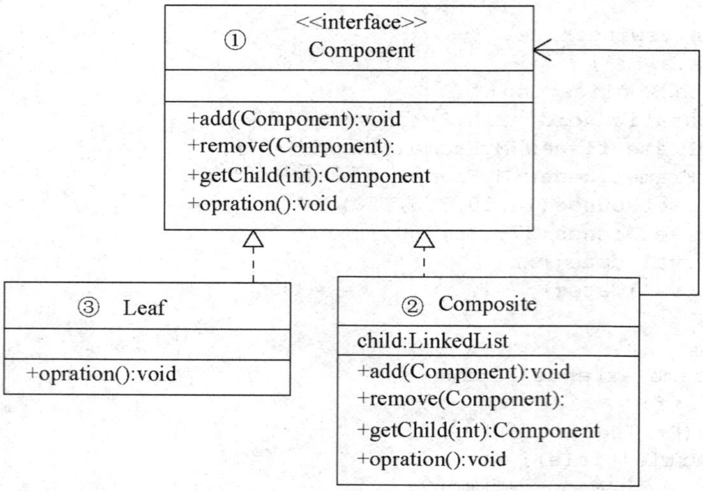

图 4-15　组合模式类图

任务实施

1. 组合模式的案例实现

1)　抽象组件(Component)：MilitaryPerson.java

```
import java.util.*;
public interface MilitaryPerson{
     public void add(MilitaryPerson person) ;
     public void remove(MilitaryPerson person) ;
     public MilitaryPerson getChild(int index);
     public Iterator<MilitaryPerson>  getAllChildren() ;
     public boolean isLeaf();
     public double getSalary();
     public void setSalary(double salary);
  }
```

2)　Composite 节点(CompositeNode)：MilitaryOfficer.java

```
import java.util.*;
public class MilitaryOfficer implements MilitaryPerson{
     LinkedList<MilitaryPerson> list;
     String name;
```

```
    double salary;
    MilitaryOfficer(String name,double salary){
        this.name=name;
        this.salary=salary;
        list=new LinkedList<MilitaryPerson>();
    }
    public void add(MilitaryPerson person) {
        list.add(person);
    }
    public void remove(MilitaryPerson person){
        list.remove(person);
    }
    public MilitaryPerson getChild(int index) {
        return list.get(index);
    }
    public Iterator<MilitaryPerson>  getAllChildren() {
        return list.iterator();
    }
    public boolean isLeaf(){
       return false;
    }
    public double getSalary(){
        return salary;
    }
    public void setSalary(double salary){
       this.salary=salary;
    }
}
```

3)　Leaf 节点(LeafNode)：MilitarySoldier.java

```
import java.util.*;
public class MilitarySoldier implements MilitaryPerson{
    double salary;
    String name;
    MilitarySoldier(String name,double salary){
        this.name=name;
        this.salary=salary;
    }
    public void add(MilitaryPerson person)  {}
    public void remove (MilitaryPerson person){}
    public MilitaryPerson getChild(int index) {
       return null;
    }
    public Iterator<MilitaryPerson>  getAllChildren() {
       return null;
    }
     public boolean isLeaf(){
       return true;
    }
    public double getSalary(){
       return salary;
    }
    public void setSalary(double salary){
       this.salary=salary;
    }
}
```

4)　应用_1 程序：ComputerSalary.java

```
import java.util.*;
```

```
public class ComputerSalary{
     public static double computerSalary(MilitaryPerson person){
          double sum=0;
          if(person.isLeaf()==true){
               sum=sum+person.getSalary();
          }
          if(person.isLeaf()==false){
               sum=sum+person.getSalary();
               Iterator<MilitaryPerson> iterator=person.getAllChildren();
               while(iterator.hasNext()){
                         MilitaryPerson p= iterator.next();
                         sum=sum+computerSalary(p);;
               }
          }
          return sum;
     }
}
```

5) 应用程序：Application.java

```
public class Application{
     public static void main(String args[]) {
          MilitaryPerson 连长=new MilitaryOfficer("连长",5000);
          MilitaryPerson 排长1=new MilitaryOfficer("一排长",4000);
          MilitaryPerson 排长2=new MilitaryOfficer("二排长",4000);
          MilitaryPerson 班长11=new MilitaryOfficer("一班长",2000);
          MilitaryPerson 班长12=new MilitaryOfficer("二班长",2000);
          MilitaryPerson 班长13=new MilitaryOfficer("三班长",2000);
          MilitaryPerson 班长21=new MilitaryOfficer("一班长",2000);
          MilitaryPerson 班长22=new MilitaryOfficer("二班长",2000);
          MilitaryPerson 班长23=new MilitaryOfficer("三班长",2000);
          MilitaryPerson 班长31=new MilitaryOfficer("一班长",2000);
          MilitaryPerson 班长32=new MilitaryOfficer("二班长",2000);
          MilitaryPerson 班长33=new MilitaryOfficer("三班长",2000);
          MilitaryPerson []士兵=new MilitarySoldier[60];
          for(int i=0;i<士兵.length;i++){
               士兵[i]=new MilitarySoldier("小兵",1000);
          }
          连长.add(排长1);                  连长.add(排长2);
          排长1.add(班长11);                排长1.add(班长12);
          排长1.add(班长13);                排长2.add(班长21);
          排长2.add(班长22);                排长2.add(班长23);
          for(int i=0;i<=9;i++){
               班长11.add(士兵[i]);
               班长12.add(士兵[i+10]);
               班长13.add(士兵[i+20]);
               班长21.add(士兵[i+30]);
               班长22.add(士兵[i+40]);
               班长23.add(士兵[i+50]);
               班长31.add(士兵[i+60]);
               班长32.add(士兵[i+70]);
               班长33.add(士兵[i+80]);
          }
          System.out.println("一排的军饷:"+ComputerSalary.computerSalary(排长1));
          System.out.println("一班的军饷:"+ComputerSalary.computerSalary(班长11));
          System.out.println("全连的军饷:"+ComputerSalary.computerSalary(连长));
     }
}
```

2. 组合模式的优点

- 组合模式中包含个体对象和组合对象，并形成树形结构，使用户可以方便地处理个体对象和组合对象。
- 组合对象和个体对象实现了相同的接口，用户一般不需区分个体对象和组合对象。
- 当增加新的 Composite 节点和 Leaf 节点时，用户的重要代码不需要做修改。

任务 16　桥 接 模 式

任务要求

掌握桥接模式的结构角色、设计类图和实际应用优势，实现用桥接模式设计建筑计算成本案例。

知识储备

桥接模式是关于怎样将抽象部分与它的实现部分分离，使得它们都可以独立地变化的成熟模式。

桥接模式的结构中包括四种角色：①抽象(Abstraction)；②实现者(Implementor)；③细化抽象(RefinedAbstraction)；④具体实现者(ConcreteImplementor)。关系类图如图 4-16 所示。

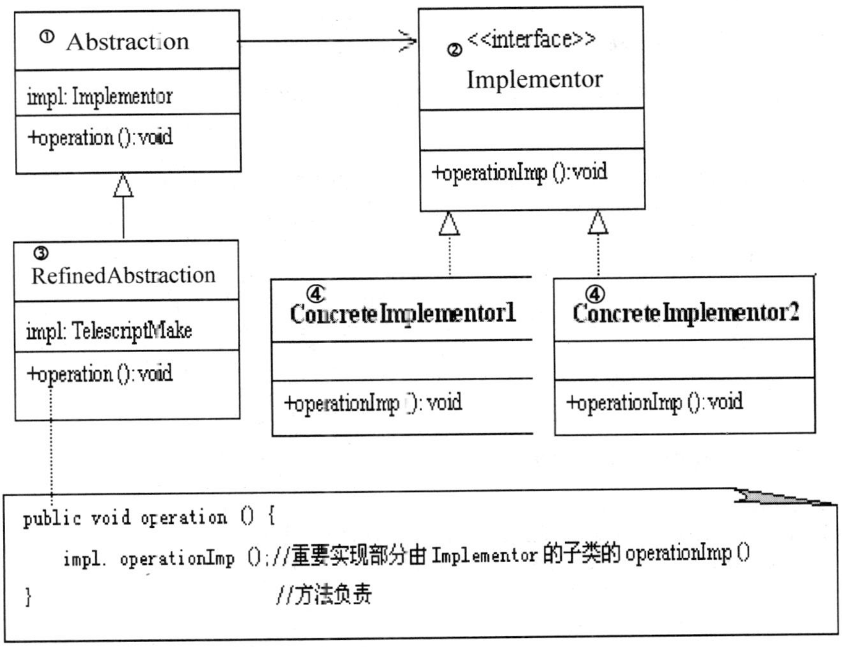

图 4-16　桥接模式类图

任务实施

1. 桥接模式的案例实现

1) 抽象(Abstraction)：ArchitectureCose.java

```
public abstract class ArchitectureCost{
     BuildingDesign design;
     double unitPrice;
     public abstract double giveCost();
}
```

2) 实现者(Implementor)：BuildingDesign.java

```
public interface BuildingDesign{
     public double computerArea();
 }
```

3) 细化抽象(Refined Abstraction)：BuildingCose.java

```
public  class  BuildingCost extends ArchitectureCost{
     BuildingCost(BuildingDesign design,double unitPrice){
           this.design=design;
           this.unitPrice=unitPrice;
     }
     public  double giveCost() {
          double area=design.computerArea();
          return area*unitPrice;
     }
}
```

4) 具体实现者(Concrete Implementor)：HouseDesign.java

```
public class HouseDesign implements BuildingDesign{
     double width,length;
     int floorNumber;
     HouseDesign(double width,double length,int floorNumber){
          this.width=width;
          this.length=length;
          this.floorNumber=floorNumber;
     }
     public double computerArea(){
          return width*length*floorNumber;
     }
 }
```

5) 应用程序：Application.java

```
public class Application{
    public static void main(String args[]) {
         double width=63,height=30;
         int floorNumber=8;
         double unitPrice=6867.38;
    BuildingDesign  design=new HouseDesign(width,height,floorNumber);
         System.out.println("宽"+width+"米，高"+height+"米，层数为"
+floorNumber);
```

```
        ArchitectureCost  cost=new BuildingCost(design,unitPrice);
        double price=cost.giveCost();
        System.out.printf("每平方米造价："+unitPrice+"元的商业楼的建设成
本：%.2f 元\n",price);
        width=52;
        height=28;
        floorNumber=6;
        unitPrice=2687.88;
        design=new HouseDesign(width,height,floorNumber);
        System.out.println("宽"+width+"米，高"+height+"米，层数为
"+floorNumber);
        cost=new BuildingCost(design,unitPrice);
        price=cost.giveCost();
        System.out.printf("每平方米造价："+unitPrice+"元的住宅楼的建设成
本：%.2f 元\n",price);
    }
}
```

2. 桥接模式的优点

- 桥接模式分离了实现与抽象，使得抽象和实现可以独立地扩展。当修改实现的代码时，不影响抽象的代码，反之也一样。比如，对于本任务中的例子，如果具体实现者 HouseDesign 类决定将面积的计算加上一个额外的值，即修改了 computerArea()方法，那么并不影响细化抽象者的代码；反之，如果抽象者决定增加一个参与计算的参数：adjust，即细化抽象者代码，那么在计算成本时通过设置该参数的值来计算成本，从而并不影响实现者的代码。
- 满足“开-闭”原则。抽象和实现考处于同一层次，使得系统可以独立地扩展这两个层次。增加新的具体实现者，而不需要修改细化抽象；反之，增加新的细化抽象也不需要修改具体实现。

任务 17　状 态 模 式

任务要求

掌握状态模式的结构角色、设计类图和实际应用优势，实现用状态模式设计发射子弹模拟案例。

知识储备

一个对象的状态依赖于它的变量的取值情况，对象在不同的运行环境中，可能具有不同的状态。在许多情况下，对象调用方法所产生的行为效果依赖于它当时的状态。

状态模式的关键是将对象的状态封装成独立的类，对象调用方法时，可以委托当前对象所具有的状态调用相应的方法，使得当前对象看起来好像修改了它的类。

状态模式的结构中包括三种角色：①环境(Context)；②抽象状态(State)；③具体状态(Concrete State)。关系类图如图 4-17 所示。

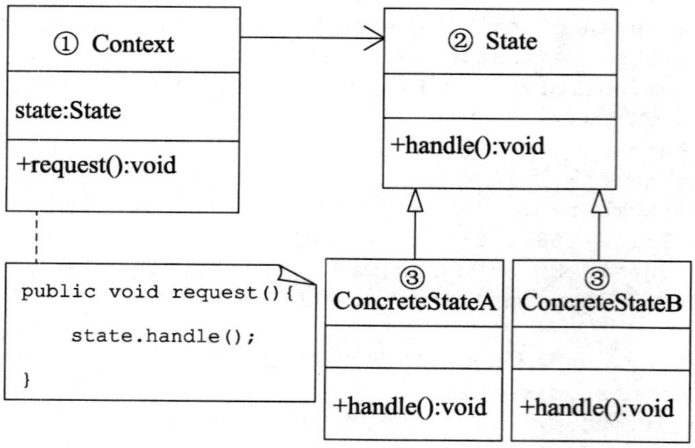

图 4-17　状态模式类图

任务实施

1. 状态模式的案例实现

1)　环境(Context)：Thermometer.java

```
public class Thermometer{
      TemperatureState  state;
       public void showMessage(){
           System.out.println("***********");
           state.showTemperature();
           System.out.println("***********");
      }
      public void setState(TemperatureState  state){
           this.state=state;
      }
}
```

2)　抽象状态(State)：TemperatureState.java

```
public  interface  TemperatureState{
      public void showTemperature();
 }
```

3)　具体状态(Concrete State)：LowState.java

```
public class LowState implements TemperatureState{
       double n=0;
       LowState(double n){
            if(n<=0)
              this.n=n;
       }
       public void showTemperature(){
             System.out.println("现在温度是"+n+"属于低温度");
       }
}
```

4)　具体状态(ConcreteState)：MiddleState.java

```
public class MiddleState implements TemperatureState{
      double n=15;
      MiddleState(int n){
          if(n>0&&n<26)
             this.n=n;
      }
      public void showTemperature(){
            System.out.println("现在温度是"+n+"属于正常温度");
      }
}
```

5)　具体状态(ConcreteState)：HeightState.java

```
public class HeightState implements TemperatureState{
      double n=39;
      HeightState(int n){
          if(n>=39)
             this.n=n;
      }
      public void showTemperature(){
            System.out.println("现在温度是"+n+"属于高温度");
      }
}
```

6)　应用程序：Application.java

```
public class Application{
    public static void main(String args[]) {
         TemperatureState state=new LowState(-12);
         Thermometer  thermometer=new Thermometer();
         thermometer.setState(state);
         thermometer.showMessage();
         state=new MiddleState(20);
         thermometer.setState(state);
         thermometer.showMessage();
         state=new HeightState(39);
         thermometer.setState(state);
         thermometer.showMessage();
    }
}
```

2. 状态模式的优点

- 使用一个类封装对象的一种状态，很容易增加新的状态。
- 在状态模式中，环境(context)中不必出现大量的条件判断语句。环境(context)实例所呈现的状态变得更加清晰、容易理解。
- 使用状态模式可以让用户程序很方便地切换环境(context)实例的状态。
- 使用状态模式不会让环境(context)的实例中出现内部状态不一致的情况。
- 当状态对象没有实例变量时，环境(context)的各个实例可以共享一个状态对象。

任务 18　模板方法模式

任务要求

掌握模板方法模式的结构角色、设计类图和实际应用优势，实现用模板方法模式设计日期处理案例。

知识储备

模板方法是关于怎样将若干个方法集成到一个方法中，以便形成一个解决问题的算法骨架。模板方法模式的关键是在一个抽象类中定义一个算法的骨架，即将若干个方法集成到一个方法中，并称该方法为一个模板方法，或简称为模板。

模板方法模式的结构中包括两种角色，①抽象模板(AbstractTemplate)；②具体模板(ConcreteTemplate)。关系类图如图 4-18 所示。

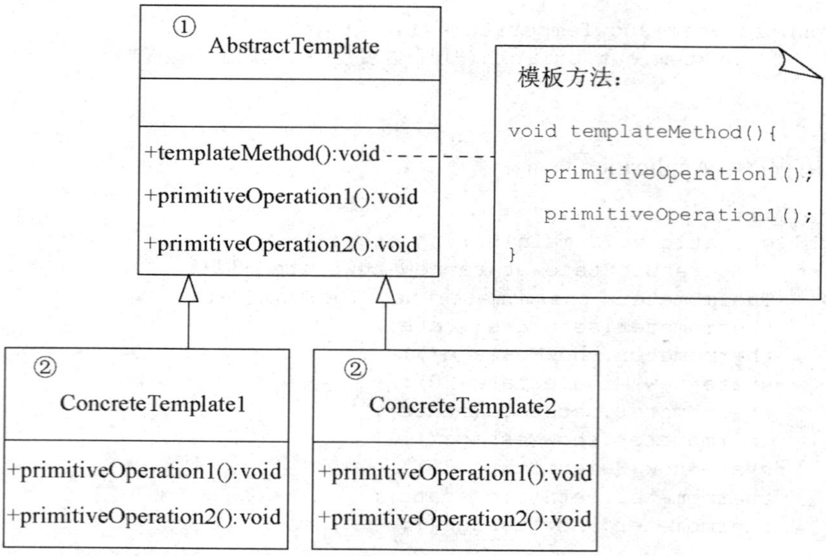

图 4-18　模板方法模式类图

任务实施

1. 模板方法模式的案例实现

1)　抽象模板(AbstractTemplate)：AbstractTemplate.java

```
import java.io.*;
public abstract  class  AbstractTemplate{
     File [] allFiles;
     File dir;
     AbstractTemplate(File dir){
          this.dir=dir;
```

```
    }
    public final void  showFileName(){
        allFiles=dir.listFiles();
        sort();
        printFiles();
    }
    public abstract void sort();
    public abstract void printFiles();
}
```

2)　具体模板(Concrete Template)：ConcreteTemplate1.java

```
import java.io.*;
import java.awt.*;
import java.util.Date;
import java.text.SimpleDateFormat;
public  class ConcreteTemplate1 extends  AbstractTemplate{
     ConcreteTemplate1(File dir){
        super(dir);
     }
     public void sort(){
        for(int i=0;i<allFiles.length;i++)
            for(int j=i+1;j<allFiles.length;j++)

if(allFiles[j].lastModified()<allFiles[i].lastModified()){
                        File file=allFiles[j];
                        allFiles[j]=allFiles[i];
                        allFiles[i]=file;
                    }
     }
     public void printFiles(){
          for(int i=0;i<allFiles.length;i++){
             long time=allFiles[i].lastModified();
             Date date=new Date(time);
  SimpleDateFormat matter= new SimpleDateFormat("yyyy-MM-dd HH:mm:ss");
             String str=matter.format(date);
             String name=allFiles[i].getName();
             int k=i+1;
             System.out.println(k+" "+name+"("+str+")");
          }
     }
}
```

3)　具体模板(ConcreteTemplate)：ConcreteTemplate2.java

```
import java.io.*;
import java.awt.*;
public  class ConcreteTemplate2 extends  AbstractTemplate{
     ConcreteTemplate2(File dir){
        super(dir);
     }
     public void sort(){
        for(int i=0;i<allFiles.length;i++)
            for(int j=i+1;j<allFiles.length;j++)
                if(allFiles[j].length()<allFiles[i].length()){
                    File file=allFiles[j];
```

```
                        allFiles[j]=allFiles[i];
                        allFiles[i]=file;
                    }
        }
        public void printFiles(){
              for(int i=0;i<allFiles.length;i++){
                  long fileSize=allFiles[i].length() ;
                  String name=allFiles[i].getName();
                  int k=i+1;
                  System.out.println(k+" "+name+"("+fileSize+" 字节)");
              }
        }
}
```

4) 应用程序：Application.java

```
import java.io.File;
public class Application{
    public static void main(String args[]) {
        File dir=new File("d:/javaExample");
        AbstractTemplate  template=new ConcreteTemplate1(dir);
        System.out.println(dir.getPath()+"目录下的文件：");
        template.showFileName();
        template=new ConcreteTemplate2(dir);
        System.out.println(dir.getPath()+"目录下的文件：");
        template.showFileName();
    }
}
```

2. 模板方法模式的优点

- 可以通过在抽象模板中定义模板方法给出成熟的算法步骤，同时又不限制步骤的细节，具体模板实现算法细节不会改变整个算法的骨架。
- 在抽象模板模式中，可以通过钩子方法对某些步骤进行挂钩，具体模板通过钩子可以选择算法骨架中的某些步骤。

任务 19 代 理 模 式

任务要求

掌握代理模式的结构角色、设计类图和实际应用优势，实现用代理模式设计几何图形案例。

知识储备

代理模式是为对象提供一个代理，代理可以控制对它所代理的对象的访问。

代理模式最常见的两种情况：远程代理和虚拟代理。

代理模式的结构中包括三种角色：①抽象主题(Abstract Subject)；②实际主题(RealSubject)；③代理(Proxy)。关系类图如图 4-19 所示。

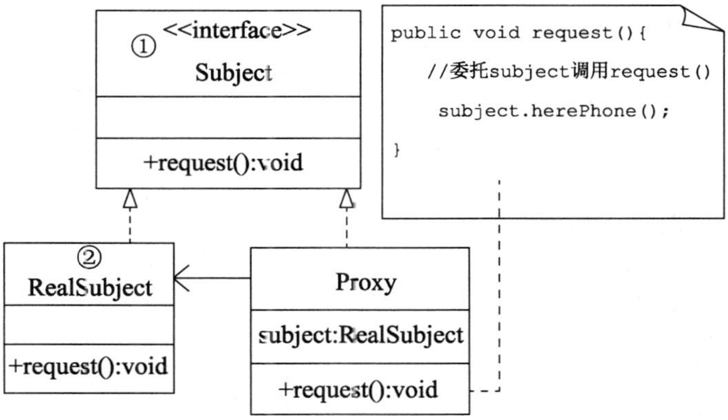

图 4-19　代理模式类图

任务实施

1. 代理模式的案例实现

1)　抽象主题(Abstract Subject)：Geometry.java

```
public  interface Geometry{
     public double getArea();
 }
```

2)　具体模板(Concrete Template)：Triangle.java

```
public class Triangle implements Geometry{
      double sideA,sideB,sideC,area;
      public  Triangle(double a,double b,double c) {
            sideA=a;
            sideB=b;
            sideC=c;
     }
     public double  getArea(){
            double p=(sideA+sideB+sideC)/2.0;
            area=Math.sqrt(p*(p-sideA)*(p-sideB)*(p-sideC)) ;
            return area;
     }
}
```

3)　代理(Proxy)：TriangleProxy.java

```
public class TriangleProxy implements Geometry{
    double sideA,sideB,sideC;
     Triangle triangle;
    public  void setABC(double a,double b,double c) {
            sideA=a;
            sideB=b;
            sideC=c;
     }
     public double  getArea(){
            if(sideA+sideB>sideC&&sideA+sideC>sideB&&sideB+sideC>sideA){
                 triangle=new Triangle(sideA,sideB,sideC);
                 double area=triangle.getArea();
```

```
                return area;
            }
            else
               return -1;
      }
}
```

4) 应用程序：Application.java

```
import java.util.Scanner;
public class Application{
    public static void main(String args[]) {
            Scanner reader=new Scanner(System.in);
            System.out.println("请输入三个数，每输入一个数按 Enter 键确认");
            double a=-1,b=-1,c=-1;
            a=reader.nextDouble();
            b=reader.nextDouble();
            c=reader.nextDouble();
            TriangleProxy proxy=new TriangleProxy();
            proxy.setABC(a,b,c);
            double area=proxy.getArea();
            System.out.println("面积是: "+area);
    }
}
```

2. 代理模式的优点

- 代理模式可以屏蔽用户真正请求的对象，使用户程序和真正的对象之间解耦。
- 使用代理来担当那些创建耗时的对象的替身。

任务 20　享 元 模 式

任务要求

掌握享元模式的结构角色、设计类图和实际应用优势，实现用享元模式设计生产汽车案例。

知识储备

一个类中的成员变量表明该类所创建的对象具有的属性，在某些程序设计中我们可能会用一个类创建若干个对象，但是我们发现这些对象有一个共同特点是，它们有一部分属性的取值必须是完全相同的。

享元模式的结构中包括三种角色：①享元接口(Flyweight)；②具体享元(ConcreteFlyweight)；③享元工厂(FlyweightFactory)。关系类图如图 4-20 所示。

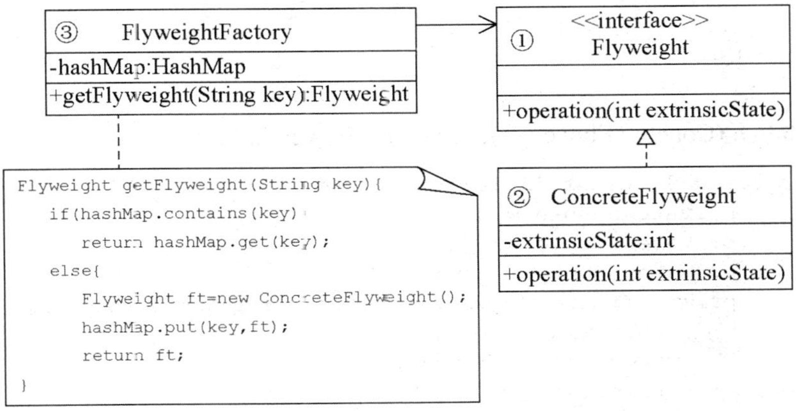

图 4-20　享元模式类图

任务实施

1. 享元模式的案例实现

1)　享元接口(Flyweight)：Flyweight.java

```
public interface Flyweight{
    public double getHeight();
    public double getWidth();
    public double getLength();
    public void printMess(String mess);
}
```

2)　享元工厂(FlyweightFactory)：FlyweightFactory.java

```
import java.util.HashMap;
public class FlyweightFactory{
       private  HashMap<String,Flyweight> hashMap;
       static FlyweightFactory factory=new FlyweightFactory();
       private FlyweightFactory(){
             hashMap=new HashMap<String,Flyweight>();
       }
       public static FlyweightFactory getFactory(){
             return factory;
       }
       public synchronized Flyweight getFlyweight(String key){
           if(hashMap.containsKey(key))
                     return hashMap.get(key);
           else{
                   double width=0,height=0,length=0;
                   String [] str=key.split("#");
                   width=Double.parseDouble(str[0]);
                   height=Double.parseDouble(str[1]);
                   length=Double.parseDouble(str[2]);
                  Flyweight ft=new ConcreteFlyweight(width,height,length);
                   hashMap.put(key,ft);
```

```
                    return ft;
            }
        }
```

3) 具体享元(ConcreteFlyweight)：ConcreteFlyweight.java

```
class ConcreteFlyweight implements Flyweight{
            private double width;
            private double height;
            private double length;
            private ConcreteFlyweight(double width,double height,double length){
                 this.width=width;
                 this.height=height;
                 this.length=length;
            }
            public double getHeight(){
                 return height;
            }
            public double getWidth(){
                 return width;
            }
            public double getLength(){
                 return length;
            }
            public void printMess(String mess){
                 System.out.print(mess);
                 System.out.print("宽度: "+width);
                 System.out.print("高度: "+height);
                 System.out.println("长度: "+length);
            }
        }
}
```

4) 应用程序：Car.java

```
public class Car{
     Flyweight  flyweight;
     String name,color;
     int power;
     Car(Flyweight flyweight,String name,String color,int power){
          this.flyweight=flyweight;
          this.name=name;
          this.color=color;
          this.power=power;
     }
    public void print(){
         System.out.print("名称: "+name);
         System.out.print("颜色: "+color);
         System.out.print("功率: "+power);
         System.out.print("宽度: "+flyweight.getWidth());
         System.out.print("高度: "+flyweight.getHeight());
         System.out.println("长度: "+flyweight.getLength());
     }
}
```

5)　应用程序：Application.java

```
public class Application{
    public static void main(String args[]) {
        FlyweightFactory  factory=FlyweightFactory.getFactory();
        double width=1.82,height=1.47,length=5.12;
        String key=""+width+"#"+height+"#"+length;
        Flyweight flyweight=factory.getFlyweight(key);
        Car audiA6One=new Car(flyweight,"奥迪 A6","黑色",128);
        Car audiA6Two=new Car(flyweight,"奥迪 A6","灰色",160);
        audiA6One.print();
        audiA6Two.print();
        width=1.77;
        height=1.45;
        length=4.63;
        key=""+width+"#"+height+"#"+length;
        flyweight=factory.getFlyweight(key);
        Car audiA4One=new Car(flyweight,"奥迪 A4","蓝色",126);
        Car audiA4Two=new Car(flyweight,"奥迪 A4","红色",138);
        flyweight.printMess(" 名称：奥迪 A4 颜色：蓝色 功率：126");
        flyweight.printMess(" 名称：奥迪 A4 颜色：红色 功率：138");
    }
}
```

2. 享元模式的优点

- 使用享元可以节省内存的开销，特别适合处理大量细粒度对象，这些对象的许多属性值是相同的，而且一旦创建则不容许修改。
- 享元模式中的享元可以使用方法的参数接受外部状态中的数据，但外部状态数据不会干扰享元中的内部数据，这就使得享元可以在不同的环境中被共享。

任务 21　访问者模式

任务要求

掌握访问者模式的结构角色、设计类图和实际应用优势，实现用访问者模式设计应用案例。

知识储备

当一个集合中有若干个对象时，习惯上将这些对象称作集合中的元素，访问者模式可以使我们在不改变集合中各个元素的类的前提下定义作用于这些元素上的新操作。

访问者模式的结构中包括五种角色：①抽象元素(Element)；②具体元素(Concrete Element)；③对象结构(Object Structure)；④抽象访问者(Visitor)；⑤具体访问者(Concrete Visitor)。关系类图如图 4-21 所示。

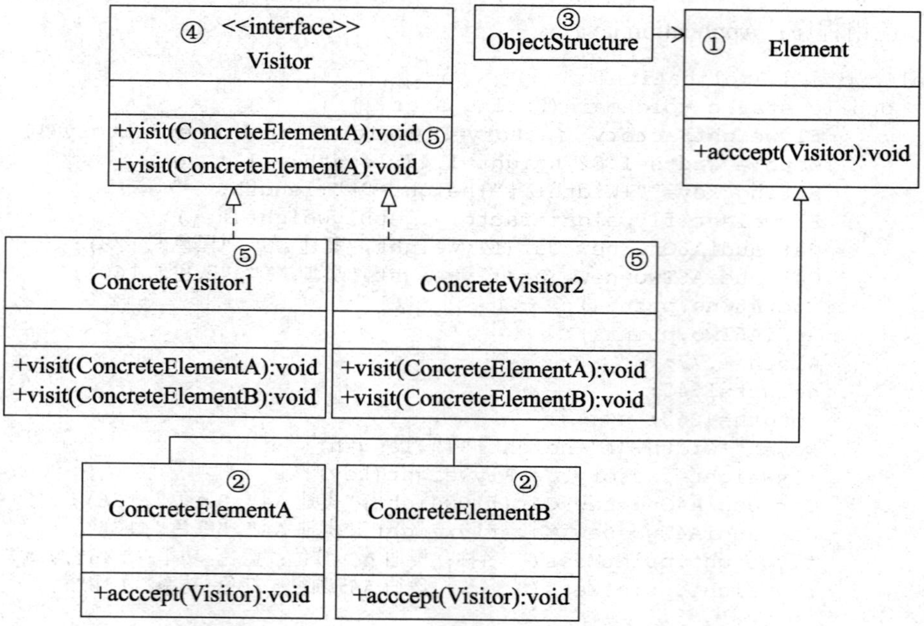

图 4-21 访问者模式类图

任务实施

1. 访问者模式的案例实现

1) 抽象元素(Element)：Student.java

```
public abstract class Student{
    public abstract void accept(Visitor v);
}
```

2) 具体元素(Concrete Element)：Undergraduate.java

```
public  class Undergraduate extends Student{
    double math,english;   //成绩
    String name;
    Undergraduate(String name,double math,double english){
        this.name=name;
        this.math=math;
        this.english=english;
    }
    public double getMath(){
        return math;
    }
    public double getEnglish(){
        return english;
    }
    public String getName(){
        return name;
    }
    public void accept(Visitor v){
```

```
            v.visit(this);
        }
}
```

3)　具体元素(Concrete Element)：GraduateStudent.java

```
public  class GraduateStudent extends Student{
      double math,english,physics;    //成绩
      String name;
      GraduateStudent(String name,double math,double english,double
physics){
            this.name=name;
            this.math=math;
            this.english=english;
            this.physics=physics;
      }
      public double getMath(){
            return math;
      }
      public double getEnglish(){
            return english;
      }
      public double getPhysics(){
            return physics;
      }
      public String getName(){
            return name;
      }
      public void accept(Visitor v){
           v.visit(this);
      }
}
```

4)　对象结构(Object Structure)

本问题中，我们让该角色是 java.util 包中的 ArrayList 集合。

5)　抽象访问者(Visitor): Visitor.java

```
public interface Visitor{
    public void visit(Undergraduate stu);
    public void visit(GraduateStudent stu);
}
```

6)　具体访问者(Concrete Visitor)：Company.java

```
public class  Company implements Visitor{
    public void visit(Undergraduate stu){
          double math=stu.getMath();
          double english=stu.getEnglish();
          if(math>80&&english>90)
              System.out.println(stu.getName()+"被录用");
    }
    public void visit(GraduateStudent stu){
         double math=stu.getMath(),
         double english=stu.getEnglish();
         double physics=stu.getPhysics();
         if(math>80&&english>90&&physics>70)
```

```
            System.out.println(stu.getName()+"被录用");
        }
    }
```

7) 应用程序：Application.java

```
import java.util.*;
public class Application{
    public static void main(String args[]) {
        Visitor visitor=new Company();
        ArrayList<Student>  studentList=new  ArrayList<Student>();
        Student student=null;
        studentList.add(student=new Undergraduate("张三",67,88));
        studentList.add(student=new Undergraduate("李四",90,98));
        studentList.add(student=new Undergraduate("将粼粼",85,92));
        studentList.add(student=new GraduateStudent("刘名",88,70,87));
        studentList.add(student=new GraduateStudent("郝人",90,95,82));
        Iterator<Student> iter=studentList.iterator();
        while(iter.hasNext()){
            Student stu=iter.next();
            stu.accept(visitor);
        }
    }
}
```

2. 访问者模式的优点

- 可以在不改变一个集合中的元素的类的情况下，增加施加于该元素上的新操作。
- 可以将集合中各个元素的某些操作集中到访问者中，不仅便于集合的维护，也有利于集合中元素的复用。

任务 22　备忘录模式

任务要求

掌握备忘录模式的结构角色、设计类图和实际应用优势，实现用备忘录模式设计备份案例。

知识储备

备忘录模式是关于怎样保存对象状态的成熟模式，其关键是提供一个备忘录对象，该备忘录负责存储一个对象的状态，程序可以在磁盘或内存中保存这个备忘录，这样一来，程序就可以根据对象的备忘录将该对象恢复到备忘录中所存储的状态。

备忘录模式的结构中包括三种角色：①原发者(Originator)；②备忘录(Memento)；③负责人(Caretaker)。关系类图如图 4-22 所示。

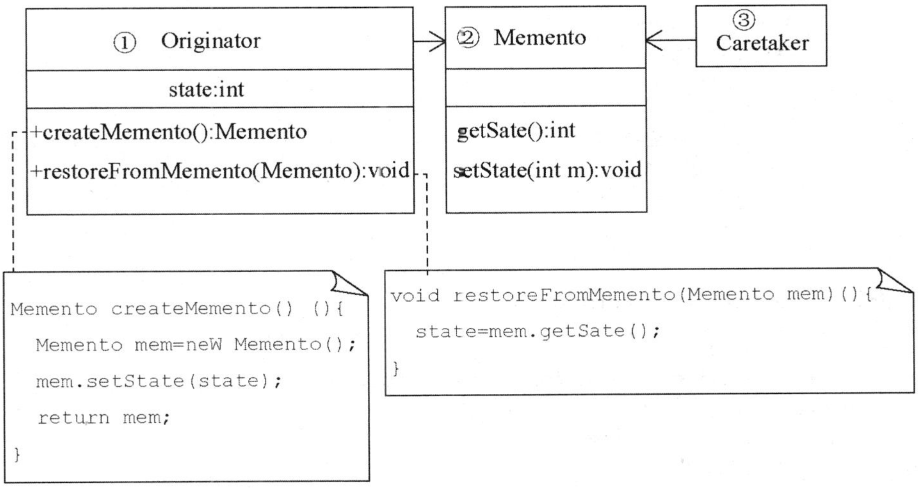

图 4-22　备忘录模式类图

任务实施

1. 备忘录模式的案例实现

1)　原发者(Originator)：ReadPhrase.java

```
package tom.jiafei;
import java.io.*;
public class ReadPhrase {
     long readPosition;        File file;
     RandomAccessFile in;      String phrase=null;
     public ReadPhrase(File file){
        this.file=file;
        try{
             in=new RandomAccessFile(file,"r");
        }
        catch(IOException exp){ }
    }
    public Memento createMemento(){
          Memento mem=new Memento();
          mem.setPositionState(readPosition);
          return mem;
    }
    public void restoreFromMemento(Memento mem){
         readPosition=mem.getPositionState();
    }
    public String readLine(){
         try{     in.seek(readPosition);
                   phrase=in.readLine();
                   if(phrase!=null){
                      byte b[]= phrase.getBytes("iso-8859-1");
                      phrase=new String(b);
                   }
                  readPosition=in.getFilePointer();
         }
```

```
            catch(IOException exp){}
            return phrase;
        }
        public void closeRead(){
            try{   in.close();
            }
            catch(IOException exp){ }
        }
}
```

2) 备忘录(Memento)：Memento.java

```
package tom.jiafei;
public class  Memento implements java.io.Serializable{
     private long state;
      void setPositionState(long state){
            this.state=state;
      }
      long getPositionState(){
             return state;
      }
}
```

3) 负责人(Caretaker)：Caretaker.java

```
import tom.jiafei.*;
import java.io.*;
public class Caretaker{
     File file;
     private Memento  memento=null;
     Caretaker(){
         file=new File("saveObject.txt");
     }
     public  Memento getMemento(){
         if(file.exists()) {
             try{
                 FileInputStream  in=new FileInputStream("saveObject.txt");
                   ObjectInputStream  inObject=new ObjectInputStream(in);
                   memento=(Memento)inObject.readObject();
             }
             catch(Exception exp){}
         }
         return  memento;
     }
     public void saveMemento(Memento  memento){
          try{ FileOutputStream  out=new FileOutputStream("saveObject.txt");
               ObjectOutputStream outObject=new ObjectOutputStream(out);
                  outObject.writeObject(memento);
             }
             catch(Exception exp){}
     }
}
```

4) 应用程序：Application.java

```
import tom.jiafei.*;
import java.util.Scanner;
import java.io.*;
public class Application{
    public static void main(String args[]) {
            Scanner reader=new Scanner(System.in);
            ReadPhrase  readPhrase=new ReadPhrase(new File("phrase.txt"));
            File favorPhrase=new File("favorPhrase.txt");
            RandomAccessFile out=null;
            try{    out=new RandomAccessFile(favorPhrase,"rw");
            }
            catch(IOException exp){}
            System.out.println("是否从上次读取的位置继续读取成语(输入 y 或 n)");
            String answer=reader.nextLine();
            if(answer.startsWith("y")||answer.startsWith("Y")){
                Caretaker  caretaker=new Caretaker();   //创建负责人
                Memento memento=caretaker.getMemento();  //得到备忘录
                if(memento!=null)
                  readPhrase.restoreFromMemento(memento);
                  //使用备忘录恢复状态
            }
            String phrase=null;
            while((phrase=readPhrase.readLine())!=null){
                System.out.println(phrase);
 System.out.println("是否将该成语保存到"+favorPhrase.getName());
                answer=reader.nextLine();
 if(answer.startsWith("y")||answer.startsWith("Y")){
                    try{    out.seek(favorPhrase.length());
                              byte [] b=phrase.getBytes();
                              out.write(b);
                              out.writeChar('\n');
                    }
                    catch(IOException exp){}
                }
                 System.out.println("是否继续读取成语? (输入 y 或 n)");
                answer=reader.nextLine();
                if(answer.startsWith("y")||answer.startsWith("Y"))
                   continue;
                else{
                    readPhrase.closeRead();
                    Caretaker  caretaker=new Caretaker(); //创建负责人
                    caretaker.saveMemento(readPhrase.createMemento());
                    //保存备忘录
                    try{  out.close();
                    }
                    catch(IOException exp){}
                    System.exit(0);
                }
            }
            System.out.println("读完全部成语");
    }
 }
```

2. 备忘录模式的优点

- 备忘录模式可以使用备忘录把原发者的内部状态保存起来，使得只有很“亲密的”的对象可以访问备忘录中的数据。
- 备忘录模式强调了类设计单一责任原则，即将状态的刻画和保存分开。

任务 23　解释器模式

任务要求

掌握解释器模式的结构角色、设计类图和实际应用优势，实现用解释器模式设计应用案例。

知识储备

解释模式是关于怎样实现一个简单语言的成熟模式，其关键是将每一个语法规则表示成一个类。

解释器模式的结构中包括四种角色：①抽象表达式(Abstract Expression)；②终结符表达式(Terminal Expression)；③非终结符表达式(Nonterminal Expression)；④上下文(Context)。关系类图如图 4-23 所示。

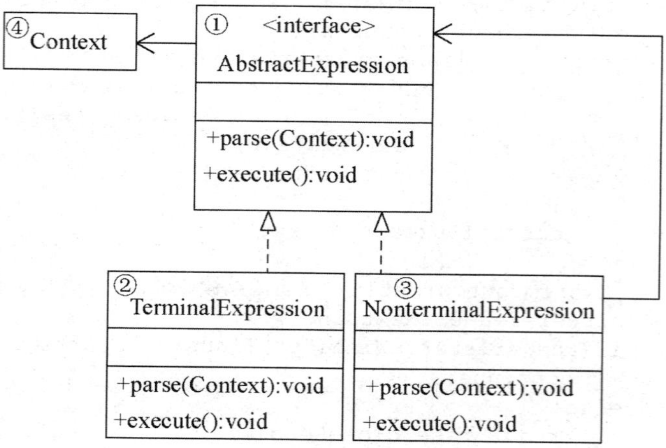

图 4-23　解释器模式类图

任务实施

1. 解释器模式的案例实现

1)　抽象表达式(Abstract Expression)：Node.java

```
public interface Node{
     public void parse(Context text);
     public void execute();
```

```
}
```

2) 终结符表达式(Terminal Expression)：SubjectPronounOrNounNode.java

```
public class SubjectPronounOrNounNode implements Node{
      String [] word={"You","He","Teacher","Student"};
      String token;
      boolean boo;
      public void parse(Context context){
             token=context.nextToken();
             int i=0;
             for(i=0;i<word.length;i++){
                if(token.equalsIgnoreCase(word[i])){
                    boo=true;
                    break;
                }
             }
             if(i==word.length)
                boo=false;
      }
      public void execute(){
            if(boo){
                if(token.equalsIgnoreCase(word[0]))
                    System.out.print("你");
                if(token.equalsIgnoreCase(word[1]))
                    System.out.print("他");
                if(token.equalsIgnoreCase(word[2]))
                   System.out.print("老师");
                if(token.equalsIgnoreCase(word[3]))
                    System.out.print("学生");
            }
            else{
                 System.out.print(token+"(不是该语言中的语句)");
            }
      }
}
```

3) 终结符表达式(Terminal Expression)：ObjectPronounOrNounNode.java

```
public class ObjectPronounOrNounNode implements Node{
      String [] word={"Me","Him","Tiger","Apple"};
      String token;
      boolean boo;
      public void parse(Context context){
             token=context.nextToken();
             int i=0;
             for(i=0;i<word.length;i++){
                if(token.equalsIgnoreCase(word[i])){
                    boo=true;
                    break;
                }
             }
             if(i==word.length)
                boo=false;
      }
      public void execute(){
```

```
          if(boo){
              if(token.equalsIgnoreCase(word[0]))
                  System.out.print("我");
              if(token.equalsIgnoreCase(word[1]))
                  System.out.print("他");
              if(token.equalsIgnoreCase(word[2]))
                  System.out.print("老虎");
              if(token.equalsIgnoreCase(word[3]))
                  System.out.print("苹果");
          }
          else{
              System.out.print(token+"(不是该语言中的语句)");
          }
      }
}
```

4) 终结符表达式(Terminal Expression)：VerbNode.java

```
public class VerbNode implements Node{
      String [] word={"Drink","Eat","Look","beat"};
      String token;
      boolean boo;
      public void parse(Context context){
             token=context.nextToken();
             int i=0;
             for(i=0;i<word.length;i++){
                if(token.equalsIgnoreCase(word[i])){
                    boo=true;
                    break;
                }
             }
             if(i==word.length)
                boo=false;
      }
      public void execute(){
            if(boo){
                if(token.equalsIgnoreCase(word[0]))
                    System.out.print("喝");
                if(token.equalsIgnoreCase(word[1]))
                    System.out.print("吃");
                if(token.equalsIgnoreCase(word[2]))
                    System.out.print("看");
                if(token.equalsIgnoreCase(word[3]))
                    System.out.print("打");
            }
            else{
               System.out.print(token+"(不是该语言中的语句)");
            }
      }
}
```

5) 非终结符表达式(Nonterminal Expression)：SentenceNode.java

```
public class SentenceNode implements Node{
      Node subjectNode,predicateNode;
      public void parse(Context context){
```

```
            subjectNode =new SubjectNode();
            predicateNode=new PredicateNode();
            subjectNode.parse(context);
            predicateNode.parse(context);
        }
        public void execute(){
            subjectNode.execute();
            predicateNode.execute();
        }
}
```

6) 非终结符表达式(Nonterminal Expression)：SubjectNode.java

```
public class SubjectNode implements Node{
        Node node;
        public void parse(Context context){
            node =new SubjectPronounOrNounNode();
            node.parse(context);
        }
        public void execute(){
            node.execute();
        }
}
```

7) 非终结符表达式(Nonterminal Expression)：PredicateNode.java

```
public class PredicateNode implements Node{
        Node verbNode,objectNode;
        public void parse(Context context){
            verbNode =new VerbNode();
            objectNode=new ObjectNode();
            verbNode.parse(context);
            objectNode.parse(context);
        }
        public void execute(){
            verbNode.execute();
            objectNode.execute();
        }
}
```

8) 非终结符表达式(Nonterminal Expression)：ObjectNode.java

```
public class ObjectNode implements Node{
        Node node;
        public void parse(Context context){
            node =new ObjectPronounOrNounNode();
            node.parse(context);
        }
        public void execute()
            node.execute();
        }
}
```

9) 上下文(Context)：Context.java

```
import java.util.StringTokenizer;
public class Context{
     StringTokenizer tokenizer;
     String token;
     public Context(String text){
         setContext(text);
     }
     public void setContext(String text){
         tokenizer=new StringTokenizer(text);
     }
     String nextToken(){
          if(tokenizer.hasMoreTokens()){
              token=tokenizer.nextToken();
         }
         else
             token="";
         return token;
     }
}
```

10) 应用程序：Application.java

```
public class Application{
    public static void main(String args[]){
        String text="Teacher beat tiger";
        Context context=new Context(text);
        Node node=new SentenceNode();
        node.parse(context);
        node.execute();
        text="You eat apple";
        context.setContext(text);
        System.out.println();
        node.parse(context);
        node.execute();
        text="you look  him";
        context.setContext(text);
        System.out.println();
        node.parse(context);
        node.execute();
    }
}
```

2. 解释器模式的优点

- 将每一个语法规则表示成一个类，方便实现简单的语言。
- 由于使用类表示语法规则，可以较容易地改变或扩展语言的行为。
- 通过在类结构中加入新的方法，可以在解释的同时增加新的行为。

上机实训：工厂方法模式的应用

实训背景

通过解读程序和上机实验理解工厂方法模式的基本思想，了解抽象类和接口的编程方法，以及编写工厂方法模式的技巧，掌握模式应用技术，提高学生对 Java 程序的驾驭能力。

实训内容和要求

现有一饭店，食物秘方中有西餐做法、中餐做法、日本料理等。作为顾客无法直接得知相应食物的做法，他们只能通过饭店的西餐师傅、中餐师傅、日本料理师才能了解到食物的做法。请用工厂方法模式实现上述情况。

西餐做法：准备原材料、烤面包、炸鸡腿、制作汉堡。

中餐做法：准备原材料、切菜、下锅炒菜、搁调料。

日本料理：准备原材料、打米、切鱼片、卷寿司、切成小块。

实训步骤

(1) 根据系统需求，了解工厂方法模式的要点。

(2) 使用工厂方法模式实现上述需求，并且编写 Java 程序代码。

(3) 编写主函数，测试模式。

(4) 提交实验报告。

实训素材及参考图

无。

项 目 小 结

每一个设计模式都是针对某一类问题的最佳解决方案，而且已经被成功应用于许多系统的设计中，它解决了在某种特定情境中重复发生的问题。本项目通过 23 个切实可行的案例，介绍了 23 种设计模式的实现技巧和方法，帮助大家更加深刻地理解面向对象的设计思想，非常有利于我们更好地使用面向对象语言解决设计中的问题。

习　　题

一、选择题

1. Java 设计模式中定义太阳、月亮、地球等唯一实体的模式是(　　)。

　　A. 调试模式　　　　B. 单件模式

　　C. 克隆模式　　　　D. 访问者模式

2. “开-闭”原则的含义是一个软件实体(　　)。

A. 应当对扩展开放，对修改关闭　　B. 应当对修改开放，对扩展关闭

C. 应当对继承开放，对修改关闭　　D. 以上都不对

3. 下面描述模式使用原则不合理的是(　　)。

A. 正确使用　　B. 避免教条

C. 模式挖掘　　D. 绝对按照规则使用

4. 与类名相同的函数称为(　　)。

A. 构造函数　　B. 普通函数

C. 抽象函数　　D. 实现函数

5. 下面表述中错误的是(　　)。

A. 抽象类的关键字是 abstract　　B. 接口关键字是 interface

C. 模式适合任何编程情况　　D. 抽象类不能用 new 创建对象

6. 使用模式设计时所遵循的原则是(　　)。

A. 高耦合，低内聚　　B. 低耦合，高内聚

C. 高耦合，高内聚　　D. 低耦合，低内聚

7. 当我们想创建一个具体的对象而又不希望指定具体的类时，可以使用(　　)模式。

A. 创建型　　B. 结构型　　C. 行为型　　D. 以上都可以

8. (　　) 将一个请求封装为一个对象，从而可以用不同的请求对客户进行参数化，对请求排队或记录请求日志，以及支持可撤销的操作。

A. 命令模式　　B. 工厂模式　　C. 装饰模式　　D. 观察者模式

9. 每个对象可用它的一组属性和它可执行的一组(　　)来实现。

A. 特点　　B. 功能　　C. 操作　　D. 数据

10. 若实现童话故事里的披着羊皮的狼应该使用(　　)。

A. 适配器模式　　B. 外观模式　　C. 修饰模式　　D. 生成器模式

11. 迭代器 Iterator 的 hasNext()方法的返回类型是(　　)。

A. int　　B. bool　　C. float　　D. string

12. 下面属于创建型模式的有(　　)。

A. 原型模式　　B. 中介者模式　　C. 策略模式　　D. 代理模式

13. 在观察者模式中，表述错误的是(　　)。

A. 观察者角色的更新是被动的

B. 被观察者可以通知观察者进行更新

C. 观察者可以改变被观察者的状态，再由被观察者通知所有观察者依据被观察者的状态进行

D. 以上表述全部错误

14. (　　)将对象连成一条链，并沿着这条链传递请求，直到有一个对象处理它为止。

A. 原型模式　　B. 装饰模式　　C. 责任链模式　　D. 中介者模式

15. 在 Java 程序中使用相同名称的函数时，应使用(　　)机制。

A. 类　　B. 对象　　C. 函数　　D. 接口或抽象类

二、填空题

1. 装饰模式的四种角色是抽象组件、具体组件、____________、____________。

2. 动态地给对象添加一些额外的职责，就功能来说，____________相比生成子类更为灵活。

3. System.Out.print 和 System.Out.println 的区别是________________。

4. ____________属于结构图，常用于描述系统的静态结构，它由_________________、____________、____________三个层次组成。

5. ______________定义对象间的一种一对多的依赖关系，当一个对象的状态发生变化时，所有依赖它的对象都得到通知并被自动更新。

6. 工厂方法模式和抽象工厂模式的基本原理相同，那么能够定义多个抽象产品的是_______________。

三、解答题

1. 简述面向对象的几个基本原则。

2. 请画出责任链模式的 UML 类图。

3. 简述工厂模式和抽象工厂模式，并写出两者的区别。

项目 5

面向对象技术概述

项目导入

传统的软件工程方法学曾经给软件产业带来了巨大进步，部分地缓解了软件危机，使用这种方法学开发的许多中、小规模软件项目都获得了成功。但是，当把这种方法学应用于大型软件产品的开发时，却很少取得成功。面向对象技术是一种全新设计和构造软件的技术，它解决问题的方式更符合人类习惯的思维方式、更能直接地描述客观世界，而且通过增加代码的可重用性、可扩充性和程序自动生成功能来提高编程效率，可以大大减少软件维护的开销，基于以上特点面向对象方法学已经被越来越多的软件设计人员所接受。通过本项目的介绍，可以从宏观上了解面向对象技术，有助于对设计模式具体实现的掌握。

项目分析

本项目通过传统方法学和面向对象方法学的比较，详细介绍了面向对象技术。面向对象技术是一种以对象为核心，以类、对象、继承、事件、消息等要素驱动对象、执行相应功能的程序设计技术。

任务 1 传统方法学

任务要求

掌握传统方法学的概念、基本原理和项目开发特征，为面向对象方法学奠定基础。

知识储备

随着计算机应用领域的不断拓展，各种各样的问题也不断涌现，当问题严重到开发人员无法控制的时候便产生了软件危机。软件危机的出现，促使了软件工程学的形成和发展。在软件工程方法学的广泛应用中，主流之一就是传统方法学。因为其悠久的历史，传统方法学在软件开发过程中占据相当大的比重。如果说自然语言和编程语言之间有一道难以跨越的鸿沟，那么传统方法学就是跨越这道鸿沟的桥梁。传统方法学又称生命周期方法学或结构化范型。一个软件从开始计划起，到废弃不用止，称为软件的生命周期。在传统的软件工程方法中，软件的生存周期分为需求分析、总体设计、详细设计、编程和测试几个阶段。

传统方法学使用结构化分析技术来完成需求分析阶段的工作。软件工程学中的需求分析具有两方面的意义。在认识事物方面，它具有一整套分析、认识问题域的方法、原则和策略。与不遵循软件工程方法相比，这些方法、原则和策略使开发人员对问题域的理解更为全面、深刻和有效。在描述事物方面，它具有一套表示体系和文档规范。但是，传统的软件工程方法学中的需求分析在上述两方面都存在不足，它在全局范围内以功能、数据或数据流为中心来进行分析。这些方法的分析结果不能直接映射问题域，而是经过了不同程度的转化和重新组合。因此，传统的分析方法容易隐蔽一些对问题域的理解偏差，与后续开发阶段的衔接也比较困难。在总体设计阶段，以需求分析的结果作为出发点构造出一个具体的系统设计方案，主要是决定系统的模块结构，以及模块的划分，模块间的数据传送及调用关系。详细设计是在总体设计的基础上考虑每个模块的内部结构及算法，最终产生每个模块的程序流程图。但是传统的软件工程方法中，设计文档很难与分析文档对应，原因是二者的表示体系不一致，所谓从分析到设计的转换，实际上并不存在可靠的转换规则，而是带有人为的随意性，从而很容易因理解上的错误而留下隐患。

任务实施

软件设计是从软件需求规格说明书出发，根据需求分析阶段确定的功能描述，设计软件系统的整体结构、划分功能模块、确定每个模块的实现算法、形成软件的具体设计方案等。

传统方法学是以功能为核心进行软件开发的，因此使用传统方法学开发软件的过程中，我们需要设计描述系统功能的数据流图。数据流图是一种图形化技术，它描绘信息流和数据从输入到输出的过程中所经历的变换。在数据流图中没有任何具体的物理元素，它只是描绘信息在系统中流动和被处理的情况。因为数据流图是系统逻辑功能的图形表示，所以是软件分析人员和设计人员之间极好的沟通工具。

1. 数据流图的基本符号

数据流图由四种基本符号组成，如图 5-1 所示。

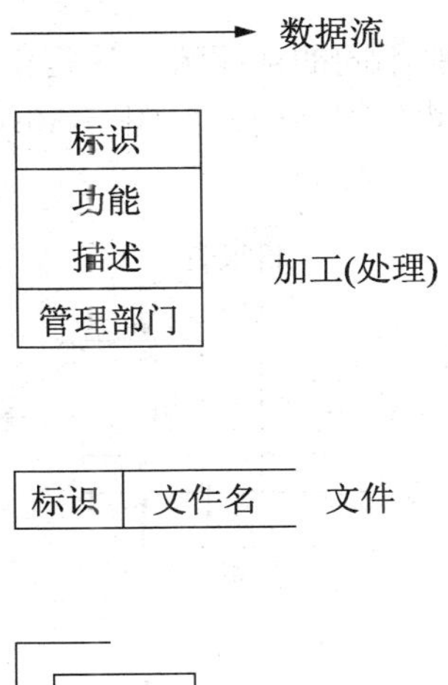

图 5-1　数据流图的基本符号

例：图 5-2 是一个简单的数据流图，它表示数据 X 从源 S 流出，经 P1 加工转换成 Y，接着经 P2 加工转换为 Z，在加工过程中从文件 F 中读取数据，最终流向终点 W。

2. 数据流

数据流由一组确定的数据组成。例如“发票”为一个数据流，它由品名、规格、单位、单价、数量等数据组成。数据流用带有名字的具有箭头的线段表示，名字称为数据流名，表示流经的数据，箭头表示流向。数据流可以从加工流向加工，也可以从加工流进、流出文件，还可以从源点流向加工或从加工流向终点。

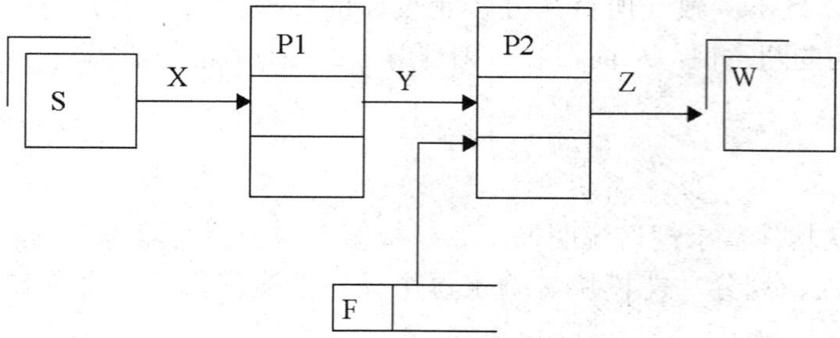

图 5-2　数据流图举例

对数据流的表示有以下约定。

- 对流进或流出文件的数据流不需标注名字，因为文件本身就足以说明数据流。而别的数据流则必须标出名字，名字应能反映数据流的含义。
- 数据流不允许同名。
- 两个数据流在结构上相同是允许的，但必须能体现人们对数据流的不同理解。例如图 5-3(a)中的合理领料单与领料单两个数据流，它们的结构相同，但前者增加了合理性这一信息。
- 两个加工之间可以有几股不同的数据流，这是由于它们的用途不同，或它们之间没有联系，或它们的流动时间不同，如图 5-3(b)所示，数据流“日报表”和“月报表”的流动时间不同。

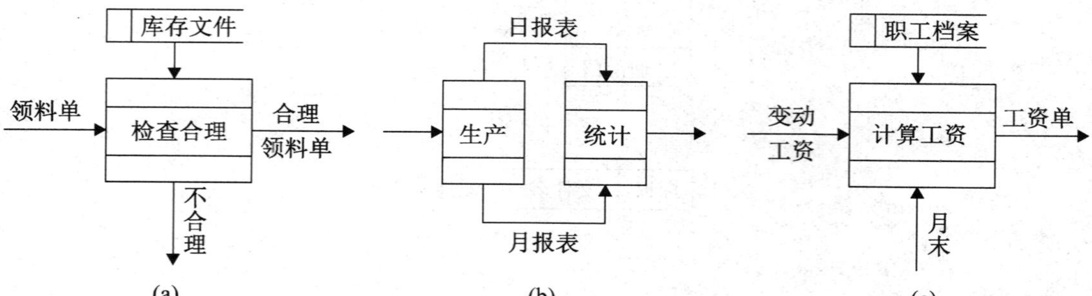

图 5-3　简单数据流图举例

- 数据流图描述的是数据流而不是控制流。如图 5-3(c)所示，“月末”只是为了激发加工“计算工资”，是一个控制流而不是数据流，所以应从图中删去。

3. 加工处理

加工处理是对数据进行的操作，它把流入的数据流转换为流出的数据流。每个加工处理都应取一个名字表示它的含义，并规定一个编号用来标识该加工在层次分解中的位置。名字中必须包含一个动词，例如“计算”“打印”等。

对数据加工转换的方式有两种。

- 改变数据的结构，例如将数组中的各数据重新排序。
- 产生新的数据，例如对原来的数据总计、求平均值等。

4. 文件

文件是存储数据的工具。文件名应与它的内容一致，写在开口矩形内。从文件流入或流出数据流时，数据流方向是很重要的。如果是读文件，则数据流的方向应从文件流出，写文件时则相反；如果是又读又写，则数据流是双向的。在修改文件时，虽然必须首先读文件，但其本质是写文件，因此数据流应流向文件，而不是双向。

例如，在图 5-3 (a)中，检查合理性加工时，只从库存账目文件中读出库存信息与领料单核对，所以数据流从文件流出，箭头指向加工。

5. 数据源点或终点

数据源点和终点表示数据的外部来源和去处。它通常是系统之外的人员或组织，不受系统控制。

为了避免在数据流图上出现线条交叉，同一个源点、终点或文件均可在不同位置多次出现，这时要在源(终)点符号的右下方画小斜线，或在文件符号左边画竖线，以示重复，如图 5-4 所示。

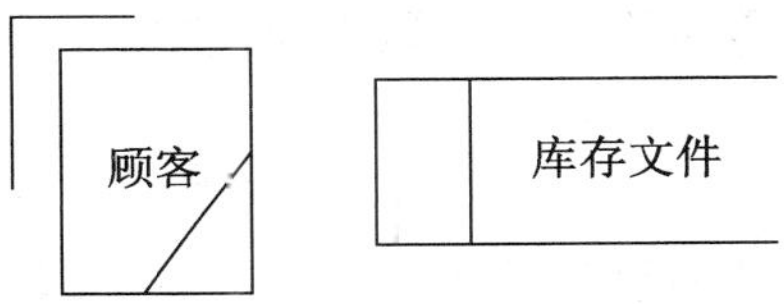

图 5-4　重复的源点、终点或文件

6. 数据流图的画法

对于不同的问题，数据流图可以有不同的画法。一般情况下，应该遵守“由外向里”的原则。即先确定系统的边界或范围，再考虑系统的内部，先画加工的输入和输出，再画加工内部。具体实行时可按下述步骤进行。

1)　识别系统的输入和输出，画出顶层图

即确定系统的边界。在系统分析初期，系统的功能需求等还不是很明确，为了防止遗漏，不妨先将范围定得大一些。系统边界确定后，那么越过边界的数据流就是系统的输入或输出，将输入与输出用加工符号连接起来，并加上输入数据来源和输出数据去向就形成了顶层图。

2)　画系统内部的数据流、加工与文件，画出一级细化图

从系统输入端到输出端(也可反之)，逐步用数据流和加工连接起来，当数据流的组成或值发生变化时，就在该处画一个“加工”符号。

画数据流图时还应同时画上文件，以反映各种数据的存储处，并表明数据流是流入还是流出文件。

最后，再回过头来检查系统的边界，补上遗漏但有用的输入/输出数据流，删去那些没被系统使用的数据流。

3) 加工的进一步分解，画出二级细化图

同样运用“由外向里”方式对每个加工进行分析，如果在该加工内部还有数据流，则可将该加工分成若干个子加工，并用一些数据流把子加工连接起来，即可画出二级细化图。二级细化图可在一级细化图的基础上画出，也可单独画出该加工的二级细化图，二级细化图也称为该加工的子图。

4) 数据流图命名

一般应先给数据流命名，再根据输入/输出数据流名的含义为加工命名。名字含义要确切，要能反映相应的整体。若碰到难以命名的情况，则很可能是分解不恰当造成的，应考虑重新分解。

从左至右画数据流图。通常左侧、右侧分别是数据源和终点，中间是一系列加工和文件。正式的数据流图应尽量避免线条交叉，必要时可用重复的数据源、终点和文件符号。此外，数据流图中的各种符号布置要合理，分布应均匀。

设计数据流图是一项艰巨的工作，要做好重画的思想准备，重画是为了消除隐患，有必要不改进。因为作为顶层加工处理的改变域是确定的，所以改变域是严格地自顶向下分解的。由于目标系统目前还不存在，分解时开发人员还需凭经验进行，这是一项创造性的劳动。同时，在建立目标系统数据流图时，还应充分利用上面讲过的各种方法和技术，例如，分解时尽量减少各加工之间的数据流；数据流图中各个成分的命名要恰当；父图与子图间要注意平衡等。

5) 其他注意事项

当画出分层数据流图，并为数据流图中各个成分编写词典条目或加工说明后，就获得了目标系统的初步逻辑模型。下面从四个方面讨论设计分层数据流图时应注意的问题。

(1) 合理编号。

分层数据流图的顶层称为 0 层，称它是第 1 层的父图，而第 1 层既是 0 层图的子图，又是第 2 层图的父图，以此类推。由于父图中有的加工可能就是功能单元，不能再分解，因此父图拥有的子图数少于或等于父图中的加工个数。

为了便于管理，应按下列规则为数据流图中的加工编号。

- 子图中的编号由父图号和子加工的编号组成。
- 子图的父图号就是父图中相应加工的编号。

为简单起见，约定第 1 层图的父图号为 0，编号只写加工编号 1、2、3…，下面各层由父图号 1、1.1 等加上子加工的编号 1、2、3…组成。按上述规则，图的编号即能反映出它所属的层次以及它的父图编号的信息，还能反映子加工的处理信息。例如 1 表示第 1 层图的 1 号加工处理，1.1、1.2、1.3…表示父图为 1 号加工的子加工，1.3.1、1.3.2、1.3.3…表示父图号为 1.3 加工的子加工。

为了方便，对数据流图中的每个加工，可以只标出局部号，但在加工说明中，必须使用完整的编号。

(2) 注意子图与父图的平衡。

子图与父图的数据流必须平衡，这是分层数据流的重要性质。这里的平衡指的是子图的输入、输出数据流必须与父图中对应加工的输入、输出数据流相同。但下列两种情况是允许的，一是子图的输入/输出流比父图中相应加工的输入/输出流表达得更加详细。在考虑平衡时，可以忽略枝节性的数据流。例如，在加工的子图中增加了一个输出，表示出错的数据流(由虚线所示)，则子图和父图仍可看作是平衡的。

(3)　局部文件。

图 5-5 中的父图和子图是平衡的，但子图中的文件 W 并没在父图中出现。这是由于对文件 W 的读、写完全局限在加工 3.3 之内，在父图中各个加工之间的界面上不出现，该文件是子图的局部文件或临时文件。

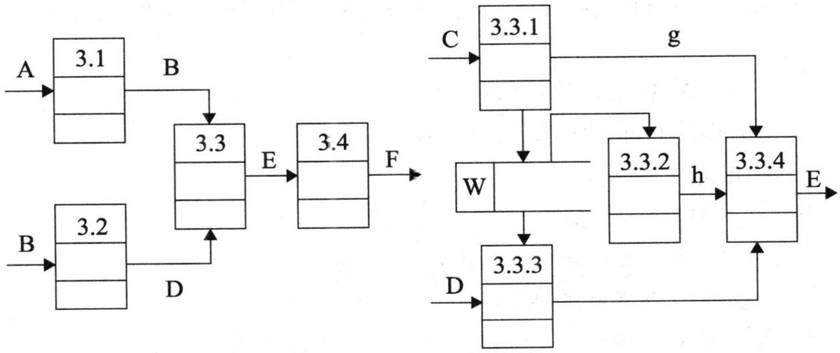

图 5-5　数据流图中的局部文件

应当指出的是，如果一个临时文件在某层数据流图中的某些加工之间出现，则在该层数据流图中就必须画出这个文件。一旦文件被单独画出，那么也需画出这个文件同其他成分之间的联系。

(4)　分解的程度。

对于规模较大的系统的分层数据流图，如果一下子把加工直接分解成基本加工单元，一张图上画出过多的加工将使人难以理解，也增加了分解的复杂度。如果每次分解产生的子加工太少，会使分解层次过多而增加作图的工作量，阅读也不方便。经验表明，一个加工的每次分解量最多不要超过七个为宜。同时，分解时应遵循以下原则。

- 分解应自然，概念上要合理、清晰。
- 上层可分解得快些(即分解成的子加工个数多些)，下层分解得慢些，这是因为上层是综合性描述，对可读性的影响小。
- 在不影响可读性的前提下，应适当地多分解成几部分，以减少分解层数。

一般来说，当加工可用一页纸明确地表述时，或加工只有单一输入/输出数据流时(出错处理不包括在内)，就应停止对该加工的分解。另外，对数据流图中不再做分解的加工(即功能单元)，必须做出详细的加工说明，并且每个加工说明的编号必须与功能单元的编号一致。

6)　数据流图的改进

前面介绍了画数据流图的基本方法。对于一个大型系统来说，由于在系统分析初期人们对于问题理解的深度不够，在数据流图上也不可避免地会存在某些缺陷或错误。因此还需要进行修改，才能得到完善的数据流图。数据流图的改进可按以下步骤进行。

(1) 把需要重新分解的所有子图连成一张完整图。

(2) 根据各部分之间联系最少的原则，把图划分成几部分。

(3) 重建父图，即把第二步所得的每一部分画成一个圆圈，各部分之间的联系就是加工之间的界面。

(4) 重建各张子图，只需把第二步所得的图，按各自的边界剪开即可。

(5) 为所有加工重新命名、编号。

软件的设计是一个将需求转变为软件陈述(表达)的过程。这种陈述即是软件的全局观点。系统通过逐步求精使得设计陈述逐渐接近源代码。用传统方法学进行软件设计时的原则如下。

(1) 设计对于分析模型应该是可跟踪的。

(2) 设计结构应该尽可能地模拟实际问题。

(3) 设计应该表现出一致性。

(4) 不要把设计当成编写代码。

(5) 在创建设计时就应该能够评估质量。

(6) 评审设计以减少语义性的错误。

(7) 设计应该模块化，将软件逻辑地划分为元素或子系统，并包含数据、体系结构、接口和构件的清晰表示。

基于上述软件设计原则，以数据流图为起点进行软件体系结构设计，以下面案例为例子，介绍转换实施步骤。

案例描述：汽车数字仪表板的设计。

功能：

(1) 通过模—数转换实现传感器和微处理机接口。

(2) 在发光二极管面板上显示数据。

(3) 指示每小时英里数(mph)，行驶的里程，每加仑油行驶的英里数(mpg)，等等。

(4) 指示加速或减速。

(5) 如果车速超过 55mph，则发出警告铃声。

第一步：复查基本系统模型，确保输入输出数据符合实际。

第二步：复查并精华数据流图。

第三步：数据流图(DFD)分界，先分出 I(输入)、P(处理)、O(输出)三块，孤立出变换中心，如图 5-6 所示。

第四步：完成第一级分解，如图 5-7 所示。一般问题的一级分解方法是在能够完成控制功能，并且保持很好的耦合和内聚特性的前提下，尽量使第一级控制中的模块数目取最小值。

第五步：完成第二级分解(映射)。

对输入分支 I：由边界回溯，将每个遇到的处理映射成相应的低层模块。

对处理分支 P：每个处理直接对应一个下层模块。

对输出分支 O：由边界向外推，方法与输入分支类似。

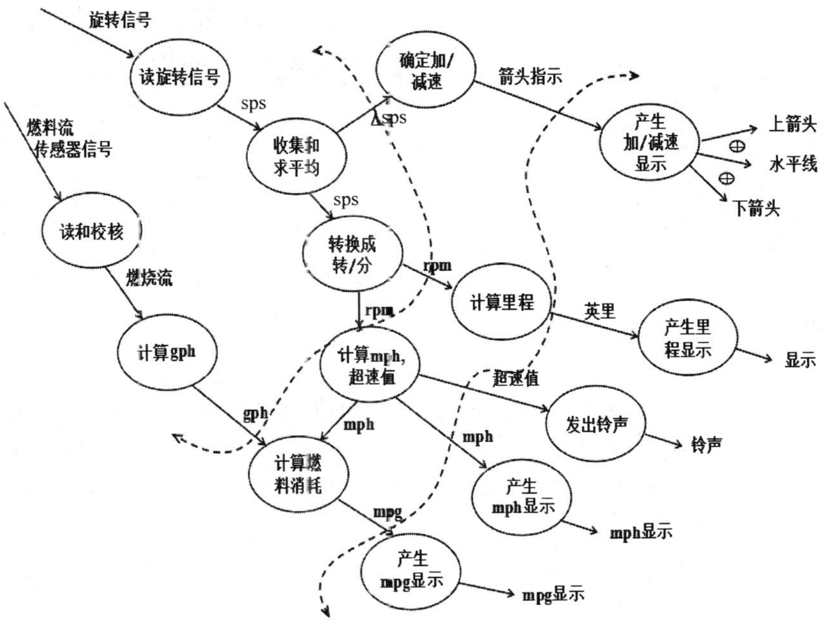

图 5-6　数据流图分界图

图 5-7　软件结构第一次分解图

第六步：本着高内聚、低耦合的原则修改，如图 5-8 所示。

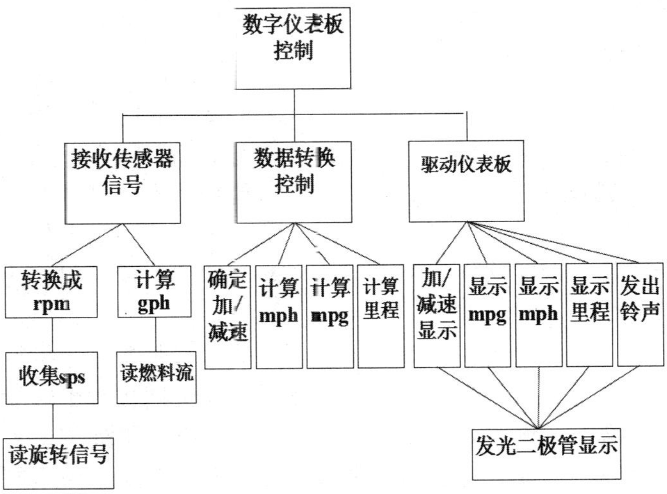

图 5-8　软件结构图

任务2　面向对象方法学

任务要求

对比传统方法学的缺点，比较面向对象方法学的优势，掌握面向对象方法学的概念、基本原理和项目开发特征等。

知识储备

面向对象技术是一种新的软件技术，其概念来源于程序设计，从 20 世纪 60 年代提出面向对象的概念，到现在已发展成为一种比较成熟的编程思想，并且逐步成为目前软件开发领域的主流技术。同时，它不再局限于程序设计方面，而是已经成为软件开发领域的一种方法论。它对信息科学、软件工程、人工智能和认知科学等都产生了重大影响，尤其在计算机科学与技术的各个方面影响深远。通过面向对象技术，可以将客观世界直接映射到面向对象解空间，从而为软件设计和系统开发带来革命性影响。

传统的软件工程方法学曾经给软件产业带来了巨大进步，部分地缓解了软件危机，使用这种方法学开发的许多中、小规模软件项目都获得了成功。但是，当把这种方法学应用于大型软件产品的开发时，却很少取得成功。

面向对象技术是一种全新设计和构造软件的技术，它使计算机解决问题的方式更符合人类的思维方式，更能直接地描述客观世界，通过增加代码的可重用性、可扩充性和程序自动生成功能来提高编程效率，可以大大减少软件维护的开销，从而被越来越多的软件设计人员所接受。本章首先介绍面向对象技术的基本概念、基本特征，面向对象与面向过程程序设计的区别，然后介绍目前流行的几种面向对象程序设计语言，特别强调 Java 对面向对象技术的支持及其发展现状。

1. 面向对象与面向过程的区别

在面向对象程序设计(Object Oriented Programming，OOP)方法出现之前，程序员用面向过程的方法开发程序。面向过程的方法把密切相关、相互依赖的数据和对数据的操作相互分离，这种实质上的依赖与形式上的分离使得大型程序不但难以编写，而且难以调试和修改。在多人合作中，程序员之间很难读懂对方的代码，更谈不上代码的重用。由于现代应用程序的规模越来越大，对代码的可重用性与易维护性的要求也相应提高，因此面向对象技术便应运而生了。

面向对象技术是一种以对象为基础，以事件或消息来驱动对象执行处理的程序设计技术。它以数据为中心而不是以功能为中心来描述系统，数据相对于功能而言具有更强的稳定性。它将数据和对数据的操作封装在一起，作为一个整体来处理，采用数据抽象和信息隐蔽技术，将这个整体抽象成一种新的数据类型称为类，并且考虑不同类之间的联系和类的重用性。类的集成度越高，就越适合大型应用程序的开发。面向对象程序的控制流程由运行时各种事件的实际发生来触发，而不再由预定顺序来决定，更符合实际。事件驱动程序执行围绕消息的产生与处理，靠消息循环机制来实现。更重要的是，可以利用不断扩充的框架产品 MFC(Microsoft Foundation Classes)，在实际编程时可以采用搭积木的方式来组织程序，站在“巨人”肩上实现自己的愿望。面向对象的程序设计方法使得程序结构清晰、简单，提高了代码的重用性，有效地减少了程序的维护量，提高了软件的开发效率。

例如，用面向对象技术来解决学生管理方面的问题。重点应该放在学生身上，要了解在管理工作中，学生的主要属性，要对学生做些什么操作，等等，并且把它们作为一个整体来对待，形成一个类，称为学生类。作为其实例，可以建立许多具体的学生，而每一个具体的学生就是学生类的一个对象。学生类中的数据和操作可以提供给相应的应用程序共享，还可以在学生类的基础上派生出大学生类、中学生类或小学生类等，实现代码的高度重用。

在结构上，面向对象程序与面向过程程序有很大不同，面向对象程序由类的定义和类的使用两部分组成，在主程序中定义各对象并规定它们之间传递消息的规律，程序中的一切操作都是通过向对象发送消息来实现的，对象接到消息后，启动消息处理函数完成相应的操作。

类与对象是面向对象程序设计中最基本且最重要的两个概念，下面详细介绍类与对象。

2. 类与对象的概念

与人们认识客观世界的规律一样，面向对象技术认为客观世界是由各种各样的对象组成的，每种对象都有各自的内部状态和运动规律，不同对象间的相互作用和联系就构成了各种不同的系统，构成了客观世界。在面向对象程序中，客观世界被描绘成一系列完全自治、封装的对象，这些对象通过外部接口访问其他对象。可见，对象是组成一个系统的基本逻辑单元，是一个有组织形式的含有信息的实体。而类是创建对象的样板，在整体上代表一组对象，设计类而不是设计对象可以避免重复编码，类只需要编码一次，就可以创建本类的所有对象。

对象(Object)由属性(Attribute)和行为(Action)两部分组成。对象只有在具有属性和行为的情况下才有意义，属性是用来描述对象静态特征的一个数据项，行为是用来描述对象动态特征的一个操作。对象是包含客观事物特征的抽象实体，是属性和行为的封装体，在程序设计领域，可以用“对象=数据+作用于这些数据上的操作”这一公式来表达。

类(Class)是具有相同属性和行为的一组对象的集合，它为属于该类的全部对象提供了统一的抽象描述，其内部包括属性和行为两个主要部分，类是对象集合的再抽象。

类与对象的关系如同一个模具与用这个模具铸造出来的铸件之间的关系。类给出了属于该类的全部对象的抽象定义，而对象则是符合这种定义的一个实体。所以，一个对象又称作类的一个实例(Instance)。

在面向对象程序设计中，类的确定与划分非常重要，是软件开发中关键的一步，划分的结果将直接影响软件系统的质量。如果划分得当，既有利于程序进行扩充，又可以提高代码的可重用性。因此，在解决实际问题时，需要正确地进行分“类”。理解一个类究竟表示哪一组对象，如何把实际问题中的事物汇聚成一个个的“类”，而不是一组数据，这是面向对象程序设计中的一个难点。

类的确定和划分并没有统一的标准和固定的方法，基本上依赖设计人员的经验、技巧以及对实际问题的把握。但有一个基本原则：寻求一个大系统中事物的共性，将具有共性的系统成分确定为一个类。确定类的步骤包括：第一步，要判断该事物是否有多个实例，如果有，则它是一个类；第二步，要判断类的实例中有没有绝对的不同点，如果没有，则它是一个类。另外，还要知道什么事物不能被划分为类。不能把一组函数组合在一起构成类，也就是说，不能把一个面向过程的模块直接变成类。类不是函数的集合！

3. 消息与事件的概念

消息(Message)是描述事件发生的信息，事件(Event)由多个消息组成。消息是对象之间发出的行为请求。封装使对象成为一个相对独立的实体，而消息机制为它们提供了一个相互间动态联系的途径，使它们的行为能互相配合，构成一个有机的运行系统。

对象通过对外提供的行为在系统中发挥自己的作用，当系统中的其他对象请求这个对象执行某个行为时，就向这个对象发送一个消息，这个对象就响应这个请求，完成指定的行为。

程序的执行取决于事件发生的顺序，由顺序产生的消息驱动，不必预先确定消息产生的顺序，更符合现实需求。

4. 面向对象技术的基本特征

面向对象技术强调在软件开发过程中面向客观世界或问题域中的事物，采用人类在认识客观世界的过程中普遍运用的思维方法，直观、自然地描述客观世界中的有关事物。面向对象技术的基本特征主要有抽象性、封装性、继承性和多态性等。

1) 抽象性

把众多的事物进行归纳、分类是人们在认识客观世界时经常采用的思维方法，“物以类聚，人以群分”就是分类的意思，分类所依据的原则是抽象。抽象(Abstract)就是忽略事物中与当前目标无关的非本质特征，更注重与当前目标有关的本质特征。从而找出事物的共性，并把具有共性的事物划为一类，得到一个抽象的概念。例如，在设计一个学生成绩管理系统的过程中，考查学生张华这个对象时，就只关心他的班级、学号、成绩等，而忽略他的身高、体重等信息。因此，抽象性是对事物的抽象概括描述，实现了客观世界向计算机世界的转化。将客观事物抽象成对象及类是比较难的过程，也是面向对象方法的第一步。例如，将学生抽象成对象及类的过程如图 5-9 所示。

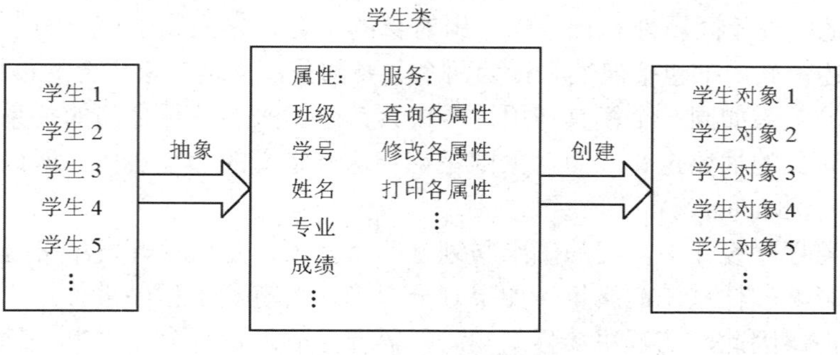

图 5-9　抽象过程示意图

2)　封装性

封装(Encapsulation)就是把对象的属性和行为结合成一个独立的单位，并尽可能隐蔽对象的内部细节。图 5-9 中的学生类也反映了封装性。封装有两个含义：一是把对象的全部属性和行为结合在一起，形成一个不可分割的独立单位。对象的属性值(除了公有的属性值)只能由这个对象的行为来读取和修改；二是尽可能隐蔽对象的内部细节，对外形成一道屏障，与外部的联系只能通过外部接口实现。

封装的信息隐蔽作用反映了事物的相对独立性，可以只关心它对外所提供的接口，即能做什么，而不注意其内部细节，即怎么提供这些服务。例如，用陶瓷封装起来的一块集成电路芯片，其内部电路是不可见的，而且使用者也不关心它的内部结构，只关心芯片引脚的个数、引脚的电气参数及引脚提供的功能，利用这些引脚，使用者将各种不同的芯片连接起来，就能组装成具有一定功能的模块。

一方面，封装的结果使对象以外的部分不能随意存取对象的内部属性，从而有效地避免了外部错误对它的影响，大大减小了查错和排错的难度。另一方面，当对象内部进行修改时，由于它只通过少量的外部接口对外提供服务，因此同样减小了内部的修改对外部的影响。同时，如果一味地强调封装，则对象的任何属性都不允许外部直接存取，要增加许多没有其他意义，只负责读或写的行为，这为编程工作增加了负担，增加了运行开销，并且使得程序显得臃肿。为了避免这一点，在语言的具体实现过程中应使对象有不同程度的可见性，进而与客观世界的具体情况相符合。

封装机制将对象的使用者与设计者分开，使用者不必知道对象行为实现的细节，只需要用设计者提供的外部接口让对象去做。封装的结果实际上隐蔽了复杂性，并提供了代码重用性，从而降低了软件开发的难度。

3)　继承性

客观事物既有共性，也有特性。如果只考虑事物的共性，而不考虑事物的特性，就不能反映出客观世界中事物之间的层次关系，不能完整、正确地对客观世界进行抽象描述。运用抽象的原则就是舍弃对象的特性，提取其共性，从而得到适合一个对象集的类。如果在这个类的基础上，再考虑抽象过程中被舍弃的一部分对象的特性，则可形成一个新的类，这个类具有前一个类的全部特征，是前一个类的子集，形成一种层次结构，即继承结构，如图 5-10 所示。

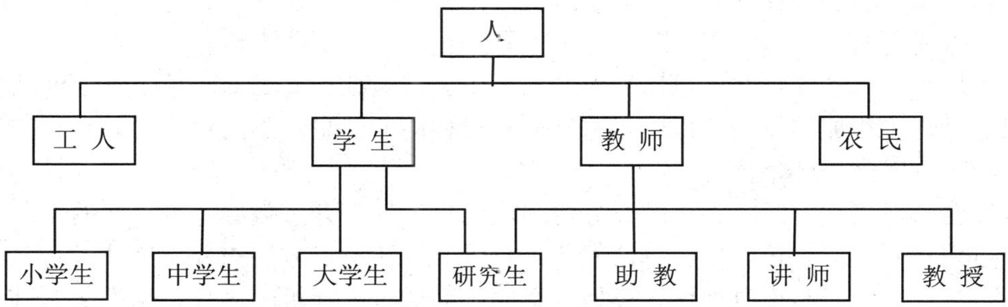

图 5-10　类的继承结构

继承(Inheritance)是一种连接类与类的层次模型。继承性是指特殊类的对象拥有其一般类的属性和行为。继承意味着“自动地拥有”，即特殊类中不必重新定义已在一般类中定义过的属性和行为，而它却自动地、隐含地拥有其一般类的属性与行为。继承允许和鼓励类的重用，提供了一种明确表述共性的方法。一个特殊类既有自己新定义的属性和行为，又有继承下来的属性和行为。尽管继承下来的属性和行为是隐式的，但无论在概念上还是在实际效果上，都是这个类的属性和行为。当这个特殊类又被它更下层的特殊类继承时，它继承来的与自己定义的属性和行为又被下一层的特殊类继承下去。因此，继承是传递的，体现了大自然中特殊与一般的关系。

由此可见，继承是对客观世界的直接反映，通过类的继承，能够实现对问题的深入抽象描述，反映出人类认识问题的发展过程。在软件开发过程中，继承性实现了软件模块的可重用性、独立性，缩短了开发周期，提高了软件开发的效率，同时使软件易于维护和修改。

4) 多态性

面向对象设计借鉴了客观世界的多态性，体现在不同的对象收到相同的消息时产生多种不同的行为方式。例如，在一般类“几何图形”中定义了一个行为“绘图”，但并不确定执行时到底画一个什么图形。特殊类“椭圆”和“多边形”都继承了几何图形类的绘图行为，但其功能却不同，一个是要画出一个椭圆，另一个是要画出一个多边形。这样一个绘图的消息发出后，椭圆、多边形等类的对象接收到这个消息后各自执行不同的绘图函数。如图 5-11 所示，这就是多态性的表现。

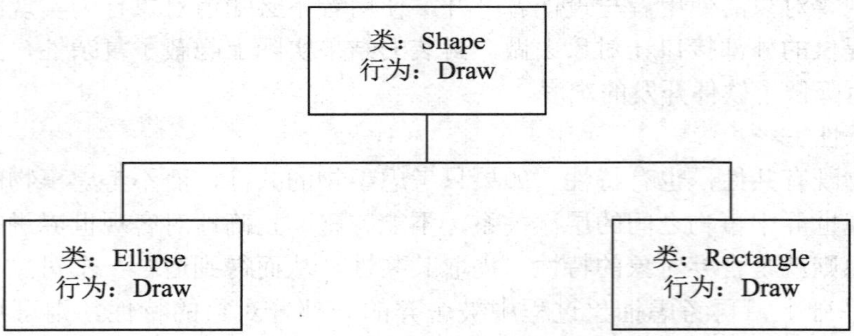

图 5-11　多态性示意图

具体来说，多态性(Polymorphism)是指类中同一函数名对应多个具有相似功能的不同函数，可以使用相同的调用方式来调用这些具有不同功能的同名函数。

继承性和多态性的结合，可以生成一系列虽类似但独一无二的对象。由于继承性，这些对象共享许多相似的特征；由于多态性，针对相同的消息，不同对象可以有独特的表现方式，实现特性化的设计。

上述面向对象技术四大特征的充分运用，为提高软件开发效率起着重要的作用，通过编写可重用代码、可维护代码、可修改代码、可共享代码等方法充分发挥其优势。面向对象技术可使程序员不必反复地编写类似的程序，而通过继承机制进行特殊类化的过程使得程序设计变成仅对特殊类与一般类的差异进行编程的过程。当高质量的代码可重复使用时，复杂性就得以降低，效率则得到提高。不断扩充的 MFC 类库和继承机制能很大程度地提高开发人员建立、扩充和维护系统的能力。面向对象技术将数据与操作封装在一起，简化了调用过程，方便了维护，并减少了程序设计过程中出错的可能性。继承性和封装性使得应用程序的修改带来的影响更加局部化，而且类中的操作是易于修改的，因为它们被放在唯一的地方。因此，采用面向对象技术进行程序设计具有开发时间短、效率高、可靠性好、所开发的程序更强壮等优点。

任务实施

在传统的软件工程中，软件生命周期包括系统分析、系统设计和系统实现等。面向对象设计方法也要求系统设计员进行需求分析和可行性研究，并在设计之前准备好一组需求规范，在进行软件开发时和传统方法学一样包括软件分析和设计两个阶段。面向对象方法学不强调软件分析和设计的严格区分，但还是有分工的。

从面向对象分析(OOA)到面向对象设计(OOD)，是一个逐渐扩充模型的过程，分析和设计活动是一个多次反复迭代的过程。具体地讲就是面向对象分析和面向对象设计两个阶段的反复循环进行。由于面向对象方法学在概念和表示方法上的一致性，保证了在各项开发活动之间的平滑过渡。

面向对象设计确定实现系统的策略和目标系统的高层结构。面向对象的设计使用本书项目 2 所讲授的统一建模语言 UML 来实现。其中，使用 UML 的静态视图(类图，对象图)，物理视图(实现视图，部署视图)来描述系统的静态结构。使用 UML 的用例图描述系统的外部视图。使用 UML 的活动图描述系统的外部/内部视图。使用 UML 的交互视图(顺序图，协作图)描述系统的内部视图。使用 UML 的状态图描述单个类的动态行为等。

面向对象分析阶段要分析系统中包含的所有对象及其相互之间的关系。面向对象设计是把分析阶段得到的需求，转变成符合成本和质量要求的、抽象的系统实现方案的过程。面向对象设计产生一组设计规范后，用面向对象程序设计语言来实现它们。

任务 3　面向对象程序设计语言

任务要求

介绍几种常用的面向对象程序设计语言，要求掌握 Java 编程工具。

知识储备

20 世纪 60 年代，出现了最早的面向对象程序设计语言 Simula 67，具有类和对象的概念，被公认为是面向对象语言的鼻祖。随后又推出了纯面向对象程序设计语言，如美国 Xerox Palo Alto 研究中心推出的 Smalltalk，它完整地体现并进一步丰富了面向对象的概念。进而出现了混合型面向对象程序设计语言，如 C++，这类语言一般是在其他语言的基础上开发出来的。还有与人工智能语言结合形成的面向对象程序设计语言，如 LOOPS、Flavors 和 CLOS，以及适合网络应用的面向对象程序设计语言，如 Java 语言等。下面简要介绍几种目前常用的面向对象程序设计语言。

任务实施

1. 可视化程序设计语言 Visual Basic

1991 年 Microsoft 公司推出了基于 BASIC 语言的可视化面向对象开发工具 Visual Basic，标志着软件设计和开发技术一个新时代的开始。在其带动下，相继产生了 Visual C++、Visual J++、Visual FoxPro 以及 Borland Delphi、Power Builder 等众多可视化开发工具，这些工具的共同特点是，提供了 Windows 界面下一些常用界面元素样本。

所谓可视化技术一般是指软件开发阶段的可视化和对计算机图形技术和方法的应用。这里是指前者，即可视化程序设计，是应用可视化开发工具开发图形用户界面(GUI)应用程序的方法。软件开发人员不需编写大量代码去描述界面元素的外观和位置，而只需选定特定界面元素的样本，并用鼠标拖放到屏幕的窗体上，然后再通过不同的方法，编写一些容易理解的事件处理程序，就可完成应用软件的设计。

Visual Basic 既继承了 BASIC 语言所具有的语法简单、容易学习、容易使用、数据处理能力强的特点，又引入了面向对象、事件驱动的编程机制和可视化程序设计方法，大大降低了开发 Windows 应用程序的难度，有效地提高了应用程序开发的效率。同时，Visual Basic 还兼顾了高级编程技术，不仅可以编写功能强大的数据库应用程序、多媒体处理程序，还可以用来建立客户与服务器应用程序、通过 Internet 访问遍及全球的分布式应用程序、创建 ActiveX 控件以及与其他应用程序紧密集成。它可以实现 Windows 的绝大部分高级功能，如多任务、多文档界面(MDI)、对象的链接与嵌入(OLE)、动态数据交换、动态链接库(DLL)子程序的调用等，尤其是动态链接技术，使得 Visual Basic 可以调用 Windows 系统的各种资源。

但是，Visual Basic 存在语法不严格、开发出的系统稳定性较低的缺点。相对 Visual C++语言来说，Visual Basic 面向系统底层的编程能力有限，不适合开发系统监控程序，不适合设备驱动程序的开发。比较而言，Visual C++虽然学习起来难度较大，但开发出的系统稳定性高，同时还能使用 Visual C++做一些 Windows 系统下特殊应用的开发，如设备驱动程序等。

2. 混合型面向对象程序设计语言 C++

C++是 AT&T Bell 实验室的 Bjarne Stroustrup 博士于 20 世纪 80 年代早期提出的，是迄今为止商业上最受欢迎的混合型面向对象程序设计语言。C++兼容了 C 语言并弥补了其缺陷，支持面向过程程序设计方法，增强了面向对象的能力，支持面向对象程序设计方法。许多软件公司都为 C++设计编译系统，如 AT&T、Apple、Sun、Borland 和 Microsoft 等，国内最为流行的是 Borland C++和 Visual C++。同时，许多大学和公司也在为 C++编写各种不同的类库，其中 Borland 公司的 OWL(Object Windows Library)和 Microsoft 公司的 MFC(Microsoft Foundation Class)是优秀的代表作，尤其是 MFC 在国内外都得到广泛应用。

C++几乎被数以十万计的程序员应用到软件开发的每个领域中。早期的应用趋向于系统程序设计，有几个主要操作系统都是用 C++编写的：Compbell、Rozier、Hamilton、

Berg、Parrington，更多系统用 C++做了其中的关键功能部分。C++还用于编写设备驱动程序，或者其他需要在实时约束下直接操作硬件的软件。许多年来，美国的长途电话系统的核心控制依赖于 C++语言。C++作为一种面向对象程序设计语言，具有对象、类、消息等概念，同时支持面向对象技术的抽象性、封装性、继承性和多态性。

1)　C++对抽象性的支持

C++抽象包括两个方面，一是过程抽象，二是数据抽象。过程抽象是指任何一个明确定义功能的操作都可被使用者看作单个的实体，尽管这个操作实际上可能由一系列更低级的操作来完成。数据抽象定义了数据类型和对该类对象的操作，并限定了对象的值只能通过这些操作来修改和调用。

2)　C++对封装性的支持

C++将数据和相关操作封装在类中，同时可以用访问权限控制对象内部数据的访问。

3)　C++对继承性的支持

C++允许从一个或多个已经定义的类中派生出新的类并继承其数据和操作，同时在新类中可以重新定义或增加新的数据和操作，这样建立起类的层次结构。被继承的类称为基类或父类，派生的新类称为派生类或子类。

4)　C++对多态性的支持

C++多态分为编译时多态和运行时多态。编译时多态是指在程序的编译阶段由编译系统根据操作数确定需要调用哪个同名的函数；运行时多态是指在程序的运行阶段才根据产生的信息确定需要调用哪个同名的函数。调用不同的函数就意味着执行不同的处理。在 C++中，对编译时多态的支持是通过函数重载和运算符重载实现的；对运行时多态的支持是通过继承和虚函数来实现的。

随着 C++逐渐成为 ANSI 标准，便迅速成为程序员最广泛使用的工具，其开发环境也随之不断地推出。Visual C++从 1.0 发展到 6.0 等版本，软件系统逐渐庞大，功能日益完善。

1986 年 Borland 公司开发了 Turbo C++，而后又推出了 Borland C++。Microsoft 公司于 20 世纪 80 年代中期在 Microsoft C 6.0 的基础上开发了 Microsoft C/C++ 7.0，同时引进了类库 MFC 1.0 版本，完善了源代码。这些版本都是依赖于 DOS 环境，或在 Windows 下的 DOS 模式下运行。随后 Microsoft 公司推出了 Microsoft C/C++ 8.0，即 Visual C++1.0 版本，它是 Microsoft 公司推出的第一个真正基于 Windows 环境下的可视化集成开发环境，将编辑、编译、连接和运行集成为一体。由于 Internet 的流行，在 4.0 版本中，Visual C++引进了针对 Internet 编程的新类库。5.0 版本也增加了一些新类，但注意力更多地集中在改善产品的界面上，以提供一个更好的在线帮助系统、更高级的宏能力和对代码共享的支持。6.0 版本在功能上做了进一步的改进。

Visual C++ 一直是用于创建高性能的 Windows 和 Web 应用程序与 Web 服务的最佳语言。Microsoft 公司自喻 Visual C++是所有开发语言及工具中的“旗舰”。Visual C++不仅是 C++语言的集成开发环境，而且与 Win32 紧密相连，利用 Visual C++可以完成各种各样的应用程序的开发，从底层软件直到上层直接面向用户的软件，而且 Visual C++强大的调试功能也为大型应用程序的开发提供了有效的排错手段。

3. 微软动态网站开发平台.NET 简介

Visual C++.NET 是 Microsoft 的新一代 Visual C++语言。2000 年 6 月 22 日，Microsoft 公司正式推出了 Microsoft.NET(以下简称.NET)，使 Microsoft 公司现有的软件在 Web 时代不仅适用于传统的 PC，而且也能够满足新设备的需要，诸如蜂窝电话以及个人数字助理等。

.NET 是一个开发平台，它定义了一种公用语言子集(Common Language Subset，CLS)，这是一种为符合其规范的语言与类库之间提供无缝集成的混合语言。.NET 统一了编程类库，提供了对下一代网络通信标准即可扩展标记语言(Extensible Markup Language，XML)的完全支持，使应用程序的开发变得更容易、更简单。Microsoft 公司在其软件中添加了手写和语音识别的功能，让人们能够与计算机进行更好的交流。与 Microsoft 的其他产品一样，.NET 与 Windows 平台紧密集成，其运行库已经与操作系统融为一体。

.NET 是一种面向网络、支持各种用户终端的开发平台。Microsoft 公司的宏伟目标是让 Microsoft.NET 彻底改变软件的开发方式、发行方式、使用方式等，并且面向所有开发商与运营商。.NET 的核心内容之一就是要搭建第三代 Internet 平台，这个网络平台将解决网站之间的协同合作问题，从而最大限度地获取信息。在.NET 平台上，不同网站之间通过相关的协定联系在一起，网站之间自动交流，协同工作，提供最全面的服务。总之，.NET 战略是一场软件革命。

.NET 为使用与开发人员提供了功能强大、种类丰富的管理与开发工具，同时这些工具也是.NET 框架提供的服务，.NET 平台提供了大量的工具和服务，能够最大限度地发掘计算及通信能力。其中，Visual Studio.NET 是.NET 的核心开发工具，包括 Microsoft 公司提供的各种开发语言，其中有 Visual C++.NET 和 Visual C#等。

Microsoft 公司推出了组件对象模型(Component Object Model，COM)，通过将组件改变为通用、集成型的构件，开发人员逐渐地从过去的繁杂编程事务中解脱出来，可以选择自己最得心应手的编程语言进行编程。然而，软件组件与应用程序之间的结合仍然是松散的，不同的编程语言与开发平台限制了模块间的互用性，其结果产生了日益庞大的应用程序和不断升级的软硬件系统等。

为了将快速的应用程序开发与对底层平台所有功能的访问紧密结合在一起，Microsoft 公司推出了 C#。C#是专门为.NET 应用而开发的面向对象程序设计语言，C#为 C++程序员提供了快捷的开发方式，使得程序员能够在.NET 平台上快速开发各种应用程序。同时，C#忠实地继承了 C 和 C++的基本特征——强大的控制能力及其他优点。

C#语言设计的组件能够应用于 Web 服务，通过 Internet，可以被运行于任何操作系统上的任何编程语言所调用。C#运行于.NET 平台之上，其各种特性与.NET 有着密切联系。它没有自己的运行库，许多强大的功能均来自.NET 平台的支持。

4. 纯面向对象程序设计语言 Java

Java 是由 SUN 公司的 J.Gosling、B.Joe 等人在 20 世纪 90 年代初开发出的一种纯面向对象程序设计语言。Java 是标准的又是大众化的面向对象程序设计语言。首先，Java 作为一种解释型程序设计语言，具有简单性、面向对象性、平台无关性、可移植性、安全性、动态性和健壮性等特征；其次，它最大限度地利用了网络、不依赖于机器结构，Java 的应用程序(Applet)可在网络上传输，可以说是网络世界的通用语言；另外，Java 还提供了丰富的类库，使程序设计者可以方便地建立自己的系统。因此，Java 具有强大的图形、图像、动画、音频、视频、多线程及网络交互能力，使其在设计交互式、多媒体网页和网络应用程序等方面大显身手。

Java 程序有两种类型：一种是可在 Web 网页上运行的 Applet，称为小应用程序。考虑到网络环境、连接速度等原因，Applet 一般都比较小，适合客户端下载，很多网站利用 Java 开发出了商业网络平台，实现交互运行，还有大量的 Applet 嵌入网页，使页面变得更加活泼生动，但 Applet 不能单独运行，必须嵌入 HTML 文件中，由 Web 浏览器执行；另一种是 Application，即应用程序，可完成任何计算任务，运行时不必借助 Web 浏览器，可单独执行。

Java 从 C++发展而来。Java 摒弃了 C++中许多不合理的内容，真正做到了面向对象。在 Java 中，一切都是对象。Java 通过 new 运算符创建对象，通过 new 运算符返回的对象引用来操纵对象，而不是直接操作指针，这样可以防止程序员的误操作而导致致命的错误。Java 通过内存垃圾收集机制，自动管理内存，不需要程序员显式地释放所分配的内存，从而大大减轻了程序员的负担。Java 与 C++作为面向对象语言都有类的概念，但差异是 C++支持多重继承，而 Java 只支持单重继承。Java 抛弃多重继承是为了使类之间的继承关系更加清晰，不会造成任何混乱。

1)　Java 的由来

在 1995 年 SUN 推出 Java 语言之后，全世界的目光都被这个神奇的语言所吸引，那么 Java 到底有何神奇之处呢？

Java 语言其实最早诞生于 1991 年，起初被称为 OAK 语言，是 SUN 公司为一些消费性电子产品设计的一个通用环境。他们最初只是为了开发一种独立于平台的软件技术，而且在网络出现之前，OAK 可以说是默默无闻，甚至差点夭折，但是，网络的出现改变了 OAK 的命运。

在 Java 出现以前。Internet 上的信息内容都是一些乏味死板的 HTML 文档。这对于那些迷恋于 Web 浏览的人们来说简直不可容忍。他们迫切希望能在 Web 中看到一些交互式的内容，开发人员也极希望能够在 Web 上创建一类无须考虑软硬件平台就可以执行的应用程序，当然这些程序还要有极大的安全保障。对于用户的这种要求，传统的编程语言显得无能为力，面 SUN 的工程师敏锐地察觉到了这一点，从 1994 年起，他们开始将 OAK 技术应用于 Web 上，并且开发出了 HotJava 的第一个版本。当 SUN 公司于 1995 年正式以 Java 这个名字推出的时候，几乎所有的 Web 开发人员认为：噢，这正是我想要的。于是 Java 成了一颗耀眼的明星，丑小鸭一下子变成了白天鹅。

2)　Java 的定义

Java 是一种简单的、面向对象的、分布式的、解释的、健壮的、安全的、结构中立的、可移植的、性能很优异的、多线程的、动态的语言。

Java 的开发环境有不同的版本，如 SUN 公司的 Java Developers Kit，简称 JDK。后来微软公司推出了支持 Java 规范的 Microsoft Visual J++ Java 开发环境，简称 VJ++。

3) Java 的特点

(1) 平台无关性。

平台无关性是指 Java 能运行于不同的平台。Java 引进了虚拟机原理，并运行于虚拟机，实现不同平台的编程需要。使用 Java 编写的程序能在世界范围内共享。Java 的数据类型与机器无关，Java 虚拟机(Java Virtual Machine)是建立在硬件和操作系统之上，实现 Java 二进制代码的解释执行功能的。

(2) 安全性。

Java 的编程类似 C++，有 C++基础的人能很快掌握 Java 的精髓。Java 舍弃了 C++的指针对存储器地址的直接操作，程序运行时，内存由操作系统分配，这样可以避免病毒通过指针侵入系统。Java 为程序提供了安全管理器，可防止程序的非法访问。

(3) 面向对象。

Java 吸取了 C++面向对象的概念，将数据封装于类中，利用类的优点，实现程序的简洁性和维护性。Java 提供了众多的一般对象的类，通过继承即可调用这些父类的方法。在 Java 中，类的继承关系是单一的、非多重的，一个子类只有一个父类，子类的父类又有一个父类。Java 提供的 Object 类及其子类的继承关系如同一棵倒立的树形，根类为 Object 类，Object 类的功能强大，经常会使用到它及其他派生的子类。

(4) 分布式。

Java 建立在扩展 TCP/IP 网络平台上。库函数提供了用 HTTP 和 FTP 协议传送和接受信息的方法。这使得程序员使用网络上的文件，如同使用本机上的文件一样容易。

(5) 健壮性。

Java 致力于检查程序在编译和运行时的错误。类型检查能查出许多开发早期出现的错误。Java 自己操纵内存减少了内存出错的可能性。Java 还实现了真数组，避免了覆盖数据的可能。这些功能特征大大加快了开发 Java 应用程序的周期。

4) Java 与 C/C++语言的关系

Java 提供了一个功能强大语言的所有功能，但几乎没有一点模糊特征。C++的安全性虽然不好，但 C 和 C++已被大家接受，所以 Java 设计成 C++的形式，可以让大家容易接受它。

Java 去掉了 C++语言的许多功能，让 Java 的语言功能很精练，并增加了一些很有用的功能，如自动收集碎片等。

Java 去掉了以下几个 C 和 C++功能：指针运算、结构、typedefs、#define、需要释放内存等，这将减少平常出错的 50%。而且，Java 很小，整个解释器只需 215KB 的 RAM 即可。

5) Java 与 Internet 的联系

早先的 WWW 只可以传送文本和图片，Java 的出现给网页增加了交互的功能，是网页史上的一次伟大的革命。

Java 并不是为 Internet、WWW 设计的，它也可以用来编写独立的应用程序。Java 是一种面向对象语言。Java 语言类似于 C++ 语言，所以熟练掌握 C++语言的编程人员，再学习 Java 语言就容易得多。实际上有两种 Java 程序：一种 Java 应用程序是一个完整的程序，如 Web 浏览器；另一种 Java 小应用程序是运行于 Web 浏览器中的一个程序，如 Applet 等。

Java 程序和它的浏览器 HotJava，提供了可以让用户的浏览器运行程序的方法。用户可以用自己的浏览器直接播放声音和页面里的动画。Java 还能告诉用户的浏览器怎样处理新的类型文件。当我们能在 2400 baud 线上传输视频图像时，HotJava 将能显示这些视频。

电子商务是当今的热门话题，然而传统的编程语言难以胜任电子商务系统，电子商务要求程序代码具有安全、可靠、跨平台、兼容等特征，而 Internet 的安全成了必须解决的问题。Java 以其强安全性、平台无关性、硬件结构无关性、语言简洁性等特点成为实现电子商务系统的首选语言。

5. 可视化程序设计语言 C#

C#是微软公司发布的一种面向对象的、运行于.NET Framework 之上的高级程序设计语言。C#是微软公司研究员 Anders Hejlsberg 的研究成果。C#看起来与 Java 有着惊人的相似；它包括诸如单一继承、接口、与 Java 几乎同样的语法和编译成中间代码再运行的过程。但是 C#与 Java 有着明显的不同，它借鉴了 Delphi 的一个特点，与 COM(组件对象模型)是直接集成的，而且它是微软公司 .NET Windows 网络框架的主角。

C#是一种安全的、稳定的、简单的、优雅的，由 C 和 C++衍生而来的面向对象的编程语言。它在继承 C 和 C++强大功能的同时去掉了它们的一些复杂特性(例如没有宏以及不允许多重继承)。C#综合了 VB 简单的可视化操作和 C++的高运行效率，以其强大的操作能力、优雅的语法风格、创新的语言特性和便捷的面向组件编程的支持成为.NET 开发的首选语言。

C#是面向对象的编程语言。它使得程序员可以快速地编写各种基于 Microsoft.NET 平台的应用程序，Microsoft.NET 提供了一系列的工具和服务，可以最大限度地开发利用计算与通讯领域。

C#使得 C++程序员可以高效地开发程序，且因可调用由 C/C++ 编写的本机原生函数，因此绝不损失 C/C++原有的强大功能。因为这种继承关系，C#与 C/C++具有极大的相似性，熟悉类似语言的开发者可以很快转向 C#。

上机实训：学校运动会模型

实训背景

随着计算机应用领域的不断拓展，各种各样的问题也不断涌现，当问题严重到开发人员无法控制的时候便产生了软件危机。软件危机的出现，促使了软件工程学的形成和发展。随之整合整套技术的软件工程方法学得到广泛应用，主流之一就是传统方法学。传统方法学在软件开发过程中占据相当大的比重，因为其悠久的历史而为很多软件工程师所青睐。面向对象技术是一种新的软件技术，其概念来源于程序设计，从 20 世纪 60 年代提出面向对象的概念，到现在已发展成为一种比较成熟的编程思想，并且逐步成为目前软件开发领域的主流技术。同时，它不再局限于程序设计方面，而是成为软件开发领域的一种方法论。它对信息科学、软件工程、人工智能和认知科学等都产生了重大影响，尤其在计算机科学与技术的各个方面影响深远。通过面向对象技术，可以将客观世界直接映射到面向对象解空间，从而为软件设计和系统开发带来革命性影响。

实训内容和要求

学校运动会设有 10 个比赛项目，每一项都要决出前三名，每名运动员最多可以参加三项运动。每项运动的前三名中，若有打破校纪录的则该学生获得双重奖。裁判员有运动员名单及比赛成绩，并有专人送成绩到计算机系统。计算机系统有运动员名单、项目单以及校记录成绩单，运动会结束后，由运动会主任公布结果。实训素材及参考图如图 5-12 所示。

实训步骤

(1) 根据上述系统需求，进行准确的系统分析。
(2) 设计该系统传统方法学的数据流图。
(3) 设计该系统面向对象方法学模型，并给出相应的 Java 实现代码。
(4) 提交实验报告。

图 5-12　学校运动会现场图

项 目 小 结

面向对象技术源于程序设计，现在已经发展成为软件开发领域的一种方法论。它使计算机解决问题的方式更加类似于人类的思维方式，更能直接描述客观世界，可以通过增加软件的可扩充性、可重用性和程序自动生成等功能来提高编程效率，降低软件维护复杂度，可利用不断扩充的框架产品 MFC 来快速构建程序。

面向对象技术是一种以对象为基础，以事件或消息驱动对象，执行相应消息处理函数的程序设计技术。它与面向过程的方法最大的不同在于，它是以数据为中心而不是以功能为中心，将数据及相应操作封装在一起抽象成一种新的数据类型——类。另外，面向对象程序的控制流程由运行时各种事件的实际发生来触发，而不再由事件的预定顺序来决定。

事件驱动程序执行围绕消息的产生与处理，靠消息循环机制来实现。

类是具有相同属性和行为的对象的集合。类是对象的抽象，对象是类的实例，对象与类的关系如同特殊与一般的关系，如同变量与变量类型的关系。消息是向对象发出的服务请求，事件由多条消息构成。

面向对象技术具有抽象性、封装性、继承性和多态性等基本特征。抽象性是指忽略事物中与当前目标无关的非本质特征的特征；封装性是指把对象的属性和行为封装在一起，并尽可能隐蔽对象的内部细节的特征；继承性是指特殊类的对象拥有其一般类的属性和行为的类层次关系；多态性是指用相同方式调用具有不同功能的同名函数的特征。

目前常用的几种面向对象程序设计语言中，Java 是一种纯面向对象网络程序设计语言，Visual Basic 是一种简单的可视化面向对象程序设计语言，C++是一种混合型面向对象程序设计语言。C#可以继续发挥 C 的底层优势，已经发展成为一种可视化面向对象程序设计语言，并在.NET 技术的强大支持下更显“旗舰”的作用。

习　　题

1. 什么是面向对象技术？
2. 面向对象与面向过程程序设计有什么不同？
3. 面向对象技术有哪些优点？
4. 面向对象技术中的封装性有何优缺点？如何克服这些缺点？
5. 为什么要应用继承机制？
6. Java 对多态性的支持体现在哪些方面？
7. 目前常用的面向对象程序设计语言有何异同？
8. 什么是 Java？

项目 6

软件测试方法

项目导入

从 20 世纪 80 年代末 90 年代初开始，随着计算机软件的迅速发展，软件的质量问题变得越来越突出，因软件质量问题造成巨大财产损失的例子很多：1963 年由于把 DO 5 I=1,3 写成 DO 5 I=1.3，美国飞往火星的探测火箭爆炸；1996 年由于软件的故障，阿里亚那火箭爆炸，损失数以亿计。

软件测试是软件质量的有效保证。广义上讲，软件测试是对软件需求分析、设计说明和编码进行复审等以保证软件质量的工作。狭义上讲，软件测试是为了发现错误而执行程序的过程。换而言之，软件测试是根据软件开发各个阶段的规格说明和程序的内部结构而精心设计的一些测试用例，并利用这些测试用例去运行程序，发现错误。

项目分析

本项目通过软件测试的基本概念、测试过程、测试流程、测试方法和技术的讲解，体现软件测试在软件开发过程中的重要地位和作用。

任务 1　软件测试概述

任务要求

了解软件测试工作的重要性，掌握软件测试的基本概念及软件质量保证原理。

知识储备

软件的质量就是软件的生命，为了保证软件的质量，人们在长期的开发过程中积累了许多经验并且形成了行之有效的方法。但是借助这些方法，只能尽量减少软件中的错误和不足，却不能完全避免所有的错误。如何防止和减少这些可能存在的问题？回答是进行软件测试。测试是最有效地排除和防止软件缺陷与故障的手段，并由此促进了软件测试理论与技术实践的快速发展。新的测试理论、测试方法、测试技术手段在不断涌现，软件测试机构和组织也在迅速产生和发展，由此软件测试技术职业也同步完善和健全起来了，图 6-1 是软件测试的全景图。下面详细介绍软件测试的基本概念。

1. 软件测试的目的

软件测试就是为了发现程序中的错误而执行程序的过程，即证明(表达软件能否正常工作)→检测(尽量发现软件中存在的错误)→预防(通过预防措施，避免错误的发生，从而保证软件质量)等。

2. 测试执行步骤

(1) 单元测试(UT 执行)：是指一个测试用例的测试执行。

(2) 集成测试(IT 执行)：是指一个测试用例集的测试执行。

(3) 系统测试(ST 执行)：是指不同测试阶段的测试执行。

3. 回归测试的目的

(1) 验证错误是否修复。
(2) 检测对代码的修改是否引入了新的错误。

4. 软件测试的主要工作

(1) 测试代码，评审开发文档。
(2) 进行测试设计，写出测试文档(测试计划、测试方案、测试用例等)。
(3) 执行测试，发现软件缺陷，提交缺陷报告，并确认缺陷最终是否得到了修正。
(4) 通过测试度量软件质量。

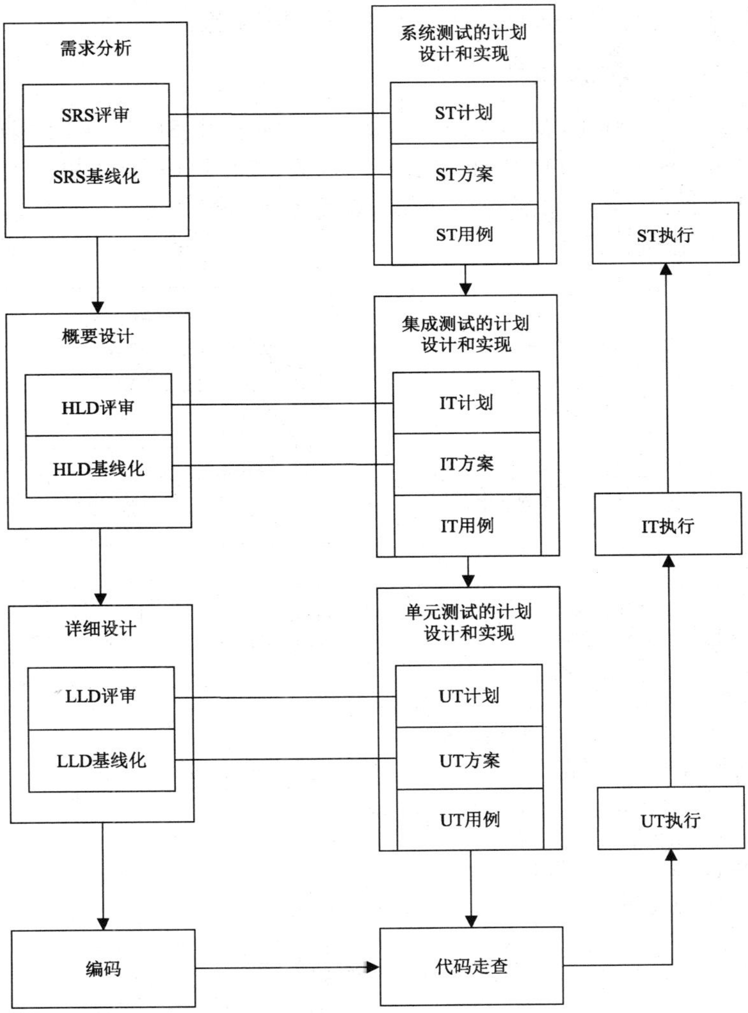

图 6-1　软件测试全景图

软件测试在软件生存周期中横跨两个阶段。通常在编写出每个模块之后就对它进行必要的测试，模块的编写者和测试者是同一个人，编码和单元测试属于软件生存周期的同一个阶段。在这个阶段结束之后，对软件系统还要进行各种综合测试，这是软件生存周期中另一个独立的阶段，通常由专门的测试人员来完成这项工作。

目前，人们越来越重视软件测试，软件测试的工作量往往占到软件开发总工作量的40%以上。在特殊情况下，测试那些重大的软件，如核反应堆监控软件，其测试费用可能相当于软件工程其他步骤总成本的 3 倍到 5 倍。因此，我们必须高度重视软件测试工作，绝不能认为写出程序代码之后软件开发工作就完成了。

任务实施

软件测试不仅仅是执行测试，而是一个包含很多复杂活动的过程，并且这些过程应该贯穿于整个软件开发过程。下面介绍几个软件质量保证体系。

1. CMM 软件质量成熟度模型

CMM(Capability Maturity Model)由美国软件工程研究所(SEI)受美国国防部委托立项。开发人：Watts Humphrey，1991 年推出 CMM1.0 版，1993 年提出 CMM1.1 版，现在开发到 CMMI(CMM Integration)。软件能力成熟度模型 CMM(提倡过程决定质量)，其分解图如图 6-2 所示，共分为五级。

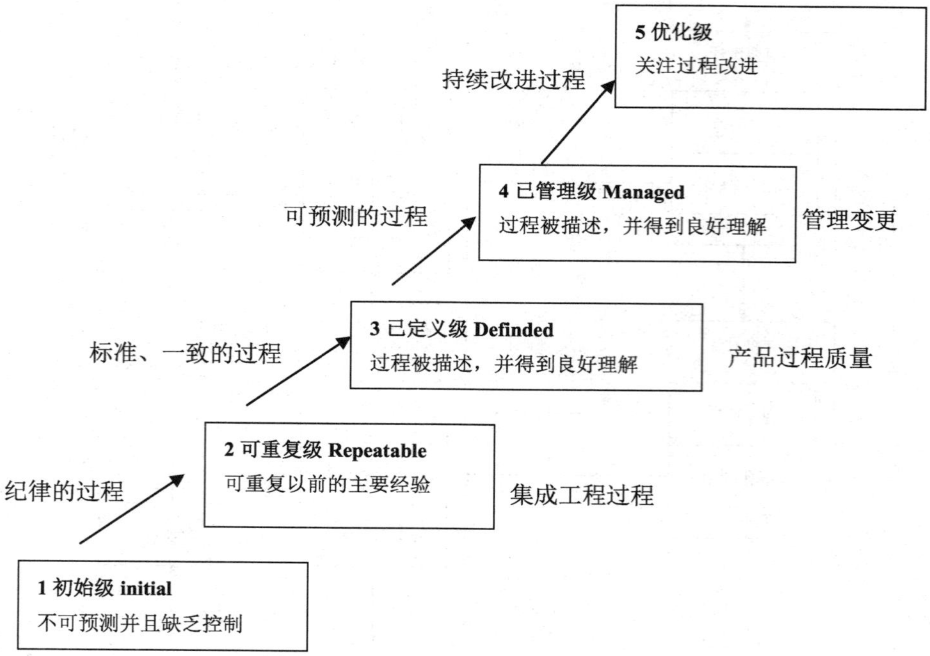

图 6-2　CMM 图

1)　CMM 1 级

初始级，Initial，其主要特征是不可预测并且缺乏控制。

特点：(个人英雄主义)

A 项目的成功依赖于优秀的项目经理的团队。

B 无法重复以往成功的实践。

C 缺乏基本配置管理。

可视度：

整个过程不可预测，不可见，不可控。(过程管理非常混乱)

2)　CMM 2 级

可重复级：Repeatable，其主要特征是可重复以前的主要经验。

特点：(有纪律)

A 能够重复以前成功的经验和实践。

B 引入了合理需求变更，需求管理。

C 测试与开发分离，整个过程能力可概括为有纪律的。

可视度：

具有软件开发的基本过程，即原始需求→需求分析→设计→编码→测试→产品发布等。

3)　CMM 3 级

已定义级：Defined，其主要特征是重视过程描述。

特点：(有过程，经过同行评审)

组织中有一个专门负责组织标准软件过程的管理团队。

可视度：

基本与 CMM 2 级相同但整个过程是标准和一致的。

4)　CMM 4 级

已管理级：Managed，其主要特征是过程被测量并受控。

特点：(量化管理)

A 过程能力是可预防的，因为过程是已测量的并在可测的范围内运行。

B 组织能定量地预测过程和产品质量方面的趋势。

C 软件产品具有可预测的高质量。

可视度：

基本与 CMM 3 相同，但整个过程是可预测的。

5)　CMM 5 级

优化级，Optimizing，其主要特征是关注过程改进。

特点：(改进过程本身)

A 通过缺陷来发现过程的不足。

B 新的开发技术促使改进过程。

6)　CMMI 的用途

(1)　评估组用来识别组织中的强处和弱处。

(2)　评价组用来识别选择不同的业务承包商的风险和监督合同。

(3)　管理者用来了解其组织的能力，并了解为了提高其能力成熟度而进行软件过程改进所需进行的活动。

(4)　技术人员和过程改进组用来作为指南，指导他们在组织中定义和改进软件的过程。

2. 软件质量模型

评价软件质量的关键要定出评定质量的指标和评定优劣的标准。软件工程质量保证体系应遵循国家相关的法律法规及标准，如我国推荐性国家标准 GB/T 12504—1990《计算机软件质量保证计划规范》、GB/T 17544—1998《信息技术软件包质量要求和测试》、国际标准 ISO9000 等。这些标准的基本思想是，质量不是在产品检验中得到的，而是在生产的全过程中形成的。

国际标准化组织 ISO 和国际电工委员会 IEC 是世界性的标准化专门机构。国家标准 GB/T 16260—1996《软件质量特性》等同于国际标准 ISO/IEC 9126，规定软件质量模型由质量特性、质量子特性等组成。以下介绍其中规定的软件质量特性。

- 功能性：当软件在指定条件下使用时，软件产品提供满足明确和隐含需求的功能的能力，包括：适合性、准确性、互操作性、保密安全性、功能性的依从性等。
- 可靠性：在指定条件下使用时，软件产品维持规定的性能级别的能力，包括：成熟性、容错性、易恢复性、可靠性的依从性等。
- 易用性：在指定条件下使用时，软件产品被理解、学习、使用和吸引用户的能力，包括：易理解性、易学性、易操作性、吸引性、易用性的依从性等。
- 效率：在规定条件下，相对于所用资源的数量，软件产品可提供适当性能的能力。包括：时间特性、资源利用性、效率依从性等。
- 维护性：软件产品可被修改的能力。修改可能包括修正、改进或软件对环境、需求和功能规格说明变化的适应，包括：易分析性、易改变性、稳定性、易测试性、维护性的依从性等。
- 可移植性：软件产品从一种环境迁移到另外一种环境的能力，包括：适应性、易安装性、共存性、易替换性、可移植性的依从性等。

软件质量保证的主要工作范围如下。

- 指导并监督项目按照过程实施。
- 对项目进行度量、分析，增加项目的可视性。
- 审核工作产品，评价工作产品和过程质量目标的复合度。
- 进行缺陷分析，缺陷预防活动，发现过程的缺陷，提供决策参考，促进过程改进等。

总之，通过各种软件质量保证体系，提高软件生产率、缩短产品研发周期、降低研发成本、维护成本，从而提高软件产品质量，最终开发出用户满意的产品。

任务 2　软件测试方法

任务要求

掌握各种软件测试方法，尤其要掌握针对功能测试的黑盒测试方法和针对程序结构测试的白盒测试方法。

知识储备

1. 什么是白盒测试

白盒测试是指依据被测软件分析程序内部构造，并根据内部构造设计用例，来对内部控制流程进行测试，可完全不顾程序的整体功能实现情况，白盒测试是基于程序结构的逻辑驱动测试。白盒测试又可以被称为玻璃盒测试、透明盒测试、开放盒测试、结构化测试、逻辑驱动测试等。

2. 为什么进行白盒测试

- 一般在测试前期进行，通过达到一定的逻辑覆盖率指标，使得软件内部逻辑控制结构上的问题能基本得到消除。
- 能保证内部逻辑结构达到一定的覆盖程度，能够给予软件代码质量更大的保证。
- 先解决问题比后解决问题的成本低。

3. 白盒测试的特点

- 测试人员需要了解软件的实现。
- 可以检测代码中的每条分支和路径。
- 解释隐藏在代码中的错误。
- 对代码的测试比较彻底。
- 实现代码结构上的优化。
- 白盒测试投入较大，成本高。
- 白盒测试不验证规格的正确性。

白盒测试作为结构测试方法，是按照程序内部的结构测试程序，对软件的过程性细节做细致的检查，测试人员利用程序内部的逻辑结构及有关信息，设计或选择测试用例。

举例：使用白盒测试方法测试如下程序。

```
Procedure(VAR A,B,X:REAL);
BEGIN
  IF (A>1) AND (B=0)
        THEN  X:=X/A;
  IF (A=2)  OR  (X>1)
        THEN   X:=X+1
END;
```

从上面代码分析可知，其测试用例输入格式和预期结果输出格式均是(A,B,X)，其程序流程如图 6-3 所示。

我们将使用的白盒方法分成六个目标来解释，分别是目标一语句覆盖方法、目标二判定覆盖方法、目标三条件覆盖方法、目标四判定条件覆盖方法、目标五条件组合覆盖方法、目标六路径覆盖方法等。

目标一：使得程序中的每条语句都至少能被执行一次，其测试数据如表 6-1 所示。

目标二：使得程序中的每个判定至少为 TRUE 或 FALSE 各一次，其测试数据如表 6-2 所示。

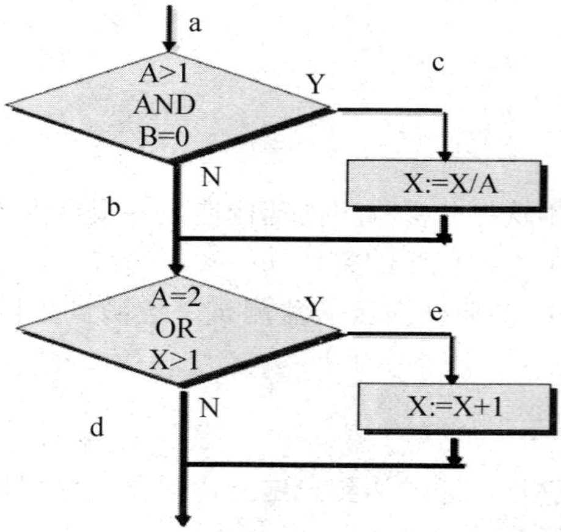

图 6-3　流程图

表 6-1　目标一测试数据

满足目标一的执行路径	测试用例的输入数据	测试用例的预期输出结果
a c e	(A,B,X)=(2,0,4)	(A,B,X)=(2,0,3)

表 6-2　目标二测试数据

满足目标二的执行路径	测试用例的输入数据	测试用例的预期输出结果
a c e 且 a b d	(A,B,X)=(2,0,4) (A,B,X)=(1,1,1)	(A,B,X)=(2,0,3) (A,B,X)=(1,1,1)
a b e 且 a c d	(A,B,X)=(2,1,1) (A,B,X)=(3,0,3)	(A,B,X)=(2,1,2) (A,B,X)=(3,1,1)

目标三：使得每个判定中的每个条件获得各种可能的结果，其测试数据如表 6-3 所示。

表 6-3　目标三测试数据

满足目标三的条件组合	测试用例的输入数据	测试用例的预期输出结果
判定一：A>1，B=0，X>1	(A,B,X)=(2,0,4)	(A,B,X)=(2,0,3)
判定二：A<=1，B!=0，X<=1	(A,B,X)=(1,1,1)	(A,B,X)=(1,1,1)

目标四：使得判定中的每个判定至少为 TRUE 或 FALSE 各一次并且每个条件获得各种可能的结果，其测试数据如表 6-4 所示。

表 6-4　目标四测试数据

满足目标四的条件组合	满足路径	测试用例的输入数据	测试用例的预期输出结果
判定一： A>1，B=0，X>1，A=2	a c e	(A,B,X)=(2,0,4)	(A,B,X)=(2,0,3)
判定二： A<=1，B!=0，X<=1，A!=2	a b d	(A,B,X)=(1,1,1)	(A,B,X)=(1,1,1)

目标五：使得每个判定中条件的各种可能组合都至少出现一次，其测试数据如表 6-5 所示。

表 6-5　目标五测试数据

满足目标五的条件组合	测试用例的输入数据	测试用例的预期输出结果
A>1，B=0，X>1，A=2	(A,B,X)=(2,0,4)	(A,B,X)=(2,0,3)
A>1，B!=0，A=2，X<=1	(A,B,X)=(2,1,1)	(A,B,X)=(2,1,2)
A<=1，B=0，A!=2，X>1	(A,B,X)=(1,0,3)	(A,B,X)=(1,0,4)
A<=1，B!=0，X<=1，A!=2	(A,B,X)=(1,1,1)	(A,B,X)=(1,1,1)

目标六：执行过程中所有可能的路径，其测试数据如表 6-6 所示。

表 6-6　目标六测试数据

满足目标六的执行路径	测试用例的输入数据	测试用例的预期输出结果
a c e	(A,B,X)=(2,0,4)	(A,B,X)=(2,0,3)
a b d	(A,B,X)=(1,1,1)	(A,B,X)=(1,1,1)
a b e	(A,B,X)=(2,1,1)	(A,B,X)=(2,1,2)
a c d	(A,B,X)=(3,0,3)	(A,B,X)=(3,1,1)

4. 什么是黑盒测试

黑盒测试是把被测对象看成一个黑盒，只考虑其整体特性，不考虑其内部具体实现。

黑盒测试针对的被测对象可以是一个系统、一个子系统、一个模块、一个子模块、一个函数等。黑盒测试又可以被称为基于规格的测试。

5. 黑盒测试的优缺点

黑盒测试的优点如下。

- 对于更大的代码单元来说(子系统甚至系统级)，比白盒测试效率要高。
- 测试人员不需要了解实现的细节，包括特定的编程语言。
- 从用户的视角进行测试，很容易被大家理解和接受。
- 有助于暴露任何规格不一致或有歧义的问题。

黑盒测试的缺点如下。

- 若没有清晰和简明的规格，测试用例是很难设计的。
- 不能控制内部执行路径，会有很多内部程序路径不能被测试到。
- 不能直接针对特定的程序段，这些程序可能非常复杂(因此可能隐藏更多的问题)。

6. 常用的黑盒测试方法

黑盒测试 1：等价分类法

等价类：指某个输入域的子集合。在等价类中，各个输入数据对于揭露程序中的错误都是等效的。

基本思想：根据程序的 I/O 特性，将程序的定义域划分为有限个等价区段——“等价类”，从等价类中选择出的用例具有“代表性”。

等价类分为：

有效等价类——对于程序的规格说明，是合理的、有意义的输入数据构成的集合。

无效等价类——对于程序的规格说明，是不合理的、没有意义的输入数据构成的集合。

应按照输入条件(如输入值的范围、值的个数、值的集合、输入条件必须如何)划分为有效等价类和无效等价类。

例如：每个学生可选修 1～3 门课程。

可以划分一个有效等价类：选修 1～3 门课程。

可以划分两个无效等价类：未选修课，选修课超过 3 门等。

又如：标识符的第一个字符必须是字母。

可以划分为一个有效等价类：第一个字符是字母。

可以划分一个无效等价类：第一个字符不是字母。

黑盒测试 2：边值分析法

基本思想：选择等价类的边缘值作为测试用例，让每个等价类的边界都得到测试，选择测试用例既考虑输入亦考虑输出。

测试临近边界的合法数据以及刚超过边界的非法数据。越界测试通常简单地加 1 或很小的数(对于最大值)和减 1 或很小的数(对于最小值)。

边值分析法举例：

① 按照输入值范围的边界。

例如：输入值的范围是-1.0 至 1.0，则可选择用例：-1.0、1.0、-1.001、1.001。

② 按照输入/输出值个数的边界。

例如：输入文件可有 1～255 个记录，则可选择用例：文件的记录数为 0 个、1 个、255 个、256 个等。

③ 输出值域的边界。

例如：检索文献摘要，最多 4 篇。则可选择用例：可检索 0 篇、1 篇、4 篇、5 篇(错误)等。

④ 输入/输出有序集(如顺序文件、线性表)的边界。

设计用例时应选择第一个元素和最后一个元素。

黑盒测试 3：错误推测法

凭经验或直觉推测可能的错误，列出程序中可能有的错误和容易发生错误的特殊情况，选择测试用例。在开发测试用例时，能够猜测到哪些错误很容易发生，然后开发相应的测试用例，以避免一些错误，例如，输入无合法性检查和值域检查；运行时不检查内存、数据库或硬盘空间；无根据地假设网络随时都是连通的；等等。

任务实施

测试的各阶段如图 6-4 所示，下面详细介绍每一个测试步骤的进行方法。

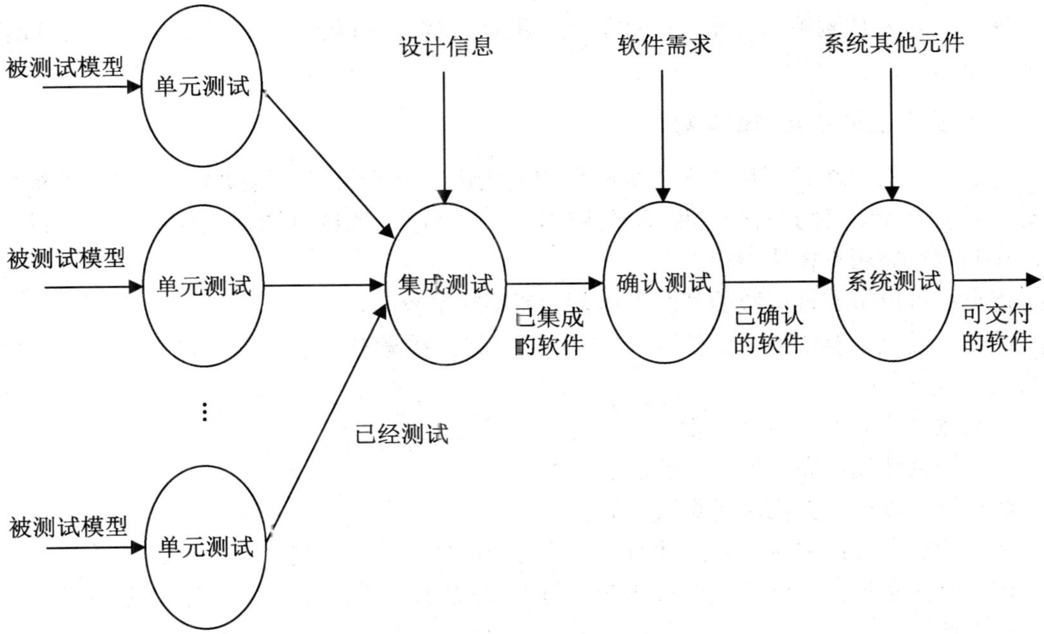

图 6-4　测试流程

单元测试

单元测试是为了发现各模块内部可能存在的各种错误，主要使用白盒测试方法。单元测试主要发现的错误如下。

- 验证代码是否与设计相符合。
- 发现设计和需求中存在的错误。
- 发现在编码过程中引入的错误。

单元测试时我们可以采取一些测试策略，从而达到测试的目的。

1. 孤立的测试策略

方法：不考虑每个模块与其他模块之间的关系，为每个模块设计桩模块(假设正确的功能模块)和驱动模块(能够让被测对象运行起来的功能模块)。每个模块进行独立的单元测试。

优点：该方法是最简单、最容易操作的，可以达到高的结构覆盖率。该方法是纯粹的单元测试。

缺点：桩函数和驱动函数的工作量很大，效率低。

2. 自顶向下的单元测试策略

方法：先对最顶层的单元进行测试，把顶层所调用的单元做成桩模块；其次对第二层进行测试，使用上面已测试的单元做驱动模块。以此类推，直到测试完所有模块为止。

优点：可以节省驱动函数的开发工作量，测试效率较高。

缺点：随着被测单元一个一个被加入，测试过程将变得越来越复杂，并且开发和维护的成本将增加。

3. 自底向上的单元测试策略

方法：先对模块调用层次图上最底层的模块进行单元测试，模拟调用该模块的模块做驱动模块；然后再对上面一层做单元测试，用下面已被测试过的模块做桩模块。以此类推，直到测试完所有模块为止。

优点：可以节省桩函数的开发工作量，测试效率较高。

缺点：不是纯粹的单元测试，底层函数的测试质量对上层函数的测试将产生很大的影响。

单元测试分为如下四个阶段。

- 测试计划：完成单元测试计划。
- 测试设计：完成单元测试方案。
- 测试实现：完成单元测试用例、单元测试规程、单元测试脚本及数据文件。
- 测试执行：执行单元测试用例，修改发现的问题并进行回归测试，提交单元测试报告。

集成测试

一些模块虽然能够单独地工作，但不能保证连接起来也能正常地工作。程序在某些局部反映不出来的问题，在全局上很可能暴露出来，影响功能的实现。集成测试(Integration Testing) 也叫组装测试、联合测试、部件测试、子系统测试。集成测试主要测试系统的外部接口和内部接口，从而验证软件的组件对概要设计说明书的符合度。其中，外部接口指的是软件各件组合在一起后表现的功能，内部接口指的是软件各组件间的接口是否正确等。

集成测试可由开发人员做，也可以由专门的测试人员做，集成测试是在单元测试的基础上进行的，主要针对形成系统的子系统间、形成子系统的模块间、形成模块的函数间进行。下面介绍几种集成测试策略。

1. 大爆炸集成测试(Big Bang)

该策略是将形成软件的几十个或者几百个组件连接在一起，把它们当成一个整体进行黑白盒测试。

优点：方法简单、效率高。

缺点：

(1) “急于求成”，成功率不高。

(2) “大海捞针”，导致即使发现问题也难以定位(无法故障隔离)。

(3) “囫囵吞枣”，许多内部接口的错误被漏测。

适用范围：

(1) 小项目、维护型项目。

(2) 软件结构不清晰的系统。

2. 自顶向下集成测试(Top-Down)

该策略是以树的遍历原理按着从顶层到底层的顺序，对系统架构中的各组件进行集成测试，有深度优先遍历测试和广度优先遍历测试两种。

优点：

(1) 主控模块(高层组件)得到较早验证。

(2) 深度和广度优先策略能够较早验证一个完整的功能，增强了开发的信心。

(3) 基本不需要开发驱动，减少了这部分的工作量。

(4) 和高层设计顺序一致，方便并行开展。

(5) 定位问题容易，支持故障隔离。

缺点：

(1) 需要开发大量的桩模块，工作量和成本太大。

(2) 底层变更可能导致测试推倒重来。

(3) 底层组件的验证较晚，测试不充分。

适用范围：

(1) 软件结构清晰的系统。

(2) 高层接口变化小，底层接口变化大。

(3) 主控模块风险大，需尽早验证。

(4) 符合希望尽早看到系统一部分功能的项目。

3. 自底向上集成测试(Bottom-Up)

该策略是从系统的最小单位开始以底层到顶层的顺序逐渐增加模块，扩大测试范围，从而最终完成对系统架构中的各组件的集成测试。

优点：

(1) 底层组件得到较早验证。

(2) 测试初期可以并行集成，效率高。

(3) 由于驱动模块是额外编写的，对被测模块的可测试性要求较低。

(4) 减少了开发桩的工作量。

(5) 定位问题容易，支持故障隔离。

缺点：

(1) 需要开发大量的驱动，工作量、成本同样很高。

(2) 对高层的验证太晚了，设计上的缺陷不能被及早发现。

(3) 集成到顶层后，对于底层异常将难以覆盖。

适用范围：

(1) 软件结构清晰的系统。

(2) 底层接口稳定或先被开发出来的系统。

(3) 高层接口变化较频繁的系统。

4. 三明治集成(分而治之策略)测试，又分为传统型和改进型

融合了自顶向下和自底向上两种策略的优点，从上下两个方向入手，对系统进行集成测试。

适用范围：软件结构清晰的系统基本都适合采用。

5. 混合集成

结构与策略：系统内核采用大爆炸策略，应用子系统采用自底向上策略，控制子系统采用自顶向下策略。

优点：具有三明治集成的优点。

缺点：

(1) 对系统结构的分析存在一定难度。

(2) 由于被测系统复杂，驱动模块和桩模块的开发工作量较大。

(3) 局部采用了大爆炸策略，存在大爆炸所有的缺点。

适用范围：嵌入式系统。

6. 分层集成测试(线性关系)

根据集成方式进行灵活测试。

1) 层内集成

- 策略非常灵活，可以是各种其他策略。
- 优缺点根据策略而变。

2) 层间集成

策略和优缺点同“三明治集成测试”，使用范围是有明显线性层次关系的系统。

7. 基于功能集成

顾名思义，基于功能需求分析，针对系统功能模块进行集成测试。

优点：

(1) 可以尽早验证关键组件的功能。

(2) 可能同时加入多个模块，与大爆炸类似，效率较高。

(3) 和自顶向下一样，驱动模块的开发工作量不多。

缺点：

(1) 兼具大爆炸和自顶向下的缺点，比如对有些接口测试不充分，可能导致漏测。

(2) 可能会有较多的冗余测试。

适用范围：对功能的实现没把握的产品。

8. 持续集成测试

伴随系统的开发过程，开展的高频集成，也可以按照日志进行集成测试即每日集成。

优点：

(1) 错误能被较早发现，且容易定位。

(2) 开发和集成可以并行，效率高。

缺点：测试针对性不强，不容易发现有价值的问题。

适用范围：迭代开发、增量开发的产品。

9. 基于风险集成测试(Risk-Based)

按照模块风险优先级进行集成测试。

优点：风险大的模块得到较早验证，有助于系统的快速稳定。

缺点：风险分析偏差导致集成重点的偏离。

适用范围：有些组件有较大的风险，需及早验证以增强信心。

系统测试

系统测试是将集成好的软件系统，作为整个计算机系统的一个元素，与计算机硬件、外设、某些支持软件、数据和人员等其他系统元素结合在一起，在实际运行使用的环境下，对计算机系统进行的一系列测试活动。

依据软件的质量特性，对软件产品以不同的角度、测试需求选择合适的系统测试方法，常用的方法如图 6-5 所示。

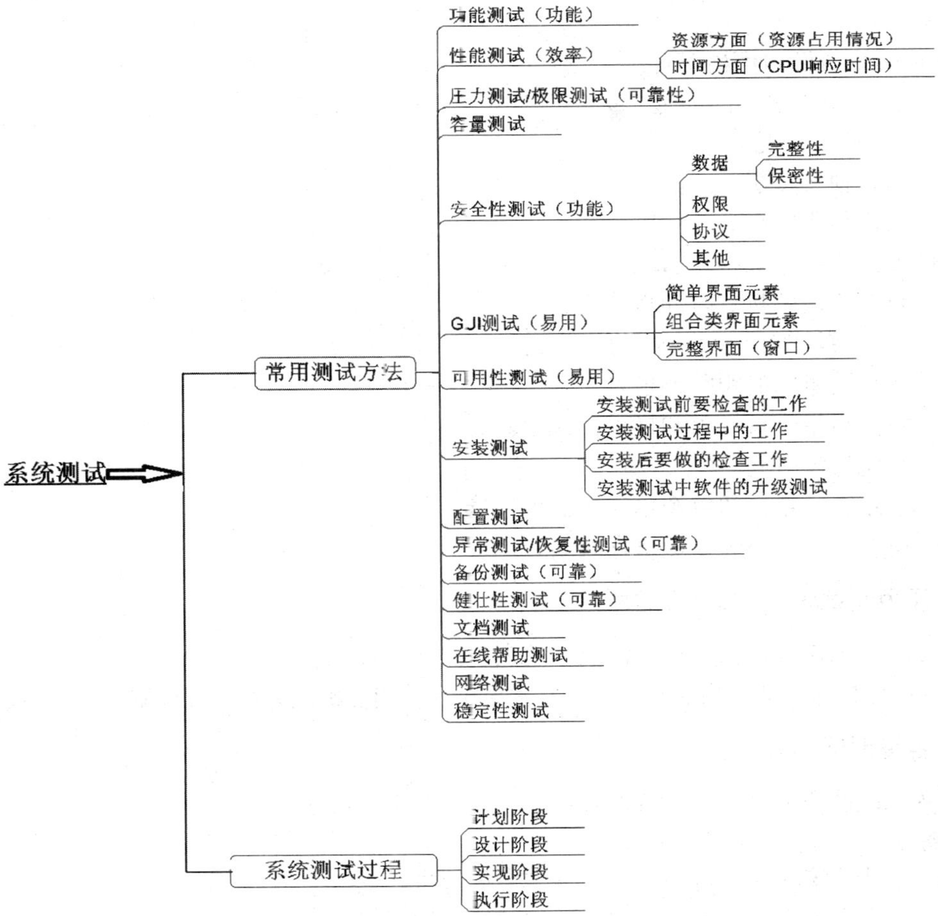

图 6-5　系统测试概况

6.2.1 常用测试方法

1. 功能测试(功能)

定义：依据需求说明规格文档和测试需求列表验证产品的功能是否实现和是否符合产品需求规格的测试过程。

目标：

(1) 是否有不正确或遗漏了的功能。

(2) 功能的实现是否满足用户需求和系统设计的隐式需求。

(3) 系统输入能否正确接受，能否正确输出结果。

2. 性能测试(效率)

定义：测试该软件在集成系统中的运行性能。

目标：

(1) 度量系统相对于预定义目标的差距。

(2) 依据资源占用性和 CPU 响应时间检验性能指标是否达到规定资源使用和响应时间的要求。

资源方面(资源占用情况)：

- CPU 使用情况。
- I/O 使用情况。
- 内存使用情况。
- 信道使用情况。

时间方面(CPU 响应时间)：

- 每个模块的执行时间百分比。
- 一个模块等待 I/O 完成的百分比。
- 指令随时间的跟踪路径。
- 每一组指令页换入和换出的次数。
- 系统反映时间。
- 系统吞吐量，即每个单元的处理数量。
- 所有主要指令的单元执行时间。

3. 压力测试/极限测试(可靠性)

定义：系统在其资源超负荷情况下的表现。

目标：在极限或者恶劣的环境下，测试系统的自我保护能力，主要验证系统的可靠性。

4. 容量测试

定义：使系统承受超额的数据容量来发现它是否能够正确处理。

目标：

(1) 测试系统容量是否满足需求规定系统容量。

(2) 若无规定系统容量可以通过此测试给出明确容量界定。

5. 安全性测试(功能)

定义：验证集成在系统内的保护机制能否在实际应用中保护系统不会被不安全因素非法侵入。

目的：保证系统安全性，数据的完整性、保密性。

6. GUI 测试(易用)

定义：针对软件系统界面进行的测试。

目标：

(1) 测试界面实现与界面设计的吻合情况。(界面设计)

(2) 确认界面处理的正确性。(针对不同的控件分析)

7. 可用性测试(易用)

定义：检测用户在理解和使用系统方面的实效性。

目标：

- 考虑产品是否符合实际应用情况。
- 验证是否符合用户习惯或特殊要求。
- 验证操作方式是否方便合理、设备和用户间交互信息是否准确易于理解、是否遵从行业习惯、外观/界面是否美观等。

8. 安装测试

定义：根据软件测试特性列表、软件安装、配置文档，设计安装过程的测试用例，发现软件在安装过程中的错误。

被测对象：软件本身和软件安装文档。

第一步，安装测试前要检查的工作。

(1) 安装文档是否齐全。

(2) 安装软件的程序文件是否齐全。

(3) 被测软件的安装文件是否齐全。

(4) 软件的安装说明文档是否齐全。

(5) 检查软件的文件格式是否与安装说明文档中要求的文件格式相符。

第二步，安装测试过程中的工作。

(1) 所有的预置数据是否齐全。

(2) 软件环境配置是否合理。

(3) 硬件环境配置是否合理。

(4) 用户选择的一套任选方案是否相容。

(5) 安装过程中：

① 用系统提供的默认参数值进行安装测试。

② 指定由人工完成安装过程，列出每一步安装步骤所需的工作，并仔细检查每一安装步骤所完成工作的正确性。

③ 安装测试过程中要设计异常的安装测试用例，包括配置参数的异常、安装选项和安装路径的异常等。

(6) 安装文档的测试。

第三步，安装后要做的检查工作。

(1) 所有文件是否都已产生。

① 程序文件的目录是否正确产生。

② 各目录及子目录下的程序文件是否都正确产生。

③ 是否存在无用的目录、子目录、程序文件以及无用的子目录。

④ 目录、子目录以及程序文件本身的权限是否正确。

⑤ 对于 Windows，还要检查与应用软件相配套的动态链接库文件是否齐全。

(2) 安装日志的检查。

(3) 安装完成后，要运行程序，联结验证。

(4) 软件的卸载测试。

第四步，安装测试中软件的升级测试。

(1) 软件通过重新安装来达到升级的目的。

(2) 通过 Patch 的方式实现软件的升级。

(3) 在线升级是否能够顺利完成。

9. 配置测试

定义：测试系统在各种软硬件配置、不同参数配置下具有的功能和性能。

目标：验证全部配置的可操作性和有效性。

10. 异常测试/恢复性测试(可靠)

定义：容错性测试。通过人工干预手段产生异常，能检验系统的容错、恢复能力，是系统可靠性评价的重要手段。

注意:

(1) 系统的异常还与系统的指标测试有关，当系统的服务能力大于系统的设计指标时，也属于系统的异常情况。

(2) 系统的可靠性是设计出来的，而不是测试出来的。测试出的数据有助于为进一步的系统优化设计积累经验，设计和测试是一个相互反馈的过程。

11. 备份测试

恢复性测试的一个补充，验证软件或硬件失败中备份数据的能力。

12. 健壮性测试

用于测试系统在故障时，是否能够自动恢复或者忽略故障继续运行。

13. 文档测试

测试文档的正确性，保证操作手册中描述的过程，在实际操作时能够正常工作。

14. 在线帮助测试

检测实时在线帮助的可靠性和正确性。

15. 网络测试

网络环境下和其他设备对接，进行系统功能、性能与指标方面的测试，保证对接的正确性。

16. 稳定性测试

在一定负荷情况下能持续运行的时间。

6.2.2　系统测试过程

1. 计划阶段

明确系统测试目标、测试可控时间、测试范围和系统测试如何开展等。主要活动有，确定参与开发人员、进行软件需求的分析、需求说明规格文档的评审，通过后写系统测试计划，并且进行系统测试计划评审等。

2. 设计阶段

主要活动有：组织人员依据测试计划编写测试方案，并进行系统方案的评审。

3. 实现阶段

主要活动有：组织人员依据系统测试方案编写测试用例(表 6-7 给出了一个完整的测试用例)、测试规程及预测试项，并对其进行评审。

4. 执行阶段

主要活动有：组织测试执行活动、负责将缺陷报告返回给开发部门修改、组织进行测试报告的编写、组织进行测试报告的评审等。

表 6-7　测试用例举例

测试用例编号	BOSS_ ST_ MARKETING_NEW_01P
重要级别	高(还有“较高、中、较低、低”几个等级)
测试项目	新增营销记录
测试标题	新增 10 元的营销记录
用例类型	基本事件(对应还有“备选事件”“异常事件”)
用例设计者	songfun
设计日期	2016-04-25
对应需求编号	REQ_ MARKETING_NEW_01
对应 UI	Marketing.htm
对应 UC	UC_ MARKETING_NEW_01
版本号	Build v0.1
对应开发人员	Frank

续表

预置条件	操作员登录营销管理系统
测试方法	等价类划分(对应还有“错误猜测法”“边界值分析”等)
输入	用户名：51testing 性别：男 金额：10 元 描述：aaaaaaa
操作步骤	① 进入【营销下发】页面； ② 点击【增加】按钮； ③ 输入相应数据； ④ 点击【确定】按钮； ⑤ 在后台数据库(test/test@testDB)输入查询语句验证： select * from MarketingTab where ID='1001'
预期输出	(一)执行步骤④后，页面弹出添加成功提示信息框； (二)执行步骤⑤后查询数据库，记录确实添加成功且数据无误

5. 同行评审

同行评审(Peer Review)是一种通过作者的同行来确认缺陷和需要变更区域的检查方法。

需要进行同行评审的特定产品应在定义项目软件过程时确定并且作为软件开发计划的一部分被安排进度。

(1) 同行评审的作用：早期发现缺陷；更早去除缺陷；降低成本；提高质量等。

(2) 同行评审的类型。

正规检视(Inspection)是最严格的，要求有规范的流程，参加者应经过正式培训。

技术评审(Technique Review)以技术方案的比较、裁决为目的，严格程度介于正规检视和走读之间。

走读(Walk Through)是最(自由)松散的形式，无流程要求，但是应有评审团队。

通用评审流程(正规检视流程)如图 6-6 所示。

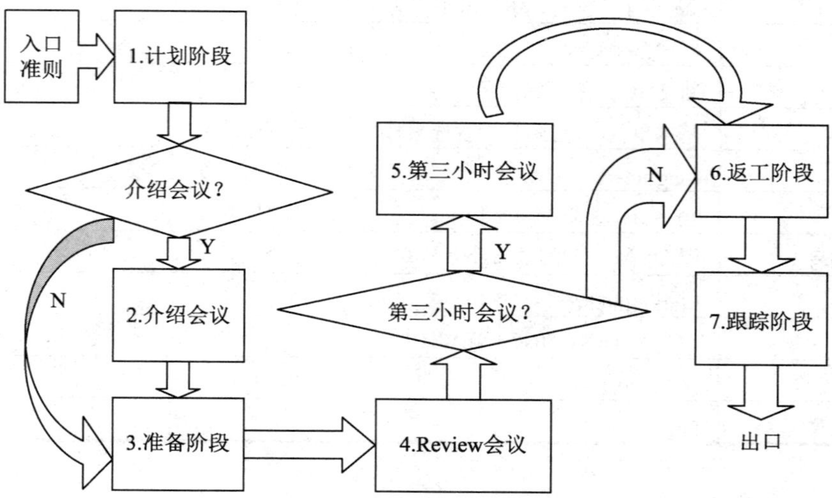

图 6-6 通用评审流程

任务 3 软件测试管理

任务要求

掌握软件配置管理知识和基本配置管理、缺陷管理方法。

知识储备

软件测试管理主要有软件配置管理和缺陷管理两个方面。

软件配置管理由适用于所有软件开发项目的最佳工程实践组成，而缺陷管理是指管理从软件缺陷被发现开始到被改正为止的整个流程。无论是采用分阶段开发，还是采用快速原型进行开发，软件配置管理和缺陷管理都是保证软件质量的重要措施。

任务实施

1. 配置管理的目的和意义

在软件的生命周期内，变化是不可避免的，而且产生的信息又非常庞大。如何对这庞大而又变化的信息集进行有效的管理是软件工程质量保证的关键之一。软件配置管理就是针对这个变化而又庞大的信息集进行有效管理的保护性活动。它的意义在于：

(1) 可视性。用户/买方/卖方详细知道工作内容。

(2) 管理层能够知道产品特性。

(3) 所有的项目参与者在同一平台下进行交流。

(4) 了解每一阶段的配置。

(5) 管理层可看到变更的影响。

(6) 管理层可选择参与的节点。

软件配置管理贯穿于整个软件生存周期，主要目标是使变化更易适应，并减少变化发生时所需的工作量，软件测试配置管理包括四个最基本的活动。

(1) 配置标识。配置标识是配置管理的基础。为了在不严重阻碍合理变化的情况下来控制变化，在配置管理中引入了基线的概念。IEEE 对基线的定义为“已经正式通过审核标准的某规约或者产品，它因此可作为进一步开发的基础，并且只能通过正式的变化控制过程才能改变基线”。

(2) 变更控制。变更控制的目的并不是控制和限制变更的发生，而是对变更进行有效的管理，确保变更有序地进行。变更控制的关键是成立变更控制小组，确定变更控制委员会的人员的组成、职能(包括变更授权、确认与批准)的分配和工作程序的安排等。

(3) 配置状态报告。配置状态报告就是根据配置项操作数据库中的记录，来向管理者报告软件测试工作的进展情况，用数据库中的客观数据来真实地反映各配置项的情况。配置状态报告应及时反映当前基线配置项的状态，以作为对测试进度报告的参照，并能根据测试人员对配置项的操作记录来发现各成员之间的工作关系。

(4) 配置审计。配置审计的主要作用是作为变更控制的补充手段，以确保某一变更需求已被切实地执行和实现。配置审计包括以下主要内容。

① 确定审计执行人员和执行时机。

② 确定审计的内容与方式。

③ 确定发现问题的处理方法。

软件配置管理工具——CVS

CVS (Concurrent Versions System，并发版本系统)是一个应用广泛的配置管理工具，通过提供多种途径，帮助开发团队成员之间版本同步和开发通信的畅通，辅助解决版本冲突，提高协同开发的效率等。开发人员提取一个文件时，将在自己的工作空间建立一个独立的拷贝，可用 update 命令使自己的版本号与“最新的版本号”相一致。CVS 系统采用的是“拷贝—修改—合并”的方法，而不是采用“加锁—修改—解锁”机制，从而为并行开发提供了可能性，即拷贝文件到自己的环境中进行修改，并提交修改后的文件，与源文件进行合并形成新的版本。

2. 缺陷管理的目的

(1) 保证信息的一致性；保证缺陷得到有效跟踪、解决。

(2) 获取正确的 Bug 信息，用作缺陷分析和产品度量。

缺陷的相关属性如下。

- 缺陷发现人。
- 缺陷发现时间。
- 缺陷状态。
- 缺陷严重程度。
- 缺陷所属版本。
- 优先级。
- 缺陷修改日期。
- 再现性。
- 回归测试。

缺陷管理流程如图 6-7 所示。

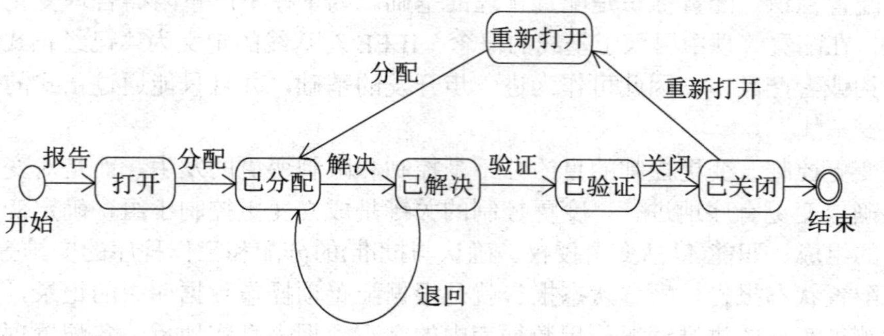

图 6-7 缺陷管理流程

缺陷跟踪管理工具——Jira

Jira 是澳大利亚 Atlassian 公司推出的一个问题跟踪管理软件，具有以下特点。

- “问题”管理工具，“问题”包括缺陷、软件特征、任务和改进等。
- 具有高度可定制性。
- 能够跟踪软件组件和版本。
- 有很强的查询功能，可定义查询过滤器。
- 灵活的用户/用户组权限管理。
- 高度可配置的 Email 通知策略。
- 具有对每个屏幕的打印选择。
- 具有对缺陷进行投票和监视的功能。
- 易于和其他系统(Email，SOAP，Excel，XML，CVS，SVN，Perforce 等)实现集成，易于扩展。
- 具有很好的平台兼容性，能够运行于所有安装了 JDK 的操作系统上，并几乎能够与所有兼容 JDBC 的数据库一起使用。

表 6-8 为几种测试工具。

表 6-8　测试工具总结

工具类别	工具名称	生产厂商	相关网站
通用功能自动化测试工具	Winrunner	Mercury	
	Quicktest pro	Mercury	
	Xrunner	Mercury	
	QARun	Compuware	
	TestPartner	Compuware	
	WebKing	Parasoft	http://www.parasoft.com
	Robot	IBM Rational	http://www.ibm.com/cn
	Visual Test	IBM Rational	http://www.ibm.com/cn
	Functional Tester	IBM Rational	http://www.ibm.com/cn
	SilkTest	Segue	
	SilkTest International	Segue	
	e-Tester	Empirix	
	WebFT	Radview	
	TestComplete	AutomatedQA	
	QA Wizard	Seapine	
	Software EggPlant	RedStone	
	Test Edition	Microsoft Visual Studio	
	PureTest	Minq	
	Autotester	Autotester	
	Testbench400	Original Software	
	TestExpert	VEReCOMM	

续表

工具类别	工具名称	生产厂商	相关网站
通用功能自动化测试工具	TestRunner	Qronus	
	TTCN suite	Telelogic	http://www.telelogic.com.cn
	QC/Replay	Centerline	
	Web	AutoTester	
	eValid	Software Research	
	WebART	OCLC	
	MaxQ	开源	
	WebInject	开源	
	Marathon	开源	
性能测试/监控工具	LoadRunner	Mercury	
	SiteScope	Mercury	
	Topaz	Mercury	
	QaLoad	Compuware	
	PerformaSure/benchmark	Quest	
	Silkperformer	Segue	
	Silkperformer Lite	Segue	
	SilkCentralTM Performance Manager	Segue	
	e-Load	Empirix	
	Robot	IBM Rational	http://www.ibm.com/cn
	Performance Tester	IBM Rational	http://www.ibm.com/cn
	WebLoad	RadView	
	Web application stress tool	Microsoft	
	Application center test	Microsoft	
	PureLoad	Minq	
	Athene APR	Metron	
	ForeCast	Facilita	
	Impact/Impact for CBT	Cyrano	
	Berkeley Laboratory sniffer	Lawrence	
	Jmeter	开源	
	openSTA	开源	
	Siege	开源	
	StressMark	开源	
	DBMonster	开源	

续表

工具类别	工具名称	生产厂商	相关网站
白盒测试/代码分析工具	VcTester	ezTester	http://www.eztester.com
	Jtest	Parasoft	http://www.parasoft.com
	C++test	Parasoft	http://www.parasoft.com
	SOA test	Parasoft	http://www.parasoft.com
	.test	Parasoft	http://www.parasoft.com
	Codewizard	Parasoft	http://www.parasoft.com
	Insure++	Parasoft	http://www.parasoft.com
	DataRecon	Parasoft	http://www.parasoft.com
	Numega devpartner studio	Compuware	
	DevPartnerJavaEdition	Compuware	
	BoundsChecker	Compuware	
	SmartCheck	Compuware	
	DBPartner	Compuware	
	Bean-test	Empirix	
	Aqtime	AutomatedQA	
	QESatJava	AutomatedQA	
	Visual Unit	Unitware	
	PC-lint	Gimpel Software	
	Macabe	Macabe	
	Optimizeit Suite	Borland	
	JProbe Suite	Quest Software	
	Application assurance suite	Quest Software	
	Sql optimizer	Quest Software	
	Jprofiler	ej-technologies	
	workbench	Cyrano	
	Logiscope	TeleLogic	http://www.telelogic.com.cn
	rulecheck	TeleLogic	http://www.telelogic.com.cn
	SilkPerformer Component Test Edition	Segue	
	Purifyplus	IBM rational	http://www.ibm.com/cn
	Rational Test Realtime	IBM rational	http://www.ibm.com/cn
	junit	开源	
	cactus	开源	
	Hansel	开源	
	TestNG	开源	

续表

工具类别	工具名称	生产厂商	相关网站
白盒测试/代码分析工具	StrutsTestCase	开源	
	JFCUnit	开源	
	Httpunit	开源	
	Dunit	开源	
	cppunit	开源	http://sourceforge.net/projects/cppunit
	Nunit	开源	
	Xunit	开源	
	JTR	开源	
	MallocDebug	Linux 平台工具	
	Valgrind	Linux 平台工具	
	Kcachegrind	Linux 平台工具	
	dmalloc	Linux 平台工具	
	ElectricFence	Linux 平台工具	
	LeakTracer	Linux 平台工具	
	memprof	Linux 平台工具	
	ccmalloc	Linux 平台工具	
	mprof	Linux 平台工具	
	yamd	Linux 平台工具	
	njamd	Linux 平台工具	
	mpatrol	Linux 平台工具	
嵌入式测试工具	VcTester	ezTester	http://www.eztester.com
	codetest	Metrowerks	
	Cantata/cantana++	IPL	
	IceMaster	Reflex Technology	
	System test	Reflex Technology	
	scorecast	DDC-I	
	Testquest	Testquest	
	UniText	ATTOL	
	vectorcast	Vector software	
	testrunner	Qronus	
	Logiscope	Telelogic	http://www.telelogic.com.cn
测试管理工具	TestDirector(QualityCenter)	Mercury	
	QADirector	Compuware	
	certify	Worksoft	

续表

工具类别	工具名称	生产厂商	相关网站
测试管理工具	Product manager	Aimware	
	SilkCentral Test Manager	Segue	
	Doors	Telelogic	http://www.telelogic.com.cn
	e-manager	Empirix	
	testmanager	IBM Rational	http://www.ibm.com/cn
	TestView Manager	RadView	
	Professional	T-Plan	
缺陷管理工具	TestDirector(QualityCenter)	Mercury	
	ClearQuest	IBM Rational	http://www.ibm.com/cn
	TrackRecord	Compuware	
	TestTrack pro	Seapine	
	TrueTrack	McCabe	
	Devtrack	Techexcel	
	Notes	IBM Lotus	
	SilkCentral Issue Manager	Segue	
	PVCS Tracker	Merant	
	AR System	Remedy	
	URTrack	LealSoft	
	Butterfly	Hansky	
	Bugzilla	开源	
	Mantis	开源	
	JIRA	开源	
	BugFree	开源	
配置管理工具	ClearCase	IBM Rational	http://www.ibm.com/cn
	PVCS Version Manager	Merant	
	VCS	Diamond	
	StarTeam	Borland	
	Perforce	Perforce	
	TRUEchange	McCabe	
	SYNERGY CM	Telelogic	http://www.telelogic.com.cn
	VSS	Microsoft	
	Firefly	Hansky	
	CVS	Subversion	
	SCCS	RCS	
	CCC/Harvest	Computer Associates	

任务4　测试工具简介

任务要求

表6-8中列出了多种测试工具，下面介绍几种常用的软件测试工具。

知识储备

随着软件测试的地位逐步提高，测试的重要性逐步显现，测试工具的应用已经成为普遍的趋势。目前用于测试的工具有很多，这些测试工具一般可分为白盒测试工具、黑盒测试工具、性能测试工具，另外还有用于测试管理(测试流程管理、缺陷跟踪管理、测试用例管理)的工具等。

总体来说，测试工具的应用可以提高测试的质量和测试的效率。但是在选择和使用测试工具时，我们也应该看到，并不是所有的测试工具都适合使用，同时，有了测试工具、会使用测试工具并不等于真正能让测试工具在测试中发挥作用。

任务实施

6.4.1　Win Runner

1. 简介

WinRunner：强大的企业级自动化测试工具。

Mercury Interactive 公司的 WinRunner 是一种企业级的功能测试工具，用于检测应用程序是否能够达到预期的功能及正常运行的目的。通过自动录制、检测和回放用户的应用操作，WinRunner 能够有效地帮助测试人员对复杂的企业级应用不同的发布版本进行测试，提高测试人员的工作效率和质量，确保跨平台的、复杂的企业级应用无故障发布及长期稳定运行。

企业级应用可能包括 Web 应用系统、ERP 系统、CRM 系统等。这些系统在发布之前、升级之后都要进行测试，以确保所有功能都能正常运行，没有任何错误。如何有效地测试不断升级更新且不同环境的应用系统，是每个公司都会面临的问题。

如果时间或资源有限，这个问题会更加棘手。人工测试的工作量太大，还需要额外的时间培训新的测试人员等。为了确保那些复杂的企业级应用在不同环境下都能正常可靠地运行，需要一个能简单操作的测试工具来自动完成应用程序的功能性测试。

2. 特征

1)　轻松创建测试

用 WinRunner 创建一个测试，只需点击鼠标和键盘，完成一个标准的业务操作流程，WinRunner 将自动记录操作并生成所需的脚本代码。这样，即使计算机技术知识有限的业务用户也能轻松创建完整的测试，还可以直接修改测试脚本以满足各种复杂测试的需求。

WinRunner 提供直接创建和导入创建两种测试创建方式，满足测试团队中业务用户和专业技术人员的不同需求。

2) 插入检查点

在记录一个测试的过程中，可以插入检查点，检查在某个时刻或状态下，应用程序是否运行正常。插入检查点之后，WinRunner 会收集一套数据指标，在测试运行时对其一一验证。WinRunner 提供了几种不同类型的检查点，包括文本、GUI、位图和数据库等。例如，用一个位图检查点，可以检查公司的图标是否位于指定位置。

3) 检验数据

除了创建并运行测试外，WinRunner 还能验证数据库的数值，从而确保业务交易的准确性。例如，在创建测试时，可以设定哪些数据库表和记录需要检测；在测试运行时，测试程序就会自动核对数据库内的实际数值和预期的数值。WinRunner 自动显示检测结果，在有更新、删除、插入的记录上突出显示以引起注意。

4) 增强测试

为了彻底全面地测试一个应用程序，需要使用不同类型的数据来测试。WinRunner 的数据驱动向导只需简单地点击几下鼠标，就可以把一个业务流程测试转化为数据驱动测试，从而反映多个用户各自独特且真实的行为。

以一个订单输入的流程为例，有可能希望把订单号或客户名称作为可变栏，用多套数据进行测试。使用 Data Driver Wizard，可以选择订单号或客户名称用数据表格文件中的哪个栏目的数据替换。可以把订单号或客户名称输入数据表格文件，或从其他表格和数据库中导入。数据驱动测试不仅节省了时间和资源，也提高了应用的测试覆盖率。

WinRunner 还提供了 Virtual Object Wizard 来识别以前未知的对象。使用 Virtual Object Wizard，可以选择未知对象的类型，设定标识和命名。在录制使用该对象的测试时，WinRunner 会自动对应它的名字，从而提高测试脚本的可读性和测试质量。

5) 运行测试

创建好测试脚本，并插入检查点和必要的添加功能后，就可以开始运行测试。运行测试时，WinRunner 会自动操作应用程序，就像一个真实的用户根据业务流程执行每一步的操作一样。测试运行过程中，如有网络消息窗口出现或其他意外事件出现，WinRunner 也会根据预先的设定排除这些干扰。

6) 分析结果

测试运行结束后，需要分析测试结果。WinRunner 通过交互式的报告工具来提供详尽的、易读的报告。报告中会列出测试中发现的错误内容、位置、检查点和其他重要事件，帮助开发人员分析测试结果。这些测试结果还可以通过 Mercury Interactive 的测试管理工具 TestDirector 来查阅。

7) 维护测试

随着时间的推移，开发人员会对应用程序做进一步的修改，并需要增加另外的测试。使用 WinRunner，不必对程序的每一次改动都重新创建测试。WinRunner 可以创建在整个应用程序生命周期内都可以重复使用的测试，从而大大地节省时间和资源，充分利用测试投资。

每次记录测试时，WinRunner 会自动创建一个 GUI Map 文件以保存应用对象。这些对象分层次组织，既可以总览所有的对象，也可以查询某个对象的详细信息。一般而言，对应用程序的任何改动都会影响成百上千个测试。通过修改一个 GUI Map 文件而非无数个测试，WinRunner 可以方便地实现测试重用。

8) 帮助应用程序为无线应用做准备

随着无线设备种类和数量的增加，相应应用程序测试计划需要同时满足传统的基于浏览器的用户和无线浏览设备，如移动电话、传呼机和个人数字助理(PDA)等。

无线应用协议是一种公开的、全球性的网络协议，用来支持标准数据格式化和无线设备信号的传输。使用 WinRunner，测试人员可以利用微型浏览模拟器记录业务流程操作，然后回放和检查这些业务流程功能的正确性。

6.4.2 LoadRunner

1. 简介

LoadRunner 是一种预测系统行为和性能的负载测试工具，通过模拟上千万用户实施并发负载及实时性能监测的方式来确认和查找问题。LoadRunner 能够对整个企业架构进行测试。通过使用 LoadRunner，企业能最大限度地缩短测试时间，优化性能和加速应用系统的发布周期。

目前企业的网络应用环境都必须支持大量用户，网络体系架构中包含各类应用环境，并且由不同供应商提供软件和硬件产品。难以预知的用户负载和愈来愈复杂的应用环境使公司时时担心会发生用户响应速度过慢、系统崩溃等问题，这些都不可避免地会导致公司收益的损失。Mercury Interactive 的 LoadRunner 能让企业保护自己的收入来源，无须购置额外硬件而最大限度地利用现有的 IT 资源即可。

LoadRunner 是一种适用于各种体系架构的自动负载测试工具，能预测系统行为并优化系统性能。LoadRunner 的测试对象是整个企业的系统，它通过模拟实际用户的操作行为来进行实时性能监测，来帮助测试人员更快地查找和发现问题。此外，LoadRunner 能支持广泛的协议和技术，为测试人员的特殊环境提供特殊的解决方案。

2. 特征

1) 轻松创建虚拟用户

使用 LoadRunner 的 Virtual User Generator，测试人员能很简便地创立系统负载。该引擎能够生成虚拟用户，以虚拟用户的方式模拟真实用户的业务操作行为。它先记录下业务流程，然后将其转化为测试脚本。利用虚拟用户，可以在 Windows、UNIX 或 Linux 机器上同时产生成千上万个用户访问。所以 LoadRunner 能极大地减少负载测试所需的硬件和人力资源。另外，TurboLoad 可以使测试人员每天产生几十万名在线用户和数以百万计的点击数的负载。

用 Virtual User Generator 建立测试脚本后，可以对其进行参数化操作，这一操作能利用几套不同的实际发生数据来测试应用程序，从而反映出系统的负载能力。以一个订单输入过程为例，参数化操作可将记录中的固定数据，如订单号和客户名称，用可变值来代替。在这些变量内随意输入可能的订单号和客户名，来匹配多个实际用户的操作行为。

LoadRunner 通过它的 Data Wizard 来自动实现其测试数据的参数化。Data Wizard 直接连于数据库服务器，从中获取所需的数据(如订单号和用户名)并直接将其输入测试脚本。这样避免了人工处理数据的需要，从而节省了大量的时间。

为了进一步确定 Virtual user 能够模拟真实用户，可以利用 LoadRunner 控制某些行为特性。例如，只需要点击一下鼠标，就能轻易控制交易的数量、交易频率、用户的思考时间和连接速度等。

2)　创建真实的负载

Virtual users 建立之后，需要设定负载方案、业务流程组合和虚拟用户数量。用 LoadRunner 的 Controller，能很快组织起多用户的测试方案。Controller 的 Rendezvous 功能提供了一个互动的环境，在该环境中既能建立持续且循环的负载，又能管理和驱动负载测试方案。而且，可以利用它的日程计划服务来定义用户在什么时候访问系统以产生负载。这样，就能将测试过程自动化。同样还可以用 Controller 来限定负载方案，在这个方案中所有的用户同时执行一个动作，如登录到一个库存应用程序来模拟峰值负载的情况。另外，它还能监测系统架构中各个组件的性能，包括服务器、数据库、网络设备等，以帮助客户决定系统的配置。

LoadRunner 通过它的 AutoLoad 技术，为系统提供更多的测试灵活性。根据目前的用户人数，使用 AutoLoad 事先设定测试目标和优化测试流程。例如，确定应用系统承受的每秒点击数或每秒的交易量。

3)　定位性能问题

LoadRunner 内含集成的实时监测器，在负载测试过程的任何时间，都可以观察到应用系统的运行性能。这些性能监测器实时显示交易性能数据(如响应时间)和其他系统组件，包括应用服务器、网络服务器、网络设备和数据库等的实时性能。这样，测试人员就可以在测试过程中从客户和服务器两方面评估这些系统组件的运行性能，从而更快地发现问题。

再者，利用 LoadRunner 的 ContentCheck TM，可以判断负载下的应用程序功能正常与否。ContentCheck 在 Virtual users 运行时，检测应用程序的网络数据包内容，从中确定是否有错误内容传送出去。

4)　分析结果以精确定位问题所在

一旦测试完毕，LoadRunner 将收集汇总所有的测试数据，并提供高级的分析和报告工具，以便迅速查找到性能问题并追溯缘由。使用 LoadRunner 的 Web 交易细节监测器，可以查看到将所有的图像、框架和文本下载到每个网页上所需的时间。例如，这个交易细节分析机制能够分析是否因为一个大尺寸的图形文件或是第三方的数据组件而造成应用系统运行速度减慢。另外，Web 交易细节监测器分解用于客户端、网络和服务器上端到端的反应时间，便于确认问题，定位查找真正出错的组件。例如，可以将网络延时进行分解，以判断 DNS 解析时间、连接服务器或 SSL 认证所花费的时间。通过使用 LoadRunner 的分析工具，测试人员能很快地查找到出错的位置和原因并做出相应的调整。

5)　重复测试保证系统发布的高性能

负载测试是一个重复过程。每次处理完一个出错情况，都需要在相同的方案下对应用程序再进行一次负载测试，以此检验所做的修正是否改善了运行性能。

6) Enterprise Java Beans 的测试

LoadRunner 完全支持 EJB 的负载测试。这些基于 Java 的组件运行在应用服务器上，提供广泛的应用服务。通过测试这些组件，测试人员可以在应用程序开发的早期就确认并解决可能产生的问题。

利用 LoadRunner，测试人员可以很方便地了解系统的性能。 它的 Controller 允许测试人员重复执行与出错修改前相同的测试方案。它的基于 HTML 的报告为测试人员提供一个比较性能结果所需的基准，以此衡量在一段时间内，有多大程度的改进并确保应用成功。由于这些报告是基于 HTML 的文本，测试人员可以将其公布于测试人员公司的内部网上，便于随时查阅。

7) 最大化投资回报

所有 Mercury Interactive 的产品和服务都是集成设计的，能完全相容地一起运作。由于它们具有相同的核心技术，来自 LoadRunner 和 ActiveTest TM 的测试脚本，在 Mercury Interactive 的负载测试服务项目中，可以被重复用于性能监测。借助 Mercury Interactive 的监测功能 Topaz TM 和 ActiveWatch TM ，测试脚本可重复使用从而平衡投资收益。更重要的是，测试人员能为测试的前期部署和生产系统的监测提供一个完整的应用性能管理解决方案。

8) 支持无线应用协议

随着无线设备数量和种类的增多，测试人员的测试计划需要同时满足传统的基于浏览器的用户和无线互联网设备，如手机和 PDA。LoadRunner 支持 2 项最广泛使用的协议：WAP 和 I-mode。此外，通过负载测试系统整体架构，LoadRunner 能让测试人员只需要通过记录一次脚本，就可完全检测上述这些无线互联网系统。

9) 支持 Media Stream 应用

LoadRunner 还能支持 Media Stream 应用。为了保证终端用户得到良好的操作体验和高质量 Media Stream，测试人员需要检测测试人员的 Media Stream 应用程序。使用 LoadRunner ，测试人员可以记录和重放任何流行的多媒体数据流格式来诊断系统的性能问题，查找缘由，分析数据的质量。

10) 完整的企业应用环境的支持

LoadRunner 支持广泛的协议，可以测试各种 IT 基础架构。

6.4.3 WAS

1. 简介

Microsoft Web Application Stress Tool 是由微软的网站测试人员所开发，专门用来进行实际网站压力测试的一套工具。透过这套功能强大的压力测试工具，测试人员可以使用少量的计算机，仿真大量用户上线对网站服务所可能造成的影响。

2. 特征

(1) 多种不同的方式建立测试指令：包含以手动、录制浏览器操作步骤或直接录入 IIS 的记录文件、录入网站的内容及录入其他测试程序的指令等方式。

(2) 支持多种客户端接口：标准的网站应用程序 C++的客户端，使用 Active Server

Page 客户端，或是使用 Web Application Stress 对象模型建立测试人员自定的接口。

(3) 支持多用户：利用多种不同的认证方式仿真实际的情况。

6.4.4 JTest

1. 简介

JTest 是 Parasoft 公司推出的一款针对 Java 语言的自动化白盒测试工具，它通过自动实现 Java 的单元测试和代码标准校验，来提高代码的可靠性。JTest 先分析每个 Java 类，然后自动生成 JUnit 测试用例并执行用例，从而实现代码的最大覆盖，并将代码运行时未处理的异常暴露出来；另外，它还可以检查以 DbC(Design by Contract)规范开发的代码的正确性。用户可以通过扩展测试用例的自动生成器来添加更多的 JUnit 用例。JTest 还能按照现有的超过 350 个编码标准来检查并自动纠正大多数常见的编码规则上的偏差，用户可自定义这些标准，通过简单的几个点击，就能预防类似于未处理异常、函数错误、内存泄露、性能问题、安全隐患这样的代码问题。

2. 优势

(1) 使预防代码错误成为可能，从而大大节约成本，提高软件质量和开发效率。

(2) 使单元测试，包括白盒、黑盒以及回归测试成为可能。

(3) 使代码规范检查和自动纠正成为可能。

(4) 鼓励开发团队横向协作来预防代码错误。

3. 特征

(1) 通过简单的点击，自动实现代码基本错误的预防，包括单元测试和代码规范的检查。

(2) 生成并执行 JUnit 单元测试用例，对代码进行即时检查。

(3) 提供了进行黑盒测试、模型测试和系统测试的快速途径。

(4) 确认并阻止代码中不可捕获的异常、函数错误、内存泄露、性能问题、安全弱点等问题。

(5) 监视测试的覆盖范围。

(6) 自动执行回归测试。

(7) 支持 DbC 编码规范。

(8) 检验超过 350 个来自 Java 专家的开发规范。

(9) 自动纠正违反超过 160 个编码规范的错误。

(10) 允许用户通过图形方式或自动创建方式来自定义编码规范。

(11) 支持大型团队开发中测试设置和测试文件的共享。

(12) 实现和 IBM Websphere Studio /Eclipse IDE 的安全集成。

4. 价格

昂贵。

6.4.5 JMeter

1. 简介

JMeter 是 Apache 组织的开放源代码项目，它是功能和性能测试的工具，全部用 Java 实现。一般使用 JMeter 进行性能测试。

2. 特征

JMeter 可用于测试静态或者动态资源的性能(文件、Servlets、Perl 脚本、Java 对象、数据库和查询、FTP 服务器或者其他资源)。JMeter 用于模拟在服务器、网络或者其他对象上附加高负载以测试他们提供服务的受压能力，或者分析它们提供的服务在不同负载条件下的总性能情况。可以用 JMeter 提供的图形化界面分析性能指标或者在高负载情况下测试服务器/脚本/对象的行为。

6.4.6 JUnit

1. 简介

JUnit 是一个开源的 Java 测试框架，是 XUint 测试体系架构的一种实现。在设计 JUnit 单元测试框架时，设定了三个总体目标：第一个是简化测试的编写，这种简化包括测试框架的学习和实际测试单元的编写；第二个是使测试单元保持持久性；第三个则是可以利用既有的测试来编写相关的测试。

2. 优势

JUnit 是完全开放的、使用简单的测试工具，使用 JUnit 可以快速地撰写测试并检测程序代码，同时允许动态地增加新的测试程序，即不需要频繁地修改测试。它的优势主要体现在如下几点。

- JUnit 测试是用 Java 写成的。
- JUnit 测试可以提升软件的稳定性。
- 撰写 JUnit 测试时间短。
- JUnit 测试可以合成一个测试系列的层级架构。
- JUnit 测试可以检验其结果并提供立即的回馈。

3. 价格

免费。

6.4.7 WebLoad

1. 简介

WebLoad 是 RadView 公司推出的一个性能测试和分析工具，可以让 Web 应用程序开发者自动执行压力测试。WebLoad 通过模拟真实用户的操作，生成压力负载来测试 Web 的性能。

2. 特征

(1) 用户创建的是基于 JavaScript 的测试脚本，称为议程 agenda，用它来模拟客户的行为，通过执行该脚本来衡量 Web 应用程序在真实环境下的性能。

(2) 如有需要可以在做负载测试的同时，使用服务器监控工具对服务器端的内容进行记录，这样可以使负载测试更加全面。

上机实训：软件测试方法

实训背景

测试的概念：广义上讲，软件测试是对软件需求分析、设计说明和编码进行复审等软件质量保证工作。狭义上讲，软件测试是为了发现错误而执行程序的过程。换而言之，软件测试是根据软件开发各个阶段的规格说明和程序的内部结构精心设计的一些测试用例，并利用这些测试用例去运行程序，发现错误。

实训内容和要求

掌握使用 Java 实现代码的技术和白盒测试的理念、使用方法等。Java 伪代码如下：

```
import java.io.*;
public class baihe{
  public static void main(String arg[])
  {
 int a=0,b=0;
    int i;
    try{
       输入 a,b 值;
       if(a>1||b>1)
        {     计算并输出 a+b 的值;
              计算并输出 a*b 的值;
              计算并输出 a!和 b!的值;
              System.out.println("true!");
        }
      else System.out.println("false!");

      }
   catch(Exception e){ e.printStackTrace();}
  }
}
```

实训步骤

(1) 根据提供的伪代码，进行合理的系统分析，确定程序结构。

(2) 请给出能运行的源代码和程序流程图。

(3) 请设计出三种以上的白盒测试的测试用例，并且给出预期结果、实际结果，从而形成一个测试报告。

实训素材及参考图如图 6-8 所示。

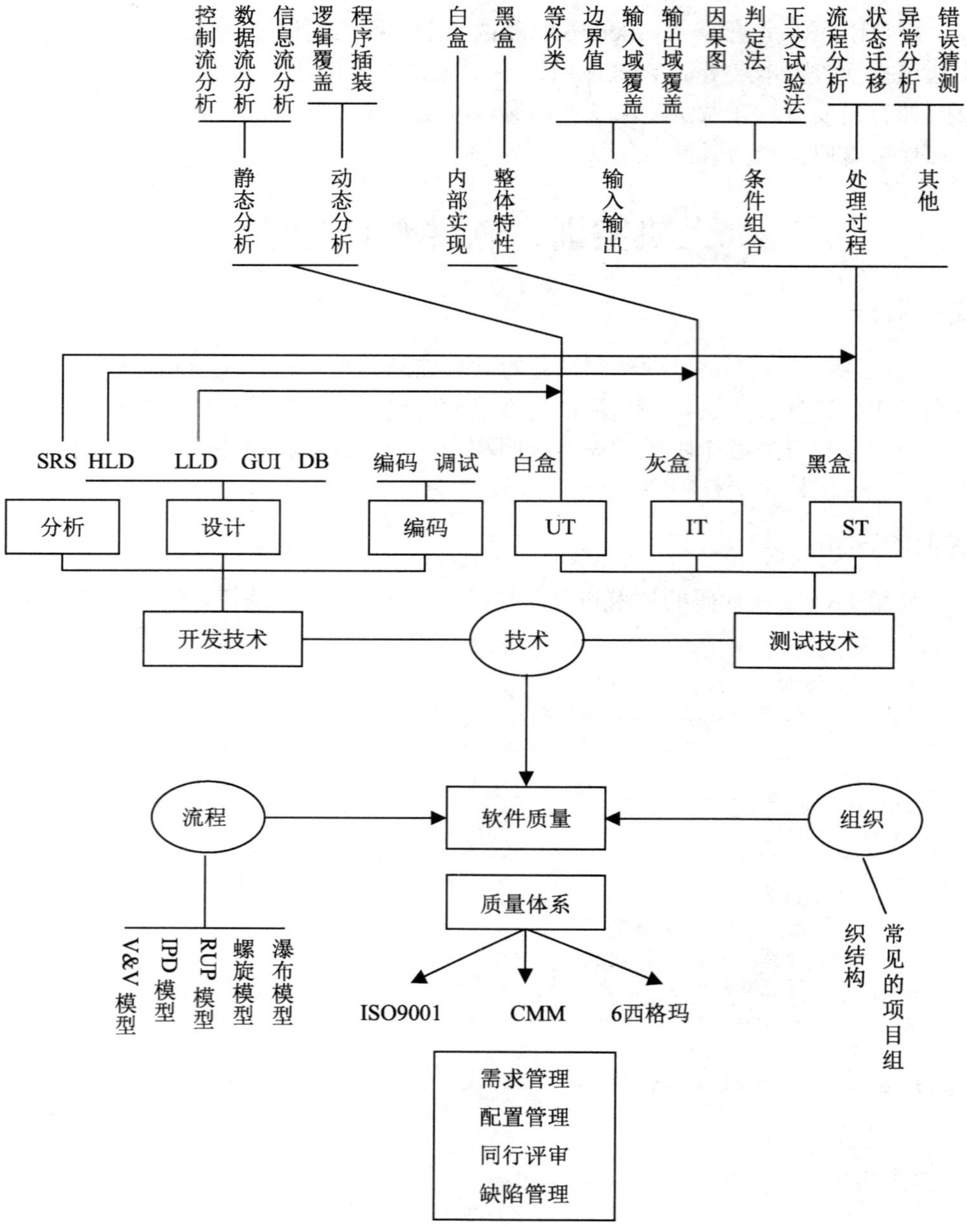

图 6-8　软件质量保证全景图

项 目 小 结

软件测试作为保证软件质量的一个重要手段，越来越受到人们的重视。软件测试是一门需要独特技术的专门技术，本项目通过讲解软件测试基本原理、测试方法技术(如白盒测试、黑盒测试等)，让同学们能够理解软件测试基础知识，加强对软件质量保障的认识程度。

习　　题

一、判断分析题

1. 软件测试的目的是尽可能多地找出软件的缺陷。（　　）
2. 软件测试的目的是证明软件没有错误。（　　）
3. 测试组负责软件质量。（　　）
4. 程序的效率与程序的复杂性相关。（　　）
5. 软件是一种逻辑实体，而不是具体的物理实体，因而它具有抽象性。（　　）
6. 测试程序仅仅按预期方式运行就行了。（　　）
7. 好的测试员应不懈追求完美。（　　）
8. 不存在质量很高但可靠性很差的产品。（　　）
9. 测试组负责软件质量。（　　）
10. 测试是为了验证该软件已正确地实现了用户的要求。（　　）
11. 发现错误多的程序模块，残留在模块中的错误也多。（　　）
12. 程序效率的提高主要应通过选择高效的算法来实现。（　　）
13. 测试人员要坚持原则，缺陷未修复完坚决不予通过。（　　）
14. 项目立项前测试人员不需要提交任何工件。（　　）
15. 缺陷跟踪系统只针对测试人员来使用。（　　）
16. 从用户软件开发者的角度出发，普遍希望通过软件测试暴露软件中隐藏的错误和缺陷，以考虑是否可接受该产品。（　　）
17. 软件项目在进入需求分析阶段时，测试人员应该开始介入其中。（　　）
18. 测试是提高产品质量的根本手段。（　　）
19. 项目立项前测试人员不需要提交任何工件。（　　）
20. 测试人员要坚持原则，缺陷未修复完坚决不予通过。（　　）

二、简答题

1. 什么是软件测试？软件测试的目的和作用是什么？
2. 简述软件测试的目的和原则。
3. 软件缺陷产生的原因是什么？
4. 什么是软件测试？软件测试的意义是什么？
5. 什么是软件测试？什么是测试用例？测试用例必须包括哪几部分？
6. 简述你对测试工作的认识过程和在以后工作中的一些建议。
7. 请辨析软件的质量是“设计出来的”还是“测试出来的”观点。
8. 软件测试与软件开发的关系？
9. 在测试生命周期，测试过程分为几个阶段？各个阶段的含义是什么？
10. 在测试生命周期，测试过程各阶段的测试依据是什么？
11. 一名优秀的软件测试工程师应具备哪些素质？
12. 如何做一名合格的测试人员？
13. 测试计划的目的是什么？

项目 7

设计模式的原则和分类

项目导入

通过常用的23种设计模式分类，总结出共同特征和适合使用的情况，体现23种设计模式在软件开发过程中的应用。而且GOF考虑到软件设计人员可能会不断发现新的设计模式，因此，有必要将模式进行分类，这不仅方便软件设计人员的交流，也有利于人们总结一类模式的共同点。

项目分析

本项目主要对常用的23种设计模式直行分类，以便于日后23种设计模式的改进和新模式的发掘。

任务1　设计模式的原则

任务要求

掌握常用23种设计模式的原则。

知识储备

1. 开闭原则

开闭原则就是对扩展开放，对修改关闭。在程序需要进行拓展的时候，不能修改原有代码，以独立的形式增加额外代码，实现热插拔的效果。用一句话概括就是：为了使程序扩展性好，易于维护和升级，想要达到这样的效果，我们需要使用接口和抽象类，其具体设计的优势已经体现在前面的设计模式中。

2. 面向抽象原则

面向抽象的原则是面向对象设计的基本原则之一。该原则表明，任何基类可以出现的地方，子类一定可以出现。抽象是继承复用的基石，只有当衍生类可以替换掉基类，软件单位的功能不受影响时，基类才能真正被复用，而衍生类也能够在基类的基础上增加新的行为。面向抽象原则是对开闭原则的补充。实现开闭原则的关键步骤就是抽象化，而基类与子类的继承关系就是抽象化的具体实现。

3. 依赖倒转原则

依赖倒转原则是开闭原则的基础，具体内容是针对接口编程而言的，依赖于抽象而不依赖于具体实现类，从而实现依赖的倒转效果。

4. 高内聚、低耦合原则

这个原则的意思是：使用多个隔离的接口，比使用单个接口要好，能够降低类之间的耦合度，提高类内部成员之间的内聚性等，由此可以看出，其实设计模式就是一个软件的设计思想，从大型软件架构出发，为了升级和维护方便，应尽可能地降低依赖，降低耦合。

5. 最少知道原则

最少知道原则指的是一个实体应尽量少地与其他实体之间发生相互作用，使得系统功能模块相对独立。

6. 多用组合、少用继承原则

该原则即是面向对象软件设计原则之一，要求软件设计过程中尽量使用合成/聚合的方式，而不是使用继承机制。

任务实施

一种设计模式就是一种问题的解决思路，它已经适用于一个实践环境，并且可以适用于其他的相同模式的实践环境。了解这些基本原则，有助于软件设计模式的应用。需要强调的一点是，这些原则只是在许多设计中总结出的指导性原则，并不是任何设计都必须要遵守的法律规定。

任务 2　设计模式的分类

任务要求

能够准确分类 23 种设计模式。

知识储备

设计模式为软件设计提供共同的词汇，每个模式名都是一个设计词汇，其概念可以为程序员之间的交流提供方便；在开发文档中采用模式词汇可以让其他人更容易理解你的想法。

根据目的准则，GoF 设计模式分为以下几类。

(1) 创建型(creational)。与对象的创建有关。

(2) 结构型(structural)。处理类或对象之间的组合。

(3) 行为型(behavioral)。描述类或对象如何交互及如何分配职责。

1. 创建型模式

创建型模式涉及对象的实例化，这类模式的特点是，不让用户代码依赖于对象的创建或排列方式，避免用户直接使用 new 运算符创建对象。

(1) 抽象工厂模式(Abstract Factory)：提供一个创建一系列或相互依赖对象的接口，而无须指定它们具体的类。

(2) 建造者模式(Builder)：将一个复杂对象的构建与它的表示分离，使得同样的构建过程可以创建不同的表示。

(3) 工厂方法模式(Factory Method)：定义一个用于创建对象的接口，让子类决定实例化哪一个类。

(4) 原型模式(Prototype)：用原型实例指定创建对象的种类，并且通过复制这些原型创建新的对象。

(5) 单例模式(Singleton)：保证一个类仅有一个实例，并提供一个访问它的全局访问点。

2. 结构型模式

结构型模式涉及如何组合类和对象以形成更大的结构，和类有关的结构型模式涉及如何合理地使用继承机制，和对象有关的结构型模式涉及如何合理地使用对象组合机制等。

(1) 适配器模式(Adapter)：将一个类的接口转换成客户希望的另外一个接口，使得原本由于接口不兼容而不能一起工作的那些类可以一起工作。

(2) 桥接模式(Bridge)：将抽象部分与它的实现部分分离，使它们都可以独立地变化。

(3) 组合模式(Composite)：将对象组合成树形结构以表示部分整体的层次结构。

(4) 装饰模式(Decorator)：动态地给对象添加一些额外的职责和功能。

(5) 外观模式(Facade)：为系统中的一组接口提供一个一致的界面，这一界面使得子系统更加容易使用。

(6) 享元模式(Flyweight)：运用共享技术有效地支持大量细粒度的对象。

(7) 代理模式(Proxy)：为其他对象提供一种代理以控制对这个对象的访问。

3. 行为模式

行为模式涉及怎样合理地设计对象之间的交互通信，以及怎样合理地为对象分配职责，让设计富有弹性、易维护、易复用。

(1) 职责链模式(Chain of Responsibility)：将多个对象连成一条链，并沿着这条链传递请求，直到有一个对象处理它为止。

(2) 命令模式(Command)：将一个请求封装为一个对象，从而可用不同的请求对客户进行参数化。

(3) 解释器模式(Interpreter)：给定一个语言，定义该语言文法的一种表示，并定义一个解释器，这个解释器使用该表示来解释语言中的句子。

(4) 迭代器模式(Iterator)：提供一种方法顺序访问一个聚合对象中的各个元素，而又不需要暴露该对象的内部表示。

(5) 中介者模式(Mediator)：用一个中介对象来封装一系列的对象交互。

(6) 备忘录模式(Memento)：在不破坏封装性的前提下，捕获一个对象的内部状态，并在该对象之外保存这个状态，这样以后就可将该对象恢复到原先保存的状态。

(7) 观察者模式(Observer)：定义对象间的一种一对多的依赖关系，当一个对象的状态发生变化时，所有依赖它的对象都得到通知并被自动更新。

(8) 状态模式(State)：允许一个对象在其内部状态改变时改变它的行为。对象看起来似乎修改了它的类。

(9) 策略模式(Strategy)：定义一系列算法，把它们一个个封装起来，并且使它们可以相互替换。

(10) 模板方法模式(Template Method)：定义一个操作中算法的骨架，而将一些步骤延迟到子类中。使得子类不用改变算法的结构也能重定义算法的一些步骤。

(11) 访问者模式(Visitor)：表示一个作用于某对象结构中的各个元素的操作。它可以在不改变各个元素的类的前提下定义作用于这些元素的新操作。

任务实施

设计模式是面向对象编程的热门话题之一，越来越多的开发人员认识到设计模式的重要性。但是很多开发人员发现很难将设计模式与实际开发中需要解决的具体问题相联系。因为使用设计模式的难点往往不在于模式的实现，而在于很难确定哪种模式可以在现实的应用场景中采用，从而导致了在现实的项目中，面对客户的压力，我们总是采用最直截了当的方法解决问题，来不及多考虑这些方法的优劣，即使明知将会带来更大的麻烦也必须如此。有些时候因为选择了不恰当的设计模式，使原本简单的问题变得复杂化。但是有些优秀的设计人员可以在同样短的时间内做出正确的判断，他们同样是依靠本能和直觉，只是这种本能是在日常编程开发中一点一滴积累起来的。

正如仅靠背棋谱成不了围棋高手一样，只在概念上理解设计模式而不实现，同样成不了架构设计师。在软件设计时，要有意识地问自己使用还是不使用设计模式，不要匆忙下结论。重视软件质量的改进，如果有可能，则在项目后期重构代码。同时注意学习同行的经验，很多开放源码项目是值得学习的。

1. 正确理解设计模式

模式所关注的不仅是重复的解决方案，更主要的是关注重复出现的应用场景和与场景相关的各种作用力。很多使用设计模式失败的原因，并不是实现设计模式的方法有问题，而是采用的设计模式不适合应用场景。这往往导致设计过度，使软件变得复杂，进而丧失对使用设计模式的信心。

2. 编程语言与设计模式的实现

尽管设计模式本身并不要求一定用某种语言来实现，但脱离了具体的实现，就无法真正理解设计模式。GOF 的《设计模式》是经典之作，但毕竟距现在已经有十几年了。这一期间开发平台已经进化了几代，很多新技术已经应用到编程中。有些技术可以简化设计模式的实现，有些技术已经采用了设计模式。学习设计模式必须针对所使用的编程语言和开发平台。一定要注意，不是将《设计模式》中的例子转换为 Java 或者其他语言就等于知道如何实现设计模式了，而是要关注设计模式的精髓，并结合具体的语言特点完成其实现。

3. 需求驱动

需求驱动不仅仅是功能性需求，还包括性能需求及运行时的需求，如软件的可维护性和可复用性等方面。

设计模式是针对软件设计的，而软件设计是针对需求的，一定不要为了使用模式而使用模式。在不合适的场合生搬硬套地使用模式反而会使设计变得复杂，使软件难以调试和维护。

4. 分析成功的模式应用项目

置于死地而后生可以说是一种解决方案，而不是模式，或者说仅仅给出了模式的实现，而没有交代使用的场合。故应分析、总结模式成功应用的项目，积累知识和经验。

5. 充分了解所使用的开发平台

总体来说，设计模式是针对面向对象软件设计的，因此在理论上适合任何面向对象的语言。但随着技术的发展和编程环境的改善，设计模式的实现方式会有很大的差别：如在某些平台下，某些设计模式是自然实现的，某些模式已经被平台所实现，而某些模式存在的上下文已经消失了等多种差异。

这里的平台不仅指编程语言，还包括平台引入的技术。Java 平台引进了抽象、委托以及集合等新技术，这些技术使用使设计模式的实现方式有了很大的改变。例如，工厂方法通过采用抽象技术，可以将其中的子类去掉。这实际上已经是一个 Java 下的新模式，或者说是 Java 的方言。

6. 在编程中领悟模式

软件开发是一项实践工作，最直接的方法就是编程。没有定式很熟却从来不下棋的围棋高手，也没有不会编程就成为架构设计师的先例。对设计模式的掌握是水到渠成的事情，你可能是顿悟，也可能是渐悟，但前提是必须有足够的实践积累。当然，并不是不需要看书学习，但实践仍然是必须首先要重视的。

编程如同写文章，提高需要有一个过程。在多多编程的同时，需要有一定的技巧。如果希望水平有较大提高，则需要对自己编写的代码不断重构。力求最优是个很好的习惯，当然前提是项目进度允许。即使项目时间紧张，也需要进行适当的总结。隔一段时间检查一下以前的工作，会发现自己是否已经有了提高。

7. 避免设计过度

设计模式解决的是设计不足的问题，但同时也要避免设计过度。一定要牢记简洁原则(Keep It Simple，Stupid，KISS)，要知道，设计模式是为了使设计简单，而不是更复杂。如果引入设计模式使设计变得复杂，只能说我们把简单的问题复杂化了，问题本身不需要设计模式。

这里需要把握的是需求变化的程度，一定要区分需求的稳定部分和可变部分。一个软件必然有稳定的部分，这个部分就是核心业务逻辑。如果核心业务逻辑发生变化，软件就没有存在的必要，这个部分的逻辑是我们需要固化的。对于可变的部分，需要判断可能发生变化的程度来确定设计策略和设计风险。要知道，设计过度与设计不足同样对项目有害。

8. 合理看待设计模式的实现实例

从各种途径可以发现各种设计模式的实现实例。需要说明的是，其中很多实例所说明的仅仅是设计模式解决方案的实现，并没有分析模式使用的上下文。实际上，这也是最困难的环节，从而导致实例中使用的设计模式从实践的角度看，往往是过度设计，有小题大做的嫌疑。

总之，本书总结的设计模式不仅适合于面向对象语言，其思想及解决问题的方式也适合于任何和设计相关的行业，因此学习掌握设计模式无疑是非常有益的。

上机实训：观察者模式

实训背景

通过编程和上机实验理解观察者模式的基本编程思想，了解观察者设计模式的基本原理和方法，以及进一步深入理解面向对象编程思想，并将观察者模式的理念应用到实际的项目开发中，解决遇到的诸多问题。

实训内容和要求

(1) 使用观察者模式实现“统计文本中的单词和数字”功能。

(2) 使用观察者模式实现“水文站的测试”功能。

(3) 构思并实现观察者模式的统计功能。

(4) 写出实验报告，写出程序的源代码。

实训步骤

(1) 统计文本中的单词和数字。

① 理解观察者模式的原理。

② 掌握 Java 编程技术。

③ 从给定文本中，实现统计单词的功能。

④ 从给定文本中，实现统计数字的功能。

(2) 水文站的测试。

① 理解观察者模式的原理，模拟水文站的管理模式。

② 掌握 Java 编程技术。

③ 使用观察者模式，实现“检测水文站名称、地址等基本信息”的功能。

④ 使用观察者模式，实现“检测水文站水位、水温等基本信息”的功能。

⑤ 在首页界面中，显示如图 7-1 所示的中国水文图表。

图 7-1　中国水文

项 目 小 结

每一个设计模式都是解决在某种特定情境中重复发生的问题。本项目通过对常用的 23 种设计模式分类，便于日后 23 种设计模式的改进和新模式的发掘。

习　　题

1. 简述设计模式的原则？
2. 简述设计模式的分类？
3. 如何合理地使用设计模式？

项目 8

软件项目管理

项目导入

项目管理是基于现代管理学基础之上的一种新兴的管理学科，它把企业管理中的财务控制、人才资源管理、风险控制、质量管理、信息技术管理(沟通管理)、采购管理等措施进行有效整合，以达到高效、高质、低成本地完成企业内部各项工作或项目的目的。项目管理目前已成为继 MBA 之后的一种“黄金职业”。

项目分析

对于软件开发项目而言，控制是十分重要的管理活动。本项目介绍软件工程控制活动中的预算成本估算、进度计划、风险控制、变更控制等技术和项目管理基本知识，要求学生重点掌握项目管理流程及项目管理方法。

任务 1　软件项目管理导论

任务要求

掌握软件项目管理的概念、整体流程设计、项目管理的作用和对项目进行管理的必要性。

知识储备

1. 软件项目管理的发源

软件项目管理的提出是在 20 世纪 70 年代中期的美国，当时美国国防部专门研究了软件开发不能按时提交、预算超支和质量达不到用户要求的原因，结果发现 70%的项目是因为管理不善引起的，而非技术原因。于是软件开发者开始逐渐重视软件开发中的各项管理。到了 20 世纪 90 年代中期，软件研发项目管理不善的问题仍然存在。据美国软件工程实施现状的调查，软件研发的情况仍然很难预测，大约只有 10%的项目能够在预定的费用和进度下交付。

1995 年，据统计，美国共取消了 810 亿美元的商业软件项目，其中 31%的项目未做完就被取消，53%的软件项目进度通常要延长 50%的时间，只有 9%的软件项目能够及时交付并且费用也控制在预算之内。

软件项目管理和其他的项目管理相比有相当大的特殊性。首先，软件是纯知识产品，其开发进度和质量很难估计和度量，生产效率也难以预测和保证。其次，软件系统的复杂性也导致了开发过程中各种风险难以预见和控制。Windows 这样的操作系统有 1500 万行以上的代码，同时有数千个程序员在进行开发，项目经理都有上百个。这样庞大的系统如果没有很好的管理，其软件质量是难以想象的。软件项目管理的内容主要包括几个方面：人员的组织与管理，软件度量，软件项目计划，风险管理，软件质量保证，软件过程能力评估，软件配置管理等，这几个方面贯穿、交织于整个软件开发过程中。其中，人员的组织与管理把注意力集中在项目组人员的构成、优化上；软件度量则关注用量化的方法评测软件开发中的费用、生产率、进度和产品质量等要素是否符合期望值，包括过程度量和产品度量两个方面；软件项目计划主要包括工作量、成本、开发时间的估计，并根据估计值制定和调整项目组的工作；风险管理预测未来可能出现的各种危害软件产品质量的潜在因素并由此采取措施进行预防；质量保证是保证产品和服务充分满足消费者要求的质量而进行的有计划、有组织的活动；软件过程能力评估是对软件开发能力的高低进行衡量；软件配置管理针对开发过程中人员、工具的配置、使用提出管理策略等。

长期以来，软件项目高失败率的状况一直困扰着人们，研究表明，软件项目失败的原因主要有两个：一是应用项目的复杂性；二是缺乏合格的软件项目管理人才。实践证明，缺乏有效的项目管理是导致软件项目失控的直接原因。软件开发的风险之所以大，是由于处理软件过程的能力低，其中最关键的问题在于软件开发组织不能很好地管理其软件过程，从而使一些好的开发方法和技术不能起到预期的作用。

流程管理作为现代企业管理的先进思想和有效工具，随着市场环境与组织模式的变化，在以计算机网络为基础的现代社会信息化背景下越发显示出其威力和效用。流程管理不仅是一种管理技术，更体现了现代管理的思想。流程管理的重点是：理清和管理好所有主、支流程间的关系，使它们相互协调发挥应有的作用。流程管理增加了部门的透明度，管理的对象不是“部门”和“部门员工”的概念，而是以工序流程为管理对象，注重流程中每一个过程和效率以及和上下游工序的关系，管理的重点在于整体流程的完整性和顺畅性。

运用流程管理方法和技术进行软件项目管理，可以有效地改变软件过程管理混乱的局面。第一，对软件项目开发过程进行有效的、规范化的定义；第二，在软件项目开发过程中，所有的活动过程均按照流程所规定的活动的逻辑关系、活动的实现方式来执行，这样可以使得所有的活动有序和可控；第三，通过明确运作流程，使项目组人员迅速融入项目和开发过程中；第四，关注每个过程的“结果”，使软件项目的所有工作产品均能得到有效的保存，保证了软件产品的完整性。

2. 流程的概念及在软件项目管理中的作用

流程是由活动组成的。基本活动是由个人或团体来完成的，不需要进行其他的基本活动的转化。流程的各个活动之间有着特定的流向，包含明确的起始活动与终止活动，因此是一个动态的概念。从结构上来看，流程有四个基本的构成因素：活动、活动的逻辑关系、活动的实现方式和活动的承担者。流程与“一系列的活动或事件”“结果”等概念密切相关。流程管理不仅是一种管理技术，更体现了现代管理的思想，原有的以控制、塔式组织为基础的职能行政管理已经不能完全满足于现代企业发展和市场竞争的需要，管理的发展沿着分工理论运行了上百年后，现在又重新回归到整合系统层面上。

软件项目生命周期一系列的开发过程是各种各样的流程活动。软件项目的计划编制、系统分析、概要设计、详细设计、程序编码、测试与维护等活动过程都是一种流程活动。制定软件项目管理流程，重点考虑以下几点。

(1) 制定的流程能引导项目逐步走向成功。

(2) 制定的流程能适用软件开发过程。

(3) 制定的流程能指导项目开发活动，有利于对项目开发活动的管理。

(4) 制定的流程能以直观的流程图表示，能使项目组成员清楚地知道软件开发与管理的过程和相互间的关系。

(5) 流程中的起始活动条件、终止活动条件明确、规范，便于控制。

(6) 流程中的工作产品定义明确、可度量，评价标准和方法具体、可操作。

3. 软件项目管理总体流程的设计

在软件项目开发管理过程中，不仅要努力实现项目的范围、时间、成本和质量等目标，还必须协调整个项目过程，以满足项目参与者及其他利益相关者的需要和期望。随着软件规模和所涉及领域的不断扩大，软件项目的管理越来越困难。纵观所有失败的软件项目，基本原因是不能管理其软件过程，在无纪律的、混乱的项目状态下，组织不可能从较好的方法和工具中获益。严谨的软件过程控制与管理不仅可以在每个阶段回顾和纠正项目的偏差，识别软件项目的风险甚至果断中止项目，而且可以将人才流动所带来的不利影响减少到最小。要进行有效的过程控制，必须明确软件项目管理流程。

软件项目管理总体流程设计为项目搜寻、立项、售前、合同生成和合同执行等 5 个主要阶段，分别以 P1、P2、P3、P4、P5 表示；同时设计了立项完成、合同签订、功能定义、软件开发、项目验收等 5 个里程碑，分别以 TM1、TM2、TM3、TM4、TM5 表示，如图 8-1 所示。在这些流程中，合同执行流程是软件项目管理的核心，其主要过程有：产品定义、软件开发、测试执行、内部验收、项目实施与验收、项目维护。

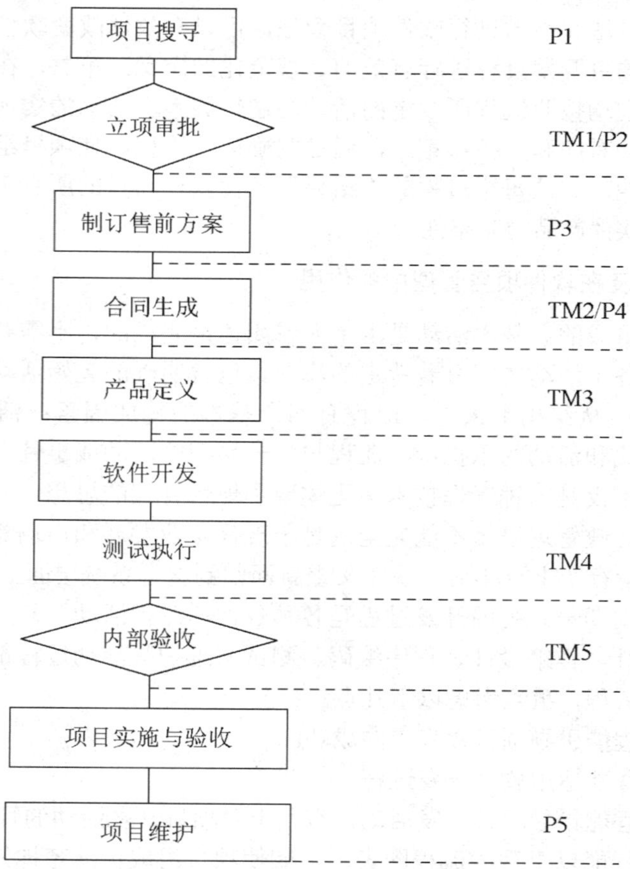

图 8-1　软件项目管理总体流程

任务实施

软件项目管理总体流程分析如下。

1. 项目搜寻

项目搜寻是项目立项的基础，项目搜寻阶段的主要任务包括市场信息收集，用户需求跟踪，对潜在的项目进行分析和筛选。

2. 项目立项

立项阶段的主要任务是确认立项的理由，提出立项建议，提供合适的资金和资源，使立项建议成为正式项目。

3. 项目售前

售前阶段从项目立项开始到项目合同的签订结束，主要工作有：制订与客户的交流计划，详细了解客户的背景资料，了解客户启动项目的缘由、目的和期望，编制项目方案建议书，准备合同蓝本。

4. 合同生成

合同生成阶段的主要工作有项目方案的评估与确定，技术合同、商务合同的商定、评估与签署。

5. 合同执行

合同执行是软件项目管理流程的重点，可分为软件开发、测试执行、内部试运行与验收、项目验收、系统维护等五个基本工作过程。

1)　软件开发

软件开发阶段分为需求调研、系统分析、系统设计、编码、单元测试等过程，主要从三个方面进行管理。

(1)　制订项目计划。软件项目计划是一个用来协调所有其他计划，以指导项目执行和控制的可操作文件。它体现了对客户需求的理解，是开展项目活动的基础，也是软件项目跟踪与监控的依据。

(2)　确定开发过程。根据软件项目和项目组的实际情况，建立一个稳定、可控的软件开发过程模型，并按照该过程来进行软件开发。

(3)　加强过程控制。过程控制主要包括过程管理、变更控制和配置管理。

2)　测试执行

项目测试的目的是检查系统是否符合项目合同与任务书规定的要求。项目测试分集成测试和系统测试，主要进行功能测试、健壮性测试、性能效率测试、用户界面测试、安全性测试、压力测试、可靠性测试、安装/反安装测试等。测试过程在模拟运行环境中进行。

3)　内部验收

项目完成集成测试和系统测试后进行项目内部验收，主要有三个步骤：第一步，文档准备。项目经理提交内部验收计划、项目开发总结报告、产品发布清单；财务主管提交项目财务预算报告。第二步，内部验收测试。内部验收测试的测试内容与方法虽然与系统测试基本相同，但应站在用户验收的角度进行，因为它是试运行的基础，通过这一步，为用户验收做充分的准备。第三步，内部评审。对提交的所有文档及测试结果进行内部评审，完成项目开发总结报告。

4) 项目试运行与验收

试运行与用户验收阶段的主要任务是，使所有的工作产品得到用户的确认。主要工作有：首先是验收前的准备。项目经理负责检查产品的完整性，包括文档、介质和中间产品等，以确保现场实施的成功；负责应用软件的现场安装调试，完成安装调试总结报告；负责制订用户验收计划，并得到客户的确认。其次是用户进行验收测试和系统试运行，进行文档和系统的移交。最后是用户确认。项目经理负责与客户协调，协助用户进行项目验收，形成用户验收报告。

5) 项目维护

软件系统的维护分为两大类：一类是纠错性维护，由于前期的测试不可能暴露软件系统中所有潜在的和隐含的错误，诊断和改正这些错误的过程为纠错性维护。另一类是完善性维护，在软件正常使用过程中，用户还会不断地提出新的需求，为了满足用户新的需求而增加软件功能的活动称为完善性维护。如果需求变更很大，完善性维护将转变为软件新版本的开发。系统维护的宗旨就是提高客户对软件产品的满意度。确保系统的正常运行是系统维护的根本目的。

6. 软件项目管理的里程碑

项目的考核与评审是软件项目管理流程控制的基础，在整个流程中设定五个基线，即确定五个里程碑，分别是 TM1：立项完成；TM2：合同签订；TM3：产品功能定义完成；TM4：软件开发完成；TM5：验收通过，如图 8-1 所示。各阶段主要的进入条件和相应的工作结果是里程碑是否达到的重要标志。

典型环境下各个开发阶段需要人力的百分比大致如下。

可行性研究：5%；

需求分析：10%；

设计：25%；

编码和单元测试：20%；

综合测试：40%。

当然，应该针对每个开发工程的具体特点，并且参照以往的经验尽可能准确地估计每个阶段实际需要使用的人力。

任务 2　项目管理流程及方法

任务要求

详细掌握软件项目管理过程中的各种具体的方法和技术，并且能够在实际软件开发过程中熟练应用这些项目管理知识。

知识储备

1. 风险评估

软件项目风险是指在整个项目周期所涉及的成本预算、开发进度、技术难度、经济可行性、安全管理等各方面的问题，以及这些问题对项目所产生的影响。项目的风险与其可行性成反比，其可行性越高，风险越低。软件项目的可行性分为经济可行性、业务可行性、技术可行性、法律可行性等四个方面。而软件项目风险则分为产品规模风险、需求风险、相关性风险、技术风险、管理风险、安全风险等六个方面。

1)　产品规模风险

项目的风险是与产品的规模成正比的，一般产品规模越大，问题就越突出。尤其是估算产品规模的方法，复用软件的多少，需求变更的多少等因素与产品风险息息相关。

(1)　估算产品规模的方法。

(2)　产品规模估算的信任度。

(3)　产品规模与以前产品规模平均值的偏差。

(4)　产品的用户数。

(5)　复用软件的数量。

(6)　产品需求变更的数量。

2)　需求风险

很多项目在确定需求时都面临着一些不确定性。若在项目早期容忍了这些不确定性，并且在项目进展过程中得不到解决时，这些问题就会对项目的成功造成很大威胁。如果不控制与需求相关的风险因素，那么就很有可能产生错误的产品。每一种风险因素对产品来讲都可能是致命的，这些风险因素如下。

(1)　对产品缺少清晰的认识。

(2)　对产品需求缺少认同。

(3)　在做需求分析过程中客户参与不够。

(4)　没有优先需求。

(5)　不确定的、不断变化的需求。

(6)　缺少有效的需求变化管理过程。

(7)　对需求的变化缺少相关分析等。

3)　相关性风险

许多风险都是因为项目的外部环境或因素的相关性产生的。控制外部的相关性风险，及时采取缓解策略，以便从第二资源或协同工作资源中取得必要的组成部分，并觉察潜在的问题。与外部环境相关的因素如下。

(1)　客户供应条目或信息。

(2)　交互成员或交互团体依赖性。

(3)　内部或外部转包商的关系。

(4)　经验丰富人员的判断性。

(5)　项目的复用性。

4) 技术风险

软件技术的飞速发展和经验丰富员工的缺乏，意味着项目团队可能会因为技巧问题影响项目的成功。在早期，识别风险从而采取合适的预防措施是解决风险领域问题的关键，比如：培训、聘请顾问以及为项目团队招聘合适的人才等。关于技术主要有下面这些风险因素。

(1) 缺乏培训。

(2) 对方法、工具和技术理解得不够。

(3) 应用领域的经验不足。

(4) 对新的技术和开发方法应用不熟悉。

5) 管理风险

尽管管理问题导致很多项目失败，但是不要因为风险管理计划中没有包括所有管理活动而感到惊奇。在大部分项目里，项目经理经常是写项目风险管理计划的人，他们有先天性的不足，即不能发现自己的错误。因而，使项目的成功变得更加困难。如果不正视这些棘手的问题，它们就很有可能在项目进行的某个阶段影响项目本身。若定义了项目追踪过程并且明晰项目角色和责任，就能处理下面这些风险因素。

(1) 计划和任务定义不够充分。

(2) 对实际项目状态不了解。

(3) 项目所有者和决策者分不清。

(4) 不切实际的承诺。

(5) 员工之间不能进行充分地沟通。

6) 安全风险

软件产品本身属于创造性的产品，产品本身的核心技术保密非常重要。但一直以来，我们在软件方面的安全意识比较淡薄，对软件产品的开发主要注重技术本身，而忽略了专利的保护。软件行业的技术人员流动是很普遍的现象，随着技术人员的流失、变更，很可能会导致产品和新技术泄密，致使软件产品被其他公司窃取，导致项目失败。而且在软件方面关于知识产权的认定目前还没有一个明确的行业规范，这也是软件项目潜在的风险。

7) 规避风险的方式

(1) 以开发方诱导能保证需求的完整，使需求与客户的真实期望高度一致。再以书面形式形成《用户需求》这一重要的文档，避免疏漏造成的损失在软件系统的后续阶段被逐步放大。

(2) 设立监督制度，项目开发中任何较大的决定都必须有客户参与进行，项目监督由项目开发中的质量监督组来实施。

(3) 需求变更需要经过负责人提出，并且需要用户需求的审核领导认可，需求变更应该是定期而不是随时提出，而且开发方应该做好详细的记录，让客户了解需求变更的实际情况。

(4) 控制系统的复杂程度，过于简单的系统结构，会导致用户使用比例有明显的下降，甚至造成软件使用寿命过短。反之，软件结构过于灵活和通用，必然会引起软件实现的难度增加，系统的复杂度上升，这又会给实现和测试阶段带来风险。适当控制系统的复杂程度有利于降低开发的风险。

(5) 从软件工程的角度看，软件维护费用约占总费用的 55%到 70%，系统越大，费用越高。轻视系统的可维护性是大型软件系统的最大风险。在软件漫长的运营期内，业务规则肯定会不断发展，科学地解决此问题的做法是不断地对软件系统进行版本升级，在确保可维护性的前提下逐步扩展系统。

(6) 设定应急计划，每个开发计划都应该至少设定一个应急预案来应对突发出现的情况和不可预知的风险。

2. 成本预算

成本预算方法主要分为自上而下的预算方法和自下而上的预算方法两种。其中，自上而下的预算方法主要是依据上层、中层项目管理人员的管理经验进行判断，对构成项目整体成本的子项目成本进行估计，并把这些判断估计的结果传递给低一层的管理人员，在此基础上由这一层的管理人员对组成项目的子任务和子项目的成本进行估计，然后继续向下一层传递他们的成本估计，直到传递到最低一层。使用此预算方法，在上层的管理人员根据他们的经验进行的费用估计分解到下层时，可能会出现下层人员认为上层的估计不足以完成相应任务的情况。这时，下层人员不一定会表达出自己的真实观点，不一定会和上层管理人员进行理智的讨论，从而得出更为合理的预算分配方案。在实际中，他们往往只能沉默地等待上层管理者自行发现问题并予以纠正，这样往往会给项目带来诸多问题。自上而下更适用于项目启动的前期，与真实费用相差 30%～70%。

自下而上的预算方法则要求运用 WBS(Work Breakdown Structure，工作分解结构)对项目的所有工作任务的时间和预算进行仔细考察。最初，预算是针对资源(团队成员的工作时间、硬件的配置)进行的，项目经理在此基础上再加上适当的间接费用(如培训费用、管理费用、不可预见费等)以及项目要达到的利润目标就形成了项目的总预算。自下而上的预算方法要求全面考虑涉及的所有工作任务，更适用于项目的初期与中期，它能准确地评估项目的成本，与真实费用相差 5%～10%。典型的自下而上的预算方法有代码行技术和任务分解技术。

1) 代码行技术

代码行技术是比较简单的定量估算方法，也是一种自底向上的估算方法。

它把开发每个软件功能的成本和实现这个功能需要使用的源代码行数联系起来。通常根据经验和历史数据估计实现一个功能需要的源程序行数。一旦估计出源代码行数以后，用每行代码的平均成本乘以行数即可确定软件的成本。每行代码的平均成本主要取决于软件的复杂程度和开发小组的工资水平。

大致分如下两步。

第一步，对要求设计的系统进行功能分解。根据经验和历史数据，对每个功能块估计一个最有利的 LOC 值(a)、最可能的 LOC 值(m)和最不利的 LOC 值(b)。则代码行的期望值 l_c 和对期望值偏离的方差 l_d 为

$$l_c = \frac{a + 4m + b}{6}$$

$$l_d = \sqrt{\sum_{=1}^{n} \left(\frac{b - a}{6} \right)^2}$$

第二步，根据历史数据和经验，选择每个软件功能块的 LOC 价格，然后计算每个功能块的价格及工作量，并确定该软件项目总的估算价格和工作量。

举例：现在要开发一个平面设计软件，即 CAD 软件，项目范围确定的其主要功能如下。

- 用户接口控制(UIC)。
- 二维几何图形分析(2DGA)。
- 三维几何图形分析(3DGA)。
- 数据结构管理(DSM)。
- 图形显示(CGD)。
- 外围设备控制(PC)。
- 设计分析(DA)。

要求使用代码行估算技术预测成本，其成本详细计算数值如表 8-1 所示。

表 8-1　代码行分解技术估算成本

功　能	最有利 a	最可能 m	最不利 b	期望值 l_c	方差数 l_d	$/行	行/人月	人月	价格
UIC	1800	2400	2650	2340	140	14	315	7.4	32760
2DGA	4100	5200	7400	5380	550	20	220	22.4	107600
3DGA	4600	6900	8600	6800	670	20	220	30.9	136000
DSM	2950	3400	3600	3350	110	18	240	13.9	60300
CGD	4050	4900	6200	4950	360	22	200	24.7	108900
PC	2000	2100	2450	2140	75	28	140	15.2	59920
DA	6600	8500	9800	8400	540	18	300	28	151200
估算值				33360	1100			144.5	656680

2)　任务分解技术

首先把软件开发工程分解为若干个相对独立的任务，再分别估计每个单独的开发任务的成本，最后累加起来就可以得出软件开发工程的总成本。最常用的方法是按开发阶段划分任务。如果软件系统很复杂，由若干个子系统组成，则可以把每个子系统再按开发阶段进一步划分为更小的任务。大致分如下四步：第一步，确定任务。每个功能都必须经过需求分析、设计、编码和测试工作。第二步，确定每项任务的工作量。对每项任务要估算其所需要的人月数。第三步，找出与各项任务对应的劳务费数据，即每个单位工作量成本($/人月)。第四步，计算各个工作各个阶段的成本和工作量，然后计算总成本和总工作量。

举例，对上面的 CAD 软件，使用任务分解技术进行成本估算，其详细计算数值如表 8-2 所示。

表 8-2　任务分解技术估算成本

功　能	需求分析	设　计	编　码	测　试	总　计
UIC	1.0	2.0	0.5	3.5	7.0
2DGA	2.0	10.0	4.5	9.5	26.0
3DGA	2.5	12.0	6.0	11.0	31.5
DSM	2.0	6.0	3.0	4.0	15.0
CGD	1.5	11.0	4.0	10.0	27.0
PC	1.5	6.0	3.5	5.0	16.0
DA	4.0	14.0	5.0	7.0	30.0
总计	14.5	61.0	26.5	50.5	152.5
劳务费($/人月)	5200	4800	4250	4500	
成本	75400	292800	112625	227250	708072

案例分析：

- 用任务分解技术估算，CAD 软件成本和工作量总计分别为 708 075 美元和 152.5 人月。
- 用代码行技术估算，CAD 软件成本和工作量总计分别为 656 680 美元和 144.5 人月。
- 若相差较大，应该分析原因，找出原因后再重新估算，直到两种估算结果基本一致为止。

3. 客户沟通的过程

从客户沟通的方向出发来看，软件项目可分为需求识别、方案定制、项目实施、项目结束等 4 个不同的阶段，各个阶段都具有不同的沟通重点。

1)　需求识别阶段

(1)　文本沟通。在需求识别的前期，应该通过问卷、原型展示、界面展示、逻辑处理展示、标准化文档模板等方式进行全方位多角度的分析，随时将不明确之处反馈给客户，以期待客户解答。并以文本记录的方式建立需要分析书，并要求客户审核需求分析书，以达到需要分析与客户的真实期望高度一致的结果。

(2)　业务逻辑沟通。在进行业务沟通时，应该了解客户的行业语言，以促进业务分析的过程，越过应用需求和开发之间的鸿沟。沟通过程提倡以草图或者可视信息化的方式进行，针对不同层面的企业用户提供最适合的操作界面。以多角度的方式思考问题，要抓住需求重点，尤其是客户方领导所关注的创新类和实用类需求。

(3)　需求变更的规范化管理。需求变更在软件开发类项目中是可以理解的，但必须对需求变更做好规范化的管理，以避免出现需求无止境变更的风险。需求变更必须由统一的负责人提出，并且由用户需求的审核领导者认可。需求变更的提出应该是定期而不是随时的，开发方应该做好详细的文本记录，让客户了解需求变更的实际情况和开发方为之所付出的成本代价。

2) 方案定制阶段

该阶段项目的主要任务是与客户共同制订一个以前期明确的需求、双方的资源、项目开始的阶段、实施的时间约定、项目费用限制等为基础的具有可操作性的项目计划。从本阶段开始争取客户全面参与项目的管理，并以双方的共同利益考虑项目实施的具体计划与风险规避。

3) 项目实施阶段

在该阶段，软件项目团队应该与客户共同领导项目的实施。同时，项目团队应实时评估客户满意度，并通过持续改进的方式提高客户满意度，还应要求客户参加必要的培训，以及在必要时检查项目产品。在出现客户的需求变更前，应主动与客户沟通交流，使客户充分了解项目的每个环节，以及变更带来的影响，减少需求变更。如果出现客户需求变更，应与客户一起共同解决由变更引起的成本、进度、质量变化。

4) 结束阶段

该阶段主要进行项目成果的移交，并把系统交付给维护人员，帮助客户实现商务目标，结清各种款项。完成这些工作后应该进行项目评估，审核此项目的成果并总结项目经验。

5) 售前人员注意事项

在产品型项目作为开发成果时，相关销售人员应该注意：对产品的推销不应该过分承诺。如果过分承诺，会给后续的项目实施带来困难，一旦承诺没有兑现，也会降低客户满意度，影响今后合作。如果有附加承诺，一定要以文本形式记录，让实施项目经理知晓并传达给项目组成员。

4. 管理开发团队

1) 组建团队

按照工作任务与项目时间的前提条件建立团队，按团队职责分配人员，一般团队人数应该控制在 8～12 人。当团队人数超过 15 人时，应该考虑把团队分解成两个独立团队，负责不同的开发任务。

2) 分配开发任务

在每个迭代周期(一般是 15～30 个工作日)，应该把每个工作包进一步细分为多个开发任务，开发任务的开发时间应该控制在 15 个工作小时以内，如果开发任务的开发时间超出 15 个工作小时，应该考虑把任务再度细化。而开发任务应该以自由选择的方式分配给每个组员。

3) 监督开发进度

在迭代的前期举行一次会议，让组员了解开发的进展及流程，并以自主选择的方式分配开发任务。期间可使用 Microsoft Project 等工具记录开发流程的进展，在每个工作包完成开发后应该进行功能测试，并以文本方式记录测试结果。

例如，每天举行一次 15 分钟的站立会议，让组员交代昨天已完成的开发任务、当天将要做的任务、开发过程中所遇到的问题等。并在每周末举行一次例行会议，交代总体进程。在迭代末期需举行一次冲刺会议，总结项目的进展，交代已完成的任务，回顾该迭代周期所遇到的问题，为下一个迭代周期做好准备。

4)　系统测试

对每个完成的工作包进行适时测试，保证系统质量与性能。对测试结果进行文本记录，并把测试结果与绩效工资收入挂钩，并以真实数据计算组员的绩效收入。

5)　解决开发中遇到的问题

对开发人员进行前期培训，可适当按工作能力分配任务，指导组员开发。当遇到问题时应该在当天的站立会议时即时提出，并在 15 个工作小时内解决所遇到的问题以防止问题进一步扩大。

5. 产品交付

1)　项目的后期审核

在项目开发最终完成后，对开发人员来说算是放下了工作的重担，但对项目经理来说这往往是项目的关键时刻。前期的风险评估、成本预算、需求分析、软件设计都是为了引导项目走向这一时刻，此时所有的目光都将投向项目管理人员。对项目管理人员来说，此时将有大量而琐碎的工作将要在几个小时内完成，项目经理更需要保持清醒与镇定，把最后的工作视为微型项目来对待。细致地对项目进行后期的审核，分析项目成果、项目团队的效率、可交付产品的价值，此审核结果可作为项目管理经验总结的一部分。

2)　质量评审

在项目交付前，应该把项目交给相关的“质量保证”(QA)部门进行质量评审，并邀请典型用户感受产品的质量。

3)　项目的最终交付

正常情况下，在项目的前期就会订立项目交付的协议，项目交付方式分为非正式验收与正式验收两种。一般在项目完成后都会先进行非正式验收，让客户体会项目的质量并提出反馈意见，最后在客户肯定产品质量后再以书面协议的形式进行正式的产品验收。

4)　项目的最终报告

在项目的最后，应该制定项目的最终报告，此报告可以视为对该项目的一个记录，但报告不必包含项目的所有方面。一般最终报告应该包含以下几个方面。

(1) 最初引进项目时的初期项目视图。

(2) 对该项目的价值评估及支持性信息。

(3) 项目的范围。

(4) 项目的开发流程及 WBS。

(5) 项目的会议记录。

(6) 项目变更的报告及变更的理由。

(7) 与项目相关的沟通过程文件。

(8) 项目的审核报告与客户验收报告。

(9) 项目成员的表现报告。

(10) 项目的最终成果。

任务实施

本项目设计的软件项目管理总体流程及相关技术已成功运用在软件项目的研发和管理中。通过将流程管理应用于软件项目管理中，以设定软件项目总体流程为主线，确定每个阶段的主要流程和里程碑，并采用评价指标体系和一系列的模板和表格进行软件项目开发过程的控制和管理，使软件项目的成功率显著提高。

1. 效益

系统的效益包括经济效益和社会效益两部分。

经济效益是指，应用系统为用户增加的收入或减少的支出。它可以通过直接的或统计的方法估算。

社会效益只能用定性的方法估算，如雇员的满意程度、更好的服务、及时反应等所产生的良好信誉。

举例，如今计算机辅助设计(CAD)系统取代当前的手工设计过程，其成本规律如图 8-2 所示，影响它的成本因素如下：

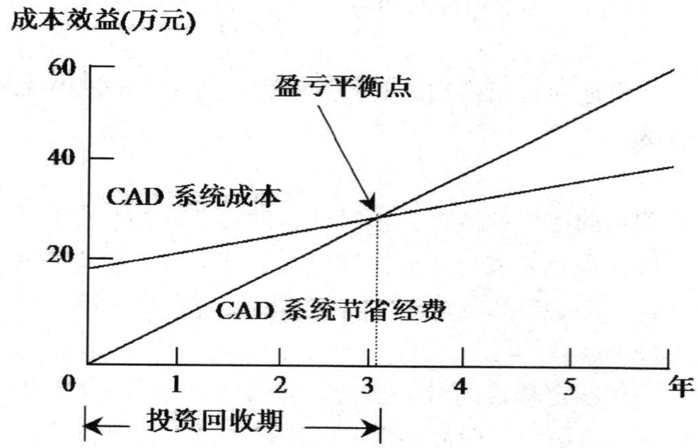

图 8-2　成本规律图

T：绘一幅图的平均时间，单位是小时/幅。

d：每小时绘图的成本，单位是元/小时。

n：每年绘图的数目，单位是幅。

r：用 CAD 系统绘图减少的绘图时间比例。

p：用 CAD 系统绘图的百分比。

于是，可用下式计算 CAD 系统绘图每年可以节省的经费。

$$B=n\times T\times d\times p\times r$$

这样，当 n=8000 幅，T=4 小时/幅，d=20 元/小时，r =1/4，p=60%时，代入上式计算得 B=96 000 元。

即用 CAD 系统绘图比用手工系统绘图平均每年约节省经费 96 000 元。

货币的时间价值，通常用利率的形式来表示货币的时间价值。假设年利率为 i，如果现在存入 P 元，则 n 年后可以得到

$$F = P(1+i)^n$$

上式中的 F 就是现在的 P 元钱在 n 年后的价值。

反之，如果 n 年后能收入 F 元，那么这些钱现在的价值就是

$$P = \frac{F}{(1+i)^n}$$

例如，修改一个已有的库存清单系统，使它能在每天提供给采购员一份订货报表。修改已有的库存清单并且编写产生报表的程序，估计共需 5000 元；系统修改后，能及时订货将消除零件短缺影响生产的问题，估计因此每年可以节省 2500 元，五年共可以节省 12 500 元。但不能简单地把现在的 5000 元与五年后的 12 500 元相比。

假设年利率为 12%，可以算出修改库存清单系统后每年预计节省的钱的现在价值，如表 8-3 所示。

表 8-3　成本回收表

年　数	将来值/元	$(1+i)^n$	现在值/元	累计的现在值/元
1	2500	1.12	2232.14	2232.14
2	2500	1.2544	1992.98	4225.12
3	2500	1.40493	1779.45	6004.57
4	2500	1.57352	1588.80	7593.37
5	2500	1.76234	1418.57	9011.94

投资回收期：

所谓投资回收期就是使累计的经济效益等于最初投资所需要的时间。

例如，上例中，修改库存清单系统两年后可以节省 4225.12 元，比最初投资(5000 元)少 774.88 元，但三年后节省 6004.57 元，又大于 5000 元，说明在两年至三年之间的一个时间点上正好节省 5000 元，等于现在的投资。

因为第三年整年可以节省 1779.45 元，所以 774.88/1779.45=0.44，即投资回收期为 2.44 年。

纯收入：

工程的纯收入，也就是在整个生命周期之内系统的累计经济效益(折合成现在值)与投资之差。

例，上述修改库存清单系统，工程的纯收入预计是：9011.94−5000=4011.94(元)

投资回收率：

已知现在的投资额 P，已估计出将来每年可以获得的经济效益 F_i，那么，在给定软件的使用寿命 n 年后，由 $P=F/(1+i)n$，可列方程式：

$$P=F_1/(1+j)+F_2/(1+j)^2+\cdots+F_n/(1+j)^n$$

其中，P 是现在的投资额(即 5000 元)，F_i 是第 i 年年底的效益(i=1，2，…，n)(本例中均为 2500 元)，n 是系统的使用寿命(5 年)，j 是投资回收率。

解出 j=41%～42%，远大于年利率 12%，表示该项目是获利的，若投资回收率低于年利率则表示项目是赔钱的。

2. 进度计划

对于一个项目管理者，他的目标是定义所有的项目任务，识别出关键任务，跟踪关键任务的进展情况，以保证能够及时发现拖延进度的情况。为此，项目管理者必须制订一个足够详细的进度表，以便监督项目进度并控制整个项目。

常用的制订进度计划的工具主要有 Gantt 图(即甘特图)和工程网络两种。Gantt 图具有历史悠久、直观简明、容易学习、容易绘制等优点，但是，它不能明显地表示各项任务彼此间的依赖关系，也不能明显地表示关键路径和关键任务，进度计划中的关键部分不明确。因此，在管理大型软件项目时，仅用 Gantt 图是不够的，不仅难以做出既节省资源又保证进度的计划，而且还容易发生差错。

工程网络不仅能描绘任务分解情况及每项作业的开始时间和结束时间，而且还能清楚地表示各个作业彼此间的依赖关系。从工程网络图中容易识别出关键路径和关键任务。因此，工程网络图是制订进度计划强有力的工具。通常，联合使用 Gantt 图和工程网络两种工具来制订和管理进度计划，使它们互相补充、取长补短。

进度安排是软件项目计划的首要任务，而项目计划则是软件项目管理的首要组成部分。与估算方法和风险分析相结合，进度安排将为项目管理者建立起一张计划图。

软件开发项目的进度安排可以有两种考虑方式。

第一种，系统最终交付使用的日期已经确定，软件开发机构必须在合同规定的时间内安排。

第二种，只确定了大致的年限，最后交付使用的日期由软件开发机构根据具体情况确定。

下面用一个案例介绍进度计划表示工具。

假设有一座陈旧的矩形木板房需要重新油漆，分为三个步骤。

(1) 刮掉旧漆。

(2) 刷上新漆。

(3) 清除溅在窗户上的油漆。

假设一共分配了 15 名工人完成这项工作，但工具都很有限：5 把刮旧漆用的刮板，5 把刷新漆用的刷子，5 把清除溅在窗户上的油漆用的小刮刀。

思考：怎样安排才能使工作进行得更有效呢？

一种做法是首先刮掉四面墙壁上的旧漆，然后给每面墙壁都刷上新漆，最后清除溅在每个窗户上的油漆。显然这种方法效率不高。

另一种做法是流水作业法。即首先由 5 名工人用刮板刮掉第一面墙壁上的旧漆；当第一面墙壁刮净后，另外 5 名工人立即用刷子给这面墙壁刷新漆。与此同时，拿刮板的工人转去刮第二面墙上的旧漆；一旦刮旧漆的工人转到第三面墙且刷新漆的工人转到第二面墙之后，余下的 5 名工人立即拿起刮刀清除溅在第一面墙窗户上的油漆，以此类推。

假设木板房的第 2、4 面墙的长度比第 1、3 面墙的长度长一倍，此外，不同工作需用时间长短也不同，刷新漆最费时间，其次是刮旧漆，清理需要时间最少。表 8-4 列出了每道工序所需要使用的时间。

表 8-4　工序介绍表

单位：小时

工　序	墙　壁		
	刮 旧 漆	刷 新 漆	清　理
1 或 3	2	3	1
2 或 4	4	6	2

1)　Gantt 图(横道图)

使用 Gantt 图表示上例中给木板房刷漆的进度效果如图 8-3 所示，从图中可以看出，12 小时后刮完所有旧漆，20 小时后完成所有墙壁的刷漆工作，22 小时后结束整个工程。

若用前述第一种做法，则需要 36 小时。

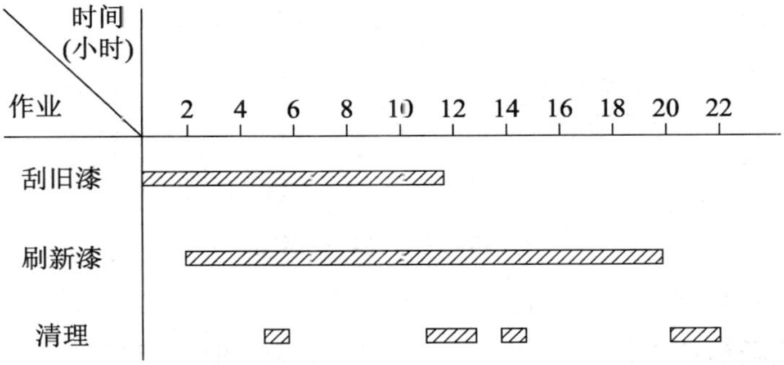

图 8-3　Gantt 图

Gantt 图能很形象地描绘任务分解情况，以及每个子任务(作业)的开始时间和结束时间，因此是进度计划和进度管理的有力工具。它具有直观简明和容易掌握、容易绘制的优点。

Gantt 图也有三个主要缺点，分别是：

- 不能显式地描绘各项作业彼此间的依赖关系。
- 进度计划的关键部分不明确，难以判定哪些部分应当是主攻和主控的对象。
- 计划中有潜力的部分及潜力的大小不明确，往往会造成潜力的浪费。

2)　工程网络

工程网络是制订进度计划时另一种常用的图形工具，它同样能描绘任务分解情况以及每项作业的开始时间和结束时间。此外，它还可以显式地描绘各个作业彼此间的依赖关系。

在工程网络中用箭头表示作业(如刮旧漆、刷新漆、清理等)，用圆圈表示事件(一项作业开始或结束)。用开始事件和结束事件的编号标识一个作业。将上面例子使用工程网络图表示，其初步架构如图 8-4 所示，其中每一个结点的构成如图 8-5 所示。

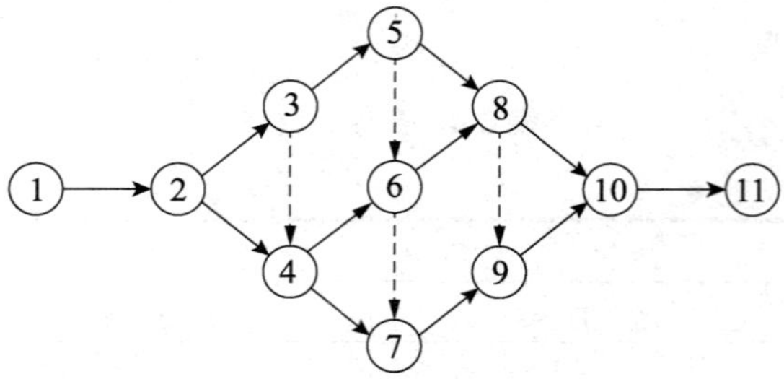

图 8-4　网络初步示意图

1→2 刮墙 1 旧漆；2→3 刮墙 2 旧漆；3→5 刮墙 3 旧漆；5→8 刮墙 4 旧漆；2→4 刷墙 1 新漆；4→6 刷墙 2 新漆；6→8 刷墙 3 新漆；8→10 刷墙 4 新漆；4→7 清理墙 1；7→9 清理墙 2；9→10 清理墙 3；10→11 清理墙 4；虚拟作业：3→4，5→6，6→7，8→9

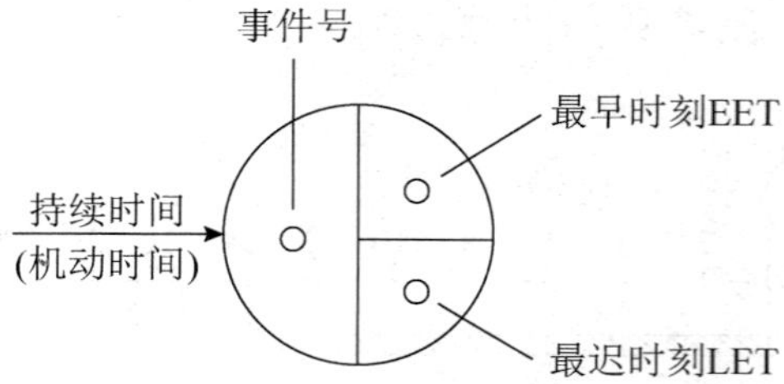

图 8-5　节点结构说明图

工程网络图结构的详细说明如下。

(1) 把每个作业估计需要使用的时间写在表示该项作业的箭头上方。

(2) 为每个事件计算两个统计数字：最早时刻 EET 和最迟时刻 LET，分别写在表示事件的圆圈的右上角和右下角。

其中，事件的最早时刻 EET 是该事件可以发生的最早时间。通常工程网络图中第一个事件的最早时刻定义为零，其他事件的最早时刻在工程网络图上从左至右按事件的发生顺序计算。注意，事件仅仅是可以明确定义的时间点，它并不消耗时间和资源。作业通常既消耗资源又要持续一定时间。

计算 EET 有三条规则。

(1) 考虑进入该事件的所有作业。

(2) 对于每个作业都计算它的持续时间与起始事件的 EET 之和。

(3) 选取上述和数中最大值作为该事件的最早时刻 EET。

事件的最迟时刻是在不影响工程竣工时间的前提下，该事件最晚可以发生的时刻。按惯例，最后一个事件(工程结束)的最迟时刻就是它的最迟时刻。其他事件的最迟时刻在工程网络上从右至左按逆作业流的方向计算。

计算 LET 有三条规则。

(1) 考虑离开该事件的所有作业。

(2) 从每个作业的结束事件的最迟时刻中减去该作业的持续时间。

(3) 选取上述差数中最小值作为该事件的最迟时刻 LET。

案例的最终工程网络图如图 8-6 所示，图中有几个事件的最早时刻和最迟时刻相同，这些事件定义了关键路径，用粗线箭头表示。关键路径上的事件(关键事件)必须准时发生，组成关键路径的作业(关键作业)的实际持续时间不能超过估计的持续时间，否则工程不能准时结束。

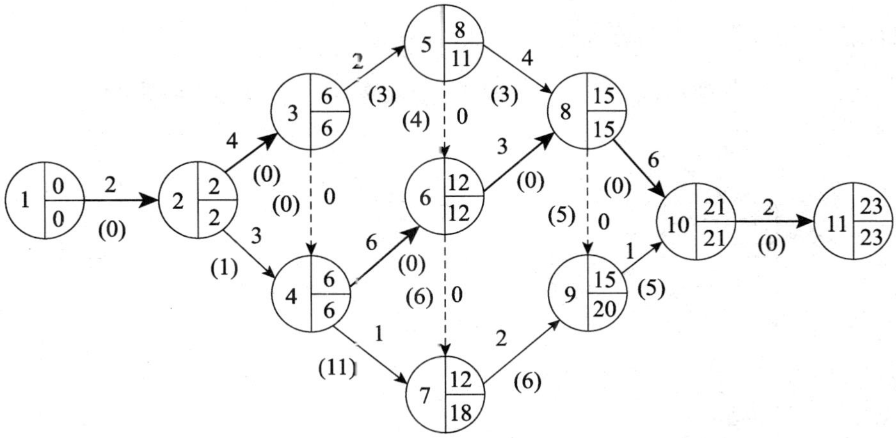

1→2 刮墙 1 旧漆；2→3 刮墙 2 旧漆；3→5 刮墙 3 旧漆；5→8 刮墙 4 旧漆；2→4 刷墙 1 新漆；4→6 刷墙 2 新漆；6→8 刷墙 3 新漆；8→10 刷墙 4 新漆；4→7 清理墙 1；7→9 清理墙 2；9→10 清理墙 3；10→11 清理墙 4；虚拟作业：3→4，5→6，6→7，8→9。

图 8-6　工程网络图

不在关键路径上的作业有一定程度的机动余地，即实际开始时间可以比预定时间晚一些，或者持续时间可以比预计的持续时间长一些，并不影响工程的结束时间。

一个作业可以有的全部机动时间等于它的结束事件的最迟时刻减去它的开始事件的最早时刻，再减去这个作业的持续时间：

机动时间=(LET)结束−(EET)开始−持续时间

按照上面公式计算的所有机动时间如表 8-5 所示。

表 8-5　机动时间计算表

作　业	LET(结束)	EET(开始)	持续时间	机动时间
2→4(刷 1)	6	2	3	1
3→5(刮 3)	11	6	2	3
4→7(清 1)	18	6	1	11
5→6(虚)	12	8	0	4
5→8(刮 4)	15	8	4	3
6→7(虚)	18	12	0	6
7→9(清 2)	20	12	2	6
8→9(虚)	20	15	0	5
9→10(清 3)	21	15	1	5

实践证明，针对企业和项目的实际情况，确定软件项目运作流程。通过定义软件工作

产品，明确各阶段的进入条件和退出条件，进行有效的流程控制与管理，能够大大地提高软件开发的效率和项目的成功率。

3. 项目流程、对应阶段以及管理思想

项目流程、对应阶段以及管理思想如图 8-7 所示。

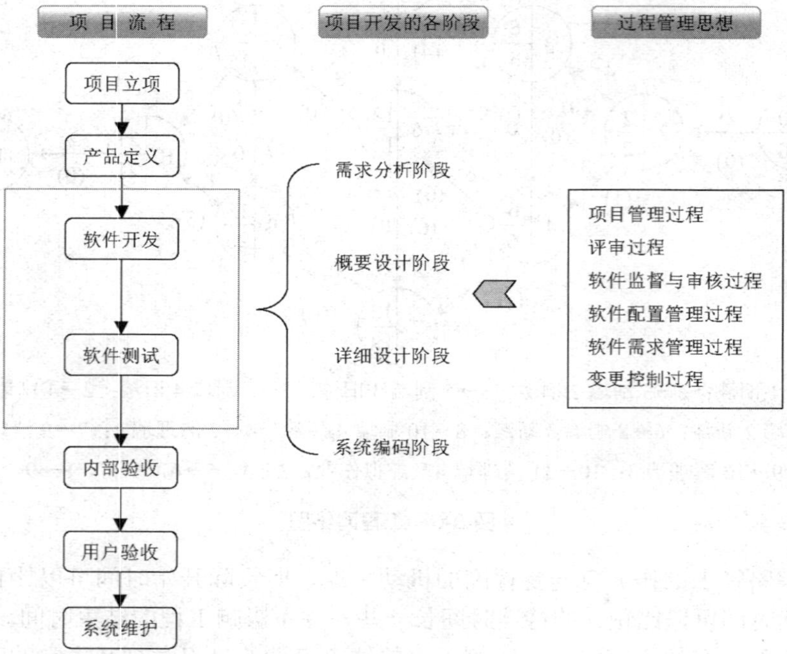

图 8-7　项目管理流程

上机实训：项目管理工具 Project 2010 的应用

实训背景

按照课程讲述的方法对指定的软件项目进行任务分解，利用 Project 2010 进行任务安排与设定，使学到的理论具体化，从而提高解决实际问题的能力。

实训内容和要求

(1) 掌握如何在项目中建立任务。
(2) 掌握如何输入任务的工期。
(3) 掌握如何调整任务的层次。
(4) 掌握如何设定任务之间的关联性。

实训步骤

1. 任务分解

以具体的软件项目实例进行项目策划，并对开发管理过程进行任务分解。

2. 输入建立任务

将分解的任务清单，依据不同种类(周期性任务、里程碑等)输入系统。

3. 设定任务工期

输入完任务名称后，接着便是估计并输入此任务所需花费的时间。而在输入时，Project 2010 会提供许多弹性的功能让我们输入工期。

4. 设定调整任务的层次

为了将要追踪的任务分成更详细的层级，对于工作范围过大的任务应该进一步细分，例如，“预先筹备阶段”下的工作有：“举行筹备会议”“讨论会议内容”“征选模特儿”，可以利用 Project 建立成摘要任务与子任务。

(1) 从任务向导入手，单击【将任务分成阶段】选项，如图 8-8 所示。

(2) 出现【组织任务】窗格，通过此处的向导提示，建立摘要任务和子任务，如图 8-9 所示。

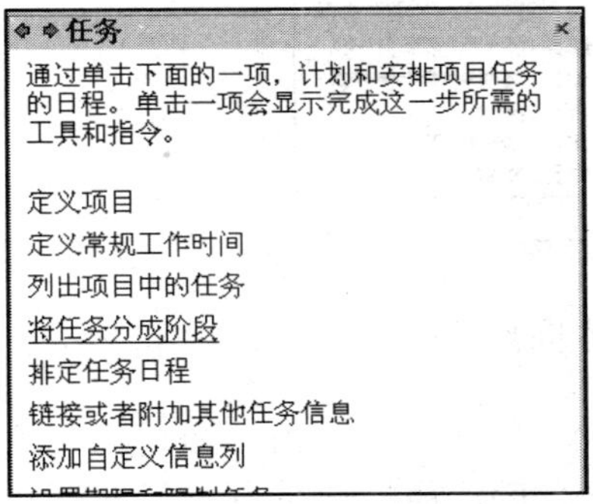

图 8-8　任务向导

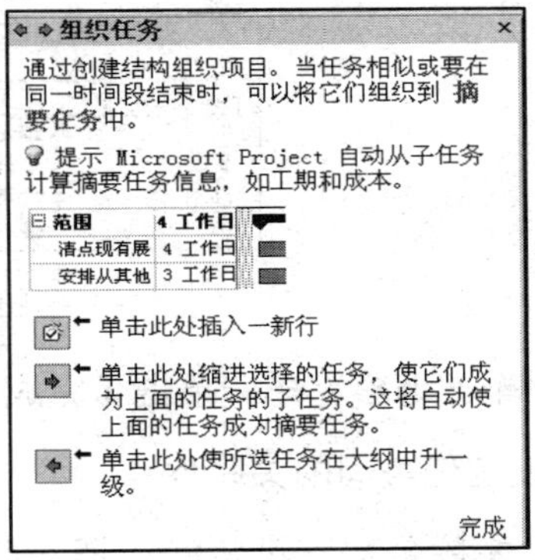

图 8-9　组织任务

(3) 可以利用拖曳鼠标的方式选择属于子任务的工作，如图 8-10 所示。

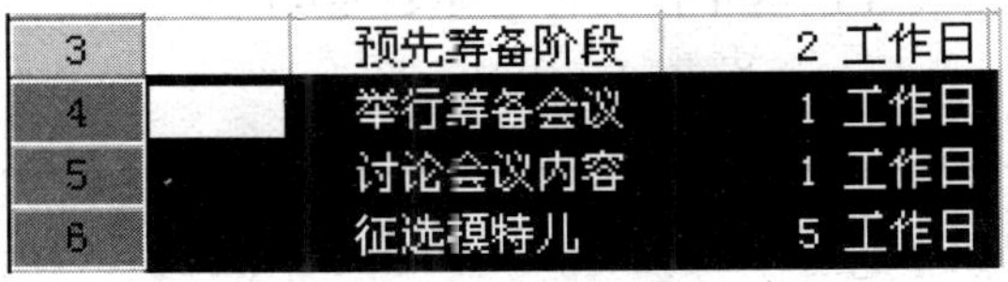

图 8-10　子任务示意图

(4) 单击【组织任务】窗格中的【降级】图标，如图 8-11 所示。

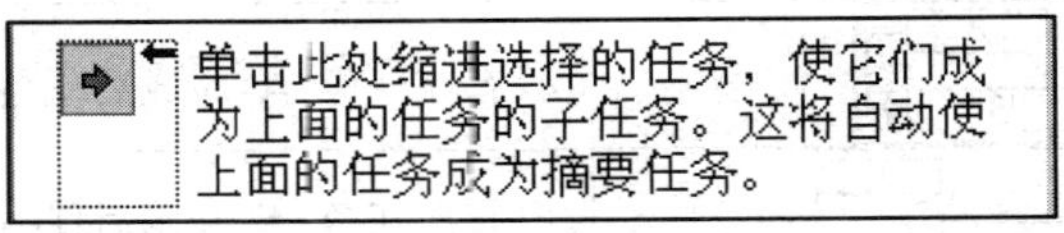

图 8-11　快捷菜单示意图

(5) 此时，便会产生摘要任务与子任务之间的关系，如图 8-12 所示。

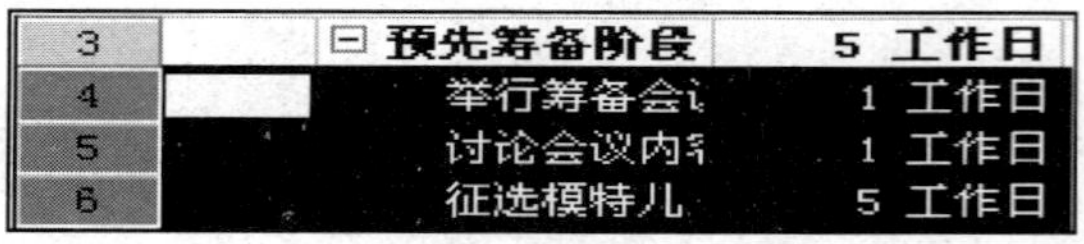

图 8-12　任务关系图

(6)　值得一提的是，如果认为其中一项任务不应属于此摘要任务中的子任务，便可额外选择该任务，再利用【升级】方式改变其关系，如图 8-13 所示。

图 8-13　按钮示意图

(7)　全部调整完毕后，可再利用工具列中的【显示子任务】与【隐藏子任务】的功能来显示或是隐藏子任务。

(8)　最后，项目便会变得更加结构化了，如图 8-14 所示。

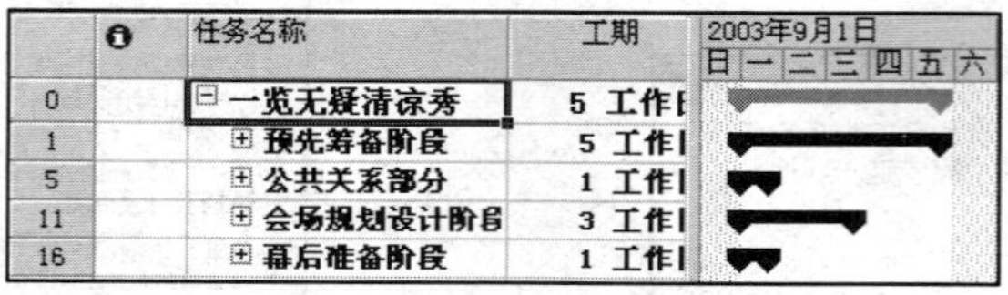

图 8-14　项目任务结构

(9)　全部调整完毕，单击【完成】按钮，关闭本向导。

5. 设定任务间的关联性

输入任务名称、设定好工期，并且调整好阶层之后，最后便是设定任务之间的关联性。什么是关联性呢？举例而言，地基要先建好才能盖房子；墙先建设好才能粉刷墙面等，我们在完成之前提到的设定工作后，最后便是设定任务间的关联性，实际上，Project 一共提供了 4 种任务的相关性，这 4 种的特色如表 8-6 所示。

表 8-6　任务关联表

任务相关性	范　例	描　述
完成-开始(FS)	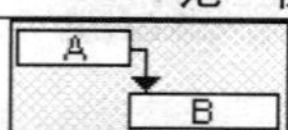	只有在任务 A 完成后任务 B 才能开始
开始-开始(SS)	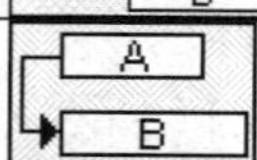	只有在任务 A 开始后任务 B 才能开始
完成-完成(FF)	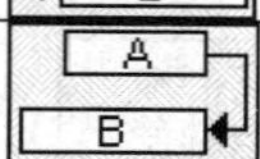	只有在任务 A 完成后任务 B 才能完成
开始-完成(SF)	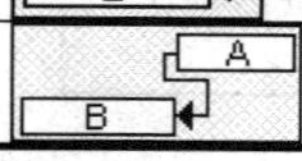	只有在任务 A 开始后任务 B 才能完成

实训素材及参考图

不同的相关性，其工作应用的情形也不同，任务相关性例子如表 8-7 所示。

表 8-7　任务相关性例子

任务相关性	例　子
完成-开始(FS)	地基要先建好才能盖房子
开始-开始(SS)	所有人员都到齐后会议才能开始
完成-完成(FF)	所有的资料全部准备齐全后才能结案
开始-完成(SF)	站岗时，下一个站岗的人来了，原本站岗的人才能回去

设定任务间的相关性的方法如下。

(1) 从任务向导入手，单击【排定任务日程】选项，如图 8-15 所示。

(2) 出现【排定任务日程】窗格，根据向导提示建立任务的关联性，如图 8-16 所示。

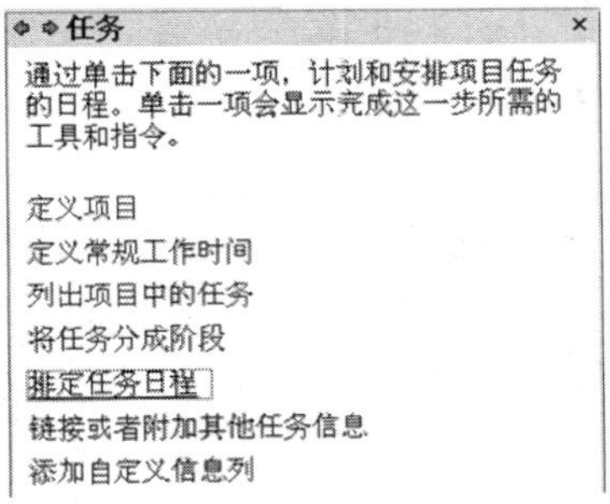

图 8-15　任务向导

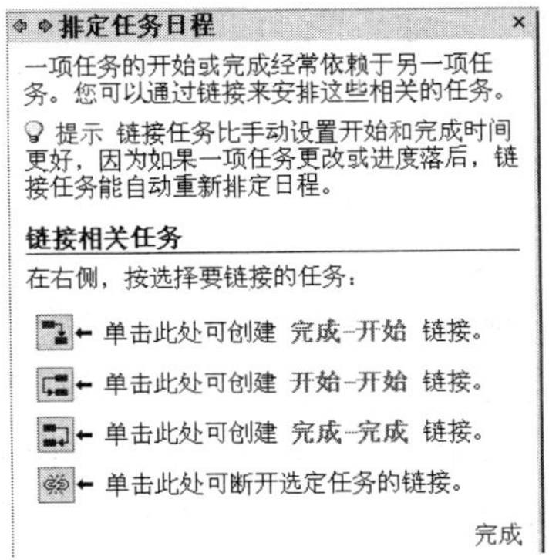

图 8-16　排定任务日程窗格

(3) 选取【任务名称】栏中要按所需顺序连接在一起的两项或多项任务。若要选取不相邻的任务，可以按住 Ctrl 键的同时按下任务名称；要选取相邻的任务，则按住 Shift 键的同时按下希望连接的第一项和最后一项任务。

(4) 根据任务之间的关系“完成-开始”或者“开始-开始”或者“完成-完成”，单击相应的链接，从而建立任务之间的相关性。

(5) 重复上面的步骤，直到把所有的任务建立了相关性为止，如图 8-17 所示。

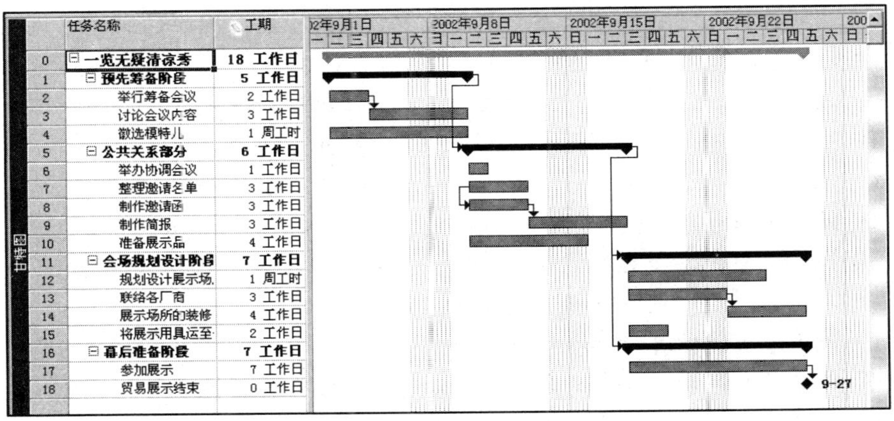

图 8-17　任务间的相关性示意图

(6) 单击【完成】按钮，关闭本向导。

(7) 如果需要改变或是删除任务的相关性，当然可以再次回到【排定任务日程】向导来实现，不过也可以直接在线条上双击，然后在出现的【任务相关性】对话框中设置，如图 8-18 所示。

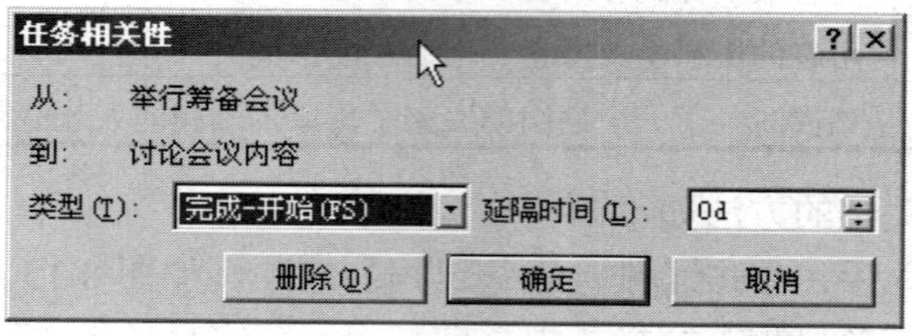

图 8-18 【任务相关性】对话框

(8) 设定完毕后，Project 会马上告知这个项目完成所需的时间与完成日期等信息。

项 目 小 结

从概念上讲，软件项目管理是为了使软件项目能够按照预定的成本、进度、质量顺利完成，而对成本、人员、进度、质量、风险等进行分析和管理的活动。实际上，软件项目管理的意义不仅仅如此，进行软件项目管理有利于将开发人员的个人开发能力转化成企业的开发能力，企业的软件开发能力越高，表明这个企业的软件生产越趋向于成熟，企业越能够稳定发展，即减小开发风险。软件开发不同于其他产品的制造，软件的整个过程都是设计过程，没有制造过程；另外，软件开发不需要使用大量的物质资源，而主要是人力资源；软件开发的产品只是程序代码和技术文件，并没有其他的物质结果。基于上述特点，软件项目管理与其他项目管理相比，有很大的特殊性，是软件项目成功与否的关键措施。

习 题

一、选择题

1. 核心计划过程有明确的依赖关系，在大多数项目中要以同样的顺序才能完成。下列符合核心计划过程的正确顺序是(　　)。

   A. 范围规划—范围定义—活动排序—活动工期估计

   B. 范围定义—范围规划—活动定义—活动排序—活动工期估计

   C. 范围规划—范围定义—活动排序—活动定义—活动工期估计

   D. 活动工期估计—范围规划—范围定义—活动定义—活动排序

2. PERT 和 CPM 的主要区别在于 PERT(　　)。

   A. 在计算进度时使用分布的均值(预期值)

   B. 使用最可能估算计算浮动时间

   C. 侧重计算浮动时间来确定哪些活动的进度没有灵活性

   D. 在图中包括了回路或条件分支活动

3. 由于项目的范围发生变更，因此成本基线也发生变更，那么下一步将是(　　)。

A. 估计范围变更的程度　　B. 更新预算

C. 记录获得的经验　　D. 执行得到批准的范围变更

4. 以下不属于合同管理的部分是(　　)。

A. 评估风险　　B. 确认已经送出建议书

C. 确认已经进行了合同变更　　D. 回答潜在卖方的问题

5. 在对项目进行成本估计时，因为要求成本估计尽可能精确，所以决定做出保守的估计，则第一步工作是(　　)。

A. 确定一种计算机工具帮助进行估计成本

B. 利用以前的项目成本估计

C. 确定并估计项目的每项工作的成本

D. 咨询各方面的专家，并在他们的建议的基础上进行成本估计

6. 项目整体管理是指(　　)。

A. 复杂系统的软件集成管理

B. 将系统开发过程的管理和项目管理结合起来

C. 将系统的主机平台、网络平台、应用软件开发和系统环境建设作为一个整体来进行项目管理

D. 包括在项目生命周期中协调所有其他项目管理知识领域所涉及的过程

7. 涉及多领域工作的复杂项目最好用(　　)组织形式管理。

A. 项目型　　B. 职能型　　C. 矩阵型　　D. 直线型

8. 以下不是用来描述质量审查的是(　　)。

A. 内部的(审查)　　B. 系统的(审查)　　C. 基线(审查)　　D. 预期(审查)

9. 项目经理要花很多时间与项目干系人进行沟通交流，下列(　　)方法或技术对项目经理最有用，以便项目团队齐心协力使项目成功。

A. 定期分析工作以决定排除什么事项

B. 明确优先事项

C. 在精力高峰期，安排最有趣的活动

D. 当出现问题时，责备其他项目干系人

10. 在评估一个项目是否赶工时，项目经理首先计算(　　)。

A. 每项关键工作投入的成本和时间的比率

B. 项目关键路径新增资源的成本

C. 当关键路径的工作速度加快时，项目整体进度可以节约时间

D. 每个关键路径 PERT 三个可能的时间估算

11. 以下不属于合司管理的部分是(　　)。

A. 评估风险　　B. 确认已经送出建议书

C. 确认已经进行了合同变更　　D. 回答潜在卖方的问题

12. 在项目生命周期的(　　)阶段，项目的不确定性最大。

A. 项目执行　　B. 项目规划　　C. 项目收尾　　D. 项目审定

13. 里程碑最好被描述成(　　)。
   A. 相关工作和事件的联合
   B. 通常使用的表示工作或事件的两条或多条线或箭头的交叉
   C. 项目中表示报告要求或重要工作完成的可以辨别的点
   D. 需要资源和时间投入才得以完成的具体的项目任务

14. 制定项目成本概算的三个最通常的技术是(　　)。
   A. 预算式、团队式和参数式
   B. 类比式、自上而下式和自下而上式
   C. 类比、参数式和直接式
   D. 类比式、参数式和自下而上式

15 下列关于工作分解结构(WBS)的描述，错误的是(　　)。
   A. WBS 是采用结构化的方式，而得到如何去实现项目目标的总体概念
   B. WBS 是管理项目进度、成本、变更的基础
   C. 没有包含在 WBS 中的工作是不应该做的
   D. 由项目经理负责 WBS 的创建和审查

16. 当卖方违反合同的时候，买方不能接受(　　)。
   A. 赔偿金　　B. 惩罚性损失赔偿
   C. 规定的违约赔偿金　　D. 间接损失赔偿金

17. 项目时间管理柱形图的一个可能的缺点(劣势)是(　　)。
   A. 缺乏时间定位
   B. 不能展示出多个变量
   C. 在大的复杂项目上，不能很好地表示出活动之间的相互关系
   D. 不能与人力规划相联系

18. 项目进度执行的评估和报告的依据是(　　)。
   A. 进度的基线　　B. 项目进度修改建议的数量
   C. 事件和工作计划与事实的区别　　D. 技术基线

19. 在箭线图示法(ADM)中，位于两个事件之间的项目要素表示(　　)。
   A. 一项活动　　B. 一个关键路线节点
   C. 时差里程碑　　D. 计时位置

20. 下列不属于现代质量保证的原则是(　　)。
   A. 使工人对质量问题负责　　B. 零缺陷方案计划
   C. 连续的改进　　D. 质量成本

21. 以下不是估计技术风险标准的是(　　)。
   A. 完成项目活动的计划程序
   B. 在考虑隐含的技术风险时，明确地考虑技术风险，而不仅仅考虑技术风险和费用风险
   C. 关键路线法
   D. 在系统的开发过程中，重新查看风险的变化

22. 风险应对措施的种类有(　　)。
    A. 技术的、市场的、财务的、人力的
    B. 识别、量化、应对措施开发、应对措施控制
    C. 避免、减轻、接受
    D. 避免、保留、控制、偏离
23. 在某些情况下，合同结束是指(　　)。
    A. 在双方的协议下合同结束　　B. 在发送货物或服务后合同结束
    C. 在成功地执行后合同结束　　D. 在保证获得最后的支付时
24. 在质量规划中，应把质量策略告知关系人，履行告知义务的是(　　)。
    A. 组织的最高层　　B. 项目经理
    C. 项目组成员　　D. 职能经理
25. 在项目的收尾阶段，最多的矛盾来自(　　)。
    A. 进度问题　　B. 费用超支　　C. 技术问题　　D. 工作界面
26. 在非关键路线上的两件工作之间的开始到开始关系中，项目团队认为：在前序工作开始之后，后序工作的开始时间要被延迟3天。这种延迟被称为(　　)。
    A. 时差　　B. 自由时差　　C. 水平时差　　D. 滞后
27. 在从下至上的成本估算中，准确度可以提高的情况是(　　)。
    A. 如果以前的项目不仅在表面上，而且在实质上与这项项目相似
    B. 如果应用准确的历史信息
    C. 在更小的工作项目上
    D. 如果准备估计工作的个人或集体有完备的素质
28. (　　)工作是制订进度计划的基础。
    A. 工作分解结构(wbs)　　B. 网络图
    C. 甘特图(Gantt)　　D. 资源平衡(Resource Levelling)
29. 矩阵型组织中的沟通具备(　　)的特点。
    A. 简单　　B. 开发而准确
    C. 比较复杂　　D. 项目组成员都拥有相同的报告渠道
30. 如果成本变更与工期变更相同，则(　　)。
    A. 成本变更因工期变更而起变化　　B. 变更将对项目有利
    C. 项目变更易纠正　　D. 从项目实施起，劳动效率已提高

二、名词解释

1. 软件项目估算
2. 配置管理
3. 软件项目合同
4. 风险计划

三、简答题

1. 简述项目定义和特征。

2. 简述项目管理的定义。
3. 简述软件项目生命期。
4. 项目生命期中的里程碑(Mile Stone)和基线(Base Line)指的是什么？
5. 软件项目管理过程是什么？

参 考 文 献

[1] 张海藩. 软件工程[M]. 北京：清华大学出版社，2009.

[2] [美]Erich Gamma. 设计模式——可复用面向对象软件的基础[M]. 北京：机械工业出版社，2005.

[3] 耿祥义. Java 设计模式[M]. 北京：清华大学出版社，2009.

[4] [英]萨默维尔. 软件工程[M]. 北京：机械工业出版社，2010.

[5] 温昱. 软件架构设计：程序员向架构师转型必备[M]. 北京：电子工业出版社，2010.

[6] 赵池龙，杨林，孙伟. 实用软件工程[M]. 2 版. 北京：电子工业出版社，2009.

[7] 吴洁明. 软件工程基础实践教程[M]. 北京：清华大学出版社，2007.

[8] 杜文洁，白萍. 实用软件工程与实训[M]. 北京：清华大学出版社，2009.

[9] 毕硕本，卢桂香. 软件工程案例教程[M]. 北京：北京大学出版社，2007.

[10] 吕云翔，王昕鹏. 软件工程[M]. 北京：人民邮电出版社，2009.

[11] 伽玛. 设计模式：可复用面向对象软件的基础[M]. 北京：机械工业出版社，2013.

[12] 程杰. 大话设计模式[M]. 北京：清华大学出版社，2007.

[13] 秦小波. 设计模式之禅[M]. 2 版. 北京：机械工业出版社，2014.